110kV智能变电站运检技术与故障处置

房雪雷　主编

中国电力出版社
CHINA ELECTRIC POWER PRESS

图书在版编目（CIP）数据

110kV 智能变电站运检技术与故障处置 / 房雪雷主编. —北京：中国电力出版社，2023.12（2024.9重印）
ISBN 978-7-5198-8602-8

Ⅰ. ① 1… Ⅱ. ①房… Ⅲ. ①智能系统－变电所－运行 ②智能系统－变电所－故障修复
Ⅳ. ① TM63

中国国家版本馆 CIP 数据核字（2024）第 026977 号

出版发行：中国电力出版社
地　　址：北京市东城区北京站西街 19 号（邮政编码 100005）
网　　址：http://www.cepp.sgcc.com.cn
责任编辑：周秋慧（010－63412627）
责任校对：黄　蓓　于　维
装帧设计：郝晓燕
责任印制：石　雷

印　　刷：廊坊市文峰档案印务有限公司
版　　次：2023 年 12 月第一版
印　　次：2024 年 9 月北京第二次印刷
开　　本：787 毫米 ×1092 毫米　16 开本
印　　张：18.5
字　　数：405 千字
定　　价：98.00 元

编　委　会

主　　编　房雪雷

副 主 编　马　娟　李坚林

编写组成员　徐结红　李铁柱　丁津津　彭　勃　舒永志
严太山　古海生　杨道君　罗　长　陈　强
桂　勋　石　伟　房雁平　谢　铖　李永熙
宋晓皖　黄　洁　徐　华　刘素芳　陈　肖
杨　昆　董辉波　郭军亮　辜志豪　黄伟民
谢　佳　殷　振　沈　庆　王　翀　孙　婧
何　芳

主　　审　房贻广

副 主 审　吴义纯　赵岱平

审核组成员　杨　磊　李克锋　郭龙刚　申定辉　张家海
冯俊生　李　炎　邹　刚

前　言

随着电网建设的快速发展，电网内 110kV 变电站数量不断增长，各地市公司变电站运检范围增大、运检力量不足，与电网高质量发展要求之间的矛盾日益突出。县公司 110kV 变电站运检业务属地化工作推进，新能源装机规模、终端能源消费占比大幅增加，以及电动汽车、储能、分布式电源等广泛接入，加大了电力保障和平衡调节的压力，支撑电网安全稳定运行的技术、举措亟须升级。

为深入贯彻国网公司“放管服”改革要求，落实公司“两会”工作部署，不断优化专业组织管理模式，纵向提升市、县公司变电专业精益化管理水平，公司设备部按照“安全第一、因地制宜、试点先行、统筹推进”的原则，积极稳妥推进 110kV 变电站运检业务属地化工作。目前各县公司变电运检专业技术管理、安全基础管理、基层班组人员的专业技术能力等均与公司推进变电运检属地化管理的要求有一定差距，110kV 智能变电站的运维管理经验以及管理能力有待提升。要进一步夯实县公司一线员工的基本知识、基本技能以及基本管理制度，着力培养县公司变电运检专业技术管理骨干及生产班组技术能手，稳步提高县域电网人员保证安全运行的管理能力和运维检修能力，实现 110kV 变电站全面属地化工作平稳落地的目标。当前全国范围内针对智能变电站运维检修方面的教材一直较少，特别是 110kV 智能变电站的运维缺乏专业教材的指导，各公司在培训教学时往往凭借经验实施教学。

本书是在 110kV 变电站运维业务属地化背景下，调研分析县公司一线人员技能水平的基础上编撰的。针对目前现场变电运检中遇到的问题，发挥公司变电运检专家和培训中心专业教师各人力资源优势，研发出一本能够提高变电运检职业素养的教材，旨在为省公司、各地市（县）公司变电运检人员的培训工作提供有力支撑的培训教材。本书编写组集合了省内变电运维、变电检修、二次检修和方式整定方面的多位专家，汇集近年来现场的典型案例并在电磁暂态高精仿真平台上进行还原，并在 GIS 变电站、带电检测、电气试化验、新一代集控系统及变电站一键顺控方面进行了有效拓展。

本书在编写过程中得到了国网安徽省电力有限公司培训中心、国网安徽省电力有限公司设备部有关领导的大力支持，在此表示衷心感谢。

由于编者水平有限，疏漏之处在所难免，敬请读者批评指正。

编者

2023 年 11 月 22 日

目录

第一章　概　　述

智能电网通过数字化能源网络系统将能源的生产、输送、转换以及储存等环节与能源终端用户的各种电气设备连接在一起，可以进一步提高电力系统在能源转换效率、电能利用率、供电质量和可靠性等方面的性能。变电站作为电力网络的关键节点，承担着连接线路、汇集电能、变换电压等级等重要功能，变电站的智能化运行是实现智能电网的重要环节之一。国家电网公司于 2009 年开始大力推广智能变电站建设，110kV 智能变电站也是国家电网公司第一批智能变电站试点工程。为了推动和指导智能变电站的建设和改造工作，国网公司相继发布了 Q/GDW 383—2009《智能变电站技术导则》、Q/GDW 393—2009《110（66）kV～220kV 智能变电站设计规范》、Q/GDW 414—2011《变电站智能化改造技术规范》等一系列智能变电站标准和设计规范，对智能变电站技术要求、结构体系、系统功能等方面作出了明确规定。进入“十四五”阶段，国网公司规划建设“新一代变电站集中监控系统”，运用大数据、人工智能、可视化等新技术，建设“集控站＋无人值守变电站＋设备主人制”的变电运维新模式，实现了主辅设备远方一体化监视和控制，以及设备状态智能分析和故障预警等高级应用，进一步提升了变电站在设备监控、变电业务、事故异常处置方面的智能化水平。智能化提升是电网发展的重要趋势，智能变电站的推广应用将有力支撑智能电网的建设发展，助力实现新型电力系统的建设目标。

第一节　智能变电站技术发展

一、智能变电站的发展历程

随着计算机和通信技术的发展，变电站历经了多次技术演进，先后产生了常规综合自动化变电站、数字化变电站，并逐步向智能变电站发展。综合自动化变电站通过融合计算机和通信技术，初步实现了站内设备的计算机网络化控制。从 2000 年开始，全国电力系统管理及其信息交换标准化技术委员会便着手开展国际标准 IEC 61850 的转化工作，完成了国际标准 IEC 61850 到国内行业标准 DL/T 860 的转化，为国内变电站数字化建设提供了统一规范。数字化变电站建立了全站统一的数据通信平台，实现了站内一、二次设备的数字化通信和控制，全面提升了站内设备间的自动化控制水平。为了适应智能电网的发展需求，在数字化变电站的基础上，进一步提升了一次、二次设备的集成化水平，优化了变电站间的协调能力，数字化、智能化水平得到进一步提升，数字化变电站逐步向智能变电站迈进。智能变电站运用先进、可靠、高集成度的智能化设备将变电站系统集成为一个网络化、数字化、标准化的信息平台，使变电站与其他变电站、控制调度中心等部门实现自动控制、协同动作以及在线辅助分析等功能。

1. 综合自动化变电站

常规综合自动化变电站早期在基于远动终端的变电站基础上，融合了计算机技术和网络通信技术，将变电站中的自动控制、微机保护、测量监视等功能进行了组合和优化，首次采用分层分布式控制结构，采用网络化的信息交互和控制方式，取代了强电一对一控制方式，实现站内监控和远方调控的有效整合。综合自动化变电站具有功能综合化、通信网络化、结构分层化等特征，为变电站全站数字化控制的实现奠定了基础。

2. 数字化变电站

数字化变电站采用统一的 IEC 61850 标准通信规范建设，相对于上一代综合自动化变电站，数字化变电站进一步提升了变电站数字化水平。数字化变电站通过 IEC 61850 标准通信规范统一了设备间通信的数据模型和通信接口，实现了变电站内智能设备间的一体化信息共享与互操作性、各种功能共享统一的信息平台，优化了站内设备的协同控制。智能化一次设备的应用也进一步提升了变电站的运行稳定性和智能化运维水平。

数字化变电站根据变电站设备所处的功能位置，将站内结构分为“站控层”“间隔层”和“过程层”的三层逻辑结构，并相应形成“站控层网络”“过程层网络”两层控制网络，组成了变电站“三层两网”的架构体系。过程层网络通过光纤组网代替传统电缆进行数据传输，减少了控制电缆的使用，避免了站内复杂电磁环境对传输信号的影响，提高了信息传输的可靠性。

3. 智能变电站

智能变电站是数字化变电站的进一步升级和发展，其具备数字化变电站的所有功能和优势，并在此基础上对变电站自动化技术进行了升级以实现变电站智能化功能。智能变电站以“全站信息数字化、通信平台网络化、信息共享标准化”为基本要求，自动完成信息采集、测量、控制、保护、计量和监测等基本功能。相较于数字化变电站，智能变电站实现了一次设备功能的高度集成化，增加了实时设备状态监测、完备的辅助控制功能和统一的数据管理平台，可根据需要支持电网实时自动控制、智能调节、在线分析决策、协同互动等高级功能。智能变电站在实现站内设备统一信息交互的基础上，进一步关注各变电站之间、变电站与调度中心之间信息的统一与功能的层次化，建立全网统一的标准化信息平台，提升全网范围内系统的整体运行水平。智能变电站能够充分满足多样化供电需求，实现资源优化配置，确保电力供应的安全性、可靠性和经济性，实现对用户可靠、经济、清洁、互动的电力供应。

4. 面向未来的智能变电站发展方向

随着变电站技术的不断发展，智能化水平提升是变电站发展的必然趋势。2012 年 3 月，国家电网公司开始着手新一代智能变电站技术方案研究与论证。新一代智能变电站以“系统高度集成、结构布局合理、装备先进适用、经济节能环保、支撑调控一体”为建设目标，重点攻克了隔离断路器、二次设备集成舱、一体化业务平台、层次化保护控制等关键技术，研制完成了隔离断路器、集成式测控装置等设备，保护控制层级更加完整、性能更加可靠，基于一体化平台的顺序控制、智能告警等高级功能实用化水平进一步提升。未来我国智能变电站将向着集成化、小型化、协同化以及自主可控的方向发展，主要表现如下。

（1）一次设备集成化封装、二次设备功能高度集成，信息交互更加紧密。

（2）变电站设备趋向模块化、小型化，采用预制舱式结构，便于整站安装组建。

（3）增强主厂站间的信息交互程度，提升运维管理水平。

（4）采用自主可控的国产化二次设备，保障电网安全运行。

二、智能变电站技术特点

智能变电站以智能化设备为核心，在电网运行维护、设备信息采集以及电力的调度方面实现了全面的互动，具备自我监测、智能诊断等高级功能应用，与常规变电站相比，智能变电站主要具备以下技术特点。

1. 一次设备的智能化、集成化

高压一次设备的智能化属性是智能变电站的重要特征。以高压设备为基础，通过集成传感器等辅助监测设备，实现站内重要电气设备运行状态的实时监控，提高设备运行的可靠性。对变压器、互感器、断路器等关键一次设备进行集成化，形成封装化智能设备，减小占地面积。对多个单一功能的设备进行融合，形成智能化的保护、测控单元，简化设备结构，提升设备利用率。

2. 二次设备的网络化

智能变电站中一次设备与保护、测控之间，间隔层与站控层设备之间均采用光缆进行连接并组网，形成站控层网络和过程层网络。传统变电站电缆中传输的状态量和模拟量信号被网络中的传输报文取代，通过网络实现数据交互和资源共享。站控层网络实现站控层内部以及站控层和间隔层之间的数据传输，过程层网络实现间隔层设备和过程层设备之间的数据传输。其中，站控层网络主要使用 MMS（制造报文规范）、GOOSE（面向对象的通用变电站事件）协议进行数据交互，过程层网络主要使用 GOOSE、SV（采样值）协议实现状态量信号以及模拟量信号的数据传输。

3. 具备顺序控制功能

顺序控制是智能变电站较为突出一个技术特点，主要通过设置在间隔层内的防误闭锁开关及相关的监控系统来实现。顺序控制有三种途径，即时间顺序、逻辑顺序和条件顺序。先由监控系统下达操作任务，每个任务都是一个条件，然后再由计算机系统按照预先设定好的步骤完成任务，其中的步骤就是逻辑顺序。通过对设备进行顺序控制，可以避免误动作的情况发生，确保了设备的运行可靠性。

4. 设备运行状态实时监测与智能诊断

智能变电站包含大量一次、二次运行设备，为确保这些设备可靠稳定运行，需要对其运行状态进行实时监测并辅以智能诊断等高级功能。通过智能传感器实时获取设备运行状态有关的数据信息，基于信息融合模型，利用采集到的实时数据，综合考虑历史状态记录、运行工况、环境影响等因素，对设备当前所处的运行状态进行诊断，判断设备是否运行正常，一旦发现设备状态异常，系统会自动给出辅助处理方案，为设备的稳定、可靠、安全运行提供了强有力的技术保障。

第二节　IEC 61850 通信标准简介

IEC 61850 是由国际电工委员会制定发布的基于通用网络通信平台的变电站自动化系统唯一国际标准，于 2003 年发布。IEC 61850 不仅局限于单纯的通信规约，而是数字化变电站自动化系统的标准，它指导着变电站自动化的设计、开发、工程、维护等各个领域的工作。IEC 61850 标准实现了智能变电站工程运作的标准化，使得智能变电站的工程实施变得规范、统一和透明，对智能变电站发展具有不可替代的作用。为了适应国内电力系统发展情况和便于国内技术人员参考使用，全国电力系统管理及其信息交换标准化技术委员会对 IEC 61850 标准进行转化，形成了国内行业标准 DL/T 860，其内容整体上与 IEC 61850 是对应关系，并对 IEC 61850 部分内容进行了优化，本书仅以 IEC 61850 为例进行介绍。

IEC 61850 规范了数据命名和定义、设备行为、设备描述特征和通用配置语言。通过对变电站自动化系统中的对象统一建模，采用面向对象技术和独立于网络结构的抽象通信服务接口，增强了设备之间的互操作性，可以在不同厂家的设备之间实现无缝连接。与传统的通信协议体系相比，IEC 61850 在技术上有以下突出特点。

（1）使用分层的自动化架构。

（2）使用面向对象的建模技术。

（3）使用抽象通信服务接口（ACSI）、特殊通信服务映射（SCSM）技术。

（4）使用制造报文规范（MMS）协议。

（5）具有面向未来的、开放的体系结构。

一、分层控制架构

目前，智能变电站普遍采用“三层两网”的系统结构。过程层实现所有与一次设备接口相关的功能，是一次设备的数字化接口。典型的过程层设备，如过程接口装置、传感器和执行元件等，它们将模拟量、状态量等就地转化为数字信号发送给上层，并接收和执行上层下发的控制命令。间隔层的主要功能是采集本间隔一次设备的信号，操作控制一次设备，并将相关信息上送给站控层设备和接收站控层设备的命令。间隔层设备由每个间隔的控制、保护或监视单元组成。站控层的功能是利用全站信息对全站一次、二次设备进行监视、控制以及与远方控制中心通信。站控层设备由带数据库的计算机、操作员工作台、远方通信接口等组成。

二、面向对象建模（IED 模型）

IEC 61850 标准中将智能电子设备（IED）的信息模型定义为分层结构化的类模型。

信息模型的每一层都定义为抽象的类，并封装了相应的属性和服务。其中，属性描述了这个类所有实例的外部特征，服务提供了访问（操作）类属性的方法。

IEC 61850 标准中 IED 的分层信息模型自上而下分为四个层级，如图 1-1 所示，包括服务器（SERVER）、逻辑设备（LOGICAL-DEVICE，LD）、逻辑节点（LOGICAL-NODE，LN）和数据（DATA，DA），上一层级的类模型由若干个下一层级的类模型“聚合”而成，位于最低层级的 DATA 类由若干数据属性（Data Attribute，DA）组成。一个 IED 可定义为 SERVER 对象，每个 SERVER 对象中至少包含一个 LD 对象，每个 LD 对象至少包含 3 个 LN 对象，即逻辑节点零逻辑节点（LLN0）、物理设备逻辑节点（LPHD）及其他应用逻辑节点。SERVER 代表设备的外部可视性能，LD 包含一组特定功能，代表一组典型变电站功能的逻辑实体，如控制；LN 是一个特定应用功能，为交换数据的最小功能单元，可以与其他逻辑节点进行信息交互，如开关控制；DATA 表示一个信息，如断路器位置；数据属性表示数据对象的内涵，如具体的断路器分合状态（0 表示分位，1 表示合位）。通过分层结构化类模型即可完整描述 LED 的设备功能。

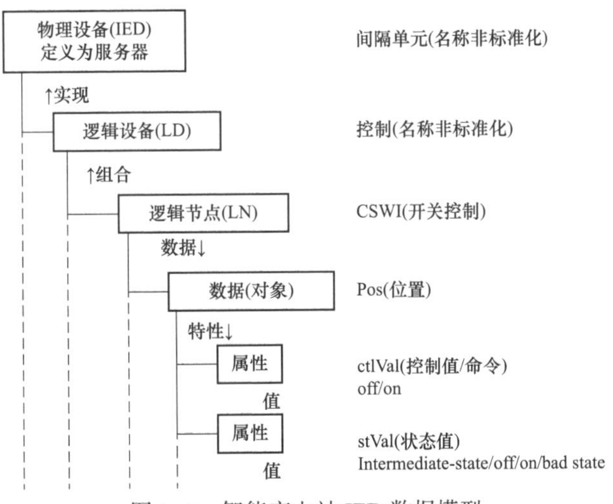

图 1-1 智能变电站 IED 数据模型

三、统一语言描述

智能变电站描述文件（SCL）是一种基于可扩展标记语言（Extensible Markup Language，XML）格式的配置描述文件，它用于描述与通信相关的站内智能电子设备参数、间隔结构、通信系统结构等信息，能够实现系统配置数据在不同制造商提供的智能电子设备配置工具和系统配置工具之间实现数据互操作。

IEC 61850 标准中使用 SCL 定义了用于描述继电保护设备能力或其网络通信拓扑结构的文件，包括 ICD、SSD、SCD、CID、CCD 等。

（1）ICD（IED Capability Description，IED 能力描述）文件描述了 IED 提供的基本数据模型及服务，包含模型自描述信息，但不包含 IED 实例名称和通信参数，ICD 文件还应包含设备厂家名、设备类型、版本号、版本修改信息、明确描述修改时间、修改版本号等内容。

（2）SSD（System Specification Description，系统规格描述）文件描述变电站一次系统结构以及相关联的逻辑节点，全站唯一，SSD 文件应由系统集成厂商提供，并最终包含在 SCD 文件中。

（3）SCD（Substation Configuration Description，全站系统配置描述）文件包含全站所有信息，描述所有 IED 的实例配置和通信参数、IED 之间的通信配置以及变电站一次系统结构，SCD 文件应包含版本修改信息，以及明确描述修改时间、修改版本号等内容，SCD 文件建立在 ICD 和 SSD 文件的基础上，也可以由系统配置工具生成。

（4）CID（Configured IED Description，IED 实例配置描述）文件是 IED 的实例配置文件，从 SCD 文件导出生成，禁止手动修改，一般全站唯一、每个装置一个，直接下载到装置中使用。IED 通信程序启动时自动解析 CID 文件，映射生成相应的逻辑节点数据结构，实现通信与信息模型的分离，可以在不修改通信程序的情况下，快速修改相关模型的映射与配置。

（5）CCD（Configured IED Circuit Description，IED 实例回路配置描述）文件是 IED 的回路实例配置文件，从 SCD 文件导出生成，用于描述 IED 的 GOOSE、SV 发布 / 订阅信息的配置文件，包括发布 / 订阅的控制块配置、内部变量映射、物理端口描述和虚端子连接关系等信息。该文件从 SCD 文件导出后下装到 IED 中运行。

智能变电站 SCD 文件配置流程图如图 1-2 所示，各厂家提供所属 IED 设备的 ICD 模型文件，系统集成厂商提供描述变电站一次系统结构以及相关联逻辑节点的 SSD 文件，通过系统配置工具，综合 ICD、SSD 文件生成智能变电站全站配置 SCD 文件。进一步通过 IED 配置工具，导出与站内 IED 一一对应的 IED 的回路实例配置文件 CCD 文件和 IED 实例配置描述文件，并下载到对应的 IED 中，实现 IED 的功能配置。

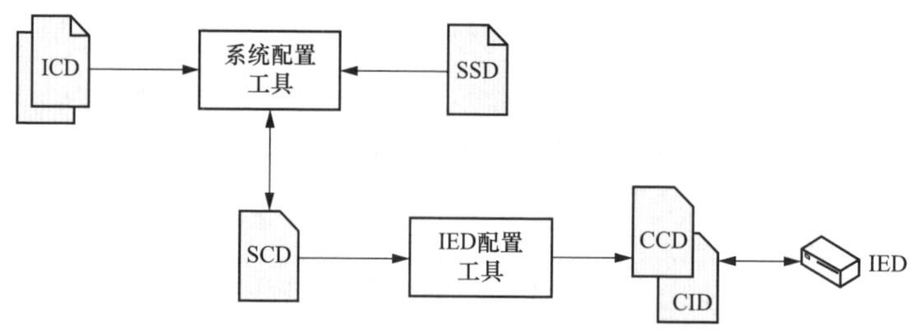

图 1-2　智能变电站 SCD 文件配置流程图

四、抽象通信服务接口

IEC 61850 标准总结了变电站内信息传输所必需的通信服务，对变电站涉及的相关设备和通信服务进行功能和数据建模，定义了独立于所有网络服务和通信协议的抽象通信服务接口（Abstract Communication Service Interface，ACSI）。在 IEC 61850-7-2 中，ACSI 服务模型主要包括连接服务模型、变量访问服务模型、数据传输服务模型、设备控制服务模型、文件传输服务模型、时钟同步服务模型等。这些服务模型明确了通信对象以及如何对这些对象进行访问，但 IEC 61850 标准中并没有对 ACSI 中的模型给出具体的实现方法，而是由特定通信服务映射（Special Communication Service Mapping，SCSM）功能将信息模型映射到底层所采用的通信协议栈。其中，IEC 61850.8.1 定义了 ACSI 至 MMS 协议之间的映射关系，IEC 61850.9.1 和 IEC 61850.9.2 分别定义了 ACSI 至 GOOSE 和 SV 协议之间的映射关系。IEC 61850 标准使用 ACSI 和 SCSM 技术，将上层信息模型和底层通信协议分离，当通信协议发生变动和升级时，只需相应修改 SCSM，而无须改动其他信息模型的定义，能够更好地适应未来通信技术的发展。智能变电站通信服务接口如图 1-3 所示。

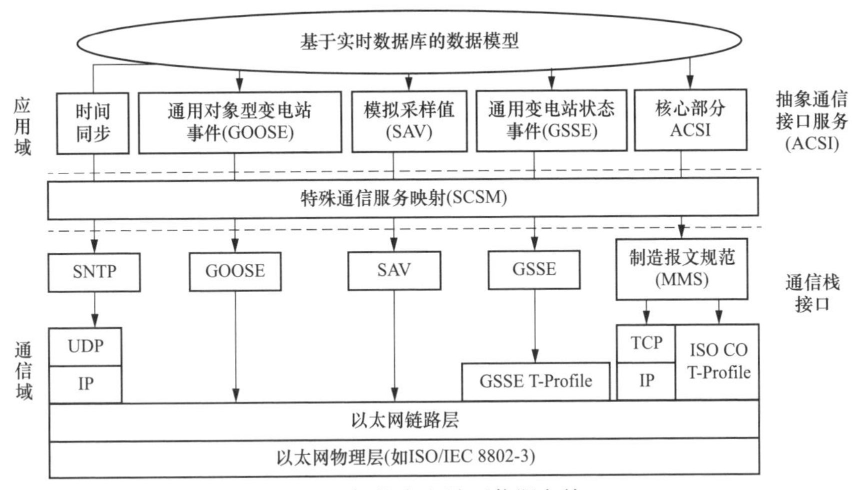

图 1-3 智能变电站通信服务接口

第三节 智能变电站“三层两网”结构

一、“三层两网”技术

在智能变电站的发展过程中，国内设计了多种不同的体系结构，如“三层三网”结构、“三层两网”结构等，目前应用较多的是“三层两网”结构，如图 1-4 所示。根据 IEC 61850 标准协议的规定，智能变电站可以从逻辑功能上划分为三层，分别是站控层、间隔层、过程层。两网分别指站控层网络和过程层网络。

1. 站控层

站控层位于智能变电站三层结构的顶层，包括工程师站、数据后台、故障信息子站等，其主要功能是通过站控层与间隔层之间的通信网络进行实时数据交换，实现全站一次设备的监视、告警、控制等交互功能，同时，站控层通过通信设备实现与调度中心之间的信息交换，实现变电站的远方监控，执行调度下达的操作命令。

2. 间隔层

间隔层位于站控层与过程层的中间，包括保护、测量、控制和录波等二次装置，其

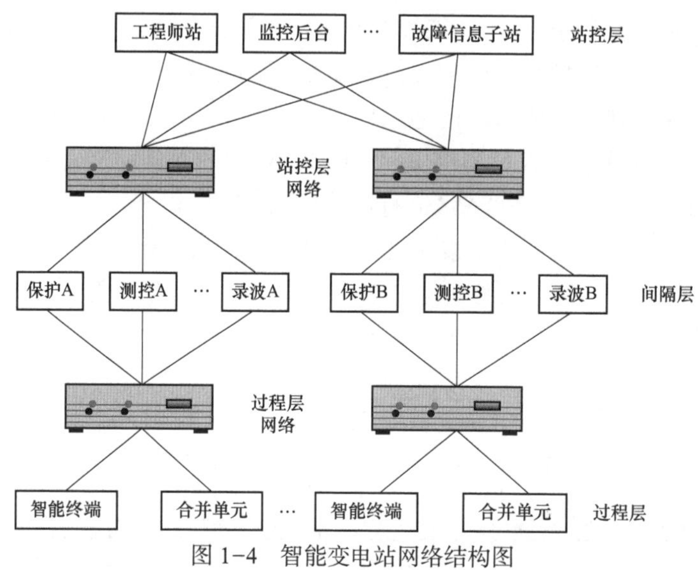

图 1-4　智能变电站网络结构图

主要功能是通过各种传感器设备获取过程层各设备的运行信息，如电压、电流等模拟量信息以及断路器、开关等位置信息，从而对过程层设备进行保护与控制，实现本间隔内的操作闭锁，并进行一次电气量的运算和计量。同时，间隔层与站控层通过站控层网络进行通信，完成站控层对过程层设备的遥测、遥信、遥控、遥调等任务。

3. 过程层

过程层位于智能变电站三层结构的最底层，主要设备包括变压器、母线、断路器、隔离开关、电子式互感器等一次设备及其所属的智能终端、合并单元等，其主要功能是采集一次电气量信息、执行操控命令和检测设备状态。智能变电站过程层的物理表现与传统变电站相比有很大的区别，自动控制系统需要通过过程层进行数据的输入与输出。所以在过程层的接口处组成了一次、二次设备的分界面，这个分界面通过合并单元、智能终端或智能组件实现测量、控制、状态监测等功能。

4. 站控层网络

站控层网络是间隔层设备和站控层设备之间的网络，实现站控层内部以及站控层与间隔层之间的数据传输，网络通信协议采用 MMS 协议，故也称为 MMS 网络；站控层网络采用星形结构的以太网，网络设备包括站控层中心交换机和间隔交换机。站控层中心交换机连接数据通信网关机、监控主机、综合应用服务器、数据服务器等设备，间隔交换机连接间隔内的保护、测控和其他智能电子设备。间隔交换机与中心交换机通过光纤连成同一物理网络。

5. 过程层网络

过程层网络是间隔层设备和过程层设备之间的网络，实现间隔层设备与过程层设备之间的数据传输，主要用于完成运行设备的状态监测、执行操作控制命令、实时电气量采集等功能，可实现基本状态量和模拟量的数字化输入、输出。过程层网络由交换机与网络线组成，向上连接着间隔层的智能电子设备，向下连接着智能终端、合并单元，扮演着联系一次设备和二次设备的角色。过程层网络采用 GOOSE 协议和 SV 协议进行数据传输。

二、110kV 智能变电站典型架构

110kV 智能变电站体系结构的典型架构如图 1-5 所示。

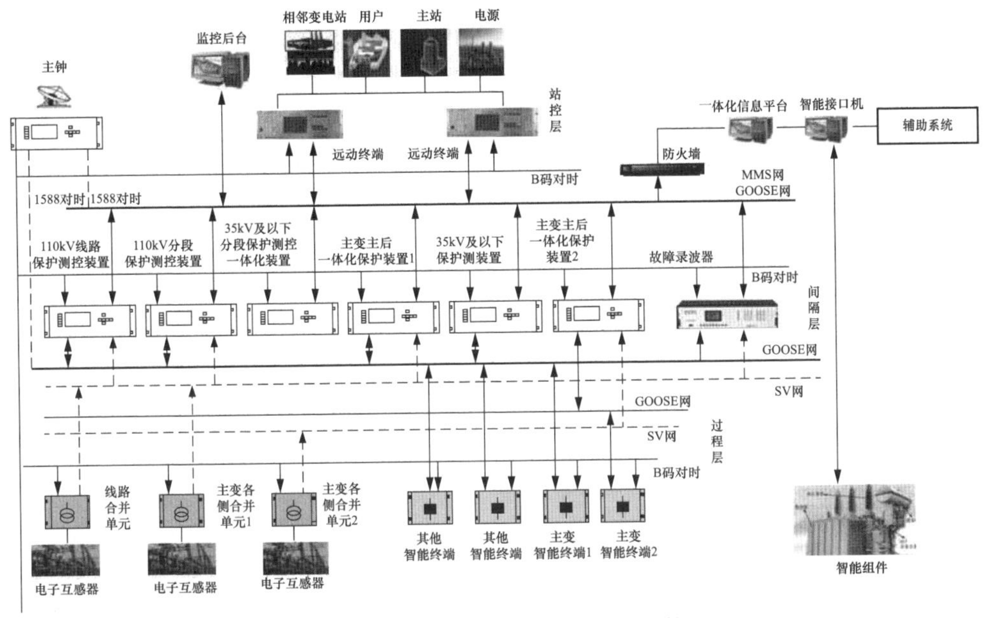

图 1-5 110kV 智能变电站体系架构

站控层网络一般采用单重化星形以太网络。使用 MMS、GOOSE 共网传输的组网方案，覆盖间隔层的 IED 设备和站控层的控制监视系统。站控层远动控制设备与间隔层保护测控等设备采用 IEC 61850-8-1 通信协议。

110kV 变压器电量保护宜按双套配置，双套配置时应采用主、后备保护一体化配置；其余保护宜采用保护、测控一体化装置单套配置，并与故障录波器等设备统一接入站控层网络与过程层网络，其中，保护相关信号采用直接采样、直接跳闸的方式。

过程层网络采用 GOOSE、SV 单独组网方式。过程层设备采用智能一次设备，单套配置合并单元与智能终端，其中，变压器各侧合并单元与智能终端宜按双套配置。

第二章　智能变电站过程层设备

智能变电站中最为重要的是过程层设备，没有过程层设备就不可能实现智能变电站的高级应用。过程层是智能变电站一次设备与二次设备的结合面，主要完成电力系统负荷控制及其所属智能组件产生信息的传输和共享，如开关量、模拟量的采集以及控制命令的执行等，同时面向电气设备/间隔单元，通过网络直连方式与间隔层智能组件互相通信。

相对于传统变电站，智能变电站的一次、二次设备发生了较大的变化，智能变电站是以网络通信技术为基础，以数字化信息通信来实现变电站智能电子设备之间的连接并通过 GOOSE、SV 采样值传输机制进行信息的交互传递，这些特征有利于实现和反映变电站运行的稳态、暂态、动态以及变电站设备运行状态、工况、图像等数据的集合，为电力系统提供统一全景的数据。

具体而言，变电站原间隔层中的部分功能下放到过程层，如模拟量的 A/D 转换、开关量输入和输出等，相应的信息经过过程层网络进行传输，它直接影响变电站信息的采集方式、准确度和实时性，也是继电保护正确动作的前提。

现行智能变电站各主要设备与调度主站、变电站与监控主站等系统或设备之间的信息交换，其体系结构划分为过程层、间隔层和站控层三个层次，其中过程层设备从物理形态和逻辑功能上可以理解为以“一次设备本体 + 智能组件”的方式实现，过程层设备进行一次智能设备的电气量的采集、执行操作命令和检测设备的状态，因此智能站过程层设备是智能变电站的重要组成部分，本章主要着重介绍过程层设备中的合并单元、智能终端等智能组件装置。

第一节　合 并 单 元

合并单元又称合并器，主要完成智能变电站电流、电压互感器中电流和电压合并转换为数字信号（SV）上传至测控、保护与电度表等功能。合并单元是过程层的关键设备，是对来自二次转换器的电流、电压数据进行时间相关组合的物理单元。

一、合并单元的功能作用

合并单元装置一般采用就地安装原则，能够将电子式互感器或传统电磁式互感器输出的电压和电流共同接入合并单元装置中，通过采集器输出的数字量及其他合并单元输

出该合并单元电压/电流数字量，进行合并处理。合并单元外部接口结构如图 2-1 所示，合并单元数字接口框图如图 2-2 所示。

合并单元的功能作用体现在以下几个方面。

（1）合并单元装置具有电压切换及并列功能。能够根据一次设备的运行方式，灵活切换或并列二次电压，供给继电保护、自动装置、计量装置、故障录波及测控装置使用。

（2）合并单元装置具有数据同步功能，能将不同相别、不同型号的电子互感器及其他数字输出设备，通过不同通道输入至合并单元的电流电压数字量，利用采样延时的调整来进行同步，保障二次设备采样的正确性。

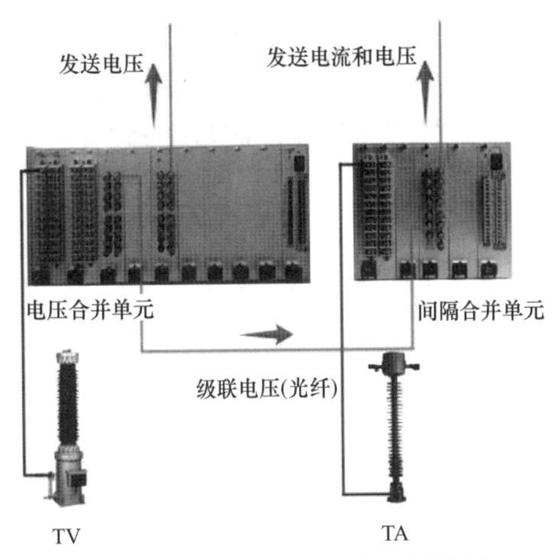

图 2-1　合并单元外部接口结构图

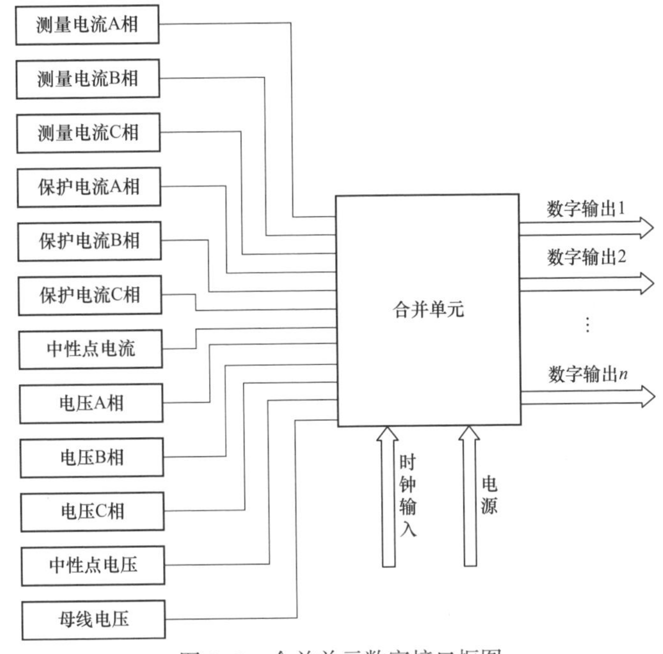

图 2-2　合并单元数字接口框图

（3）合并单元装置具有完善的告警功能，告警包括电源中断、SV 断链、装置内部异常、板件故障以及通道监测告警功能，能够对其收信通道的设备及收信通道的运行状态和数据完好性进行监测并在出现异常时发出告警。

（4）合并单元装置具有数据采样扩展作用，能够将一组电流或一组电压数据扩展成多组输出，以供给不同的二次设备使用。

1）合并单元的交流模件从互感器采集模拟量信号，对一次互感器传输的电气量进行合并和同步处理。母线合并单元称为一级合并单元，间隔合并单元称为二级合并单元。二级合并单元接收一级合并单元级联的数字量采样，再通过插值法对模拟量信号和数字量信号进行同步处理。同步处理的作用是消除模拟量采样与数字量采样之间的延时误差，从而消除相位误差。

2）智能变电站采样回路分为经过交换机和不经交换机两种，经过交换机称为“网采”，即网络采样，二次设备通过 SV 网络交换机与合并单元通信；不经交换机称为“直采”，即直接采样，即二次设备通过光纤直接与合并单元点对点连接。两种采样的主要区别异同点见表 2-1。

表 2-1　直接采样和网络采样区别

类型	直接采样	网络采样
延时与同步	采样值传输延时短，保护动作速度快	采样值传输延时比直采长、保护动作速度受影响
	采样传输延时稳定	网络延时不稳定
	采样同步由保护完成，不依赖于外部时钟，可靠性高	采样同步依赖于外部时钟，一旦时钟丢失或异常，将导致全站保护异常，可靠性低
与交换机的联系	采样值传送过程中无中间环节、简单、直接、可靠	在采样回路增加了交换机的有源环节、降低保护系统可靠性
	不依赖交换机	对交换机的依赖太强，对交换机的技术要求极高
	各间隔保护功能在采样环节（天然的）独立实现，可靠性高	使多个不相关间隔保护系统产生关联单一元件（交换机）故障，会影响多个保护运行
	检修、扩建不影响其他间隔的保护	交换机配置复杂，检修、扩建中对交换机配置文件修改或 VLAN 划分调整后，需要停用相关设备或网络进行验证，验证难度大，同时扩大了影响范围，运行风险大
光纤回路	合并单元、变压器、母线保护装置光口较多，需要解决散热等问题	二次光纤数量较少
成本	投资成本两者相当（交换机成本减少；光纤数量较多；主设备保护装置、合并单元成本增加）	投资成本两者相当（交换机投资成本较大）
	光纤数量多，断链频率较高，增加了一定的维护成本	光纤断链频率较低

二、合并单元的技术要求

（1）每个合并单元应满足最多 12 个输入通道和至少 8 个输出端口的要求，合并单元电气量输入可能是模拟量，也可能是数字量，合并单元一般采用定时采集方法对外部输入信号进行采集。

（2）合并单元的输出接口协议有 IEC 60044-8（FT3 扩展）、IEC 61850-9-1 和 IEC 61850-9-2 通信协议，现在主要使用 IEC 61850-9-2，输入接口（即与互感器之间的通信）协议一般采用自定义规约。

（3）合并单元应输出电子式互感器整体的采样响应延时。

（4）合并单元采样值发送间隔离散值应小于 10μs。

（5）合并单元应能提供点对点和组网输出接口。

（6）合并单元输出应能支持多种采样频率，用于保护、测控的输出接口的采样频率宜为 4000Hz。

（7）若电子式互感器由合并单元提供电源，则合并单元应具备对激光器的监视。

（8）合并单元输出采样数据的品质标志应实时反映自检状态，不应附加任何延时或展宽。

（9）合并单元应采样双 A/D 系统，输出的两路数字采样值由同一路通道进入一套保护装置，每套保护的启动元件与保护元件同时动作，保护装置才会出口跳闸，防止一路采样出现异常数据而导致误动作。

三、合并单元的分类

1. 母线合并单元

（1）如图 2-3 所示为 PRS-7393-3-G 电压合并单元。

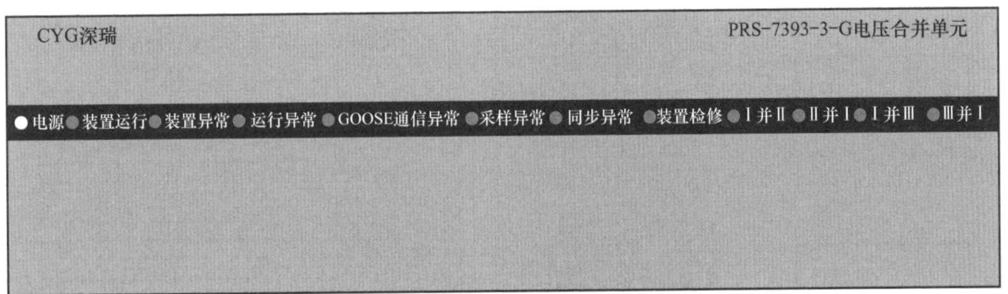

图 2-3　PRS-7393-3-G 电压合并单元

（2）电压合并单元面板信号灯说明详见表 2-2。

表 2-2　　电压合并单元面板信号灯说明表

指示	含义
电源	指示管理 CPU、通信 CPU 的程序运行情况，该灯点亮，表示相应板件程序正常运行
装置运行	
装置异常	装置硬件故障
采样异常	即 SV 采样异常，装置无法正常采集数据时指示
同步异常	装置对时异常，采样值无法与时间正确匹配时指示
装置检修	装置检修指示
GOOSE 通信异常	GOOSE 网络中断，合并单元无法接收 GOOSE 信息
Ⅰ并Ⅱ	即Ⅰ母强制Ⅱ母运行，Ⅱ母线电压由Ⅰ母线上压变提供
Ⅱ并Ⅰ	与Ⅰ并Ⅱ类似的指示功能

续表

指示	含义
Ⅰ并Ⅲ	与Ⅰ并Ⅱ类似的指示功能
Ⅲ并Ⅰ	与Ⅰ并Ⅱ类似的指示功能

（3）母线合并单元（以 110kV 电网为例）功能示意说明如图 2-4 所示。母线合并单元通过 GOOSE 网络或开入板卡采集电压互感器的模拟电气量及母联断路器（双母接线）、分段断路器（分段接线）、隔离开关位置（双母接线）、进行同步处理及电压并列后，输出电压数字量至所有的线路间隔、主变压器高压侧及母联间隔合并单元用于电压级联，同时发送至母差保护装置、故障录波器及网络分析仪，如图 2-4 所示。

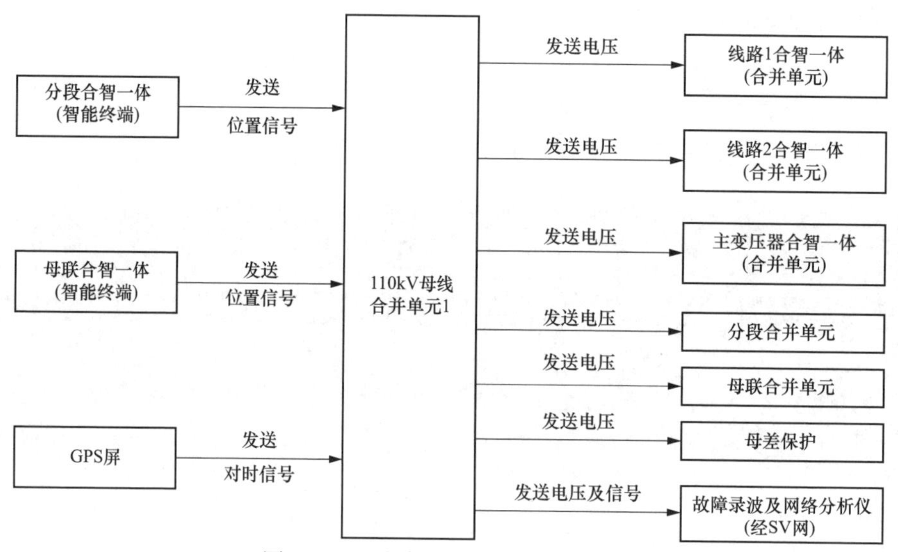

图 2-4　母线合并单元 1 功能示意图

需要指出的是，110kV 电网中普遍使用合智一体、保测一体装置，在单母分段接线和桥接线中，分段开关保护装置本身是不需要采集电压量的，但在虚端子中一般还是会传送电压量的，其一是给保测一体装置中的测量部分使用（点对点直接传送），其二是给可能的同期功能使用。

（4）母线合并单元功能影响范围（见图 2-4）。当母线电压合并单元 1 异常时，将导致相关联的母线保护、线路保护、主变压器保护、测控装置电压采样异常，母线电压合并单元 2 异常，将导致相关联的主变压器第二套保护电压采样异常。

2. 间隔合并单元

110kV 电网线路、主变压器、母联、母分间隔采用的都是合智一体装置，为了与 220kV 电压等级采用的独立间隔合并单元、间隔智能终端区分，本章在功能介绍时采用合智一体（合并单元）、合智一体（智能终端）进行阐述。

（1）主要装置指示灯说明见表2-3。

表2-3　　间隔合并单元装置指示灯说明

指示	含义
电源	指示管理CPU、通信CPU的程序运行情况，该灯点亮，表示相应板件程序正常运行
装置运行	
装置异常	装置硬件故障
采样异常	即SV采样异常，装置无法正常采集数据时指示
同步异常	装置对时异常，采样值无法与时间正确匹配时指示
装置检修	装置检修指示

（2）间隔合并单元（以110kV单母分段接线线路间隔为例）功能示意说明如图2-5所示。

该合并单元采集本间隔电流互感器的模拟电气量、母线级联电压及隔离开关位置信号，进行同步处理及电压切换后，输出电流数字量至110kV线路间隔线路保护、110kV第一套母差保护、110kV线路间隔测控、110kV线路间隔电能表（经或不经组网交换机）、故障录波器及网络分析仪（经组网交换机），同时发送合并单元告警信号至组网交换机。

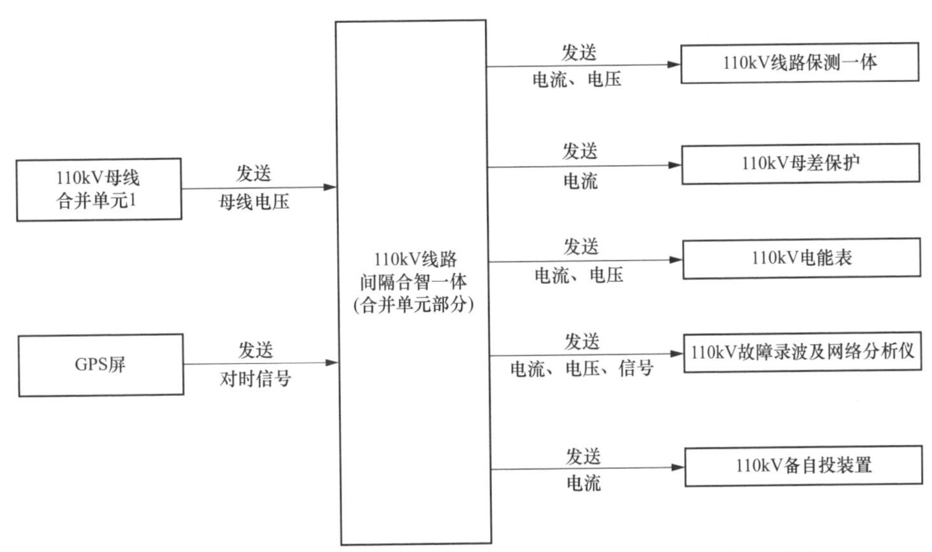

图2-5　110kV单母分段线路间隔合智一体（合并单元）功能示意图

注意：110kV线路合智一体（合并单元）按每间隔一套配置，与220kV合并单元第一套功能类似，但在单母分段、桥接线这样固定连接的接线方式下，间隔合智一体中的合并单元不再采集母线侧隔离开关位置信息，内部没有额外的虚端子联系，即线路、主变压器支路在固定连接接线方式下，不需要在间隔合智一体（合并单元）中进行电压切换。

3. 主变压器本体合并单元

主变压器本体合并单元采用较为简单，主要通过网络或开入采样板采集主变压器中性点间隙电流互感器中的电流和中性点套管中电流互感器中的零序电流，两个模拟电气量传送给主变压器高后备保护装置，同时也传入给故障录波器和网络分析仪。

四、合并单元采用时钟同步

1. 合并单元采样值同步的必要性

一次设备智能化要求实时电气量和状态量采集由传统的集中式采样改为分布式采样，这样就不可避免地带来了采样同步的问题，主要表现在以下几个方面。

（1）同一间隔内各电压电流量的同步。本间隔的有功功率、无功功率、功率因数、电流 / 电压相位、零序分量及线路电压等问题都依赖于对同步数据的测量计算。目前智能变电站内采取的方法是电流和电压等模拟量采样全部采用直采的方式进行，保护和测控等功能不依赖于同步对时装置，同步对时功能起辅助作用，即使出现对时异常，也不会影响继电保护装置的功能和遥测数据。

（2）关联多间隔之间的同步。变电站内存在某些二次设备需要多个间隔的电压、电流量，典型的如母线保护、主设备纵联差动保护装置等，相关间隔的合并单元送出的测量数据应该是同步的。

（3）关联变电站间的同步。输电线路保护采用数字式纵联电流差动保护（如光纤纵差）时，差动保护需要两侧的同步数据，这有可能将数据同步问题扩展到多个变电站之间。

（4）广域同步。大电网广域监测系统需要全系统范围内的同步相角测量，在大规模使用电子式互感器的情况下，必将出现全系统内采样数据同步的问题。

2. 智能变电站时钟同步系统对合并单元影响

智能变电站的同步方法。软件：插值法、报文延时、报文时标；硬件：GPS、北斗外部对时、硬件时标。

（1）为了消除不同合并单元延时不一致的问题，通常采用同步的方法来解决，即所有合并单元接收到电磁式互感器输入的电流、电压后，都等待一定的时间后再同时将电流电压输出给保护测控装置，保护测控装置解析数据报文中的时标，再进行时间或相角补偿。同步是解决数据延时的手段，同步性能将决定二次系统电流电压数据的质量。

（2）智能变电站时钟同步系统失效将导致合并单元延时，若问题不能得到解决，将会导致由延时产生以下影响。

1）影响距离保护的动作边界值。

2）母差保护延时问题显得更为重要，如果两个线路间隔合并单元之间的延时过大，就可能导致母差保护出现误动或拒动。

3）测控和计量不准确。

五、合并单元装置硬压板

（1）合并单元装置一般只设一块硬压板，即“检修状态”压板，变电设备正常运行

时“检修状态”压板应退出，由于“检修状态”压板的投入会使得装置报文带有检修品质位信息，当检修品质位不一致时，装置会发出“检修不一致”告警，并进行闭锁相关保护的功能，因此现场变电运维人员、继电保护人员应慎重投退该压板。合并单元“检修状态”压板投入后有以下特征。

1）合并单元发出的 SV、GOOSE 数据带检修标志。

2）合并单元接收到的 GOOSE 报文，其检修标志与本装置一致则有效，否则无效。检修不一致时开关、隔离开关双位置开入信号状态保持不变。

3）间隔合并单元接收到的级联报文，其检修标志与本装置一致则有效，否则无效。

所谓“检修不一致”，是指智能终端、合并单元、保护装置的“报文检修品质位不相同”，表现为三个智能装置的投“检修状态”硬压板没有同时投退。其中，智能终端与保护装置“检修不一致”闭锁保护动作出口逻辑；合并单元与保护装置“检修不一致”闭锁保护采样计算逻辑。

（2）当合并单元、智能终端、保护装置的“检修状态”硬压板状态不一致时，保护装置不能正确出口跳闸，如图 2-6 和图 2-7 所示。

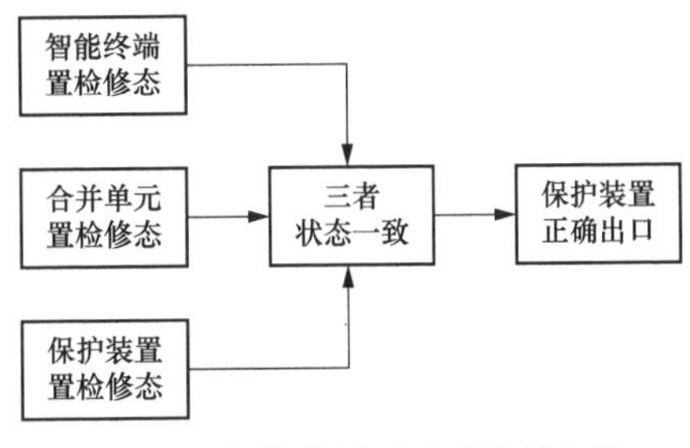

图 2-6 保护装置正确动作并上送

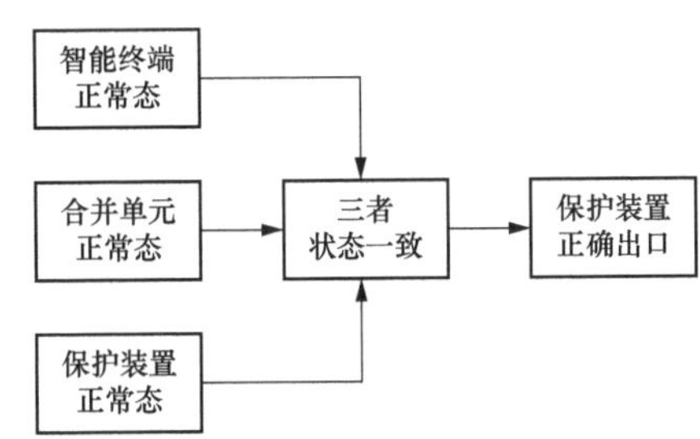

图 2-7 保护装置正确动作动作信息不上送

综上所述，智能终端、合并单元、保护装置三者之间“检修状态”压板投停对保护功能的影响具体详见表 2-4。

表 2-4 “检修状态”压板投停对保护功能影响

“检修状态”压板投停对保护功能的影响，表中置 1 表示投入，0 表示退出			
智能终端	合并单元	保护装置	功能影响
0	0	0	无影响，保护正确动作，报文上送至后台及调度中心
1	1	1	无影响，保护正确动作，报文不上送至后台及调度中心
0	0	1	闭锁所有保护，断路器不能保护跳闸
0	1	0	闭锁电流保护
0	1	1	保护正常采样计算，断路器不能保护跳闸
1	0	0	保护正常采样计算，断路器不能保护跳闸
1	0	1	闭锁电流保护
1	1	0	闭锁电流保护，断路器不能保护跳闸

（3）此外 SV 采样品质不一致时还会引起保护闭锁。为了避免错误地投退“检修状态”压板引起保护闭锁，特别规定如下。

1）正常的倒闸操作中，不应投入任一装置的“检修状态”压板，仅调整“SV 投入”及“GOOSE 出口”类压板。

2）装置上的工作确实需要投入“检修状态”压板的，依照所持现场工作票执行，并记录工作票编号、工作负责人、现场许可人、投入时间等备查。工作结束后，需退出“检修状态”压板并记录。

六、母线合并单元电压并列

1. 电压切换功能

电压切换功能通过间隔合并单元实现，间隔智能终端采集本间隔的隔离开关位置，通过 GOOSE 发送给本间隔合并单元，合并单元根据隔离开关位置来完成电压切换功能。

2. 电压并列功能

智能变电站的电压并列功能与常规变电站有所不同，常规互感器母线电压切换并列功能是通过隔离刀闸、断路器位置触点驱动继电器实现的。在智能变电站中，位置触点可直采，也可由智能装置采集并以 GOOSE 形式传输至过程层网络，过程层装置或间隔层装置可根据相关位置信息实现电压切换或并列功能。各间隔合并单元所需要的母线电压量通过母线合并单元转发。

智能变电站没有专门的电压并列柜，并列功能在母线压变合并单元实现。并列的隔离开关位置是通过采集 GOOSE 光信号的，因此原理上不存在二次反送电问题。智能变电站电压并列功能由母线合并单元实现，一个合并单元最多可以接受 3 条母线电压，并通过硬触点开入或 GOOSE 信号得到分段断路器位置，同时把屏柜上的把手位置作为开入，完成电压并列和解列操作，如图 2-8 和表 2-5 所示。

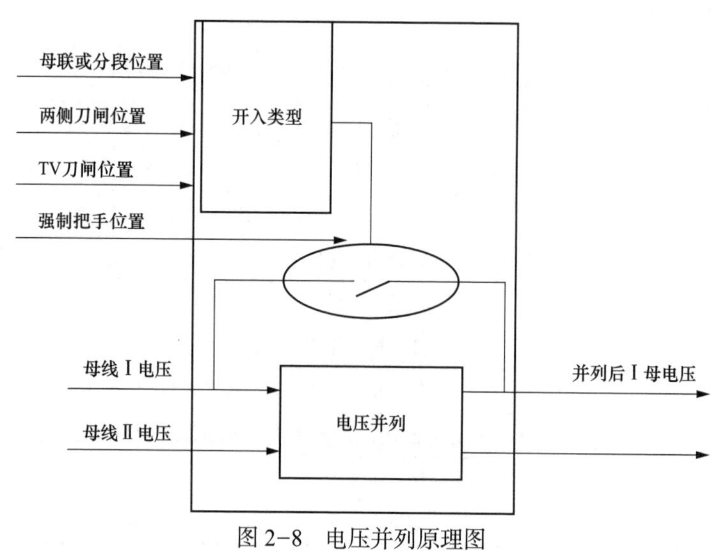

图 2-8　电压并列原理图

表 2-5　　单母分段接线合并单元的内部并列逻辑

输入							输出
分段位置	分段Ⅰ母侧隔离开关位置	分段Ⅱ母侧隔离开关位置	Ⅰ母 TV 隔离开关位置	Ⅱ母 TV 隔离开关位置	Ⅰ段母线强制Ⅱ段母线	Ⅱ段母线强制Ⅰ段母线	Ⅰ段母线、Ⅱ段母线电压
1	1	1	X	1	1	0	均输出Ⅱ段母线电压
1	1	1	1	X	0	1	均输出Ⅱ段母线电压

七、合并单元装置的一般运维规定及异常处置

1. 合并单元装置运维的一般规定

（1）正常运行时，禁止关闭合并单元装置电源。

（2）正常运行时，现场运维人员严禁投入“投检修状态”压板。

（3）一次设备运行时，严禁将合并单元装置退出运行，否则将导致相应电压、电流采样数据丢失，引起保护误动或闭锁。

2. 合并单元装置的巡视与检查

（1）外观检查，无异常发热，装置运行状态、通道状态、对时同步灯、GOOSE 通信灯 LED 指示灯应指示正常，电压切换指示灯与实际隔离开关运行位置指示一致，其他故障灯都熄灭。

（2）正常运行时，检查检修状态硬压板应在退出位置。

（3）母线合并单元，母线隔离开关位置指示灯指示正确。

（4）检查光纤是否连接正确、牢固，有无光纤损坏、弯曲现象；检查确认光纤插头完全旋进或插牢，无虚接现象，检查光纤标号是否正确，网线接口是否可靠，备用芯和备用光口防尘帽无破裂、脱落，密封良好。

（5）模拟量输入式合并单元电流排测温检查正常。

（6）电子式互感器合并单元输入无异常。

3. 合并单元异常处置

（1）双重化配置的合并单元，单套异常或故障时，应参照合并单元检修中的相应部分内容执行临时安全措施，同时向有关调度汇报，并通知检修人员处理。

（2）双重化配置的合并单元双套均发生故障时，应立即向有关调度汇报，必要时可申请将相应间隔停电，并及时通知检修人员处理。

（3）当后台发“SV 总告警”时，应检查相关保护装置采样，汇报调度，申请退出相关保护装置，通知检修人员处理。

（4）当后台发“合并单元同步异常报警、光耦失电报警、GOOSE 总报警”时，汇报调度，通知检修人员处理。

（5）对于继电保护采用“直采直跳”方式的合并单元失步，不会影响保护功能，但

是需要通知检修人员处理。

（6）合并单元电压采集回路断线（TV 断线）时，应立即通知检修人员处理。

（7）合并单元电流采集回路断线（TA 断线）时，应停用接入该合并单元电流的保护装置，并通知检修人员处理。

（8）合并单元装置异常。合并单元装置面板异常报警灯亮，对应地可能同时出现光耦失电灯、采样异常灯、光纤光强异常灯、同步异常灯、检修灯、GOOSE 异常灯的点亮情况，下面分别介绍其处理方法。

1）“光耦失电”告警黄灯亮。

a. 异常分析：该灯亮表示装置开入电源丢失，若母线侧隔离开关位置经二次电缆接入合并单元开入时，将影响母线隔离开关位置显示及电压切换；对于电压合并单元，其电压并列功能将不能使用，因为电压合并单元需判断母联（分段）断路器位置和并列把手位置。

b. 处置方法：检查二次接线是否正确，电源开入接线端子螺丝是否松动，二次线压接是否可靠牢固。

2）“采样异常”告警黄灯常亮。

a. 异常分析：该灯亮表示装置接收采样回路异常，接收该合并单元 SV 采样值的相关保护装置也将采样告警，闭锁保护装置。检查合并单元交流采样输入回路，查看该合并单元接收母线合并单元的级联电压信号是否异常或断链。

b. 处理方法：应将相关保护装置退出运行，更换级联光纤或在母线合并单元处更换级联光口。

3）“光纤光强异常”告警黄灯常亮。

a. 异常分析：表示装置接收采样值光纤光强低于设定值，此时影响合并单元采样值输出，使相关保护装置采样告警，闭锁保护装置。

b. 处理方法：检查合并单元交流采样输入回路，当间隔合并单元收到的母线合并单元级联电压信号强度低于设定值时，该信号发出，但并不断链，只是光强度变弱；应将相关保护装置退出运行，更换级联光纤或在母线合并单元处更换级联光口。

4）合并单元同步异常告警。

a. 异常分析：装置外接对时源使能而又没有同步外界 GPS 时点亮，表示 GPS 对时信号没有接入。

b. 处理方法：检查 GPS 对时接入情况，确认站内 GPS 装置运行正常，检查对时光纤回路链接可靠，可通过断开链路用光笔打光或测试光纤衰耗的办法，确认光纤回路完好性；若无法消除，则应退出相关保护装置，更换合并单元主 DSP 模块插件。

5）合并单元检修状态。

a. 异常分析：装置检修连接片投入时点亮，表示装置处于检修状态。

b. 处理方法：退出装置检修连接片，同时检查合并单元装置开入、开出插件检修状态接入端子，确保外回路正常。

6）合并单元收智能终端 GOOSE 断链。

a. 异常分析：装置 GOOSE 异常时点亮，表示存在 GOOSE 控制块断链、文本配置错误、网络风暴告警等情况，此时装置母线隔离开关位置灯灭，装置将会默认以断链前的隔离开关位置继续切换输出电压。

b. 处理方法：检查智能终端面板上母线隔离开关位置指示是否与设备实际状态位置一致；若智能终端母线隔离开关位置指示灯灭，则用万用表直流挡检查母线隔离开关分合位置二次线电位情况，合为正、分为负，不一致时需检查母线隔离开关辅助触点；确保外回路正常后，若智能终端母线隔离开关位置指示灯仍灭，则需进一步检查智能终端开入插件；若智能终端母线隔离开关位置指示正常，则需检查智能终端、合并单元组网 GOOSE 光纤链路，回路正常时则应考虑更换合并单元主 DSP 模块光口插件，更换时需退出相关保护装置。

（9）合并单元装置闭锁。后台监控系统及集控中心出现某合并单元装置闭锁信号光字，合并单元运行灯灭。合并单元运行过程中会对硬件回路和运行状态进行自检，当出现严重故障时，装置闭锁所有功能，并灭“运行”灯。

（10）调试过程中自检报警元件“板卡配置错误”时闭锁装置。

1）异常分析：表示装置板卡配置和具体工程的设计图纸不匹配。

2）处理方法：可通过虚拟液晶面板上的“程序版本”，检查板卡是否安装到位以及工作是否正常。

（11）调试过程中自检报警元件“定值超范围”时闭锁装置。

1）异常分析：表示定值超出了可整定范围。

2）处理方法：根据说明书的定值范围重新整定定值。

（12）正常运行中装置闭锁。

1）异常分析：表示合并单元装置失电，可能由外部直流回路短路引起直流空气开关跳闸或装置直流电源插件故障引起。合并单元装置闭锁时，相关保护装置收不到采样值，同样闭锁保护。

2）处理方法：将相关保护装置退出运行，检查装置直流电源外回路是否存在短路、接地故障，排除后检查装置直流电源模块，进行电源插件更换。

八、电子式互感器

1. 电子式互感器分类和原理

电子式互感器从类型上分为电子式电流互感器和电子式电压互感器，从原理上分为分为有源型电子式互感器和无源型电子式互感器。

（1）有源式电子式互感器利用的原理。有源电子互感器利用电磁感应等原理感应被测信号，对于电流互感器采用罗氏线圈，对于电压互感器采用电阻、电容或电感分压等方式。有源电子互感器的高压平台传感头部具有需电源供电的电子电路，在一次平台上完成模拟量的数值采样（即远端模块），利用光纤传输将数字信号传送到二次的保护、测控和计量系统。

（2）无源式电子式互感器利用的原理。无源电子式互感器又称为光学互感器，无源电子式电流互感器利用法拉第磁光效应感应被测信号，传感器头部分为块状玻璃和全光纤两种。无源电子式互感器利用波克尔斯效应。无源电子式互感器传感头部分不需要复杂的供电装置，整个系统的线性度比较好。无源电子式互感器利用光纤传输一次电流、电压的传感信号，至主控室或保护小室进行调制和解调，输出数字信号至合并单元，供保护、测控、计量使用。无源电子式互感器的传感头部分是较为复杂的光学系统，容易受到多种环境因素的影响，如温度、振动等，影响使用化进程。

2. 电子式互感器的优缺点

（1）与传统电磁式互感器相比，电子式互感器的主要优点有以下几个方面。

1）绝缘结构简单，体积小，重量轻，造价低。

2）不含铁芯，消除了磁饱和、铁磁谐振等问题。

3）抗电磁干扰性能好，低压侧无开路和短路危险。

4）没有因充油而产生的易燃、易爆等危险。

5）暂态响应范围大，测量精度高。

6）频率响应范围宽，适应了继电保护和微机保护装置的发展。

（2）与传统电磁式互感器相比，电子式互感器的主要缺点有以下几个方面。

1）有源电子式互感器的高压平台传感头部分具有需电源供电的电子电路，在一次平台上完成模拟量的数值采样（即远端模块），日常运行时需注意检查电源是否正常。

2）无源电子式互感器的代表——光电式互感器，在工程应用上存在的主要问题为温度的变化会引起光路系统的变化，引起晶体除具有电光效应外的弹光效应、热光效应等干扰效应，导致绝缘子内光学电压传感器的工作稳定性减弱。

第二节　智 能 终 端

智能终端是一种由智能电子装置集合而成的智能组件，用于完成该间隔内断路器以及相关隔离开关、接地刀闸的操作控制和状态监视，直接或通过过程层网络基于 GOOSE 服务发布采集信息和 GOOSE 服务接收指令、驱动执行，完成相关控制功能，具备防误操作功能的一种智能装置。

一、智能终端的组成结构

智能终端的典型结构主要由电源模块、CPU 模块、智能开入模块、智能开出模块、智能操作回路模块等组成，此外还包括直流采集模块，如图 2-9 所示。CPU 模块一方面负责 GOOSE 通信，另一方面完成动作逻辑，开放出口继电器的正电源；智能开入模块负责采集断路器、隔离刀闸等一次设备的开关量信息，再通过 CPU 模块传送给保护和测控装置；智能开出模块负责驱动隔离开关、接地刀闸分合控制的出口继电器；智能操作回路模块负责驱动断路器跳合闸出口继电器。

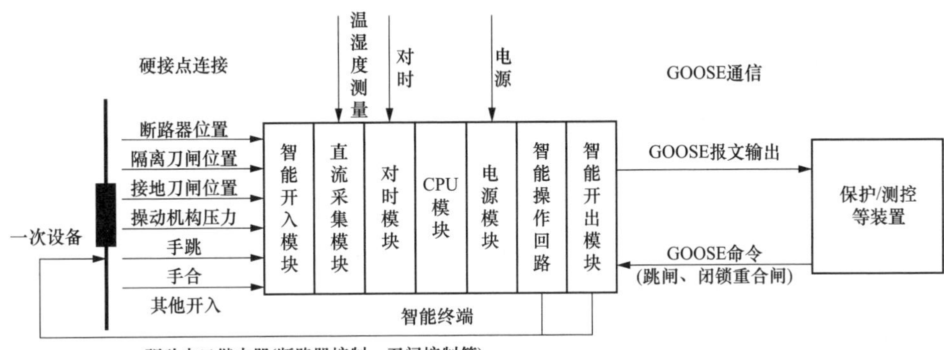

图 2-9　智能终端典型结构模块组成

二、智能终端的技术要求

（1）开关量采集。智能终端的开关量输入采用 DC 220V/110V 强电方式，外部强电与装置内部弱电之间具有电气隔离。装置对开入信号进行硬件滤波和软件消抖处理，将软件消抖前的时标作为 GOOSE 上送的开入变位时标。

（2）主变压器本体智能终端通常还要采集主变压器分接头挡位开入，然后按照 BCD 编码（或其他编码）计算后，将得到的挡位值通过 GOOSE 上送给测控装置。

（3）一次设备控制。断路器智能终端具备对断路器的控制功能，包含跳合闸回路、合后监视、闭锁重合闸、操作电源监视和控制回路断线监视等功能。断路器操作回路支持其他间隔层或过程层装置通过硬触点的方式接入，进行跳合闸操作。

（4）智能终端提供大量的开关量输出触点，用于控制隔离开关、接地刀闸等设备，主变压器本体智能终端还提供启动风冷、闭锁调压、调挡等输出触点。

（5）主变压器本体智能终端集成了本体非电量保护功能，通常采用大功率重动继电器实现，非电量保护跳闸出口通过控制电缆直接接至断路器智能终端进行跳闸。

（6）GOOSE 通信。智能终端与间隔层的 IED 的通信功能通过 GOOSE 传输机制完成。保护和测控等间隔层设备对一次设备的控制命令通过 GOOSE 通信下发给智能终端，同时智能终端以 GOOSE 通信方式上传就地采集到的一次设备状态，以及装置自检、告警等信息。对于智能终端，要求其从保护控制设备接收到的 GOOSE 跳闸报文后到对应的出口继电器输出整个过程不大于 7ms，而且从开入电路检测的输入信号发生变化后，到 GOOSE 报文输出整个过程的时间不大于 5ms。

（7）事件记录。智能终端本身具有强大的事件记录功能，记录的信息完整详细，且要求记录的时间要准确（达到 1ms 级），以便故障发生后进行追溯和分析。

三、智能终端的功能作用

（1）智能终端将断路器、隔离开关的位置信息及主变压器温度等非电量信息经过各种措施转换成光数字信息，通过网络上传至间隔层或站控层设备，供间隔层或站控层设备使用。

1）与一次设备的接口：采用电缆硬连接。通过采集与断路器、隔离开关、接地刀闸相关的开入信号，控制断路器、隔离开关、接地刀闸的操作。

2）与间隔层设备的接口，采用光缆连接。将一次设备的开入信息通过光纤上送给间隔层保护、控制装置并接收间隔层设备的控制命令。

（2）智能终端操作箱。智能终端操作箱功能与常规变电站操作箱功能相同，都有跳合闸及防跳功能。智能终端取代了传统的断路器的操作箱，具有压力监测回路、出口跳闸回路、断路器防跳回路，能够接收并执行继电保护及自动装置的跳 / 合闸信息并快速执行，同时还能够对断路器操作回路异常、压力异常等异常情况及时地反应并报警。

此外智能终端兼有传统站测控装置的功能。

1）遥信功能。具有多路遥信输入，能够采集包括断路器位置、隔离开关位置、断路器本体信号、非电量信号、档位以及中性点隔离开关位置在内的开关量信号。

2）遥控功能。接收测控的遥分、遥合等 GOOSE 命令，具有多路遥控输出，能够实现对隔离开关、接地刀闸等控制；遥控输出触点为独立的空触点；本体智能终端能够实现变压器档位调节和中性点接地刀闸的控制。

3）测量功能。具有多路直流量输入接口，可接入 4～20mA 或 0～5V 的直流变送器量，用于测量装置所处环境的温、湿度等；本体智能终端还应用于测量主变压器的油温。

（3）智能终端同时也是间隔层（测控装置）“五防”闭锁功能的执行机构，能够根据间隔层（测控装置）“五防”逻辑输出，开放或闭锁接地刀闸、隔离开关等主要一次设备的操作回路，是间隔层“五防”系统的重要组成部分。

（4）智能终端装置具有通道监测功能，能够对其收信通道的设备及收信通道的运行状态和数据完好性进行监测并在出现异常时发出告警。

四、智能终端的跳闸方式

1. 点对点跳闸方式（“直跳”）

保护装置到智能终端间通过独立光纤进行有效连接，并且保护跳闸信号能够通过光纤进行传输，其他的信号能够接到过程层交换机利用网络进行传送。

2. 网络跳闸方式（“网跳”）

保护装置和智能终端都接入到过程层的交换机中，对跳闸等一切 GOOSE 信号进行保护，使这些信号能够通过网络继续传输。

3. 两种跳闸方式特点比较

两种跳闸方式特点见表 2-6。

表 2-6　两种跳闸方式特点

类型	直接跳闸	网络跳闸
特点	不需要网络方式进行传输，不需要经由交换机，不会产生交换延时问题	光纤熔接点数量较少，使得故障的接线也相对较少
特点	熔点多、光口多，容易发生各种故障	光纤的敷设数量较少
	CPU 以及装置光口发热量加大，设备老化速度加快，设备故障发生率提高	便于开展故障分析工作
	硬件多，工程现场施工量大大增加	网络跳闸交换机会有一定延时现象存在

续表

类型	直接跳闸	网络跳闸
区别	接线形式："直接跳闸"较"网络跳闸"多了一根跳闸光纤	
	跳闸模式："直跳"通过直达光缆来传输，不存在任何中间环节，但"网跳"得出的跳闸报文需要通过交换机来传输	

五、智能终端的配置分类

在实际工程中，根据现场用途的差异，智能终端装置一般大致分为三类：断路器间隔智能终端、主变压器本体智能终端和母线设备智能终端。其中，断路器间隔智能终端可分为线路间隔智能终端、母联（分段）断路器间隔智能终端和主变压器各侧断路器间隔智能终端。110kV 及以下电压等级智能终端应采用单套配置，并和保护相对应。110kV 及以上电压等级主变压器保护如果采用双套配置，则智能终端也应采取双套配置。主变压器本体智能终端和母线设备智能终端均采用单套配置的原则。

智能终端的双重化配置是指两套智能终端应与各自的保护装置一一对应，两套操作回路的跳闸硬接点开出分别对应于断路器的两个跳闸线圈，合闸硬接点则并接至合闸线圈，双重化智能终端跳闸线圈回路应保持完全独立。

1. 断路器间隔智能终端

（1）断路器间隔智能终端与断路器、隔离开关及接地刀闸等一次开关设备就近安装，完成对一次设备的信息采集和分合控制等功能，如图 2-10 所示。

图 2-10　PRS-7389 智能终端

（2）图 2-10 所示 PRS-7389 智能终端面板的信号灯说明详见表 2-7。

表 2-7　　PRS-7389 智能终端面板信号灯说明

指示	含义
电源	指示管理 CPU、通信 CPU 的程序运行情况，该灯点亮，表示相应板件程序正常运行
装置运行	
装置异常	装置硬件故障
运行异常	运行异常情况指示

续表

指示	含义
装置检修	装置置检修指示
GOOSE 异常 A	GOOSE 网 A 网断线，未收到 A 网 GOOSE 指示
GOOSE 异常 B	GOOSE 网 B 网断线，未收到 B 网 GOOSE 指示
断路器合位	开关分相合位指示
断路器跳位	开关分相分位指示
G1/G2/G3/G4 合位	隔离开关合位指示
GD1/GD2/GD3/GD4 合位	接地刀闸合位指示
跳闸	保护跳闸指示
重合闸	重合闸动作指示
压力异常	开关 SF_6 压力异常报警

（3）PRS-7389 智能终端压板释义见表 2-8。

表 2-8　　PRS-7389 智能终端压板释义表

序号	压板名称	压板释义
1	保护跳闸	保护动作跳闸
2	保护合闸	保护动作重合闸
3	接地刀闸遥控	接地刀闸远方遥控
4	断路器遥控	断路器远方遥控
5	隔离开关遥控	隔离开关远方遥控
6	智能终端检修	智能终端装置检修
7	备用	备用预留

（4）断路器间隔智能终端示意举列（以双母接线为例）。

1）双母接线线路间隔合智一体（智能终端）示意如图 2-11 所示。

a. 功能说明。110kV 双母接线线路间隔合智一体（智能终端）采集该间隔的断路器位置、隔离开关位置、接地刀闸位置信号，进行同步处理后，向该间隔合智一体（合并单元）发送隔离开关位置用于电压切换，向该间隔线路保护发送断路器位置信号及闭锁重合闸开入，向 110kV 母差保护发送隔离开关位置，向该间隔线路测控发送断路器、隔离开关、接地刀闸位置、告警信号及跳合闸命令监视信号。

b. 影响范围。当线路间隔智能终端异常或故障时，会影响对应线路保护的电压切换功能、保护逻辑及跳合闸出口，影响母差保护的正常差流计算及跳闸出口。

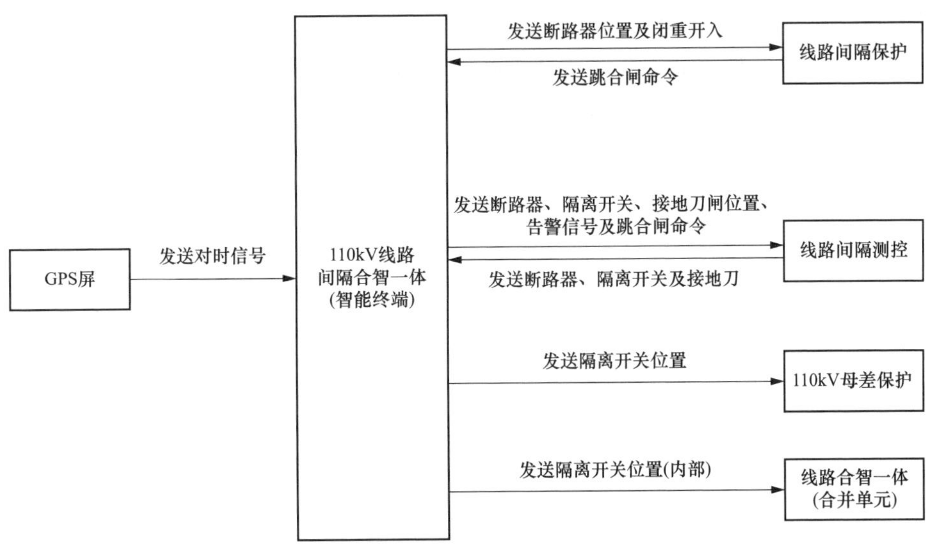

图 2-11　110kV 双母接线线路间隔合智一体（智能终端）示意图

2）双母接线母联断路器间隔合智一体（智能终端）示意如图 2-12 所示。

a. 功能说明。110kV 母联第一套合智一体（智能终端）采集母联间隔的断路器位置、隔离开关位置、接地刀闸位置信号，进行同步处理后，向母联第一套合并单元发送隔离开关位置，向 110kV 第一套母线合并单元发送断路器及隔离开关位置用于 PT 并列。同时向 110kV 第一套母差保护发送断路器位置信号、闸刀位置及母联手合开入，并接收对应的母联保护及母差保护的跳闸命令；向母联测控发送断路器、隔离开关、接地刀闸位置及告警信号。

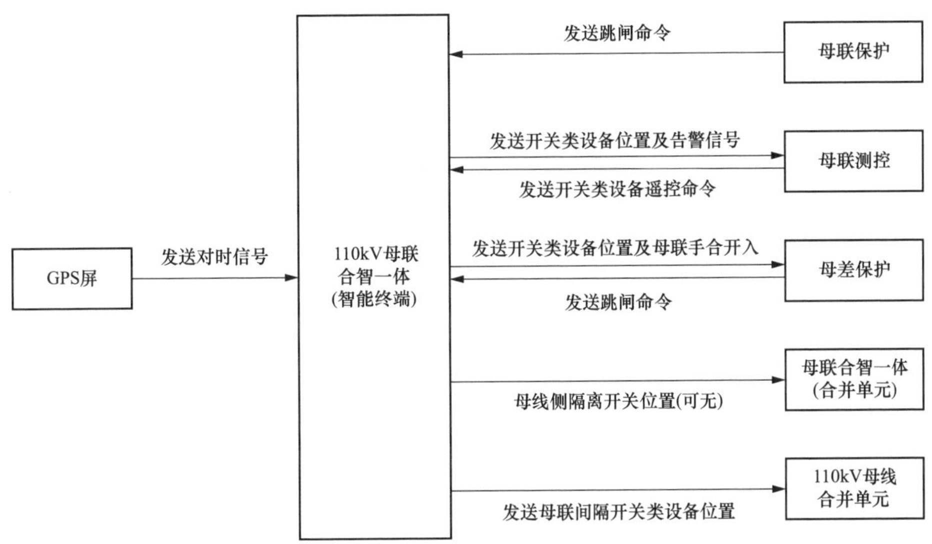

图 2-12　110kV 双母接线母联间隔合智一体（智能终端）示意图

b. 影响范围。当母联间隔智能终端异常或故障时，会影响对应母联保护的正常出口功能，影响对应母差保护的正常差流计算及出口功能。

3）分段开关间隔合智一体（智能终端）示意如图 2-13 所示。

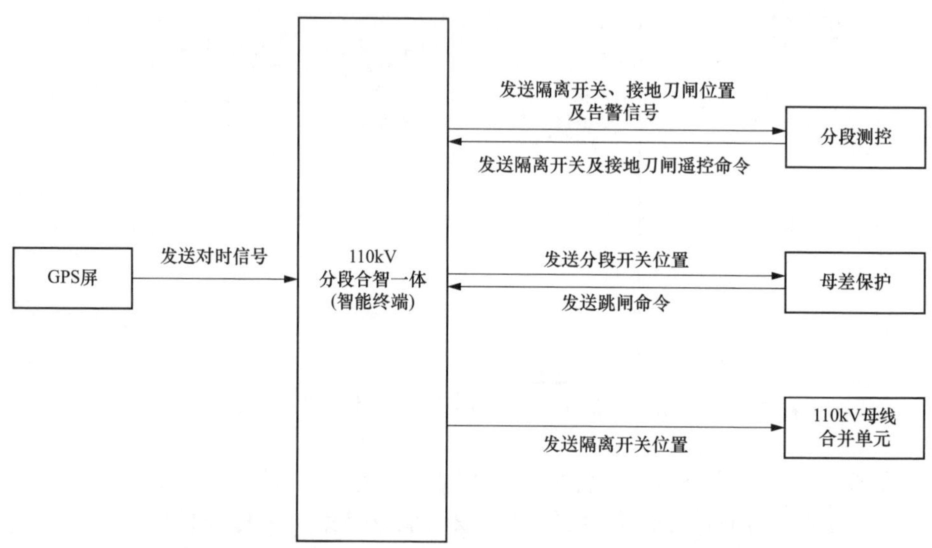

图 2-13　110kV 分段间隔合智一体（智能终端）

a. 功能说明。110kV 分段智能终端采集分段间隔的隔离开关位置、接地刀闸位置信号，进行同步处理后，向对应的分段合并单元及母线合并单元发送隔离开关位置，用于 TV 并列；同时向对应的母差保护发送闸刀位置信号，向分段测控发送隔离开关、接地刀闸位置及告警信号。

b. 影响范围。当 110kV 分段智能终端异常或故障时，会影响母线之间的电压并列，从而影响主变压器高压侧母线电压。

2. 主变压器本体智能终端

（1）主变压器本体智能终端的作用。主变压器本体智能终端与主变压器就近安装，应包含完整的本体信息交换功能，如非电量动作报文、调挡及主变压器油温等，并可以提供用于闭锁调压、启动风冷、启动充氮灭火等出口接点，同时还具备完成主变压器分接头档位测量与调节、中性点接地刀闸控制、本体非电量保护等功能，如图 2-14 所示为 PRS-761-D 本体智能终端装置。所有非电量保护启动信号均应经功率继电器重动，其保护跳闸通过控制电缆以直跳的方式实现。

面板上共有“非电量”信号灯 20 个，分别为“非电量 01”～“非电量 20”；共有“备用”信号灯 5 个，分别为“备用 27”～“备用 31”。

图 2-14　PRS-761-D 本体智能终端装置

（2）PRS-761-D 本体智能终端装置面板指示灯详见表 2-9。

表 2-9　　本体智能终端装置面板指示灯说明

指示灯	灯亮含义
电源	装置电源监视
装置运行	装置运行监视
装置异常	装置异常告警
运行异常	反映发生诸如主变压器轻瓦斯报警等情况下的运行异常告警
装置检修	本体智能终端装置检修
GOOSE 异常 A	本体智能终端装置 GOOSE 网 A 网信号接收中断
GOOSE 异常 B	本体智能终端装置 GOOSE 网 B 网信号接收中断
非电量 01	本体重瓦斯动作
非电量 02	本体压力释放动作
非电量 03	本体轻瓦斯动作
非电量 04	本体油面温度高报警
非电量 05	本体压力突变报警
非电量 06	本体油位异常报警
非电量 07	有载调压重瓦斯动作
非电量 08	有载调压压力释放动作
非电量 09	本体绕组温度高报警
非电量 10	备用
非电量 11	有载调压轻瓦斯报警
非电量 12	有载调压油位异常报警
非电量 13	本体油面温度 1 报警
非电量 14	本体油面温度 2 报警
非电量 15	备用
非电量 16	本体绕组温度报警
非电量 17	备用

续表

指示灯	灯亮含义
非电量 18	冷控失电
非电量 19	备用
非电量 20	备用

（3）主变压器本体智能终端典型压板释义详见表 2-10。

表 2-10　　主变压器本体智能终端典型压板释义表

序号	压板名称	压板释义
1	跳中压侧	跳中压侧开关
2	跳低压侧	跳中压侧开关
3	主变压器中性点遥控	主变压器中性点遥控
4	油温高	主变压器本体油温高（压板投入为跳闸，停用为信号）
5	压力释放	主变压器本体压力释放（压板投入为跳闸，停用为信号）
6	档位遥控	主变压器分接开关档位遥控
7	智能终端检修	智能终端装置检修
8	本体重瓦斯	主变压器本重瓦斯（压板投入为跳闸，停用为信号）
9	有载重瓦斯	主变压器有载重瓦斯（压板投入为跳闸，停用为信号）
10	备用	备用预留

（4）主变压器本体智能终端示意如图 2-15 所示。

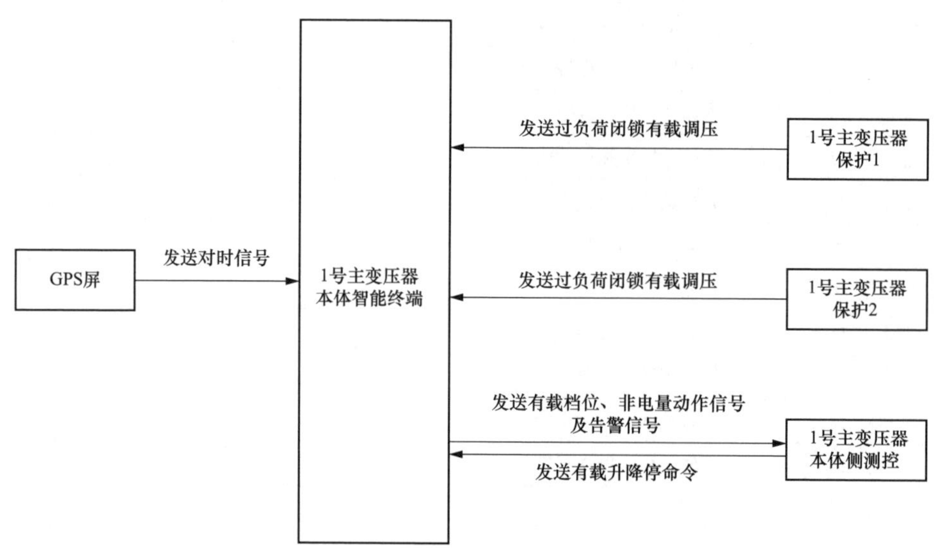

图 2-15　主变压器本体智能终端示意

1）功能说明。主变压器本体智能终端接收本体非电量信号开入及有载挡位遥信开入，动作时跳主变压器各侧开关，并向主变压器本体测控发送有载档位遥信、非电量动作信号及告警信号，同时接收两套主变压器保护的过负荷动作触点用于闭锁有载调压。

2）影响范围。当主变压器本体智能终端异常或故障时，会影响对应主变压器保护本体各侧跳闸，同时影响主变压器有载调压功能。

（5）主变压器本体智能终端逻辑控制原理。

1）冷控失电保护。对于采用强迫冷却方式的变压器，冷却器故障后，变压器允许带负荷运行 20min，如 20min 后油温未达到 75℃，则允许继续运行，但这种状态下的最长运行时间不得超过 1h。装置引入冷却器故障（即冷控失电）触点，经可整定的长延时（T1）切除变压器，或配合“油面温度高”经延时（T2）切除变压器。图 2-16 所示为冷控失电保护逻辑图。

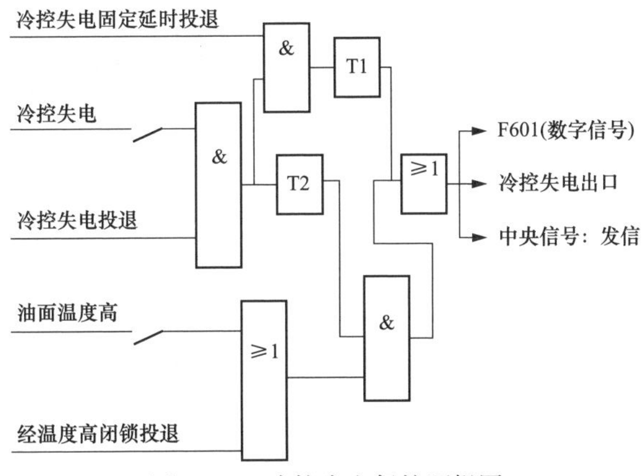

图 2-16　冷控失电保护逻辑图

T1—冷控失电固定跳闸时限；T2—冷控失电时限

2）延时本体智能终端。延时本体智能终端，具有可整定的延时功能，经延时本体板（WB772A）出口跳闸。各种保护的原理相同，仅开入触点、投退定值号、延时定值号和事件类型定义不同，图示 2-17 所示为延时本体智能终端逻辑原理图。

3）无延时本体智能终端。无延时本体智能终端直接出口，没有延时功能，出口不经过 CPU，完全是硬件回路。各本体智能终端的原理相同，仅开入和信号定义不同。图 2-18 所示为无延时本体智能终端逻辑图。

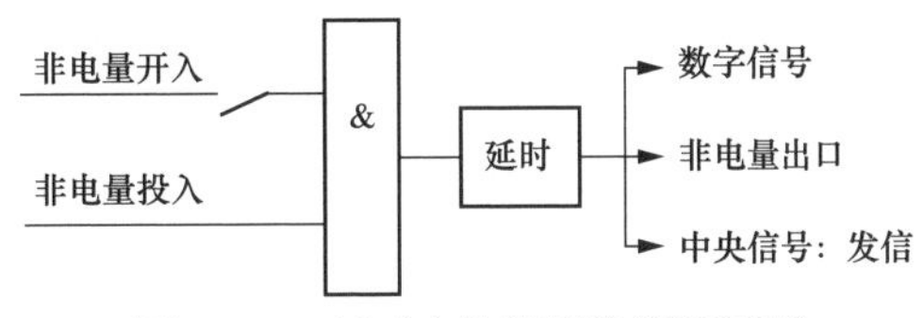

图 2-17　延时本体智能终端逻辑图

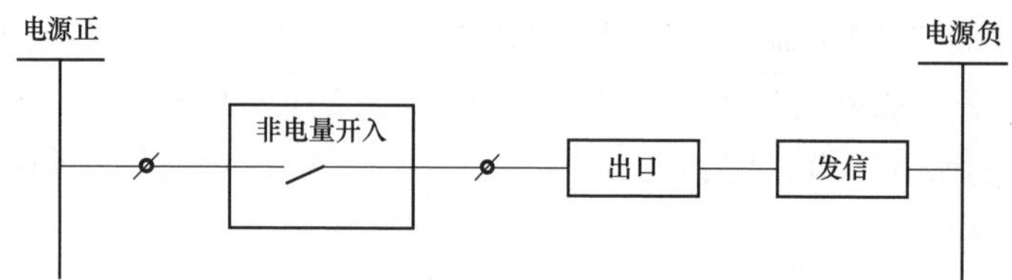

图 2-18　无延时本体智能终端逻辑图

3. 母线设备智能终端

（1）母线设备智能终端功能说明。母线智能终端采集 110kV 压变隔离开关及母线压变接地刀闸、母线接地刀闸位置信号，进行同步处理后，向 110kV 母线测控发送该位置信号及告警信号，同时接收母线测控的隔离开关遥控命令，如图 2-19 所示。

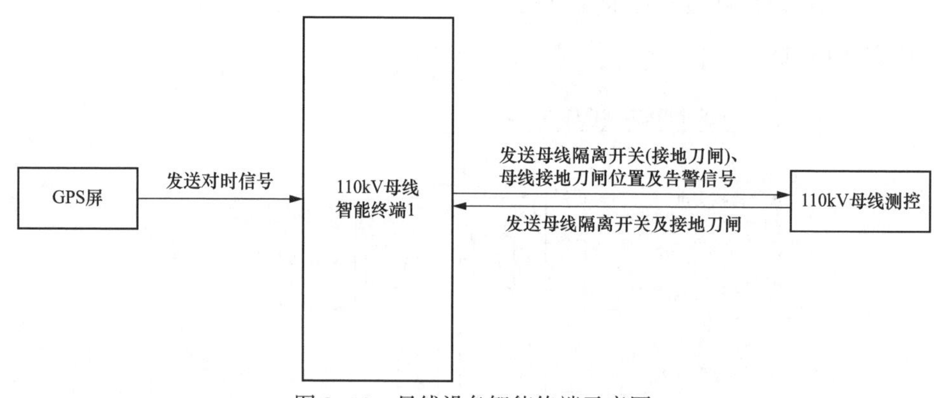

图 2-19　母线设备智能终端示意图

（2）母线设备智能终端影响范围如图 2-19 所示。母线压变智能终端故障时，会影响压变隔离开关的测控功能，可能会影响母线电压的切换。

六、智能终端对时

智能终端在运行中需要对时，智能终端能接受对时信号，发出的 GOOSE 报文时标应正确，对时误差应不大于 ±1ms。智能终端的正确动作离不开时间的准确计量，而且需要高精度的时间，否则就会因为时间的不确定性引发很多问题。对时目前主要采用光纤 IRIGB 码和电 IRIGB 码两种对时方式，对时采用光纤 IRIGB 码对时方式时，有 ST 接口和 LC 接口两种方式；采用电 IRIGB 码对时方式时，采用直流 B 码，通信介质为屏蔽双绞线。

七、智能终端一般运行规定和异常处置

1. 智能终端运行的一般规定

（1）正常运行时，禁止关闭智能终端电源。

（2）正常运行时，运维人员严禁投入检修压板。

（3）正常运行时，对应的跳闸出口硬压板应在投入位置。

（4）智能终端退出运行时，对应的测控和保护跳闸不能出口。

（5）除装置异常处理、事故检查等特殊情况外，禁止通过投退智能终端的跳、合闸出口硬压板投退保护。

2. 智能终端异常处置

（1）智能终端装置失电或闭锁时，装置异常灯点亮或运行灯熄灭。

1）异常分析。智能终端失电或闭锁信号用于反映装置发生严重错误，影响正常运行。产生该信号的原因包括板卡配置错误、装置失电等。智能终端失电或闭锁将影响与之相关保护装置正常跳、合闸命令的执行，导致保护不正确动作。

2）处理方法。智能终端出现失电或闭锁信号后，应检查装置电源是否正常，若电源正常则应联系检修人员处理。

（2）装置运行灯灭，监控后台“闭锁”光字亮。

1）异常分析：CPU 板、开入开出板故障，配置文件下装或读取错误，智能终端功能缺失。

2）处理方法：申请调度，退出该套保护；通知二次运检专业人员现场处理。

（3）装置告警灯亮，GOOSE 异常灯亮，监控后台“告警”“×××GOOSE 断链”光字亮。

1）异常分析：智能终端 GOOSE 通信发生一路或多路中断。

2）处理方式：检查智能终端背板光缆是否存在插接不牢、掉落或断裂现象；申请调度，退出该套保护，通知二次运检专业人员现场处理。

（4）装置告警灯亮，对时异常灯亮，监控后台“告警”光字亮。

1）异常分析：装置没有收到 GPS 对时信号。

2）处理方式：检查智能终端背板 GPS 光缆是否存在插接不牢、掉落或断裂现象；检查 GPS 装置是否有装置异常报文；通知二次运检专业人员现场处理。

（5）装置告警灯亮，装置检修灯亮。监控后台“告警”光字亮，合并单元、智能终端和保护装置检修连接片位置不一致。

1）异常分析：智能终端的检修连接片投退与保护装置、合并单元不一致。

2）处理方式：检查保护装置、合并单元检修状态，按现场要求投至正确位置。

（6）装置告警灯亮，监控后台“告警”“控制回路断线”光字亮。

1）异常分析：控制电源失电或控制回路异常。

2）处理方式：检查控制电源空气开关确在合闸位置；检查断路器 SF_6 压力表指示在绿色区域；申请调度，退出该套保护，通知二次运检专业人员现场处理。

（7）装置告警灯亮，监控后台“告警”“控制回路断线”“断路器压力异常”“SF_6 断路器气压低闭锁”光字亮（GIS 断路器为“断路器气室气压低闭锁”）。

1）异常分析：控制电源失电或控制回路异常。

2）处理方式：检查断路器 SF_6 压力表指示是否在绿色区域；申请调度，退出该套保户，通知检修专业人员现场处理。

（8）仅装置告警灯亮，无其他告警信号。监控后台仅“告警”光字亮。

1）异常分析：装置自检出错。

2）处理方式：通知继电保护运检专业人员现场检查，再根据检查结果进行进一步处理。

第三节　合智一体装置

合智一体化装置有效地简化了智能设备的设计，减少了建设成本，节省了就地智能汇控柜的空间，同时也可以将 GOOSE 和 SV 信息共网口传输，减少了装置及其他二次的光口数量，为单间隔设备 GOOSE 和 SV 信息共网传输提供了有力支持。通过合智能一体装置，实现了信息共享方便，大大简化了连接方式。同时还可以根据状态检测和故障诊断的结果进行检修状态。

一、合智一体装置的硬件结构和现场应用

（1）在传统断路器旁边安装合智一体化装置就是合并单元和智能终端按间隔进行集成的装置，如图 2-20 所示为合智一体装置硬件原理结构框图。合并单元模块与智能终端模块共用电源和人机接口，但两个模块之间相互独立，通过不同的 CPU 实现。

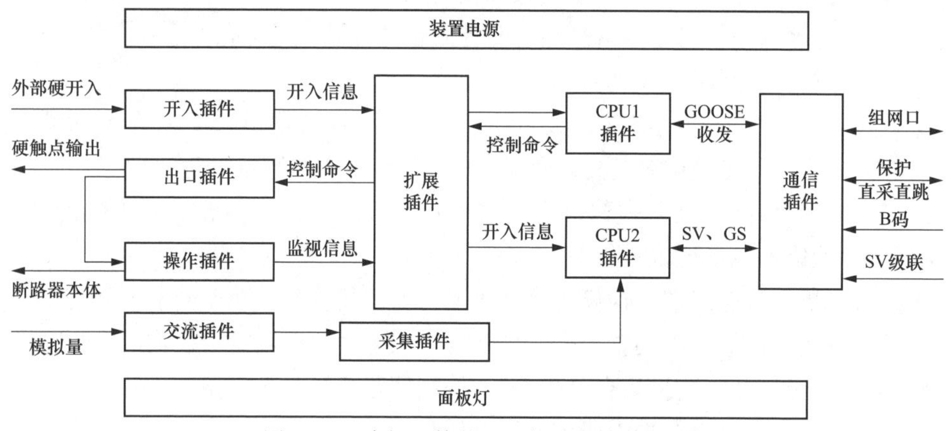

图 2-20　合智一体装置硬件原理结构框图

其中 CPU1 主要完成智能终端功能，通过接收扩展插件的开入数据，发送控制命令通过扩展板控制相关的出口完成控制功能，通过通信插件完成 GOOSE 点对点功能；CPU2 主要完成合并单元功能，通过接收扩展插件的隔离开关位置信息，通过通信插件完成 SV 点对点功能。

（2）DTI-806 型合智一体装置面板如图 2-21 所示。

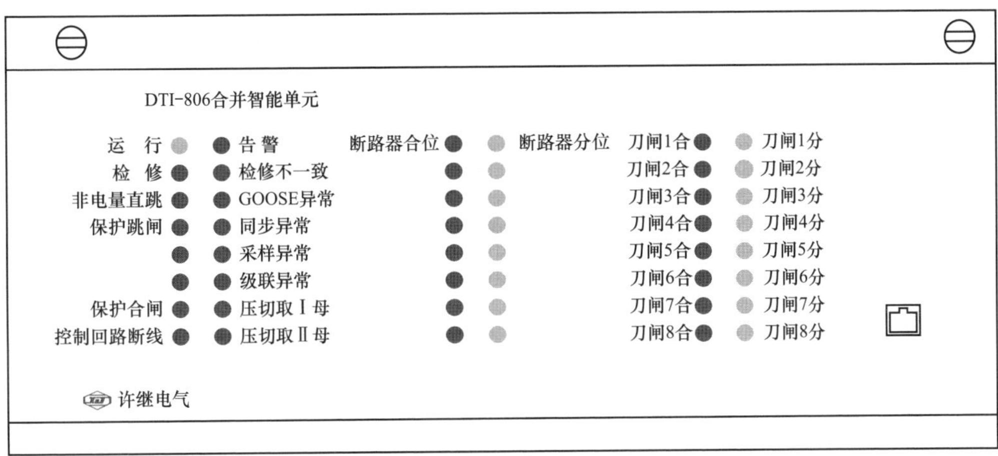

图 2-21　DTI-806 型合智一体装置面板图

（3）DTI-806 型合智一体装置面板信号灯说明详见表 2-11。

表 2-11　　DTI-806 型合智一体装置面板信号灯说明表

序号	指示灯名称	颜色	说明
1	运行	绿色	1. 装置正常运行时点亮； 2. 装置未上电或运行时检测到严重故障时熄灭
2	告警	红色	1. 装置正常运行时熄灭； 2. 装置检测到运行异常状态时点亮（装置告警总）
3	检修	红色	检修投入时点亮，否则熄灭
4	检修不一致	红色	1. 装置正常运行时熄灭； 2. 检修不一致时点亮
5	非电量直跳	红色	1. 装置正常运行时熄灭； 2. 采集到非电量直跳开入点亮并保持
6	GOOSE 异常	红色	1. 装置正常运行时熄灭； 2. GOOSE 异常时点亮
7	保护跳闸	绿色	1. 装置正常运行时熄灭； 2. 当保护跳闸动作时点亮并保持
8	保护合闸	红色	1. 装置正常运行时熄灭； 2. 当保护合闸动作时点亮并保持
9	同步异常	红色	1. 装置正常运行时熄灭； 2. 未收到对时信号时点亮
10	采样异常	红色	1. 装置正常运行时熄灭； 2. 本地 AD 采样异常时点亮，GOOSE 软报文中体现
11	级联异常	红色	1. 装置正常运行时熄灭； 2. 接收的 SV 报文配置不一致、抖动过大、品质异常及断链时点亮

续表

序号	指示灯名称	颜色	说明
12	压切取Ⅰ母	红色	1. 电压切换不取母线 1 电压时熄灭； 2. 电压切换取母线 1 电压时点亮
13	压切取Ⅱ母	红色	1. 电压切换不取母线 2 电压时熄灭； 2. 电压切换取母线 2 电压时点亮
14	控制回路断线	红色	1. 装置正常运行时熄灭； 2. 控制回路断线时点亮
15	断路器合位	红色	00：合分位灯都熄灭；01：分位灯亮；10：合位灯亮；11：合分位灯都亮
16	断路器分位	绿色	
17	隔离开关 1～8 合位	红色	00：合分位灯都熄灭；01：分位灯亮； 10：合位灯亮；11：合分位灯都亮
18	隔离开关 1～8 分位	绿色	

二、合智一体装置功能及采集

1. 断路器操作功能

（1）独立的三相跳间回路和三相合闸回路。

（2）具有电流保持功能。

（3）支持传统手合、手跳功能。

2. 开入开出功能

（1）可以完成对开关、隔离开关、接地刀闸的控制（控分、控合以及“五防”闭锁）和信号采集。

（2）支持保护的三跳跳闸、重合用等 GOOSE 命令。

（3）支持测控的遥控分、合等 GOOSE 命令。

（4）支持断路器及隔离开关的“五防”团锁触点输出。

3. 模拟量采集

采集来自传统一次互感器的模拟信号及接收电压合并单元的电压信号或其他合并单元的数字信号，进行同步处理后通过光纤以太网接口给保护、测控、数字式电度表、数字式录波仪等多个二次设备提供采样信息。

合智一体装置还可以通过相关协议接收母线合并单元发送过来的两条母线电压，并通过采集的隔离开关位置信息进行电压切换，或者只接收一条母线电压而不进行电压切换。

4. 直流量采集

装置可以采集两路直流量，并且可以通过设置对应直流变送器参数计算出测量的直流量对应的温度、湿度等值，并通过 GOOSE 发送。

三、合智一体装置控制逻辑及其原理

1. 合智一体装置跳闸部分

（1）跳闸逻辑术语。

1）保护 GOOSE 跳闸：当装置收到保护装置的跳闸命令后驱动跳闸出口继电器，出

口继电器经压力闭锁回路（闭锁跳、总闭锁）后接入驱动对应跳闸线圈。

2）测控 GOOSE 跳闸：在收到测控装置遥跳 GOOSE 命令后，智能终端驱动遥跳继电器，遥跳继电器经压力闭锁回路（闭锁跳、总闭锁）后驱动跳闸线圈带电。

3）手跳：手跳直接进操作回路，经压力闭锁回路（闭锁跳、总闭锁）后驱动跳闸线圈带电。

4）TJF 跳闸：逻辑同手跳 / 遥跳。

（2）跳闸原理。装置能够接收保护和测控装置通过 GOOSE 报文送来的跳闸信号，同时支持手跳硬触点输入。

图 2-22 所示显示了一组跳闸回路的所有输入信号转换成 A、B、C 分相跳闸命令的逻辑，其中装置接收的跳闸输入信号如下。

1）保护分相跳闸 GOOSE 输入。GOOSE TA1～GOOSE TA5 是 5 个 A 相跳闸输入信号；GOOSE TB1～GOOSE TB5 是 5 个 B 相跳闸输入信号；GOOSE TC1～GOOSE TC5 是 5 个 C 相跳闸输入信号。

2）保护三跳 GOOSE 输入。GOOSE TJQ1、GOOSE TJQ2 是两个三跳启动重合闸的输入信号；GOOSE TJR1～GOOSE TJR10 是 10 个三跳不启动重合闸，而启动失灵保护的输入信号；GOOSE TJF1～GOOSE TJF4 是 4 个三跳既不启动重合闸、又不启动失灵保护的输入信号。

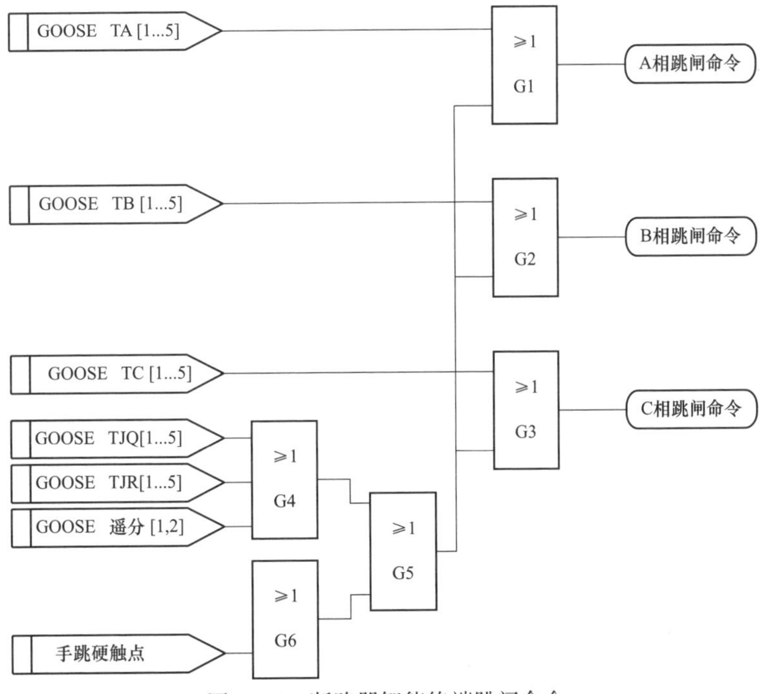

图 2-22　断路器智能终端跳闸命令

3）测控 GOOSE 遥分输入。GOOSE 遥分 1、GOOSE 遥分 2 是两个遥分输入信号。

4）手跳硬触点输入。图 2–23 所示为装置的跳闸逻辑，其中“跳闸压力低”“操作压力低”是装置通过光耦开入采集到的断路器操动机构的跳闸压力和操作压力不足信号。

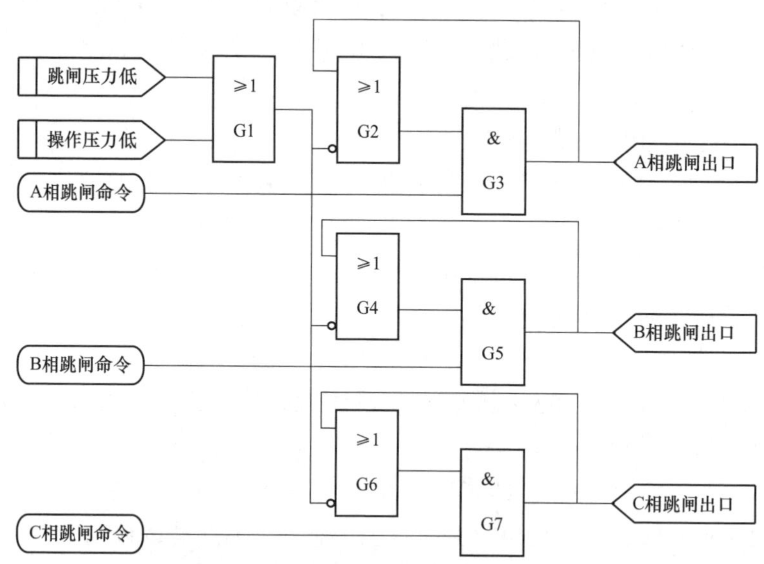

图 2–23　断路器智能终端跳闸逻辑

以 A 相为例，G1、G2 和 G3 构成跳闸压力闭锁功能，其作用是在跳闸命令到来之前，如果断路器操动机构的跳闸压力或操作压力不足，即“跳闸压力低”或“操作压力低”的状态为 1，G2 的输出为 0，装置会闭锁跳闸命令，以免损坏断路器；而如果“跳闸压力低”或“操作压力低”的初始状态为 0，G2 的输出为 1，则一旦跳闸命令到来，跳闸出口立即动作，之后即使出现跳闸压力或操作压力降低的情况，G2 的输出仍然为 1，装置也不会闭锁跳闸命令，保证断路器可靠跳闸。

A、B、C 相跳闸出口动作后再分别经过装置的 A、B、C 相跳闸电流保持回路驱动断路器跳闸。

2. 合智一体装置合闸部分

（1）合闸逻辑术语。

1）遥控合闸：装置在收到测控装置遥合 GOOSE 命令后，智能终端驱动遥合继电器，遥合继电器经压力闭锁回路（闭锁合、总闭锁）后驱动合闸线圈带电。

2）手动合闸：手合直接进操作回路，经压力闭锁回路（闭锁合、总闭锁）后驱动合闸线圈带电。

3）自动重合：装置在收到保护装置重合 GOOSE 命令后，驱动重合继电器，重合继电器经压力闭锁回路（闭锁合、总闭锁）后驱动合闸线圈带电。

（2）合闸原理。合智一体装置能够接收保护测控装置通过 GOOSE 报文送来的合闸信号，同时支持手合硬触点输入。图 2–24 所示显示了合闸回路的所有合闸输入信号转换成 A、B、C 分相合闸命令的逻辑。其中装置接收的合闸输入信号如下。

1）保护分相重合闸 GOOSE 输入。可用于具有自适应重合闸功能的保护装置相配合，GOOSE HA1、GOOSE HA2 是两个 A 相重合闸输入信号，GOOSE HB1、GOOSE HB2 是两个 B 相重合闸输入信号，GOOSE HC1、GOOSE HC2 是两个 C 相重合闸输入信号。

2）保护三相重合闸 GOOSE 输入。GOOSE 重合闸 1、GOOSE 重合闸 2 是两个重合闸输入信号。

3）测控 GOOSE 遥合输入。GOOSE 遥合 1、GOOSE 遥合 2 是两个遥合输入信号。

4）手合硬触点输入。“合闸压力低”是装置通过光耦开入采集到的断路器操动机构的合闸压力不足信号。该输入用于形成合闸压力闭锁逻辑，在手合（或遥合）信号有效之前，如果合闸压力不足，“合闸压力低”状态为 1，取反后闭锁合闸，以免损坏断路器；而如果“合闸压力低”初始状态为 0，在手合（或通合）信号有效之后，即使出现合闸压力降低也不会受影响，保证断路器可靠合闸。

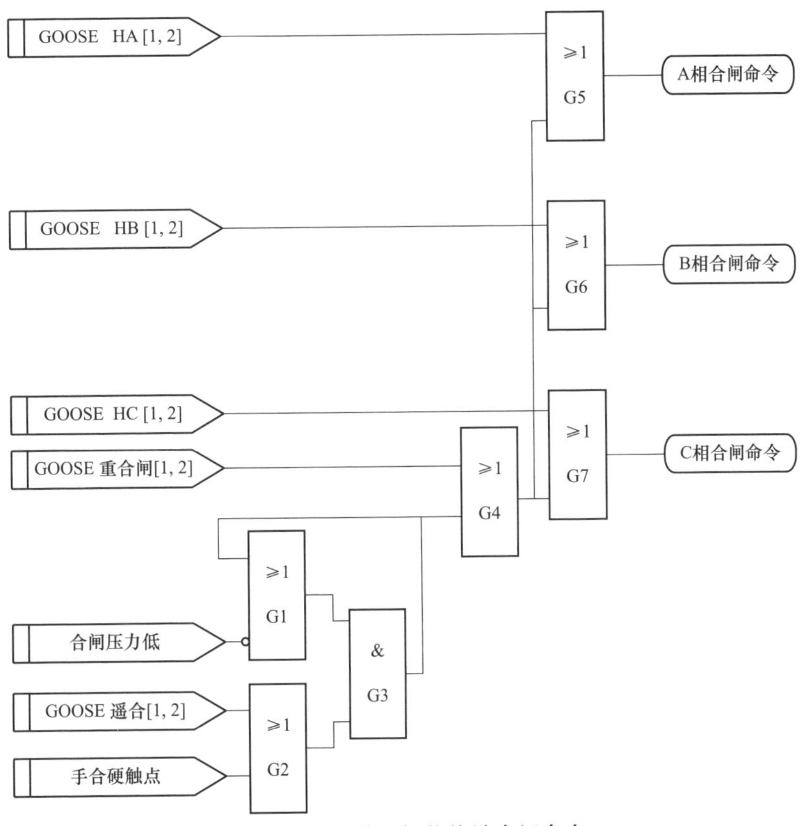

图 2-24　断路器智能终端合闸命令

3. 控制回路断线告警

同时检测到断路器的合位和分位或者合位和分位均没有开入，延时 10s 发控制回路断线告警信号，如图 2-25 所示。

若判定出“控制回路断线”，则除生成告警事件外，同时还上送“控制回路断线

GOOSE 开出”。

4. 闭锁重合闸

合智一体装置上电发“闭锁重合”GOOSE 信号，500ms 后返回；收到“手跳 / 遥跳 / TJF”命令，则会发“闭锁重合”GOOSE 信号，就算“手跳 / 遥跳 /TJF”命令返回，也要等到“手合 / 遥合”的命令启动并返回后，“闭锁重合”GOOSE 信号才返回。

5. 事故总逻辑

同时检测到断路器的分位和合位后开入，延时 0.2s 发事故总 GOOSE 信号，如图 2-26 所示。

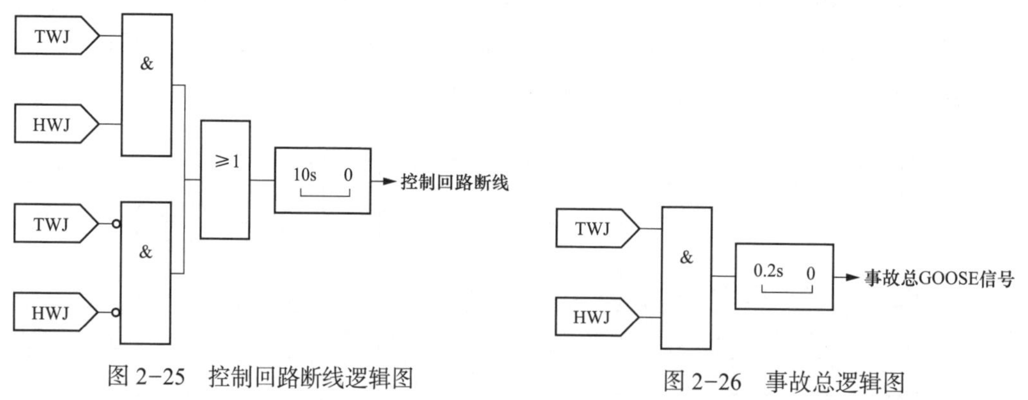

图 2-25 控制回路断线逻辑图

图 2-26 事故总逻辑图

6. 跳、合闸回路完好性监视

通过在跳、合闸出口触点上并联光精监视回路，装置能够监视断路器跳合闸回路的状态。图 2-27 所示为合闸回路监视原理图，当合闸回路导通时，光耦输出为 1。

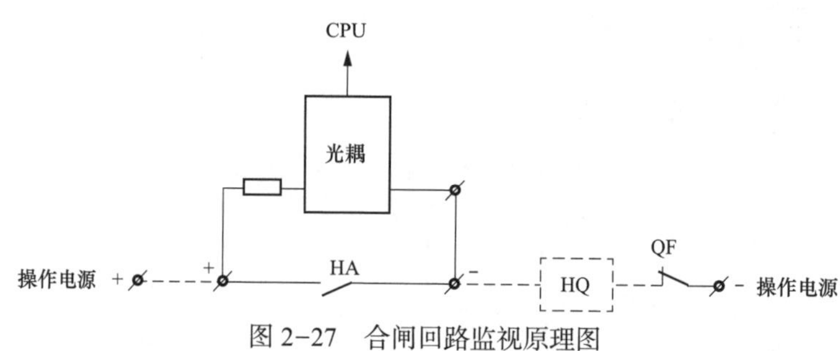

图 2-27 合闸回路监视原理图

图 2-28 所示为跳闸回路监视原理图，当跳闸回路导通时，光耦输出为 1。当任一相的跳闸回路和合闸同路同时为断开状态时，给出控制回路断线信号。

四、GOOSE/SV 虚端子的应用逻辑及配置方法

在传统变电站中，保护屏柜内设有电流电压、开入开出等端子排，保护装置上的各采样值、开关量、跳合闸出口都与具体的接线端子一一对应。在设计保护回路时，保护装置之间的联系，以及保护装置至一次设备的跳合闸出口都通过端子到端子的电缆实

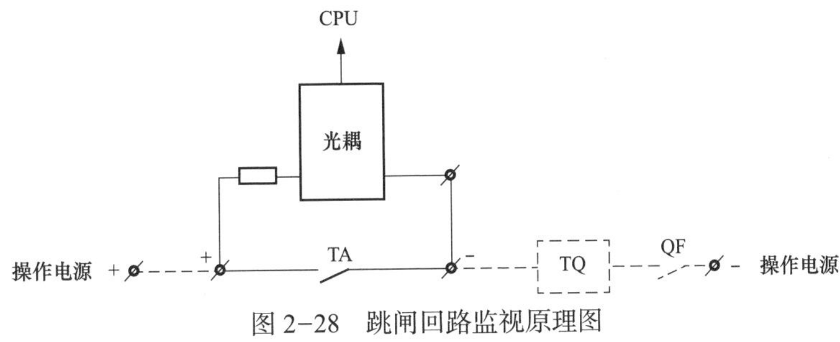

图 2-28　跳闸回路监视原理图

现。智能站采用 GOOSE/SV 虚端子就是为了反映智能组件装置 GOOSE/SV 配置，解决 IFC 61850 变电站智能装置 GOOSE/SV 信息无触点、无端子、无接线带来的 GOOSE/SV 配置难以直观体现等问题，GOOSE/SV 虚端子配置方法可以通过采用智能装置虚端子、虚端子逻辑连线以及 GOOSE/SV 配置表来实现。

1. 虚端子

虚端子（Virtual Terminator），是一种虚拟二次回路接线端子，虚端子联系是由全站 SCD 配置文件给出的，描述智能组件设备的 GOOSE/SV 输入输出信号接点的总称，用于标识过程层、间隔层及其之间联系的二次回路信号，等同于传统变电站的端子箱或中置屏柜内的端子。

智能变电站采用 GOOSE 技术、SV 采样值服务技术后，各保护装置之间的信息交互、跳合闸出口均是基于网络传输的数字信号，在一根光纤内可以同时传输多路数字信号，原有传统的实体的接线端子不复存在。新技术的应用改变了传统二次设计和实施方式，二次电缆的设计和接线变成了组态配置和配置文件的下载工作。

由于继电保护原理并没有因为采用新技术而改变，因此对于每一台保护装置而言，其 GOOSE、SV 输入输出与传统屏柜的端子之间仍然存在对应关系。如果 ICD 文件对应整台装置，那么 GOOSE、SV 数据集可以看作是屏柜上的端子排。SV 对应着传统装置的电流、电压端子，GOOSE 输入输出信号对应着传统装置的开关量输入输出端子。为了便于形象地理解和应用 GOOSE、SV 信号，对照传统端子的实物接线连接，将这些信号的逻辑连接点称为“虚端子”。

智能组件装置的虚端子需要结合变电站的主接线形式进行设计，应能完整体现与其他装置联系的全部信息，并留适量的备用虚端子。

2. 逻辑连线

（1）结合智能变电站的设计特点，用于体现智能变电站设计过程中 GOOSE、SV 的配置，包括装置虚端子逻辑联系表及虚端子逻辑信息流图，并有效结合装置及交换机光纤走向示意图，使得 GOOSE、SV 关联信息直观、清晰。

（2）在智能变电站设计中，将装置的虚端子分为开入、开出两大类。智能装置的逻辑输入 1～i 类比于常规变电站的二次设备开入，分别定义为虚端子 IN1～INi；逻辑输出 1～j 也类比于常规变电站的二次设备开出，分别定义为虚端子 OUT1～OUTj，详见

表 2-12 和表 2-13。

表 2-12　　智能装置虚端子开入

线路保护 1	SVIN04	PISV/SVINGGIO4.AnIn1	保护 A 相电压 U_{a1}
线路保护 1	SVIN05	PISV/SVINGGIO4.AnIn2	保护 A 相电压 U_{a2}
线路保护 1	SVIN06	PISV/SVINGGIO4.AnIn3	保护 B 相电压 U_{b1}
线路保护 1	SVIN07	PISV/SVINGGIO4.AnIn4	保护 B 相电压 U_{b2}
线路保护 1	SVIN08	PISV/SVINGGIO4.AnIn5	保护 C 相电压 U_{c1}
线路保护 1	SVIN09	PISV/SVINGGIO4.AnIn6	保护 C 相电压 U_{c2}

注　表中 SVIN04～SVIN09 为虚端子开入。

表 2-13　　智能装置虚端子开出

合并单元 1	SVOUT02	MUSV/PATCTR1Amp1	第一组保护电流 A 相：保护电流 A 相 1
合并单元 1	SVOUT03	MUSV/PATCTR1Amp2	第一组保护电流 A 相：保护电流 A 相 2
合并单元 1	SVOUT04	MUSV/PBTCTR1Amp1	第一组保护电流 B 相：保护电流 B 相 1
合并单元 1	SVOUT05	MUSV/PBTCTR1Amp2	第一组保护电流 B 相：保护电流 B 相 2
合并单元 1	SVOUT06	MUSV/PCTCTR1Amp1	第一组保护电流 C 相：保护电流 C 相 1
合并单元 1	SVOUT07	MUSV/PCTCTR1Amp2	第一组保护电流 C 相：保护电流 C 相 2

注　表中 SVOUT02～SVOUT07 为虚端子开出。

（3）SV 虚端子连接配置。在智能变电站中，SV 连线的作用类似于 GOOSE 连线，均理解为传统变电站中的硬电装接线，合并单元将其采集的远端模块的采样值进行同步，以（电压、电流）数据集的形式通过组播方式向外传输，接收方可以根据需要只接受数据集中的部分信号。接收方通过 SMV 连线可知晓收取哪个通道的信号。在配置 SMV 连线时，仍然以接收方为核心进行，原则如下。

1）对于接收方，须先添加外部信号，再添加内部信号。

2）对于接收方，允许重复添加同一个外部信号，但不建议用该方式。

3）对于接收方，同一个内部信号不允许同时连两个外部信号，即同一内部信号不能重复添加。

（4）GOOSE 虚端子连接配置。在智能变电站中，GOOSE 虚端子连接配置可以理解为传统变电站中的控制硬电缆接线，采集装置将其采集的虚端子信息（跳闸信息、位置信息、机构信息、故障信号）以数据集的形式通过组播向外传输，接收方接收的信息是通过 GOOSE 连接配置进行约束的。SCL 虚端子 GOOSE 连接配置以接收方为核心进行，原则如下。

1）对于接收方，必须先添加外部信号，再添加内部信号。

2）对于接收方，允许重复添加外部信号，但不建议用该方式。

3）对于接收方，同一个内部信号不允许同时连接两个外部信号，即同一内部信号不能重复添加。

4）虚端子连接仅限连至 DA 一级。

在遵循上述原则的情况下进行正常的虚端子连接，虚端子连接过程中日志窗口会有详细记录，如有虚端子连接不成功，则可以查看日志窗口的记录。添加内部信号，用鼠标拖曳时，该内部信号放到第几行，由拖曳时对象所处的位置决定。需要将内部信号放在某行，就将该对象拖至某行空白处松开，否则会产生错误连线。

3. 虚端子逻辑联系表的设计

智能变电站二次回路设计以装置的虚端子为基础，将各智能装置 GOOSE/SV 配置以连线的方式加以表示，通过关联两侧装置的虚端子来实现各智能组件之间的信息交互，并且还应对虚端子回路进行标注，包括描述虚端子信息的虚端子定义、各智能装置中的内部数据属性以及是否配置软压板。从实际应用来看，虚端子与以前常规的电缆没有本质区别，可以按照常规变电站的回路思路进行逻辑连线，具体详见表 2-14。

表 2-14　　线路保护虚端子逻辑联系表

发送装置	虚端子号	数据属性	虚端子定义	开出软压板
母线保护	GOOUT28	PIGOGOP TRC11.Tr.general	支路保护跳闸	软压板
接收装置	虚端子号	数据属性	虚端子定义	开入软压板
线路保护	GOIN23	PIGO/GOINGGIO 5.SPCSO1.STVAL	其他保护动作	软压板

每个装置都设计一个类似于表 2-14 的虚端子表，该虚端子表包含了装置的 GOOSE 及 SV 的开入、开出信息，详细描绘了该装置与外部装置的关联关系，并留出适量的备用虚端子，这样就与传统站的端子排对应起来了，同时表格中虚端子的增加或者删除也非常便捷，维护起来也比较方便。此外配合网络方案配置及光纤走向示意设计图，也便于信息的定位和查找。

第三章　110kV 智能变电站典型设计及信息流

变电站设计涉及电气主接线、短路计算、高压电气设备选择、导体、无功补偿装置、过电压及绝缘配置、配电装置、接地装置、站用电系统、二次回路设计、元件保护及自动装置等诸多模块。本章节主要从电气主接线设计视角，阐述当前 110kV 智能变电站在电网中的特点，并以元件保护及自动装置信息流为展开，使得读者更直观快捷地了解和掌握该电压等级变电站运维的专业要点。

第一节　110kV 智能变电站典型设计概述

主接线设计的基本原则一般要考虑到变电站在系统中的地位、作用，既要满足电网稳定运行及故障处置时的要求，还要与该变电站电压等级、进出线回路数、采用设备情况等相适应，同时兼顾近期与远景接线相结合以便于日后扩建。按变电站在电网中的地位和作用，变电站一般可分为枢纽变电站、区域变电站、地区变电站、终端变电站和用户变电站等。在我国电网结构中，110kV 变电站深入负荷中心，直接面对用户，属于地区变电站和终端变电站。基于供电可靠性要求的提升、负荷的集中度与增幅较大的现状，以及对运行方式调整、变电运检工作更便捷的需求，近十年 110kV 变电站高压侧进出线回路数逐渐增多。从 110kV 变电站高压侧电源选择角度来看，早期大多数是从同一座 220kV 变电站不同母线的“同向双电源”方案，接线简单、备自投策略简便、投资少；缺点是同一方向（大部分是“同塔并架”或“同走一电缆沟”）双电源，易发生全站停电。另一种是采用三电源方案，即在原先“同方向双电源”的基础上，增加另一座 220kV 变电站的 110kV 母线“不同方向单电源”供电或并入集中式新能源。其优点是两个不同方向的电源点供电，提高了供电的可靠性，缺点是接线较为复杂、备自投策略复杂、投资大（早期的三条进线的扩大内桥接线也属于这个方案）。第三种是电源侧电源部分为“链式”接线电源（相当于四个电源），来自某两座 220kV 变电站的 110kV 不同母线“同方向双电源”分别接于两座 110kV 站内两条母线上“给两条母线”供电，两座 110kV 站内两条 110kV 母线分别出线与对端站“链接”，互为备用电源。其优点是两个不同方向的 220kV 变电站给两座 110kV 站供电（相互“链接”），大大提高了供电的可靠性；还可以通过该两座 110kV 变电站给 220kV 变电站提供紧急的 110kV 侧“串供电源”。其缺点是只能用于单母线或双母线接线的站且“链接”线路需装设保护，110kV 母线需要

配备保护投资大、备自投策略复杂、投资大、操作复杂。在最新版的输变电工程通用设计目录中，14 款 110kV 变电站通用设计方案，单母分段占八款，扩大内桥（含内桥、环入环出）接线占五款，环入环出（含扩大内桥）占两款，线变组（含内桥）占两款。

比较 110kV 变电站目前主接线通用方案，不难看出目前主流主接线方案是单母线分段接线和扩大内桥接线两种。以华东电网为例，110kV 变电站变压器容量主流是 50MV · A（少数采用 63MV · A 设计容量的主变压器，个别地区有选用 80MV · A 容量主变压器设计方案），按 110kV 线路 LGJ−240/40 导线来看，环境温度达 70℃时长期热稳定载流能力是 648A，折算到传输功率大约 12W 左右，满足纯内桥接线在“两进两变”与“一进两变”间切换运行方式。但负荷增加后，终端变电站站内需要配置 3 台主变压器时，内桥接线发展为扩大内桥接线，考虑到负荷增长的时间因素，一期工程多采用“两进两变”的不完整扩大内桥接线方式。目前扩大内桥接线主流是“两进三变”，典型运行方式为一条进线带一台主变压器，另一条进线带两台主变压器，但当一条进线停电检修时，一条进线带全站三台主变压器在用电高峰时还是有一定压力的。“三进三变”扩大内桥接线方案，备自投方式整定复杂，比较而言高压侧可以用三个线变组接线方案替代，只在初期个别变电站出现过。另一个方面，近几年负荷侧电网结构呈现从无源向有源转变的趋势，集中式新能源需接入 110kV 电网时，内桥接线缺乏转供电能力的弊端就彰显出来了。单从整体设计上看，内桥、扩大内桥接线节省高压电气设备的优势被弱化了很多。

一、电气主接线的选择与特点

1. 单母线分段接线

有母线接线最简单的接线方式为单母线接线，整个配电装置只有一条母线，每个电源线或引出线都经过开关设备接到同一组母线上。其优点是接线简单清晰、设备少、便于运维操作；缺点是当母线或母线隔离开关停电检修时会导致在整个检修期间，该侧所有电力装置均需停止工作。110kV 变电站一般在站内仅配置一台主变压器且出线回路数不超过两回的情况下采用单母线接线。

为了克服单母接线方式供电可靠性、灵活性差的缺点，把单母线分成几段，在每段母线之间装设开关间隔，每段母线接有电源和出线回路，称单母分段接线。比较内桥接线，单母线分段接线虽然增设了独立的主变压器高压侧开关间隔，增加了部分高压电气设备投资，但有效提升了变电站的带负荷能力，使得 110kV 侧具备了转供电能力，调度调整运行方式更灵活，降低主变压器停复役时的操作烦琐度，主变压器差动保护动作时也不需要再闭锁 110kV 侧备自投装置，提高了变电运检工作的便捷度。母线分段后，对重要用户可以从不同段引出两个回路，由两个电源点供电，当一段母线故障时，分段开关可以有效将故障段隔离，减少停电范围。当然，当进线回路是平行双回架空进线时，单母线分段接线存在大概率会出现交叉跨越或增加线路走廊宽度的弊端。当 110kV 变电站配置 2～4 台主变压器，出线回路为 2～4 回时，适用单母线分段接线或双母接线。

值得指出的是，目前位于负荷中心的 110kV 变电站高压侧多采用 GIS 布置方式，从运行经验上来看，相对于 AIS 设备，GIS 设备由于其全封闭特性，当 GIS 母线发生内部绝缘故障后，难以快速定位故障点，导致故障处置时间延长，影响恢复供电。同时在未有效隔离故障点的情况下盲目恢复送电会导致对电网的再次冲击，且城区终端变电站距离 220kV 变电站电气距离较短，短路电流的反复冲击易导致上级 220kV 主变压器的损坏，引起故障扩大化。加强 110kV GIS 变电站 110kV 母线设备管理的一个技术措施就是完善其母线保护配置，在未来可预见的时间段里，新建 110kV 变电站的接线方式将以单母线分段接线方式为主。110kV 侧单母线三分段、四分段接线方式在现场采用极少，其主要原因之一就是母差保护及备自投逻辑将会非常复杂。

110/35/10kV 变电站中、低压侧接线方式一般采用单母线分段接线，当出线回路较多时，主网侧为满足提高供电可靠性的需求，主变压器低压侧可采用双受电开关的分支接线方式，在新能源侧升压变压器的低压侧，有时为了优化设备选型，也有采用这种双开关接线方案。有些 110kV 变电站为了提高供电可靠性及调度灵活性，低压侧设计为环形接线。需要指出的是，低压侧分段多了，会增加该侧备自投策略的复杂度。部分变电站在设计时，仅在中间主变压器低压侧采用双开关接线方案，在 3 号主变压器未投运前，正常运行方式下双开关之一在热备用状态以满足该侧备自投方式的整定，要注意相关保护和自动装置的二次方式整定。也有的变电站三台主变压器低压侧均采用双开关设计，低压侧采用环网接线方式。

2. 内桥接线

内桥接线是地区、终端变电站典型接线方式之一，其最大特点是使用开关数量较少，一般情况下开关数目不大于出线回路数，节省了设备投资。外桥接线与内桥接线相比，前者站内主变压器操作比线路简单，后者线路操作更便捷，因此在主网中多采用内桥接线。

典型内桥接线高压侧四回路三台开关，是所有接线中最节省开关也是投资最省的一种接线方式，正常运行方式下可以理解为开环运行的四角形接线。其最大的缺点是没有独立的高压侧主变压器开关和高压侧进线共用开关，变压器的切除、投入比较复杂，需动作两台开关，导致一回线路的暂时停运，对供电可靠性有一定影响。另外主变压器主保护动作时需闭锁高压侧备自投，如果此时二次闭锁回路异常，则电网可能受到二次故障冲击并导致停电范围扩大。内桥接线适用于较小容量的发电厂、变电站，因主变压器操作复杂，不适合对经济运行要求主变压器经常切换的情况。

3. 扩大内桥接线

为了增加变电站容量，近年来 110kV 变电站高压侧接线方式大多数为扩大内桥接线方式，最初的扩大内桥接线有采用“三进三变”设计，增加变电站容量的同时，降低了对进线线路热稳定限额的要求，同时来自不同电源点的三条进线也在一定程度上提高了供电可靠性，但是三条进线会导致 110kV 侧备自投方式整定比较复杂，如中间进线故障时备自投的动作逻辑。在变电站两条进线带负荷能力能满足变电站站内不同运行方式下主变压器的总容量时，常采用“两进三变”的扩大内桥接线，站内不满三台主变压器时，称不完整扩大内桥接线。

“两进两变”或“两进三变”的扩大内桥接线，110kV 侧Ⅱ母线不配置母线电压互感器，母线电压（包括 2 号主变压器高压侧电压）视运行方式取自Ⅰ母或Ⅲ母母线电压。GIS 站采用“两进两变”不完整扩大内桥接线方式时，进线 2 的线路开关间隔一般会在一期工程中投运，其本质还是一个纯内桥接线，运行时一般将桥 2 开关或进线 2 开关改为非自动，相关 SCD 文件需相应配置。

二、主要高压电气设备选择

1. 主变压器

（1）主变压器台数的选择。110kV 变电站一般在站内配置两台主变压器双绕组或三绕组降压变压器，当只有一个电源点时，也可以只配置一台。如考虑到负荷增长需要分期投运，经济技术比较合理时，也可以装设 3 台变压器。4 台主变压器的设计在 110kV 变电站站比较少见，必要时应考虑主接线方案，或增加配置线变组带 4 号主变压器，但是一定要考虑到电源进线热稳定限额与站内主变压器总容量的匹配，如站内配置三台 63kV·A 主变压器时，两条电源进线选用 LGJ240 导线显然不能满足运行时对方式调整的需求。

（2）主变压器接线组别的选择。系统内主变压器绕组连接方式只有星形和三角形两种，主变压器各侧绕组如何组合要根据具体工程来确定，其原则是必须与系统电压相位保持一致。

（3）主变压器阻抗本质上是绕组间的漏抗，阻抗的大小取决于主变压器的结构和材料的选择，在变比、结构、材料选择确定后，其阻抗的大小与变压器的容量一般关联不大。从系统稳定运行和电压质量角度考虑，主变压器阻抗越小越好，但阻抗降低后，短路电流会随之增大，且阻抗的选择还要考虑到主变压器并联运行的需求，以避免并联运行时出现“小马拉大车”的不合理分配情况。所以阻抗的选择一般要结合系统短路水平、运行损耗和制造成本等综合因素予以考虑。

（4）主变压器冷却方式的选择。110kV 变电站主变压器冷却方式一般是油浸自冷和自然风冷两种方式。

（5）调压方式选择。无励磁调压适合在电压和频率波动范围较小的场所使用，有载调压则相反。一般情况下能选用无励磁调压就不选用有载调压方式，对于 110kV 及以下的主变压器，宜考虑至少有一级电压考虑用有载调压方式。

在 110kV 智能变电站设计中，无论什么接线方式和中性点接地方式，主变压器各侧开关间隔过程层设备采用的是合并单元与智能终端一体化设计的合智一体装置完成采样和控制功能。

2. 高压开关类设备

（1）目前电网中，110kV 侧及主变压器各侧主要选择 SF_6 灭弧介质的开关，35kV 及以下 SF_6、真空开关并存，以弹簧操动机构为主。

（2）隔离式开关。从定义上说触头处于分闸位置时，满足隔离开关要求的开关（简称 DCB），利用了相同的 SF_6 绝缘触头即可实现断路器的开断功能，又可以提供隔离开关的隔离功能，取代了敞开式断路器和隔离开关，可以弥补隔离开关检修周期较短的缺陷，但目前还没有得到广泛的推广。

（3）隔离开关。隔离开关是一种在分闸位置时，触头间有符合规定的绝缘距离和明显断开标志，在合闸位置时能承载正常负荷电流及规定时间内的短路电流的开关类设备。在线路、主变压器间隔（如双母线接线）中，隔离开关还起着满足检修和改变回路连接安全、可开闭的断口功能。操动机构主要是电动操动机构并可手动，手动操作时，动力操动机构的操作电源应可靠断开。

隔离开关具备一定的切合小电感、小电容电流的能力，并应能可靠切断非电磁环路的旁路电流和母线环流。但是，隔离开关开断小电流的能力和被开断电路的参数、操作时的风速风向、开关结构型式、安装方式、相间距离、操作速度等都有很大关系，如隔离开关不能开断充电电流大于 5A 的空载线路、不超过 2A 空载电流的主变压器等。即便如此，用隔离开关开断空载母线和短线时，仍将产生较高的操作过电压并引起避雷器的多次动作，在设计和现场运行时应尽量避免类似操作并采取相应的保护措施。

（4）接地开关与三工位隔离开关。接地开关的设置是为了满足运行检修的要求，与 GIS 设备连接并需要单独检修的电气设备、母线及出线均需要配置接地开关。与 AIS 变电站传统带接地开关的一体式隔离开关设计不同，早期的 GIS 变电站两工位隔离开关与接地开关之间是没有机械闭锁的，只配置了电气连锁和微机五防系统，接地开关配置在断路器两侧隔离开关旁边，仅起到断路器检修时两侧接地的作用。

目前 GIS 站基本采用接通、隔离、接地三种工况的三工位隔离开关替代了原来的两工位隔离开关，与传统隔离开关的功能相比，同时具备接地开关的功能，从原理上说，三工位隔离开关实现了接地开关与隔离开关之间的机械闭锁。

快速接地开关是利用电机储能或操作手柄储蓄的弹簧能量进行操作的，开合时间极短，能够瞬间动作，能实现就地操作及远方后台操作，且能和相关二次保护配合，从而实现抑制潜供电流和防止内部燃弧的功能（目前现场还没实现该功能）。DL/T 5352—2018《高压配电装置设计规范》要求，与 GIS 设备停电回路的最先接地点（不预先判定该回路不带电）及利用接地装置保护封闭电器设备外壳时（该功能目前现场还不具备），应选用快速接地开关，其他情况选用一般接地开关。一般情况下，GIS 变电站出线回路的线路侧接地开关和母线接地开关应采用具有关合动稳定电流能力的快速接地开关，也就是说其具备关合短路电流的能力。

3. 互感器

（1）电流互感器。电流互感器是在系统中将一次侧系统的大电流转换为二次侧的小电流，以提供测量、计量和二次保护用电流信号的重要设备。互感器从绝缘介质上分为干式绝缘、浇注绝缘、油绝缘和气体绝缘几种，在 AIS 变电站 110kV 侧多采用油绝缘电流互感器，GIS 罐体内无论是内置式还是外置式电流互感器均属于气体绝缘电流互感器，35/10kV 开关柜宜采用树脂浇注绝缘式电流互感器。

一般保护与测量仪表应接于电流互感器不同的二次绕组，110kV 变电站保护用准确级次一般是 5/10P20 级，故障录波器可以和保护共用二次绕组，220kV 及以下保护用 TA

不考虑短路暂态影响；计量用 0.2s 级，测量用 0.2 级，计量和测量可以共用二次绕组。主变压器如配置两套主后一体式差动保护，则两套保护应从不同二次绕组采样；单母线分段接线母差保护电流采样应取自独立的二次绕组。

电流互感器一次电流标准值为 10A、12.5A、15A、20A、25A、30A、40A、50A、60A、75A 以及它们十进制倍数或小数，二次额定电流 5A，如 400/5。110kV 电压等级同一间隔采用双 TA 设计目前只在部分变电站的母联、分段间隔使用。

（2）电压互感器。电压互感器是在系统中将一次侧系统的高电压转换为二次侧的低电压，以提供测量、计量和二次保护用电压信号的重要设备。110kV 及以上配电装置中，在容量和准确级满足要求的前提下，宜采用电容式电压互感器，但其开口三角形绕组的不平衡电压较高，常常会影响到零序保护的灵敏度，必要时需装设高次谐波过滤器。且因其具有带铁芯的非线性电感和电容器，在一次电压或二次电流产生剧变时将产生暂态过程和非工频铁磁谐振，需采取如装设谐振式阻尼器等措施。

35/10kV 室内配电装置宜采用树脂浇注绝缘电磁式 TV，室外宜采用油绝缘结构的电磁式 TV。大电流接地系统的电压互感器剩余绕组额定电压为 100V，小电流接地系统侧电压互感器剩余绕组额定电压 100/3V，电磁式电压互感器安装在小电流接地系统侧可能发生并联谐振，可以装设消谐器并选用全绝缘，也可以在开口三角形端子上接入电阻或白炽灯泡。

用于电能计量的电压互感器，准确级不应低于 0.5 级，用于测量的不应低于 1 级，用于保护的不应低于 3 级。

4. 接地变压器与消弧线圈

10kV 电气主接线采用单母线分段的变电站，一般每段母线上采用一台接地变压器和一台消弧线圈的方式，为节省投资，也有在接地变压器上增加低压绕组兼作站用变使用，称为接地站用变压器。

消弧线圈正常情况下为自动控制，控制器一般位于保护室内消弧线圈控制屏内，当消弧线圈自动调挡失败时，应改为手动操作。

5. 高压开关柜

开关柜内一次接线应符合相关设计要求，避雷器、电压互感器等柜内设备应经隔离开关（或隔离手车）与母线相连，严禁与母线直接连接。其前面板模拟显示图必须与其内部接线一致，开关柜可触及隔室、不可触及隔室、活门和机构等关键部位在出厂时应设置明显的安全警告、警示标识。柜内隔离金属活门应可靠接地，活门机构应选用可独立锁止的结构，可靠防止检修时人员失误打开活门。

对于开关柜存在可能误入带电区域的部位应加锁并粘贴醒目警示标志；后上柜门打开的母线室外壳，应粘贴醒目警示标志。

开关柜的柜间、母线室之间及与本柜其他功能隔室之间应采取有效的封堵隔离措施。

封闭式开关柜必须设置压力释放通道，压力释放方向应避开人员和其他设备。

开关柜隔离开关触头拉合后的位置应便于观察各相的实际位置或机械指示位置；开

关（小车开关在工作或试验位置）的分合指示、储能指示应便于观察并明确标示。

开关柜内驱潮器应一直处于运行状态，以免开关柜内元件表面凝露，影响绝缘性能，导致沿面闪络。对运行环境恶劣的开关柜内相关元件可喷涂防污闪涂料，提高绝缘件憎水性。

第二节　110kV 智能变电站信息流

智能变电站根据设备功能的不同划分为站控层、间隔层和过程层，站控层与间隔层之间通过站控层网络（网线）连接，间隔层与过程层之间通过过程层网（光纤）连接。本章节主要阐述的是间隔层与站控层之间以及过程层设备之间的网络信息流。

一、单母线分段接线

1. 110kV 线路间隔

110kV 进线线路保护配置光纤纵差保护（PCS943），按着智能变电站保护装置“直采直跳”的原则，线路保护从本间隔合智一体（合并单元部分）、母线电压合并单元（级联至本间隔合智一体）采集本侧电气量，通过线路光纤通道（OPGW 或 ADSL）接收线路对侧电气量，完成自身保护逻辑运算后，判断故障，发控制命令至本间隔合智一体（智能终端部分），实现对故障点的隔离。

图 3-1 所示从母线电压互感器、间隔电压互感器、间隔电流互感器与过程层母线电压合并单元、间隔合智一体装置是通过电缆接入的模拟量，如果互感器选用的是 ECVT，则通过光纤传输的电子互感器输出的数字量（FT3 格式）。在 220kV 及以下等级电网中，智能站 SV 网与 GOOSE 网统称“组网”，SV 网和 GOOSE 网分开是仅在 500kV 及以上

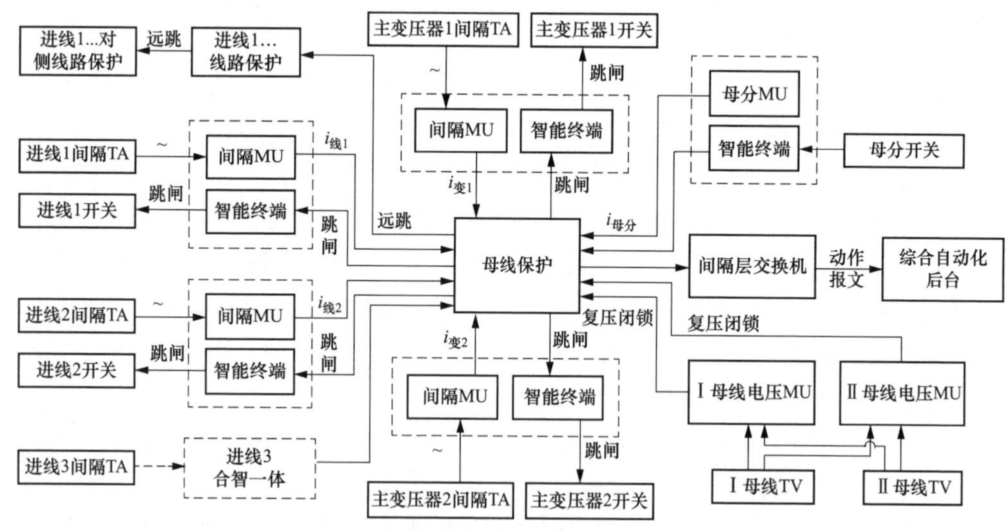

图 3-1　单母线分段接线线路间隔主要信息流

电压等级变电站中才有的设计方案，事实上，目前新建 500kV 变电站已取消合并单元的设计方案。

2. 110kV 母线间隔

由于 GIS 设备的全封闭特性，为了快速定位故障点，同时防止故障点未有效隔离情况下的盲目恢复送电，导致电网再次冲击造成的设备损坏，单母线分段接线的 GIS 站高压侧均配置母差保护。母线保护将从线路间隔、主变压器间隔和分段间隔的合智一体装置，以及母线电压合并单元采集电气量，经母差保护逻辑运算，判断故障范围，发出跳闸命令至相关间隔的合智一体装置（智能终端部分），实现对故障点的隔离。

如图 3-2 所示，单母线分段接线与 220kV 双母线接线配置母差保护，同样采取了复压闭锁元件以保证母差保护动作的可靠性，为了提高进线开关与 TA 之间故障时的故障隔离速度，母差保护动作发远跳电源侧开关，前提是通道满足技术要求。同样，单母分段接线母差保护"分列运行"软压板依然有效，母分开关在分闸位置时，应投入"分列运行"软压板。与双母接线不同的是，单母分段接线类似于固定连接方式，母差保护不再判断各支路的母线侧闸刀位置。

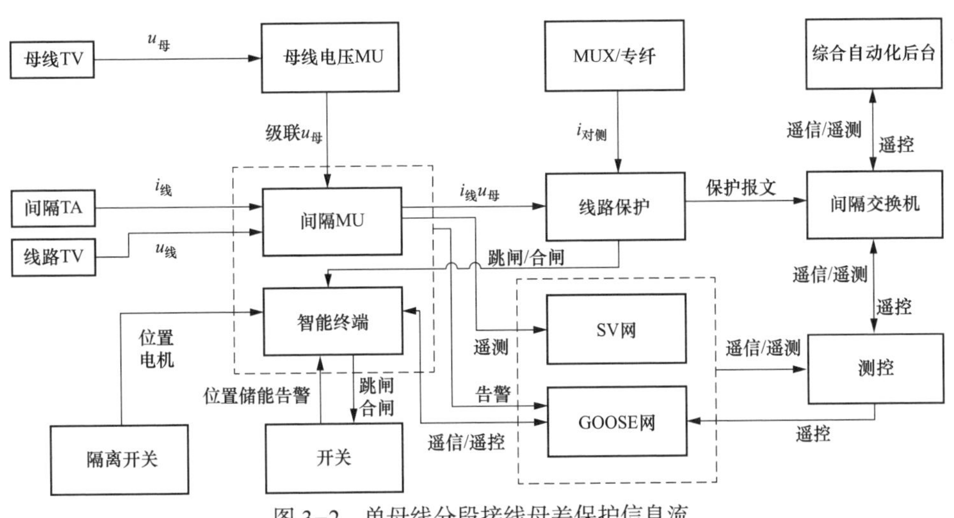

图 3-2 单母线分段接线母差保护信息流

3. 主变压器间隔

110kV 变电站主变压器电气量主后一体化保护在现场以双重化配置为主流，也有单重化配置设计，非电量保护一般都是单套配置。电气量保护的电流电压均从主变压器各侧合智一体装置（合并单元部分）采样，通过光纤将合并单元输出的 9-2 数据以 SV 报文的形式送至电气量保护装置中，经过逻辑运算，判断为跳闸故障后发出 9-2 跳闸 GOOSE 报文至各侧合智一体（智能终端部分）；非电量保护则是"电缆进电缆出"，将非电量的模拟信号直接通过电缆接入本体智能终端，承担非电量保护功能的本体智能终端发出的跳闸信号也通过电缆直接接入各侧断路器的跳闸回路。

如图 3-3 所示，变电压器电气量主后一体化保护采样采用的依然是“直采直跳”模式，电流从各侧主变压器断路器间隔 TA 采样，经合智一体送到主变压器保护装置，高压侧电压是从母线电压合并单元直接采样，10kV 母线电压是从母线 TV 二次绕组经电缆接入主变压器低压侧合智一体（合并单元部分）提供低压侧母线电压采样数据。现在主变压器中性点零序 TA 和间隙 TA 均独立配置，经本体合并单元进行模数转换送至主变压器保护。各侧测控装置的电压遥测值由各侧合智一体输出至组网（SV 网部分），再由组网送至各侧测控装置。对主变压器各侧开关的遥控是由厂站端发出遥控选择命令，经间隔层交换机下达至测控装置，遥控选择成功后，进行遥分、遥合时，遥控命令经上述路径后，从测控装置至组网（GOOSE 网部分），下达至各间隔合智一体（智能终端部分），对开关类设备进行遥控操作。

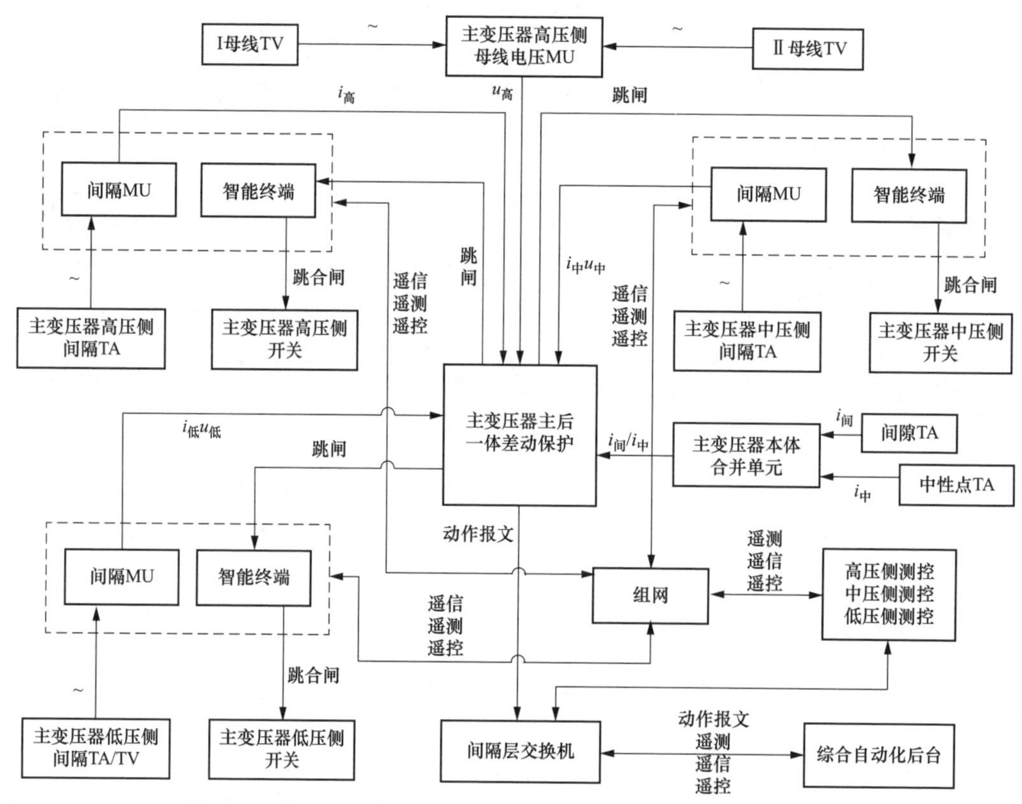

图 3-3　单母线分段接线三绕组主变压器电气量保护主要信息流

如图 3-4 所示，主变压器与本体智能终端、本体智能终端与各断路器间隔合智一体、合智一体（智能终端部分）与断路器机构箱之间均是电缆接线，遵循“电缆进电缆出”接线原则。本体智能终端的动作报文、告警报文是通过组网（GOOSE 网部分）传送至本体测控装置，再经间隔层交换机上传至站控层。值得注意的是，油温过高、压力释放、绕组温度、冷控电源全失目前在电网中均投发信，不投跳闸。

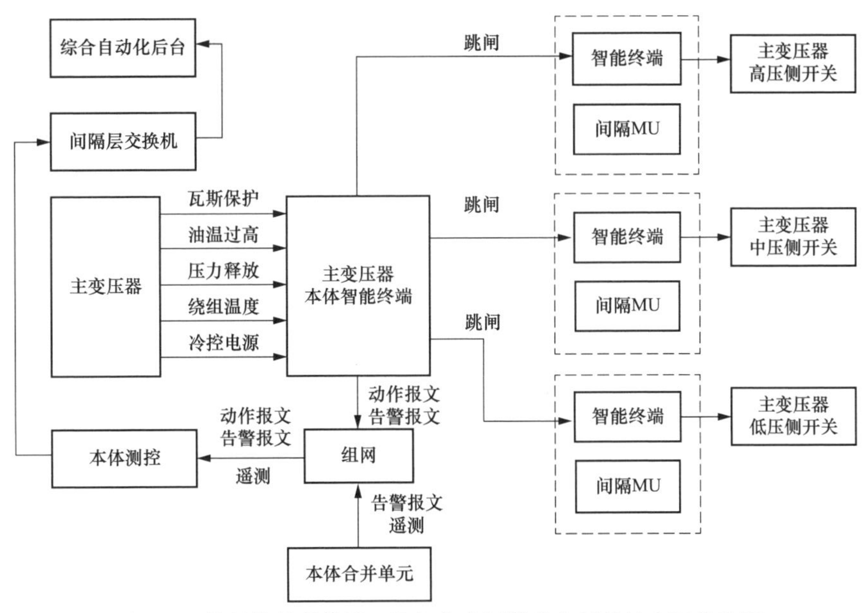

图 3-4　单母线分段接线三绕组主变压器非电量保护主要信息流

4. 110kV 侧备自投装置

备用电源自动投切装置对提升电网供电可靠性的重要性是毋庸置疑的，智能变电站备自投装置同样采用“直采直跳”的闭环策略。在单母线分段接线中，主供、备用电源的电压、电流以及相关开关位置信息通过相应间隔的合智一体采样实现，母线电压通过母线电压合并单元采样，备自投装置发出的跳、合闸 GOOSE 报文直接发至相应间隔的合智一体装置。对超过两条进线的单母线分段接线，高压侧备自投策略应优化，如果有集中式新能源在该站高压侧并入，则备自投动作方式要考虑到跳母线方式解列新能源。

图 3-5 所示是两条进线两台主变压器 110kV 单母线分段接线（三条进线两台主变压器），备自投取进线、母分开关位置自识别备自投方式，主变压器保护差动保护不会闭锁

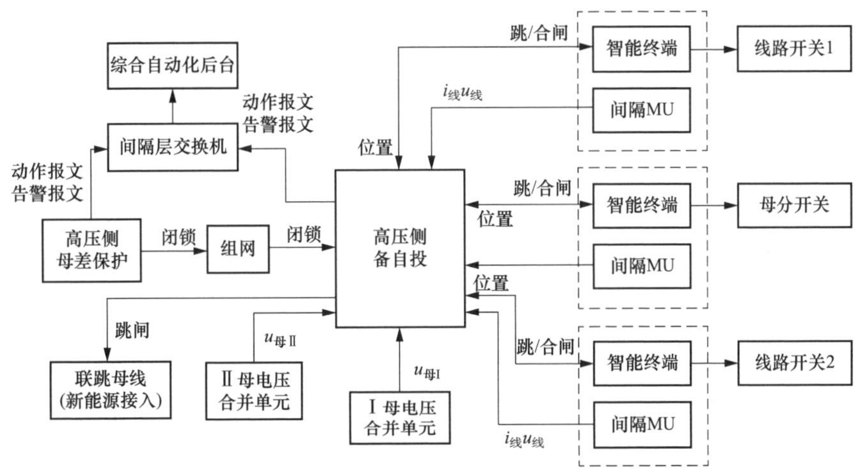

图 3-5　单母线分段接线高压侧备自投信息流（110kV 侧有新能源并网）

高压侧备自投。如果进线超过两条，则会在备自投整定值里配置关联自投方式的断路器，但可以额外增加“跳母线”控制字投入，动作时可解列并入电网的新能源联络线路。当变电站采用三条、四条电源进线时，备自投整定可采用第一时限“优先”自投某个电源进线，失败后第二时限备投至另一条电源进线的备自投策略。

二、扩大内桥接线

1. 110kV 线路间隔

无论是纯内桥还是扩大内桥接线，一般适用于地区终端变电站主接线设计方案，高压侧进线通常不配置线路保护（部分中、低压侧有新能源接入的，电源进线配置光纤纵差保护），如图 3-6 所示。

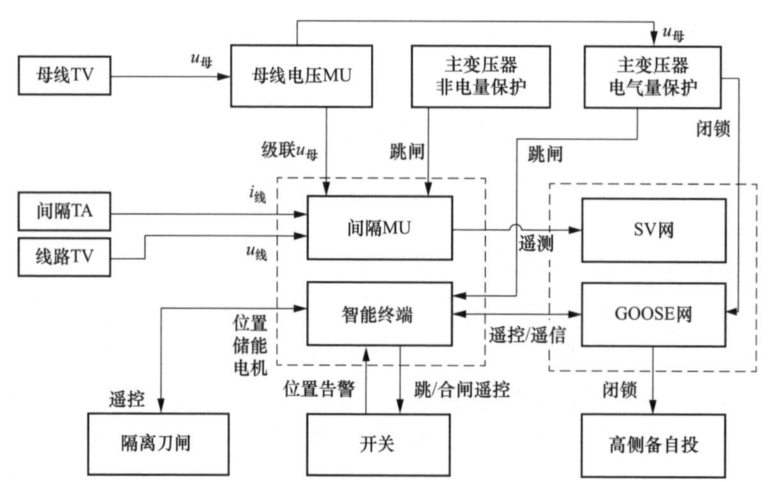

图 3-6　扩大内桥接线线路间隔合智一体装置关联信息流

由图 3-6 可见，内桥接线在受电侧没有配置线路保护时，以合智一体装置为例，其智能终端部分接收来自主变压器电气量保护、非电量保护、备自投和经组网传递的远方“遥控”命令，采集线路间隔开关类设备的位置、告警信息并上传给备自投、组网；其合并单元部分上传采集的相关电气量给主变压器电气量保护、备自投和组网。需要注意的是主变压器电气量保护闭锁备自投 GOOSE 报文是经跳闸矩阵整定，通过组网发送给相应侧备自投装置的，而不是直接发送。

2. 主变压器间隔

在高压侧主变压器没有独立的开关间隔，高压侧母线不配置母差保护，母线在主变压器差动保护范围内，母线及其附属设备故障时，由主变压器差动保护动作跳开各侧开关实现对故障点的隔离，不仅仅是主变压器差动保护，各侧动作于跳各侧开关的后备保护，在动作同时应闭锁高压侧备自投，这个是经过主变压器跳闸矩阵来实现闭锁备自投的 GOOSE 报文发送的。与 220kV 变电站主变压器保护一样，主变压器各侧的电压是通过母线电压合并单元直接传送至保护装置的，而不是通过间隔合智一体（合并单元部分）级联过来的，如图 3-7 所示。

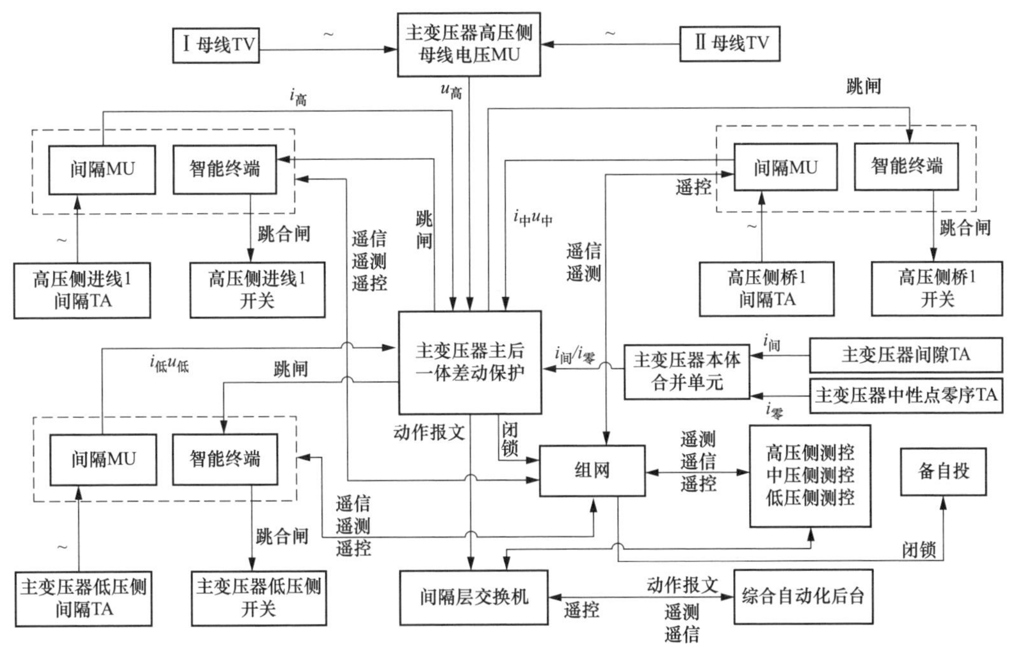

图 3-7　不完整扩大内桥接线主变压器保护信息流

3. 110kV 侧备自投装置

与单母线分段接线相比，完整扩大内桥接线主变压器跳闸矩阵整定是有差异的，主变压器差动保护动作的同时会闭锁高压侧备自投，单母分段接线则不会闭锁，如图 3-8 所示。尤其是，当站内扩大内桥接线只配置 1、2 号主变压器时，另一方面，两条进线三台主变压器的配置，且 110kV Ⅱ母线没有独立的母线电压互感器，使得备自投装置备自投方式更加复杂，连接于 110kV Ⅱ母线的 2 号变压器高压侧电压是取自Ⅰ母电压还是Ⅲ母电压，各电压合并单元厂家也有不同的策略。

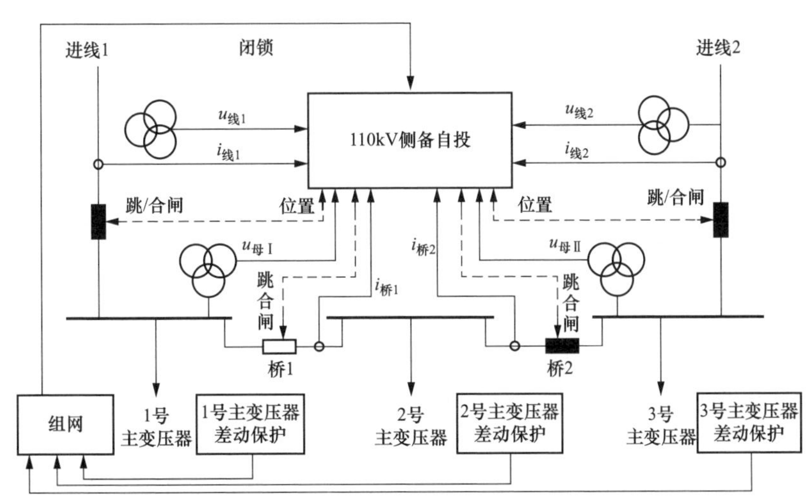

图 3-8　完整扩大内桥接线高压侧备自投信息流

第四章　110kV 智能变电站继电保护与安全自动装置

电力系统在运行过程中经常会发生各种故障和出现不正常状态，导致电气设备和电力用户的正常运行工况遭到破坏，严重时可能导致主设备损坏、电网崩溃和大面积停电事故。此时必须依靠装设在每个电气设备上的继电保护装置来切除故障设备，防止电力系统事故的扩大，利用安全自动装置来防止电力系统稳定破坏、防止电网崩溃和大面积停电以及恢复电力系统正常运行。

系统发生故障时，现场运行维护人员可以通过对故障动作信息进行初步分析，判断出故障类型和故障位置，这就有赖于现场运行维护人员对继电保护与安全自动装置动作原理、保护范围的了解和掌握。熟练掌握二次设备相关知识可以让现场运行维护人员在调度下令前做好相关准备工作，提高事故处理效率，缩短用户停电时间，满足公司对供电可靠性不断提升的要求。

第一节　继电保护基本概念

继电保护“四性”包括可靠性、选择性、灵敏性、速动性，继电保护配置与整定均基于这“四性”开展工作，对继电保护装置动作正确与否也基于“四性”进行评价。现以“四性”为基础介绍继电保护相关知识和概念，以利于在今后的工作中对继电保护配置和整定计算有更加深刻的理解和掌握。

（1）继电保护装置是指当电力系统中电力元件或电力系统本身发生了故障，危及电力系统安全运行时，能够向运行值班人员及时发出警告信号，或者直接向所控制的断路器发出跳闸命令以终止这些事件发展的一种自动化措施和设备。它的作用是：自动、迅速、有选择性地将故障元件从电力系统中切除，使故障元件免于继续遭到破坏，保证其他无故障部分迅速恢复正常运行；反应电气元件的不正常运行状态，并根据运行维护的条件而动作于信号，以便值班员及时处理，或由装置自动进行调整，将那些继续运行就会引起或发展成为事故的电气设备予以切除；还可以与电力系统中的其他自动化装置配合，在条件允许时，采取预定措施，缩短事故停电时间，尽快恢复供电，从而提高电力系统运行的可靠性。继电保护装置针对故障发生时刻，仅具备跳闸和报警功能，主要考虑的是故障设备的隔离，核心对象是设备。

（2）安全自动装置是用于防止电力系统稳定破坏、防止电力系统事故扩大、防止电网崩溃及大面积停电以及恢复电力系统正常运行的各种自动装置的总称。它的作用是当系统发生事故后和不正常运行时，自动进行紧急处理，以防止大面积停电，保证对重要负荷连续供电，恢复系统的正常运行。安全自动装置主要针对故障设备隔离之后，具备跳闸、合闸和报警功能，主要考虑的是电网负荷的恢复、电网方式的合理调整，其核心对象是电网。

（3）可靠性是指继电保护装置该动作时应动作，不该动作时应不动作，即不误动、不拒动，其主要由继电保护及安全自动装置设备质量的可靠、安装工艺的优良和验收试验的正确来保证。对于继电保护整定计算，则通过制定简单、合理的保护方案来保证可靠性，在运行方式变化时应注意继电保护定值的适应性，及时调整以确保继电保护装置可靠动作。

为避免继电保护装置或断路器原因发生故障无法切除，继电保护装置需实现后备功能。220kV 及以上电网采用近后备，采用双重化配置来避免一套继电保护装置损坏拒动。两套继电保护装置应采用不同厂家的产品，防止因装置家族性缺陷导致两套继电保护装置同时发生拒动情况。采用失灵保护来避免断路器拒动，当主变压器保护动作高压侧开关拒动时，利用主变压器保护动作触点启动母差保护，当主变压器保护不返回且主变压器支路始终有故障电流时，母差保护经延时动作跳所在母线段全部断路器，线路断路器失灵及母差失灵联跳原理与此类似。由于非电量信号不像电气量信号一样迅速，因此非电量保护不启动失灵，避免在非电量保护启动过程中造成失灵保护误动，扩大停电范围。110kV 及以下电网采用远后备，当继电保护装置或断路器拒动时，由上级断路器继电保护装置动作来隔离故障。

（4）选择性是指首先由故障设备或线路本身的继电保护装置动作切除故障，当故障设备或线路本身的继电保护装置或断路器拒动时，才允许由上级设备、线路的继电保护装置或断路器失灵保护切除故障。遵循选择性的目的是在电力系统中某一部分发生故障时，继电保护系统仅断开有故障的部分，使无故障的部分继续运行，从而提高供电可靠性。如果保护系统不满足选择性要求，则可能使保护误动或拒动，使停电范围扩大。

整定计算中选择性的满足主要通过上下级保护间进行协调，即通过通常所说的配合来实现的。上下级继电保护的配合原则主要有两个方面：一是相邻的上下级继电保护在时限上有配合，二是相邻的上下级继电保护在保护范围上有配合，也就是说上级继电保护的保护范围小，动作时间长。根据配合的实际状况，可将其分为完全配合、不完全配合、完全不配合三类。完全配合是指需要配合的两保护在保护范围和动作时间上均能配合，即满足选择性要求。不完全配合是指需要配合的两保护在动作时间上能配合，但保护范围无法配合，两级保护之间的选择性由下一级保护的可靠动作来保证。完全不配合是指需要配合的两保护动作时间上不配合，即无法满足选择性要求，该种情况需备案说明。

电力系统运行过程中会进行各类倒闸操作，如需保证继电保护定值在操作过程中也满足选择性要求，则可能会造成继电保护定值整定的复杂化及装置定值的反复调整，反而会给运行操作带来隐患。所以在电力设备由一种运行方式转为另一种运行方式的操作过程中，被操作的有关设备均应在保护范围内，允许部分保护装置在操作过程中失去选择性。

（5）灵敏性是指在设备或线路的被保护范围内发生故障时，保护装置具有的正确动作能力的裕度，它反映了继电保护对故障的反应能力，一般以灵敏系数来描述。灵敏系数是指在被保护对象的某一指定点发生金属性短路，故障量与整定值之比（反映故障量上升的保护，如过流保护）或整定值与故障量之比（反映故障量下降的保护，如距离保护）。由于在继电保护整定短路电流计算过程中，采用了一系列的假设简化条件，使得短路电流的计算结果与电网实际短路电流存在不一致的现象，所以引入灵敏系数来保证保护范围末端发生故障时继电保护装置能可靠动作。灵敏系数检验主要应考虑两个方面：一是在何种运行方式下进行检验，按照要求一般应采用可能出现的最不利运行方式进行校验；二是对何种故障类型进行检验，按照要求应当采用最不利的故障情形，通常采用金属性短路，有时还应考虑一定的过渡电阻。在开展继电保护整定灵敏系数检验时按常见运行方式下的单一不利故障对继电保护灵敏系数进行计算，仅考虑一回线或一个元件发生金属性简单故障的情况，保证在对侧断路器跳闸前和跳闸后均能满足规定的灵敏系数要求。所谓常见运行方式，即考虑正常运行方式和被保护设备相邻近的一回线或一个元件检修的正常检修方式。如电网有其他特殊运行方式，则应对相关继电保护定值适应性加以校验，必要时可采用多套定值。

（6）速动性是指保护装置应能尽快地切除故障，以提高系统稳定性，减轻故障设备和线路的损坏程度，缩小故障波及范围。继电保护装置在满足选择性的前提下，应尽可能地加快保护动作时间。继电保护装置配合的时间级差应根据断路器开断时间、整套保护动作返回时间、计时误差等因素确定，继电保护装置的配合一般采用 0.3s 的时间级差。对 110kV 及以下电网，若局部时间配合存在困难，则在确保选择性的前提下，微机保护可适当降低时间级差，但应不小于 0.2s。对于配电网保护，当采用 0.2s 的时间级差逐级配合仍有困难时，配合时间级差可采用 0.15s，但应确保断路器额定开断时间与继电保护装置整组动作时间之和不大于 100ms。在选择性有保证的前提下，可进一步缩短继电保护配合时间级差，实现更多层级配合，提升主网设备运行安全性和配电网供电可靠性。

（7）继电保护“四性”中选择性、灵敏性和速动性之间存在冲突，需统筹考虑，找到最优平衡点。同时继电保护整定与电网运行方式密切相关，如果因为电网运行方式、装置性能等原因不能兼顾，则按照局部电网服从整个电网、下一级电网服从上一级电网、保护电力设备的安全、保障重要用户供电的原则合理取舍，由此可能导致上下两级保护的不完全配合。

（8）继电保护按种类可以分为主保护、后备保护、辅助保护。主保护是满足系统稳定和设备安全要求，能以最快速度有选择地切除被保护设备和线路故障的保护。后备保护是当主保护或断路器拒动时用于切除故障的保护。辅助保护是为补充主保护和后备保护的性能或当主保护和后备保护退出运行而增设的简单保护。

（9）主变压器零序过流保护可采用自产零序电流或外接中性点零序电流，由继电保护装置控制字确定。自产零序电流有保护范围小，接地故障发生在开关 TA 与主变压器中性点之间时无法正确反应的不足，同时开关 TA 一次额定值较大，零序过流保护定值为躲正常运行不平衡电流也不能过小，对接地故障的灵敏系数受限。而外接中性点零序电流由于正常运行时零序电流为零或很小，因此在中性点 TA 二次开路时可能无法及时发现，导致接地故障时拒动。为避免两者的缺陷，220kV 普通三绕组或双绕组主变压器高、中压侧零序过流一段定值较大，采用本侧自产零序电流，零序过流二段定值较小，采用外接中性点零序电流。

对自耦主变压器来说，由于高、中压侧共用中性点，所以自耦主变压器高、中压侧零序过流保护均采用自产零序电流；自耦变压器公共绕组零序过流保护采用自产零序电流。

对配电网低电阻接地系统来说，由于单相接地故障需跳闸，因此要投入零序过流保护，也存在使用自产零序电流还是外接零序电流的问题。对于低电阻接地系统，主变压器、接地变压器、电容器等零序过流保护需采用外接零序电流，以增大零序过流保护的范围和提高灵敏系数。而对于出线来说，应根据实际情况酌情处理，自产零序电流因保护 TA 一次值大要求整定值较高，对线路经电阻接地故障时灵敏系数可能存在不足。而外接零序电流则对线路零序 TA 的施工安装水平要求较高，电缆接地线必须穿过零序 TA，不然可能导致线路零序过流保护误动。同时部分线路出线电缆较粗，零序 TA 无法套在电缆上，导致零序 TA 无法安装，从而不能采用外接零序电流。

（10）继电保护和安全自动装置运行状态一般包含“跳闸”“信号”和“停用”三种，按安徽电网运行习惯，除线路光纤纵差保护外，调度只下令“跳闸”和“停用”状态，在停用期间允许现场根据具体情况将保护装置置“信号”状态。安徽电网“微机光纤纵差保护”指线路的整套保护，包括作为主保护的光纤纵差保护及后备的距离保护、零序过流保护或过流保护，“光纤纵差保护”仅为主保护。在调度下令过程中，由于光纤纵差保护状态在调度操作过程中可能存在两侧不一致的情况，同时光纤纵差保护不能一侧停用，一侧投入，为避免调度命令在操作过程中存在的歧义，所以线路光纤纵差保护调度可以下令“信号”状态。

（11）对于电力系统来说，主变压器中性点接地相当于增加了零序电源，过多的零序电源不仅导致单相接地故障电流急剧增加，同时也导致零序分支系数变化很大，在进行零序过流保护整定计算时无法配合。对于安徽电网来说，由于实现了 220kV 线路微机光纤纵差保护双重化配置，零序过流保护的作用大大降低，所以采用了弱化零序过流保护的做法，仅考虑对线路经高阻接地故障进行保护。而对于 110kV 线路，由于继电保护装置仅单套配置，同时接地距离保护在 TV 断线时将失去作用，零序过流保护必须配合整定，所以 110kV 供电网络必须保证零序网络相对稳定。

对于 110kV 纯负荷变电站，正常运行时 110kV 主变压器中性点按不直接接地或经间隙接地运行考虑。随着新能源的大量接入，由于旋转机组惯性动量大，能够提供大短路电流，因此为了防止 110kV 线路单相接地导致的主变压器高压侧中性点电压升高造成绝缘损坏，接带火电、水电和生物质发电等旋转机组并网电源的 110kV 变电站宜保持一台主变压器高压侧中性点直接接地；对于逆变器型电源，由于惯性动量小，能够提供的短路电流也小，因此对主变压器高压侧中性点电压绝缘危害较小，所以接带风电、光伏、储能等并网电源的 110kV 变电站，主变压器高压侧中性点宜不接地或经间隙接地。

（12）由于部分老旧主变压器及 220kV 主变压器 10kV 开关保护 TA 变比小于本侧额定电流，因此主变压器各侧最大负荷电流宜取本侧额定电流和 TA 一次额定值的小者。对于公用线路特别是配电网线路，线路增容、改接及运行方式调整时有发生，继电保护整定人员难以掌握第一手资料。为了保证线路继电保护定值的稳定性，防止过流三段保护因线路负荷突然增大而误动作，线路最大负荷电流按最大允许负荷电流取值，宜取导线允许电流和 TA 一次额定值的小者。对于用户专用线，线路参数和最大负荷相对稳定，设备参数变化时继电保护整定人员也可以通过申请批复等方式及时了解，为了使继电保护定值更加符合实际，用户供电线路可以取最大实际负荷电流。对于冲击性负荷，按照规程要求，用户站内主变压器可以短时过负荷运行，仅需满足主变压器过载曲线要求即可，所以牵引站供电线路需考虑牵引变压器短时过负荷耐受倍数影响。

第二节　继电保护装置与运行

继电保护装置的原理、配置和运行要求与现场运行维护人员息息相关。了解继电保护装置的原理就可以掌握继电保护的动作范围，在故障发生时就可以根据继电保护动作信息对故障性质、故障地点进行初步判断。了解继电保护装置的配置就可以明晰所辖变电站继电保护装置合理与否，对存在的缺陷和不足的情况了如指掌，以加强相关变电站继电保护装置的运行维护管理。了解继电保护装置的运行要求就能深刻理解继电保护操作相关规定的原因，避免误操作事故的发生。

一、线路保护

1. 线路保护原理

光纤纵差保护的原理是利用光纤通道将输电线路两端的保护装置纵向连接起来，将两端电气量（电流大小、电流相位等）传送到对端进行比较，判断故障是在本线路范围内还是本线路范围之外，从而决定是否切除被保护线路。为保证光纤纵差保护对故障的灵敏系数，其动作电流不需躲过最大负荷电流，当保护 TA 断线时光纤纵差保护可能误动。为此光纤纵差保护设置启动元件，只有启动元件动作，光纤纵差保护才能跳闸出口，从而避免在正常运行时保护 TA 断线继电保护装置误动作。启动元件通常由电流变化量、相电流、负序电流、零序电流实现，多个启动元件采用“或”门逻辑。同时还设置 TA 断线闭锁光纤纵差保护功能（需经一段时间进行 TA 断线判断，一般为 10s），与启动元件共同组成光纤纵差保护防误动功能。

电力系统发生短路故障时，故障点电源侧设备会发生电压明显下降、电流明显增大、阻抗明显减小的现象。距离保护就是利用这一特点，测量电压和电流的比值，反应继电

保护装置测量点到故障点阻抗变化的一种保护。对于线路来说，阻抗大小与距离直接相关，所以被称为距离保护。距离保护的主要元件是阻抗继电器，阻抗继电器的测量阻抗可以反映短路点的远近，短路点越近，保护动作越快，短路点越远，保护动作越慢。距离保护受系统运行方式影响较小，但需引入电压、电流，在 TV 断线时距离保护存在误动风险，因此要引入专门的 TV 断线闭锁机制。距离保护采用启动元件动作后开放一定时间允许距离保护动作出口跳闸方式，启动元件通常由电流变化量、相电流、负序电流、零序电流实现。多个启动元件采用“或”门逻辑，在正常运行时上述启动元件不动作，从而有效降低了距离保护误动的风险。其次还设置 TV 断线闭锁距离保护功能（需经一段时间进行 TV 断线判断，一般为 10s），与启动元件共同组成距离保护防误动功能。距离保护还需要进行方向测试，避免方向不正确导致继电保护装置误动、拒动。

110kV 电网为大接地系统，接地故障占总故障的绝大部分，当线路发生接地故障时会出现明显的零序电流，引入零序过流保护可以可靠反应此类故障。在系统正常运行时，零序电流很小，仅为负荷电流自身及传变过程中的不平衡值。因此零序过流保护的灵敏度高，可以反映其他继电保护功能难以反映的线路高阻接地故障。而对于低电阻接地系统，也需投入零序过流保护，当系统发生单相接地时延时动作跳闸以切除故障。

电力系统发生故障时，故障点电流会明显增大。过流保护就是利用这一特点，当预设点电流超过继电保护装置动作值及时间后跳开断路器将故障点隔离的保护形式。过流保护原理简单、动作可靠、运行维护方便，当不采用复压闭锁、方向闭锁时可不引入电压，是一种最常用的保护。但过流保护受电力系统运行方式影响较大，在复杂的网络结构下难以满足选择性要求。

2. 线路保护配置

110kV 终端变电站当没有新能源接入时，110kV 进线若配置继电保护装置，则仅能对母线进行故障隔离，此作用可由电源侧线路继电保护装置取代，所以正常不配置继电保护装置。110kV 联络变电站出线及有新能源接入的 110kV 变电站进线配置微机光纤纵差保护或零序距离保护。35kV、10（20）kV 线路保护正常配置过流保护装置，低电阻接地系统的线路保护还应配置零序过流保护。长度小于 3km 的短线路、电源并网线、双线并列运行、当保证供电质量需要或有系统稳定要求时应配置微机光纤纵差保护。为保证光纤纵差保护在正常运行及外部故障时不会产生较大差流，导致光纤纵差保护误动作，线路两侧保护 TA 变比额定一次值不应超过 4 倍。

为了保证光纤纵差保护正常工作，同一线路两侧微机光纤纵差保护装置软件版本应保证对应关系。两侧均为常规变电站时，两侧继电保护装置型号与软件版本应保持一致；一侧为智能变电站，一侧为常规变电站时，两侧继电保护装置型号与软件版本应满足对应关系要求；两侧均为智能变电站时，两侧继电保护装置型号、软件版本及其 ICD 文件应尽可能保持一致，不能保持一致时，应满足对应关系要求。

“6+3”规范（由于早期继电保护装置没有统一的接线形式、装置定值，给继电保护装置整定和运行带来极大的困难和隐患，国网公司自 2012 年起用企业标准的形式规范了相关内容，后经不断完善形成了“6+3”规范继电保护装置，以下继电保护相关内容均基于该系列标准进行描述）110kV 线路保护包含光纤纵差保护、三段接地距离保护、三段相间距离保护、四段零序过流保护、TV 断线保护、过负荷保护及重合闸功能。10（20）kV、35kV 线路继电保护装置包含三段过流保护，复压、方向元件可投退；两段零序过流保护，自产、外接可选择；过流加速段保护；零序过流加速段保护；TV 断线相过流保护；重合闸、低频减载、低压减载功能。

3. 线路保护运行要求

正常运行的线路微机光纤纵差保护两侧需同时投入或停用，不得单侧投、停。微机光纤纵差保护装置仅光纤纵差保护功能退出时，后备保护功能仍需正常投入，所以其装置电源不能停用，继电保护装置信息接收压板、跳闸出口压板均不能解除，不满足继电保护装置停用相关规定。因此，光纤纵差保护只有跳闸、信号两种状态，且光纤纵差保护不能单独停用。线路微机光纤纵差保护复役后，两侧现场人员必须进行保护通道交换试验，确保正常。经线路对空母线冲击送电时，线路两侧继电保护装置正常投入。当任一侧微机光纤纵差保护装置异常时，应首先将两侧光纤纵差保护投信号，然后根据现场要求，决定是否停后备保护。微机光纤纵差保护的后备保护是指除光纤纵差以外的保护，包括距离（接地距离、相间距离）保护、方向零序保护、过流保护等。微机线路保护全投、全停不包括重合闸。

重合闸投停由所辖调度机构下令，继电保护装置中的重合闸应按调度对线路重合闸下达的指令及定值通知书的要求执行。为提高牵引站、终端用户站供电的可靠性，宜投入其供电线路重合闸功能。在实际工程中应严格按牵引站主管部门或用户提供的重合闸投退要求执行。线路重合闸在线路连续发生瞬时性故障重合数次后，是否仍然投入重合闸装置，应由线路断路器管辖单位根据断路器状态决定，防止因断路器频繁动作后的拒动而引起大面积停电事故。

二、母线保护

1. 母线保护原理

母线在正常运行及外部故障时，根据节点电流定理（基尔霍夫第一定理），流入母线的电流等于流出母线的电流。如果不考虑 TA 的误差等因素，理想状态下各电流的相量和等于零，考虑了各种误差，差动电流是一个不平衡电流，此时母差保护可靠不动作。当母线上发生故障时，各连接单元里的电流都流入母线，差动电流的相量和等于短路点的短路电流，差动电流的幅值很大。只要差动电流的幅值达到一定数值，差动保护便可靠动作，如图 4-1 所示。

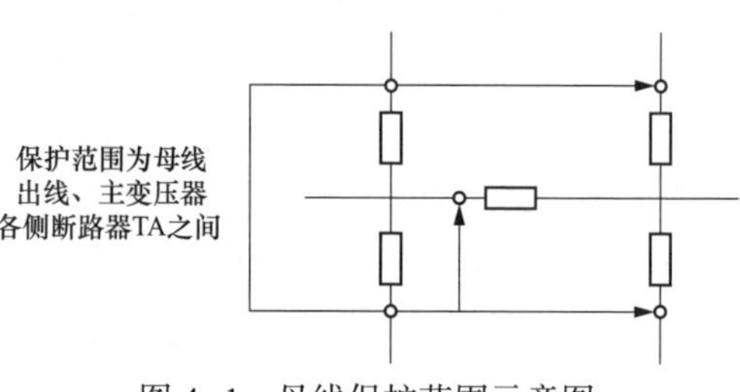

图 4-1　母线保护范围示意图

母差保护分大差保护和小差保护。大差保护计算除母联（分段）断路器外所有接入母线断路器 TA 电流，判断故障是否在母线上，用于母差保护启动。小差保护

根据母线隔离开关辅助触点位置判断断路器所属母线，计算单一母线包括母联（分段）断路器在内的接入 TA 电流，用于选择故障母线和跳闸。

当故障点位于母联（分段）断路器与母联（分段）TA 之间时，会导致小差保护故障母线选择错误，首先跳开非故障母线，此时大差保护仍不返回，母联（分段）TA 仍有短路电流流过，再经延时跳开故障母线，这样的保护被称为死区保护，虽然可以切除故障，但会引起停电范围扩大。

由于 TA 断线时不闭锁母差保护，同时母差保护动作定值也不要求必须躲过 TA 断线时的最大负荷电流，为了避免 TA 断线时母差保护误动，母差保护固定投入复压（低电压、负序电压、零序电压或门逻辑）闭锁。

2. 母线保护配置

对于 110kV 变电站来说，110kV 双母线、需要快速切除母线故障的 110kV 单母线接线应配置一套母线保护；由于 GIS 设备发生故障概率较大，同时母线为电力系统重要设备，按照安徽省公司设备部规定，110kV GIS 变电站 110kV 单母分段接线应配置一套母线保护。110kV 以上重要变电站的 35kV 母线，需要快速切除母线上故障时，应配置母线保护，其中有旋转机组电源接入的 35kV 母线应配置母线保护，接有其他类型小电源的 35kV 母线可配置母线保护。主要变电站的 10kV 分段母线需快速而有选择地切除一段或一组母线上的故障，以保证电力网安全运行和重要负荷可靠供电时，应配置专用母线保护。常规变电站新建、改造 110kV 母线保护时，各间隔电流回路应采用独立的电流互感器二次绕组，特性应满足规程要求，其变比差不宜超过 4 倍。

母差保护应闭锁本侧备用电源自动投入装置。对于单母分段、单母线接线变电站，高压侧备自投则无法使用变压器保护闭锁，当采用进线电流闭锁时，任意运行方式下的母线故障备自投均被闭锁，非故障母线无法快速恢复供电。变电站中低压侧备自投采用主变压器中低压侧后备保护闭锁或进线电流闭锁模式也存在同样问题。此时若安装有母线保护，则可以利用其选择性闭锁备自投，缩小停电范围。

3. 母线保护运行要求

在用外部主电源开关对双母线中的一组母线试送，而另一组母线在运行状态时，不需停用母差保护。

双母线接线方式任一段母线压变停役将本段母线与待并母线电压互感器二次并列时，可不必进行一次倒闸操作，也不必进行母差保护投互联及母联开关投非自动操作。此种措施提高了母线故障时只切除故障母线的可能性，但在某些故障情况下存在继电保护装置不正确动作的风险，在此期间不得在母差保护回路上进行任何工作。

母联（分段）断路器拉开时，需将母线保护“母联（分段）分列”压板投入，此时小差保护不再计入母联（分段）TA 电流，可以有效避免死区范围内故障造成全部母线停役，缩小停电范围。

在双母线接线进行倒母线操作时，为避免带负荷拉、合隔离开关，需将母线保护“母联互联”压板投入，此时大差动作直接出口跳闸，将双母线所有连接断路器全部跳开，隔离故障点。

三、母联（分段）独立过流保护

1. 母联（分段）独立过流保护原理

作为电力设备（如线路、主变压器等设备）临时性的保护，故障时由母联（分段）独立过流保护跳母联（分段）断路器切除故障。母联（分段）独立过流保护由相电流元件、零序电流元件和延时元件构成。动作判据为过流保护和零序过流保护“或”门逻辑动作。

母联（分段）独立过流保护压板（控制字）投入后，当母联任一相电流大于母联过流定值，或母联零序电流大于母联零序过流定值时，经可整延时跳开母联（分段）断路器，不经复合电压闭锁。

2. 母联（分段）独立保护配置

母联（分段）断路器需配置独立于母线保护的继电保护装置。当没有专门的母联（分段）独立保护时，母线（分段）断路器充电过流保护功能可由母线保护、备用电源自投入装置（以下简称备自投）内功能实现。母联（分段）独立过流保护配置两段充电过流保护及一段充电零序过流保护，充电零序过流保护与充电过流Ⅱ段保护共用一个时间段。

为防止母联（分段）独立过流保护误动，简化保护接线，母联（分段）独立过流保护不启动失灵保护，且母联（分段）独立过流保护不经母联开关手合触点控制。

3. 母联（分段）独立过流保护运行要求

母联（分段）独立过流保护作为新设备或设备经技改大修后启动送电过程中的临时保护，其定值根据启动送电时电网运行方式计算，恢复正常运行方式后保护退出。

在母线停役再送电或对空母线上开关冲击时，由于非“6+3”规范母差保护无法识别此时的死区故障，所以投入母差保护中的母联充电保护，短时闭锁母差保护 300ms，避免送电时死区范围内发生故障导致停电范围扩大。而“6+3”规范母差保护在合闸于死区故障时已实现瞬时跳母线（分段）断路器，不会误切运行母线，满足充电保护功能。

当线路启动送电或母联开关串代新开关做保护向量试验时，为避免母线保护频繁操作，造成误动风险，宜用母联（分段）独立过流保护作为试验设备的后备保护，保护定值由调度整定并下令投、停。当主变压器启动送电，需要用母联分段（分段）独立过流保护作试验设备的后备保护时，母联（分段）独立过流保护由调度整定并下令投、停。

四、主变压器保护

1. 主变压器保护原理

（1）差动保护及瓦斯保护。当主变压器各侧电压差异、TA 变比不同和变压器星角接线带来的相位差异被正确补偿后，主变压器在正常运行或外部故障时，流过主变压器各侧电流的相量和为零。主变压器正常运行或外部故障时，流入主变压器的电流等于流出电流。各侧电流的相量和为零，纵差保护不动作。当主变压器内部故障时，各侧电流的相量和等于短路点的短路电流，纵差保护动作切除故障主变压器。所以差动保护范围是主变压器各侧断路器 TA 所包围的部分，包括主变压器本身、断路器 TA 和主变压器之间

的引出线。

容量在 0.8MV·A 及以上的油浸式变压器和户内 0.4MV·A 及以上的油浸式变压器应装设瓦斯保护，反应主变压器内部故障引起的油流和气体变化。不仅主变压器本体有瓦斯保护，有载调压部分同样设有瓦斯保护。瓦斯保护有重瓦斯、轻瓦斯之分。重瓦斯动作于跳闸，轻瓦斯动作于信号。

差动保护为单元保护，可快速跳闸，用于反映主变压器绕组的相间故障、绕组的匝间故障、中性点接地侧绕组的接地故障以及引出线的接地故障。对于主变压器内部轻微故障，如星形接线中绕组尾部的相间短路故障、绕组很少匝间的短路故障，差动保护无法反映，存在保护死区；此外也不能反映漏油造成的油面降低、绕组的开焊故障。重瓦斯保护虽然能反映主变压器油箱内各类型故障，但不能反映油箱外部故障。

差动保护与重瓦斯保护的区别：一是保护范围不同，差动保护可以保护主变压器各侧开关 TA 之间的故障，瓦斯保护只能保护变压器油箱内故障，差动保护范围较大；二是保护灵敏度不同，瓦斯保护可以保护变压器内部放电、匝间短路等故障，差动保护则无法反应，瓦斯保护更为灵敏；三是动作速度不同，差动保护为电气量保护，可以快速动作，瓦斯保护需反应油箱内油流和气体运动速度，动作较慢。故差动保护和重瓦斯保护均是主变压器的主保护，两者不能相互替代。

（2）复压方向过流保护。为满足继电保护动作的选择性要求，在主变压器各侧配置复合电压闭锁（方向）过流保护，保护由功率方向元件、过电流元件和复合电压元件构成。功率方向元件的电压、电流取自于本侧的电压、电流。复合电压闭锁元件由低电压元件和负序过电压元件按“或”门逻辑构成。过电流元件采用保护安装侧 TA 的三相电流构成。

高压侧复压过流保护的主要保护范围为主变压器，当中低压侧断路器拒动时作为中低压母线的后备保护。中低压侧复压过流保护的主要保护范围为供电母线，当出线断路器拒动时作为出线的后备保护。

（3）零序过流（方向）保护。对于中性点直接接地的主变压器，应装设零序电流（方向）保护，作为主变压器和相邻元件（包括母线）接地故障的后备保护。对于主变压器中低压侧装有低电阻元件的，应装设零序过流保护，作为主变压器低电阻侧母线接地故障的主保护及出线接地故障的后备保护。

方向元件所用的零序电压固定为自产零序电压。在保护装置定值单中设有控制字来控制零序方向的指向。

（4）中性点间隙保护。对于中性点不接地的半绝缘变压器，装设间隙保护作为 110kV 线路接地短路故障的后备保护。间隙保护包括间隙过流保护、零序过压保护。当主变压器中性点电压升高至一定值时，放电间隙击穿接地，保护主变压器中性点的绝缘安全。利用放电间隙击穿后产生的间隙零序电流 $3I_0$ 和在接地故障时在故障母线 TV 的开口三角形绕组两端产生的零序电压（或继电保护装置自产零序电压）$3U_0$“或”门逻辑构成间隙保护。

当间隙零序电流或 TV 开口三角零序电压（或自产零序电压）大于动作值时，保护动作经延时跳开主变压器各侧断路器（或小电源并网断路器）。在 110kV 线路接地故障过程中，可能出现间歇性击穿现象，零序过流和零序过压可能交替出现，所以间隙过压和间隙过流元件动作后应相互保持，此时间隙保护的动作时间整定值和跳闸控制字的整定值均以间隙零序过流保护的整定值为准。

2. 主变压器保护配置

110kV 智能变电站主变压器保护采用主、后备保护集成在同一装置内的双套保护配置方案，非电量保护功能、启动风冷功能、闭锁调压功能由本体智能终端实现。主变压器保护均采用断路器 TA，应接入断路器 TA 不同二次绕组，避免因继电保护装置或二次绕组异常等导致主变压器保护全部失去，迫使主变压器非正常停役。110kV 智能变电站本体智能终端采用主变压器高压侧套管 TA。

110kV 常规变电站差动保护和后备保护装置需相互独立，差动保护、低后备使用断路器 TA，高后备保护可使用断路器 TA 或主变压器套管 TA。若差动保护、后备保护均使用断路器 TA，则应接入不同的二次绕组。

主变压器电气量主保护为差动（包括比率差动、差动速断）保护，涌流闭锁功能保护装置默认设置。

高压侧后备保护配置三段复压过流保护，复压可投退，是否经其他侧复压闭锁可选择；Ⅰ段、Ⅱ段 3 时限，方向元件可投退，方向指向可选择；Ⅲ段 2 时限。配置三段零序过流保护，自产、外接可选择；Ⅰ段、Ⅱ段 3 时限，方向元件可投退，方向指向可选择；Ⅲ段 2 时限。配置间隙过流 2 时限，零序过压 2 时限，零序过压自产、外接可选择。过负荷功能保护装置默认设置。

中压侧后备保护配置三段复压过流保护，复压可投退，是否经其他侧复压闭锁可选择；Ⅰ段、Ⅱ段 3 时限，方向元件可投退，方向指向可选择；Ⅲ段 2 时限。配置两段零序过流保护，自产、外接可选择；Ⅰ段、Ⅱ段 3 时限。过负荷功能保护装置默认设置。

低压侧后备保护配置三段复压过流保护，复压可投退；Ⅰ段、Ⅱ段 3 时限，方向元件可投退，方向指向可选择；Ⅲ段 2 时限。配置零序过流保护 3 时限，中性点零序过流保护 3 时限。过负荷功能保护装置默认设置，取低 1 分支、低 2 分支和电流。

非电量保护包括本体重瓦斯、本体轻瓦斯、有载重瓦斯、有载轻瓦斯、压力释放、油温高、绕组油温高等。安徽电网非电量保护仅本体重瓦斯、有载重瓦斯投跳闸，其他非电量保护均投告警。

为满足高压侧内桥接线主变压器保护动作选择性闭锁备自投要求，内桥接线方式的主变压器保护动作、非电量保护闭锁桥备自投，选择性闭锁进线备自投；中、低压侧后备保护动作闭锁本侧（或本分支）备自投。

3. 主变压器保护运行要求

普通高压侧单电源供电的 110kV 变压器，正常运行时高压侧中性点不接地，不投入零序过流保护，不投入间隙保护。当 110kV 主变压器带有小电源，采取高压侧中性点经

间隙接地方式时，投入高压侧间隙保护，间隙保护动作第一时限跳小电源断路器，第二时限跳开主变压器各侧断路器；采取高压侧中性点直接接地方式时，投入高压侧零序过流保护，动作跳开主变压器各侧断路器。

110kV 及以上电网变压器中性点接地运行方式下应尽量保持变电站零序阻抗基本不变。遇到使变电站零序阻抗有较大变化的特殊运行方式时，应根据运行规程或根据当时的实际情况临时处理。

五、电容器保护

1. 电容器保护原理

装设过流保护是为了在电容器组端部引出线发生故障时能可靠动作跳闸，避免出现过大的短路电流对系统设备造成损害。

当采用低电阻接地系统时需投入零序过流保护。

装设过电压保护是为了防止正常运行过程中系统电压升高导致电容器组损坏，当母线电压升至预设值时跳开断路器，切除电容器组。

装设低电压保护是为了避免母线失压后在恢复过程中出现因负荷降低导致的过电压以及防止主变压器带电容器组送电时的合闸涌流。其动作时间应大于出线灵敏段保护时间，避免出线故障导致电容器误切除；同时小于线路重合闸时间及备自投动作时间，避免线路重合或备自投动作恢复供电时电容器组未切除。装设低电压保护电流闭锁功能是为了避免母线 TV 断线导致电容器组误切除。

系统中使用的电容器组一般为多个小电容器串并联组成，单个小电容器由专用熔丝进行保护。当电容器组中的故障小电容器被切除到一定数量后，为避免单个小电容器端电压超过限值，装设不平衡保护将整组电容器断开。

2. 电容器保护配置

电容器保护配置两段过流保护、两段零序过流保护、过电压保护、低电压保护、低电压电流闭锁功能及不平衡电压（相电压差动）保护、不平衡电流（桥差电流）保护等。

六、接地（站用）变压器保护

1. 接地（站用）变压器保护原理

装设过流保护是为了在接地（站用）变压器发生故障时能及时动作跳闸，避免事故的扩大。

当采用低电阻接地系统时，需投入零序过流保护，当接地变中性点接入低电阻元件时，应采用外接中性点零序电流的方式。

因为接地（站用）变压器低压侧一般为 400V 系统，采用 Y0 接线，为了避免低压侧接地故障时高压侧后备保护误动，特配置低压侧零序过流保护。安徽电网此保护功能正常不投入。

2. 接地（站用）变压器保护配置

配置电流速断保护、两段过流保护、两段零序过流保护（其中零序过流Ⅰ段 3 时限）、低压侧零序过流保护 2 时限、过负荷保护。

七、备自投

1. 备自投原理

（1）进线备自投逻辑如图 4–2 和图 4–3 所示。

1）充电逻辑。两段母线线电压均大于有压定值，备用进线电压大于有压定值（该条件可通过控制字退出，下同），分段断路器在合闸位置，工作线路断路器在合闸位置，备用进线断路器在分闸位置且无其他闭锁条件。

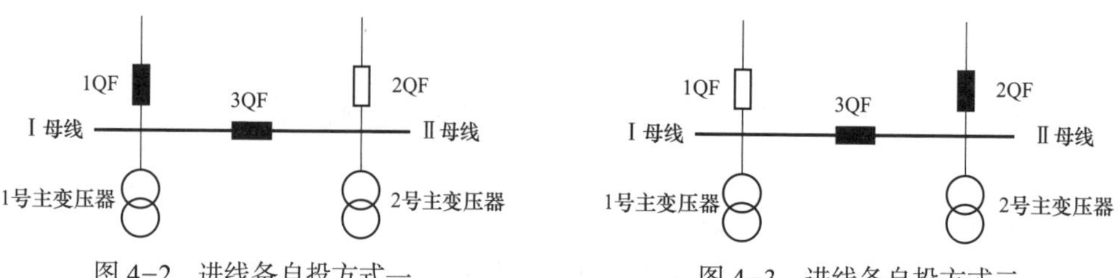

图 4–2　进线备自投方式一　　　图 4–3　进线备自投方式二

2）放电（闭锁）逻辑。断路器位置异常、手跳 / 遥跳闭锁、备用进线电压低于有压定值、闭锁备自投投入、备自投合上备用进线断路器等。为防止备自投将备用电源合于永久性故障，相关继电保护应闭锁备自投。对于内桥接线，主变压器保护（包括差动保护、重瓦斯保护、高后备保护，下同）动作应选择性闭锁备自投，即主供进线间隔对应主变压器保护不闭锁备自投，另一主变压器保护闭锁备自投。选择性闭锁备自投可以避免在进线备自投方式下主供进线间隔对应主变压器保护动作导致全站停电。对于安装有母差保护的单母线接线或单母分段接线，宜采用母差保护闭锁备自投，单母分段接线应采用选择性闭锁方式，闭锁逻辑与主变压器保护闭锁备自投相同。未安装母差保护的单母线接线或单母分段接线，可以采用进线过流闭锁备自投，变电站中低压侧备自投也可以采用主变压器后备保护动作闭锁模式。

3）动作逻辑。两段母线电压均小于无压定值，工作进线电流小于无流定值（避免因母线 TV 断线造成备自投误动，下同），备用进线电压大于有压定值时，延时跳工作进线断路器及联切出口，确认工作进线断路器跳开后（具备条件时可同时确认联切断路器已跳开，下同），延时合备用进线断路器。

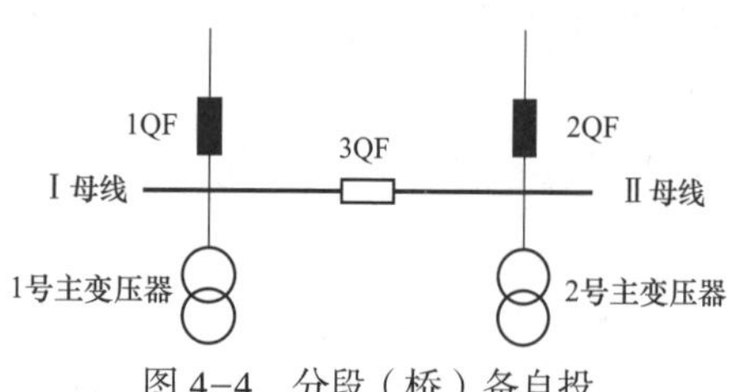

图 4–4　分段（桥）备自投

（2）分段（桥）备自投逻辑如图 4–4 所示。

1）充电逻辑。两段母线线电压均大于有压定值，分段（桥）断路器在分闸位置，两进线断路器在合闸位置且无其他闭锁条件。

2）放电（闭锁）逻辑。断路器位置异常、手跳 / 遥跳闭锁、两段母线电压均低于有压定值、闭锁备自投投入、备自投合上分段（桥）断路器等。对于内桥接线，主变压器保护动作应闭锁备自投。对于单母线接线或单母分段接线，可以采用母差保护、进线过流动作闭锁备自投，变电站中低压侧备自投也可以采用主变压器后备保护动作闭锁模式。

3）动作逻辑。Ⅰ段或Ⅱ段母线小于无压定值，对应进线电流小于无流定值，当另一段母线电压大于有压定值时，延时跳失压母线进线断路器及失压母线联切出口，确认失压进线断路器跳开后，延时合分段（桥）断路器。

2. 备自投配置

具备两路及以上系统供电电源的变电站，高压侧应配置线路及分段备自投；对于多馈入电源变电站，应选择正常运行方式下的主备用线路配置备自投。

3. 备自投运行要求

在正常运行方式及负荷允许的情况下，所有变电站的线路备自投装置均应投入，备自投装置动作宜联切发电厂、新能源厂站并网线路开关。

第三节　继电保护装置整定计算

整定计算是继电保护工作中一项非常重要的内容，正确、合理地进行整定计算才能使系统中的各种继电保护和安全自动装置和谐地工作，发挥积极的作用。现将继电保护整定计算方法进行简单介绍，帮助大家对继电保护整定计算工作有更加深入的了解。

1. 光纤纵差保护

（1）因为线路电容电流会造成光纤纵差保护的差流，所以光纤纵差保护定值需按躲本线路稳态最大充电电容电流整定，可靠系数取 4。但对于 110kV 及以下线路来说，由于线路长度短，单位长度线路产生的充电电容电流小，因此该原则对于最终定值选取一般不起作用。

（2）由于线路各侧 TA 特性曲线不完全一致，在正常运行时会产生差流，所以光纤纵差保护定值按躲本线路最大负荷下的不平衡电流整定，可靠系数取 1.5，电流互感器变比误差系数取 0.1。对于外部故障电流引起的差流，光纤纵差保护引入制动电流概念，在最恶劣的外部故障情况下差流数值均小于制动电流值，光纤纵差保护不动作出口，保证在外部故障情况下光纤纵差保护不会误动。

（3）为了保证线路故障时光纤纵差保护可靠动作，定值按小方式本线路末端故障电流有灵敏系数整定，灵敏系数取 3。

（4）为了防止光纤纵差保护各侧动作行为不一致，造成继电保护装置误动或拒动，线路各侧差动动作一次电流值应一致。

2. 10kV 线路距离保护

110kV、35kV 线路保护配合级数不宜超过二级，否则按不配合考虑，应设置不配合点。

（1）接地（相间）距离Ⅰ段保护。

1）接地（相间）距离Ⅰ段保护时间定值为 0s，若联络线不按躲本线路末端阻抗整定，则下级线路首端故障可能会造成接地（相间）距离Ⅰ段保护越级跳闸，使得继电保护失去选择性，扩大停电范围，所以按躲本线路末端故障阻抗整定，可靠系数取 0.7。

2）对于终端线，当接地（相间）距离Ⅰ段保护与所带 110kV 主变压器差动保护同时跳闸时，可由线路重合闸或备自投进行补救，不会扩大停电范围，所以可按躲所带主变压器其他侧母线阻抗整定，可靠系数取 0.7。

3）为了保证继电保护选择性要求，第二级线路需与上一级线路接地（相间）距离Ⅱ段配合整定，配合系数取 0.8。第二级线路若为终端馈线，则距离Ⅰ段保护定值可适当取较大值，利于距离保护的整定配合。对于线路较短，按灵敏系数取值时该定值仍然较小，为提高躲过渡电阻能力，设定一最低门槛，即按灵敏系数取值结果小于 10Ω 时，接地（相间）距离Ⅰ段保护定值取 10Ω。

4）在实际工作中，考虑 TA、TV 测量误差以及保护背侧阻抗等因素，为了防止接地（相间）距离Ⅰ段保护误动作，对于线路阻抗不大于 3Ω 的超短联络线路，其接地（相间）距离Ⅰ段保护退出运行，同时退出快速距离保护，时间定值取 0s。

（2）接地（相间）距离Ⅱ段保护。

1）为保证选择性，按与上一级限额配合整定，即与 220kV 主变压器中压侧复压过流Ⅰ段保护配合整定，配合系数取 1.15。

2）为了保证线路故障时接地（相间）距离Ⅱ段可靠动作，按对本线路末端故障有规定灵敏系数整定。灵敏系数在线路长度 20km 以下时取 1.5；20～50km 时取 1.4；50km 以上时取 1.3。

3）为了防止所带 110kV 主变压器中低压侧母线故障导致接地（相间）距离Ⅱ段保护越级跳闸，接地（相间）距离Ⅱ段保护需按躲所带主变压器其他侧母线阻抗整定，可靠系数取 0.7。

4）为了保证选择性，按与下一级线路接地（相间）距离Ⅰ段保护配合整定，可靠系数取 0.8，时间定值取 0.3s。

（3）接地（相间）距离Ⅲ段保护。

1）为保证选择性，按与上一级限额配合整定，即与 220kV 主变压器中压侧复压过流Ⅱ段保护配合整定，配合系数取 1.15。

2）为了避免在线路电流发生突变时接地（相间）距离Ⅲ段保护误动作，按躲本线路最大负荷电流对应的最小阻抗整定，可靠系数取 0.7。

3）为保证选择性，按与相邻线路接地（相间）距离Ⅲ段保护配合整定，配合系数取 0.8。

4）为了保证接地（相间）距离Ⅲ段保护能对下级设备起远后备作用，按下级设备阻抗有灵敏系数整定，如无法满足要求则可用四边形距离阻抗（或距离附加段定值）来满足要求，远后备灵敏系数取 1.2。时间定值一级线路取 3.3s，二级线路取 3s，如图 4-5 所示。

3. 110kV 线路零序过流保护

（1）零序过流Ⅰ段保护。零序过流保护动作示意如图 4-6 所示。

1）为了保证相邻线路首端接地故障不会误动，按躲大方式区外接地故障流过保护安装处零序电流整定，可靠系数取 1.3。

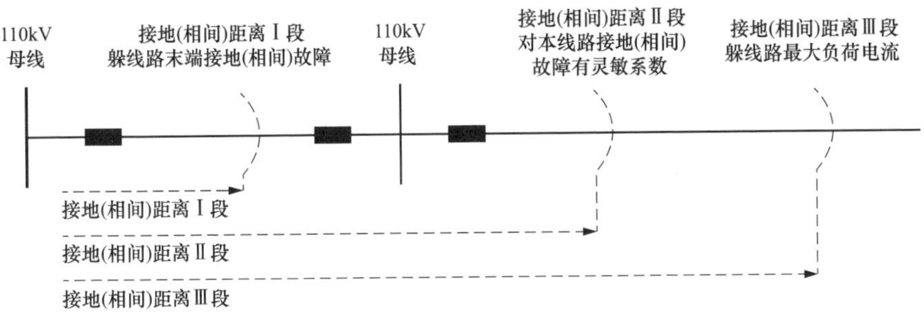

图 4-5　距离保护动作范围示意图

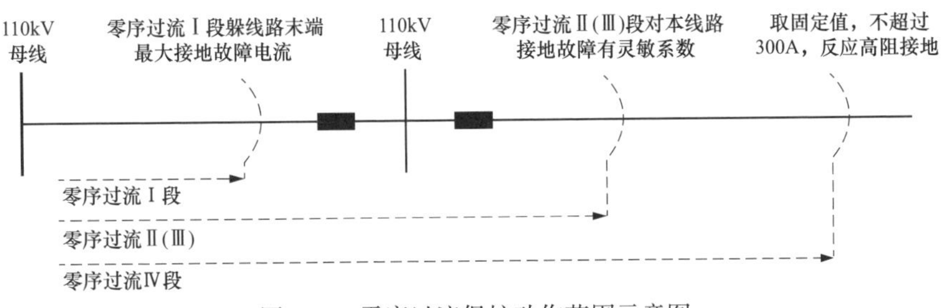

图 4-6　零序过流保护动作范围示意图

2）对于终端线路或有全线速切需求的场合，为保证本线路接地故障可靠动作，按本线路末端接地故障有灵敏系数整定。灵敏系数在线路长度 20km 以下时取 1.5；20～50km 时取 1.4；50km 以上时取 1.3。

3）为了保证继电保护选择性要求，第二级线路需与上一级线路零序过流Ⅱ段配合整定，配合系数取 1.1，时间定值取 0s。

（2）零序过流Ⅱ（Ⅲ）段保护。

1）为了保证本线路接地故障可靠动作，按本线路末端接地故障有灵敏系数整定。灵敏系数在线路长度 20km 以下时取 1.5；20～50km 时取 1.4；50km 以上时取 1.3。

2）为了保证选择性，按与下一级线路零序过流保护配合整定，配合系数取 1.1。

3）为了保证选择性，按与上级零序过流保护限额配合整定，即与 220kV 变压器中压侧零序过流Ⅰ段保护配合整定，配合系数取 1.1。

4）对于带有小电源且可作为电源点的线路，当整定小电源侧线路保护时，应考虑与并网点母线上其余出线保护相配合，时间定值取 0.3s。

（3）零序过流Ⅳ段。

1）为了避免所带 110kV 主变压器中低压侧三相故障电流导致零序过流Ⅳ段保护误动作，定值按躲过本线路末端负荷主变压器其他侧三相故障最大不平衡电流整定。

2）力争满足对相邻线路末端接地故障时的远后备灵敏系数要求，远后备灵敏系数取 1.2。在远后备灵敏系数不满足要求或者配合关系不满足时，允许牺牲选择性。

3）零序过流Ⅳ段作为本线路经高阻接地故障保护和相邻元件故障的后备保护，其电流定值不应大于 300A（一次值），安徽电网继电保护整定固定取 300A；时间定值一级线路取 2.7s，二级线路取 2.4s。

4. 35kV 过流保护

35kV 过流保护动作范围示意如图 4-7 所示。

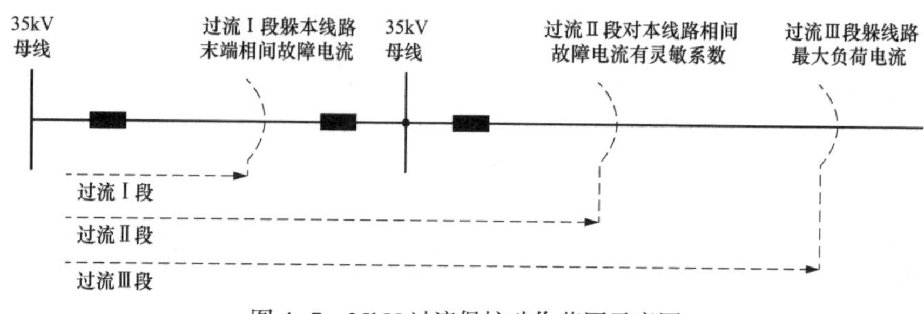

图 4-7　35kV 过流保护动作范围示意图

（1）过流Ⅰ段保护。

1）为了保证相邻线路首端相间故障不会误动，按躲大方式本线路末端三相故障电流整定，可靠系数取 1.3。

2）对于终端变电站，过流Ⅰ段保护可与负荷主变压器差动保护配合，按躲大方式所带主变压器低压侧母线三相故障电流整定，由线路重合闸或备自投进行补救，可靠系数取 1.3。

3）为了保证继电保护选择性要求，需与上一级线路过流Ⅱ段配合整定，配合系数取 1.1。

4）过流保护受电网运行方式影响很大，在短线路联络线整定时，为避免过流Ⅰ段定值过大，在任何故障情况下该定值均无法动作，需对常见运行大方式保护安装处三相故障电流是否有灵敏系数进行校验，灵敏系数取 1，时间定值取 0s。

（2）过流Ⅱ段保护。

1）为了避免所带 35kV 主变压器低压侧母线故障导致过流Ⅱ段保护越级跳闸，按躲大方式所带主变压器低压侧母线三相故障整定，可靠系数取 1.3。

2）为保证本线路相间故障能可靠动作，按小方式线路末端相间故障流过保护安装处电流有规定灵敏系数整定。灵敏系数在线路长度 20km 以下时取 1.5；20～50km 时取 1.4；50km 以上时取 1.3。

3）为了保证选择性，定值按与上级主变压器 35kV 侧复压过流Ⅰ段配合整定，配合系数取 1.2。

4）为了保证选择性，定值需按与下一级线路过流Ⅰ段保护配合整定，配合系数取 1.1，时间定值取 0.3s。

（3）过流Ⅲ段保护。

1）为了保证选择性，与上级主变压器 35kV 侧复压过流Ⅱ段配合整定，配合系数取 1.2。

2）为了保证选择性，定值按与下一级线路过流Ⅲ段配合整定，配合系数取 1.1。

3）为了避免在线路电流发生突变时过流Ⅲ段保护误动，定值按躲本线路最大负荷电流整定，可靠系数取 1.2，返回系数取 0.85。

4）为满足对相邻设备的远后备要求，按小方式相邻设备末端相间故障流过保护安装处电流有灵敏系数整定，远后备灵敏系数取 1.2。时间定值一级线路取 2.1s，二级线路取 1.8s。

5. 重合闸

（1）因为 220kV 系统短路电流大，在重合闸过程中存在失稳的风险，所以 220kV 线路采用单相重合闸。110kV 及以下线路采用三相断路器，短路电流较小，同时系统结构采用“合环布置、开环运行”的方式，不存在严重的非同期合闸风险，所以 110kV 及以下线路应采用三相重合闸。对于 220kV 牵引供电线路，由于是纯负荷侧，不存在非同期合闸风险，因此为提高用户供电可靠性，宜采用三相重合闸。220kV 线路重合闸时间定值宜取 0.8s，110kV 及以下线路重合闸时间定值宜取 2s。

（2）由于电缆线路发生故障基本为永久性故障，同时电缆线路阻抗小，故障电流大，因此为了降低对主变压器的损坏，全电缆线路重合闸不应投入。

（3）部分敷设电缆的配电线路，视情况投入重合闸，必要时由线路运行维护单位出具书面意见。

（4）由于用户对供电可靠性和一次设备安全性有不同要求，所以对于用户专用线路，由用户提供书面意见，重合闸投退可按照用户意见或调度协议执行。

（5）按要求备自投需在线路重合不成后再动作；新能源用户的防孤岛保护需在重合闸重合前将新能源切除，保证不会非同期合闸，所以重合闸时间应与防孤岛保护动作时间、备自投动作策略相配合，避免出现非同期合闸及重合时无线路负荷的情况。

（6）单电源线路为了减少设备投资，不增加线路 TV 设备，同时正常负荷线路不存在非同期合闸问题，线路重合闸采取不检定模式。对线路供电区域内新能源装机总容量较大或有其他类型电源且有可能形成孤岛运行时，采用检无压重合模式，不具备条件时退出重合闸。

（7）为减少重合于近区故障对主变压器等一次设备的冲击，可投入大电流闭锁重合闸或过流Ⅰ段闭锁重合闸功能，当故障电流大于预设定值后，重合闸自动闭锁。

（8）对于采用配网自动化逻辑的配电线路，为满足配网自动化的逻辑要求，重合闸方式和重合闸时间可适当调整。

6. 母线保护

（1）为了保证母线故障时母线差动保护可靠动作，启动定值按小方式母线故障有灵敏系数整定，在进行故障电流计算时需考虑母线（分段）断路器分列运行方式，灵敏系数取 2。

（2）由于母线元件电流回路断线会引起母差保护产生差流，因此母差保护启动定值按尽可能躲过任一元件电流回路断线时由负荷电流引起的最大差电流整定，可靠系数取

1.1～1.3。当按躲最大负荷差电流进行定值整定灵敏系数不能满足要求时，由于 TA 断线闭锁母差保护，可适当降低母差保护启动门槛值。

（3）母线保护中的充电保护按母联（分段）独立过流保护原则整定。

7. 母联（分段）独立过流保护

由于母联（分段）独立过流保护仅在母线、主变压器、线路冲击及测向量期间短时投入，属于特殊电网运行方式下的辅助保护，因此不考虑与下级继电保护定值的配合关系。

（1）充电过流Ⅰ段保护。为了保护母线故障时能可靠动作，按小方式被充电母线故障有灵敏系数整定，灵敏系数取 2，时间定值取 0s。

（2）充电过流Ⅱ段保护。

1）在新设备启动过程中，主变压器差动保护、距离保护、母差保护、带方向的过流保护、零序过流保护需停用，进行向量测试工作，为了保证在此期间一次设备故障有继电保护装置可靠动作隔离，充电过流Ⅱ段保护应按小方式被冲击线路末端或主变压器低压侧故障时流过保护安装处电流有灵敏系数整定，灵敏系数取 1.5。

2）为了避免在新设备启动过程中因负荷电流过大导致充电过流Ⅱ段保护误动作，应考虑躲被冲击线路或主变压器最大负荷电流，可靠系数取 1.3～1.5。

3）当两原则发生冲突时，应合理安排运行方式，降低向量测试过程中的最大负荷电流，时间定值取 0.2s。

（3）充电零序过流保护。

1）为了保证新设备启动过程中接地故障能被有效切除，充电零序过流保护应按小方式被冲击线路末端接地故障时有灵敏系数整定，灵敏系数取 1.5。

2）对于 110kV 负荷变电站，为满足设备启动过程中继电保护动作的选择性，充电零序过流定值应与供电线路零序过流Ⅱ段保护配合整定，配合系数取 1.1。与充电过流Ⅱ段共用时间定值。

8. 主变压器保护

（1）差动保护。

1）为保证比率差动保护不会误动，定值按躲主变压器正常运行时差动不平衡电流整定，启动电流定值宜取 $0.4I_e$，I_e 为主变压器基准侧二次额定。

2）比率差动制动系数“6+3”规范主变压器保护由装置默认取值，不需整定；非“6+3”规范主变压器保护取 50%。

3）为保证主变压器内部故障的灵敏度，比率差动保护动作电流若小于主变压器额定电流，这样主变压器冲击送电时就存在误动的可能性，为此需增加励磁涌流闭锁条件，主要有二次谐波闭锁、波形对称闭锁、波形间断角闭锁等。二次谐波制动系数及波形间断角等定值“6+3”规范主变压器保护由装置默认取值，不需整定；非“6+3”规范主变压器保护二次谐波制动系数取 15%，波形间断角取 65°。

4）增加涌流闭锁功能后主变压器高压侧严重故障时由于二次谐波、TA 饱和等问题可引起比率差动保护延时动作，为此增加主变压器差动速断保护。差动速断保护同样反应主变压器各侧 TA 二次差流，但没有闭锁条件作为比率差动保护的辅助保护，在主变压器高压侧严重故障时瞬时动作。由于差动速断保护没有涌流闭锁条件，所以定值需躲主变压器励磁涌流，按主变压器额定电流倍数进行整定。主变压器容量越大，系统电抗越大，差动速断保护可靠系数取值越小。根据常用主变压器容量，可靠系数 220kV 变压器宜取 4，110kV 变压器宜取 5，35kV 变压器宜取 7。同时为了保证主变压器高压侧故障时可以可靠动作，需在正常运行方式下保护安装处两相故障时有规定灵敏系数，灵敏系数取 1.2。

（2）低压侧复压过流Ⅰ段。为了保证低压侧母线故障时能可靠动作，定值按小方式低压侧母线两相故障流过保护安装处电流有规定灵敏系数整定，灵敏系数取 1.5。因三绕组主变压器高压侧复压过流Ⅰ段在低压侧母线故障时无法动作，因此为避免低压侧母线故障时主变压器低压侧断路器拒动导致故障切除时间超过热稳定时间，特设置两个时限，一时限 0.6s 跳主变压器低压侧断路器，二时限 0.9s 跳主变压器各侧断路器，以可靠隔离低压侧母线故障；对于两绕组主变压器，由于高压侧复压过流Ⅰ段在低压侧母线故障时可以有效动作，因此仅设置一个时限，0.6s 跳主变压器低压侧断路器。

（3）低压侧复压过流Ⅱ段保护。为了避免主变压器满载时保护误动，同时对出线有远后备 1.2 倍灵敏系数，按躲主变压器低压侧最大负荷电流整定，可靠系数取 1.3，返回系数取 0.95。三绕组主变压器设置两个时限，一时限 1.2s 跳主变压器低压侧断路器，二时限 1.5s 跳主变压器各侧断路器；两绕组主变压器设置一个时限，1.2s 跳主变压器低压侧断路器。

（4）中压侧复压过流Ⅰ段。为了保证中压侧母线故障时能可靠动作，定值按小方式中压侧母线两相故障流过保护安装处电流有规定灵敏系数整定，灵敏系数取 1.5。由于主变压器高压侧复压过流Ⅰ段在中压侧母线故障时可以有效动作，因此仅设置一个时限，0.6s 跳主变压器中压侧断路器。

（5）中压侧复压过流Ⅱ段。为了避免主变压器满载时保护误动，同时对出线有远后备 1.2 倍灵敏系数，按躲主变压器中压侧最大负荷电流整定，可靠系数取 1.3，返回系数取 0.95。设置一个时限，0.6s 跳主变压器低压侧断路器。

（6）高压侧复压过流Ⅰ段。

1）为了作主变压器其他侧母线故障的后备保护，按小方式中压侧母线（三绕组主变压器）或低压侧母线（两绕组主变压器）两相故障流过保护安装处电流有规定灵敏系数整定，灵敏系数取 1.2；由于 110kV 主变压器高压侧为星形接线，低压侧为三角形接线，因此在计算低压侧短路电流时应考虑故障电流折算系数，折算系数取 1.15。

2）为了保证主变压器高中（低）压侧后备保护之间的选择性，需与中（低）侧复压过流Ⅰ段配合整定，配合系数取 1.1。与主变压器低压侧后备保护配合时应考虑故障电流折算系数，折算系数取 1.15。仅设置一个时限，0.9s 跳主变压器各侧断路器。

（7）高压侧复压过流Ⅱ段保护。

1）按小方式中（低）压侧母线两相故障流过保护安装处电流有规定灵敏系数整定，灵敏系数取 1.5。在计算低压侧短路电流时应考虑故障电流折算系数，折算系数取 1.15。

2）为了保证主变压器高中（低）压侧后备保护之间的选择性，与中（低）压侧复压过流Ⅱ段配合整定，配合系数取 1.1。与主变压器低压侧后备保护配合时应考虑故障电流折算系数，折算系数取 1.15。

3）为了避免主变压器满载时保护误动，按躲主变压器低压侧最大负荷电流整定，可靠系数取 1.3，返回系数取 0.95。设置一个时限，三绕组变压器时间定值取 2.7s 跳变压器各侧断路器；双绕组变压器时间定值取 1.5s 跳变压器各侧断路器。

（8）高压侧零序过流保护。

1）主变压器高压侧中性点长时间接地运行时应投入主变压器高压侧零序过流保护，定值按小方式高压侧母线接地故障流过保护安装处零序电流有规定灵敏系数整定，灵敏系数取 1.5。

2）为满足与线路零序过流保护配合关系，按高压侧出线零序过流Ⅳ段定值配合整定，配合系数取 1.1，取 330A。作为接地故障总后备保护，零序过流时间定值取长时限 4s，动作跳主变压器各侧断路器。

（9）高压侧间隙保护。

1）当 110kV 变电站接有小电源且主变压器高压侧经间隙接地时，应投入间隙保护。

2）若本变电站及相邻下一级变电站主变压器均不接地，则间隙零序过流定值取 100A（一次值）；零序过压定值宜取 180V（外接零序电压二次值）、120V（自产零序电压二次值）。一时限取 0.2s 动作跳并网电源断路器；二时限取 0.5s 动作跳主变压器各侧断路器。

3）若本变电站或相邻下一级变电站主变压器直接接地，则间隙零序过流定值宜取 100A（一次值）；零序过压定值宜取 15V（外接零序电压二次值）、10V（自产零序电压二次值）。动作时间取 0.5s，动作跳并网电源断路器。

（10）非电量保护。

1）瓦斯保护分本体重瓦斯、本体轻瓦斯、有载重瓦斯、有载轻瓦斯，重瓦斯保护动作跳主变压器各侧断路器，轻瓦斯保护动作只发信。

2）压力释放保护可动作于信号或跳闸，安徽电网系统内正常运行时投信号。

9. 电容器保护

（1）过流Ⅰ段保护。

1）为避免电容器冲击时继电保护误动，按躲电容器冲击电流整定，可靠系数取 5。

2）为保证电容器端部相间故障保护可靠动作，按小方式电容器断路器出口两相故障电流有灵敏系数整定，灵敏系数取 2。由于电容器的容量远远小于主变压器的容量，过流Ⅰ段按电容器额定电流倍速整定后的定值与主变压器保护定值自然配合，因此可以不考虑两者之间的配合关系。时间定值取 0.2s。

（2）过流Ⅱ段保护。为避免电容器冲击时继电保护误动，按躲电容器冲击电流整定，可靠系数取 2，时间定值取 0.5s。

（3）零序过流Ⅰ段（用于低电阻接地系统）。为保证电容器端部单相接地故障时保护能可靠动作，按小方式断路器出口单相接地故障有灵敏系数整定，灵敏系数取 2。时间定值取 0.3s。

（4）零序过流Ⅱ段（用于低电阻接地系统）。

1）为保证继电保护装置之间的配合关系，按与接地变压器零序过流Ⅱ段配合整定，配合系数取 1.1。

2）为了避免继电保护在正常运行时误动，按躲电容器正常运行最大不平衡零序电流整定，可靠系数取 1.5，电容器正常运行最大不平衡零序电流取 0.1 倍电容器额定电流，时间定值取 0.6s。

（5）过电压。过电压保护需保证电容器在正常运行时不会因系统电压明显升高发生损坏，过电压系数取 1.1，时间定值取 3s。

（6）低电压。

1）低电压保护定值需保证在母线失去电压时可靠动作，出线故障时可靠不动作，定值取 0.5 倍额定电压。

2）低电压电流闭锁定值需保证在电容器正常运行时可靠闭锁低电压保护，在母线失去电压时可靠开放低电压保护，定值取 0.6 倍电容器额定电流，时间定值取 3s。

（7）不平衡保护。按照《国家电网有限公司十八项电网重大反事故措施（修订版）》要求，电容器不平衡保护定值由电容器厂家提供。对于老旧电容器，厂家无法提供定值的，可以按照 DL/T 584《3kV～110kV 电网继电保护装置运行整定规程》要求整定。

10. 接地（站用）变压器保护

电流速断保护、过流Ⅰ段保护、高压侧零序过流Ⅱ段保护动作跳接地（站用）变压器高压侧断路器；因为低电阻接地系统必须且只能有一个中性点接地，因此当接地变压器或中性点电阻失去时，供电主变压器的同级断路器必须同时断开。因此，低电阻接地系统经接地变压器中性点接地时，保护动作联跳供电主变压器低压侧断路器；由于接地变压器零序过流保护的保护对象是母线，所以保护动作应闭锁本电压等级备自投。

（1）速断过流。

1）为了避免接地（站用）变压器低压侧母线故障越级跳闸，按躲接地（站用）变压器低压侧故障电流整定，可靠系数取 1.3。

2）为了故障时保护装置可靠动作，按小方式接地（站用）变压器高压侧两相故障有灵敏系数整定，灵敏系数取 2。

3）为了避免接地（站用）变压器冲击送电时继电保护装置误动，按躲接地（站用）变压器励磁涌流整定，可靠系数取 10，时间定值取 0s。

（2）过流Ⅰ段。

1）为了避免接地（站用）变压器满载时保护误动，按躲接地（站用）变压器最大负荷电流整定，可靠系数取 1.5。

2）为了保证接地（站用）变压器低压侧母线故障低压侧断路器拒动等情况发生时由继电保护装置可靠切除故障，按小方式接地（站用）变压器低压侧两相故障有灵敏系数整定，灵敏系数取 1.3。

3）低电阻接地系统母线接地故障时，有电流流过接地变压器高压侧，三相电流大小相同，流向接地变压器高压侧中性点。为避免此种情况下过流Ⅰ段误动，接地变压器过流Ⅰ段保护定值按躲大方式区外单相接地故障流过接地变压器相电流整定。当投入“相过流消零”控制字后，继电保护装置内部进行自动计算，过流保护仅判断正序电流，不考虑零序电流，所以本原则可以不考虑。

4）中性点不接地系统，时间定值取 0.5s；低电阻接地系统取 1.2s；经消弧线圈并联小电阻接地系统按躲过小电阻投入时间整定。

（3）零序过流Ⅱ段（用于低电阻接地系统）。

1）对于低电阻接地系统，接地变压器是接地故障时零序电流的电源，为保证母线发生单相接地故障时能可靠动作，保护按小方式母线经电阻单相接地故障时有灵敏系数整定，灵敏系数取 2。

2）为了保证各级零序过流保护之间的选择性，与下一级零序过流Ⅱ段定值配合整定，配合系数取 1.1。

3）线路电容电流对于接地变压器来说相当于零序电流，为了避免正常运行时继电保护装置误动，按躲最大电容电流整定，线路单相接地时，总电容电流为方便估算，可用接地变压器高压侧额定电流代替，可靠系数取 1.5。

4）定值须与母线连接元件零序过流Ⅱ段时间定值配合，与接地变压器过流Ⅰ段时间定值一致，取 1.2s。

11. 备自投

（1）有压定值应能在所接电压正常时可靠动作，而在电压低到不允许备自投动作时可靠返回，取 70% 额定二次电压。

（2）无压定值应能在所接母线失压后可靠动作，而在电网切除故障后可靠返回，取 30% 额定二次电压。

（3）跳闸时间应与本级线路电源侧继电保护和重合闸时间之和配合，保证线路重合闸不成后备自投才能动作。

（4）应与主变压器保护闭锁备自投时间配合，避免主变压器保护无法可靠闭锁备自投，在主变压器故障被隔离后再次对设备造成冲击，使得主变压器损坏程度增大。

（5）当母线带有电容器时，还应与电容器低电压保护动作时间配合，避免电容器未切除的情况下，备自投就恢复母线供电，导致设备损坏。

（6）根据负荷恢复需求，确定备自投动作顺序并逐级配合。

（7）为避免小电源非同期合闸，备自投动作时间应与小电源防孤岛保护、事故解列装置整定时间相配合。

12. 配电网线路整定原则

（1）为了实现配电网继电保护优化，减少用户停电，提升供电可靠性。安徽 10（20）kV 配电网线路设置三级配合点，其中〇级配合点为变电站出线断路器，一级、二级配合点为配电线路上的环网柜、开闭所或带微机保护功能且具备定值自由整定功能的智能断路器。两级配合点之间以及二级配合点负荷侧允许存在部分失配点。

（2）变电站出线断路器过流保护整定原则与 35kV 联络线整定原则基本一致，不过由于配电网变压器容量小、短路阻抗大，过流Ⅱ段保护不需考虑躲配电变压器低压侧三相故障，过流Ⅲ段保护也无法对配电变压器起远后备作用。同时由于电动机存在启动电流大、启动时间长、电压下降不明显的特点，因此若线路所带电动机负荷较大，则过流Ⅲ段保护可投入复压闭锁，不具备条件的过流Ⅲ段保护定值应考虑电动机启动电流及自启动电流。同时配电网分布式新能源接入较多，过流Ⅲ段保护需躲保护安装处正方向所有分布式电源提供的短路电流，避免反向故障误动。

（3）低电阻接地系统发生单相接地时，会产生零序电流，零序过流保护利用该电流动作切除故障点。因为线路充电电流在形式上与零序电流类似，所以零序过流保护定值应躲本线路最大充电电容电流。同时为了保护线路单相接地时零序过流保护可靠动作，零序过流Ⅰ段保护应在本线路末端发生金属性单相接地故障时有灵敏系数，零序过流Ⅱ段保护应在本线路末端发生经电阻单相接地故障时有灵敏系数。

第四节　继电保护算例

本节在结合与继电保护整定计算有关的国家、行业及国网公司技术标准和规程规定的基础上，结合安徽电网运行实践和相关要求，以计算实例分析为抓手，将整定计算的总体框架呈现给现场运行维护人员。使现场运行维护人员对继电保护整定计算有更加深刻的理解，对整定原则的应用有所掌握，使现场运行维护人员能发现继电保护整定计算通知书中出现的明显错误，起到查缺补漏的作用。

一、35kV 线路保护计算实例

某 35kV 系统结构如图 4-8 所示，35kV 主变压器装设有差动保护。MN 线路最大负荷电流按 400A 考虑，线路电容电流按 10A 考虑，无小电源接入，分支系数按 1 考虑。

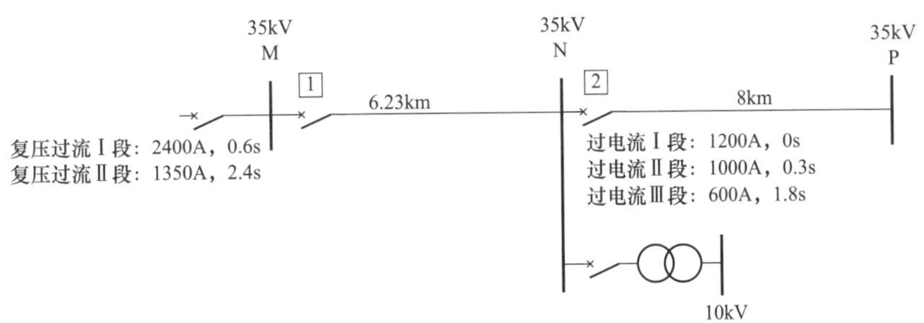

图 4-8　某 35kV 系统参数图

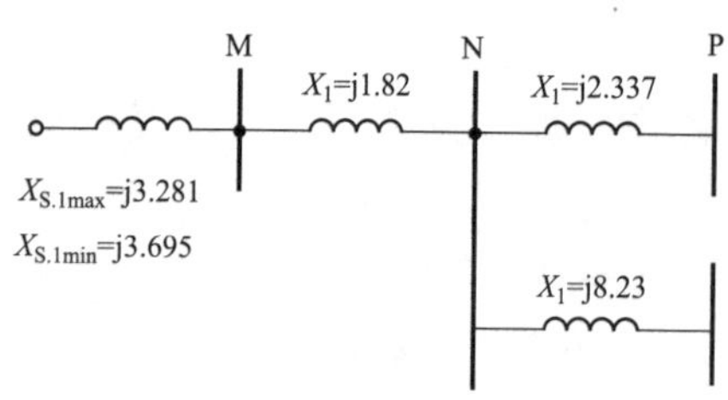

图 4-9　35kV 正序阻抗图

图 4-9 所示阻抗为折算后的标幺值，试确定断路器 1 的保护定值。

1. 光纤纵差保护

整定原则 1：按躲本线路稳态最大充电电容电流整定，有

$$I_{op} \geqslant K_K I_C = 4 \times 10 = 40(\text{A})$$

式中　K_K——可靠系数，取 4；

I_C——线路稳态最大充电电容电流。

整定原则 2：按躲本线路最大负荷下的不平衡电流整定，有

$$I_{op} \geqslant K_K K_{er} I_{Lmax} = 1.5 \times 0.1 \times 400 = 60(\text{A})$$

式中　K_K——可靠系数，取 1.5；

K_{er}——电流互感器变比误差系数，取 0.1；

I_{Lmax}——线路最大负荷电流。

整定原则 3：按小方式本线路末端故障电流有规定灵敏系数整定，有

$$I_{op} \leqslant \frac{I_{Dmin}}{K_{sen}} = \frac{0.866 \times 15600}{3.695 + 1.82} \Big/ 3 = 817(\text{A})$$

式中　I_{Dmin}——小方式线路末端故障电流；

K_{sen}——灵敏系数，取 3。

整定结果取 500A。

2. 过流保护

（1）过流Ⅰ段保护。

整定原则 1：躲大方式本线路末端三相故障电流整定，有

$$I_{opI} \geqslant K_K I_{Dmax}^{(3)} = 1.3 \times \frac{15600}{3.281 + 1.82} = 3976(\text{A})$$

式中　K_K——可靠系数，取 1.3；

$I_{Dmax}^{(3)}$——大方式线路末端三相故障流过保护安装处电流。

整定原则 2：对常见运行大方式保护安装处三相故障电流有灵敏系数整定，有

$$I_{opI} \leqslant \frac{I_{Dmax}^{(3)}}{K_{sen}} = \frac{15600}{3.281} \Big/ 1 = 4755(\text{A})$$

式中　$I_{Dmax}^{(3)}$——常见运行大方式保护安装处三相故障电流；

K_{sen}——灵敏系数，取 1。

整定结果取 4000A，0s。

（2）过流Ⅱ段保护。

整定原则 1：按躲大方式所带主变压器低压侧母线三相故障整定，有

$$I_{opII} \geqslant K_K I_{Dmax}^{(3)'} = 1.3 \times \frac{15600}{3.281+1.82+8.23} = 1521(A)$$

式中　K_K——可靠系数，取 1.3；

$I_{Dmax}^{(3)'}$——大方式所带主变压器低压侧母线三相故障流过保护安装处电流。

整定原则 2：按小方式线路末端相间故障流过保护安装处电流有规定灵敏系数整定，有

$$I_{opII} \leqslant \frac{I_{Dmin}}{K_{sen}} = 0.866 \times \frac{15600}{3.695+1.82} \Big/ 1.5 = 1633(A)$$

式中　I_{Dmin}——小方式线路末端相间故障流过保护安装处电流；

K_{sen}——灵敏系数，20km 以下取 1.5，20～50km 之间取 1.4，50km 以上取 1.3。

整定原则 3：按与上级过流保护限额配合整定，即与上级主变压器 35kV 侧复压过流Ⅰ段配合整定，有

$$I_{opII} \leqslant \frac{I'_{opI}}{K_K K_F} = \frac{2400}{1.2 \times 1} = 2000(A)$$

式中　I'_{opI}——上级变压器 35kV 侧复压过流Ⅰ段定值；

K_K——可靠系数，取 1.2；

K_F——分支系数，选用正序分支系数较大值。

整定原则 4：按与相邻线路过流Ⅰ段配合整定，有

$$I_{opII} \geqslant K_K K_F I'_{opI} = 1.1 \times 1 \times 1200 = 1320(A)$$

式中　K_K——可靠系数，取 1.1；

K_F——分支系数，选用正序分支系数较大值；

I'_{op}——相邻线路过流Ⅰ段定值。

整定结果取 1600A，0.3s。

（3）过流Ⅲ段。

整定原则 1：按与上级过流保护限额配合整定，即与主变压器 35kV 侧复压过流Ⅱ段配合整定，有

$$I_{opIII} \leqslant \frac{I'_{opII}}{K_K K_F} = \frac{1350}{1.2 \times 1} = 1125(A)$$

式中　I'_{opII}——上级主变压器 35kV 侧复压过流Ⅱ段定值；

K_K——可靠系数，取 1.2；

K_F——分支系数，选用正序分支系数较大值。

整定原则 2：按与相邻线路过流Ⅲ段配合整定，有

$$I_{opIII} \geqslant K_K K_F I'_{opIII} = 1.1 \times 1 \times 600 = 660(A)$$

式中　K_K——可靠系数，取 1.1；

K_F——分支系数，选用正序分支系数较大值；

I'_{opIII}——相邻线路过流Ⅲ段定值。

整定原则 3：按躲本线路最大负荷电流整定，有

$$I_{opIII} \geqslant \frac{K_K}{K_f} I_{Lmax} = \frac{1.2}{0.85} \times 400 = 565(A)$$

式中 K_K——可靠系数，取 1.2；

K_f——返回系数，取 0.85；

I_{Lmax}——线路最大负荷电流。

整定原则 4：按小方式相邻设备末端相间故障流过保护安装处电流有规定灵敏系数整定，有

$$I_{opIII} \leqslant \frac{I'_{Dmin}}{K_{sen}} = \frac{0.866 \times 15600}{3.695 + 1.82 + 2.337} \Big/ 1.2 = 1434(A)$$

式中 I'_{Dmin}——小方式相邻设备（35kV P 母线处）末端相间故障流过保护安装处电流；

K_{sen}——灵敏系数，取 1.2。

$$I_{opIII} \leqslant \frac{I'_{Dmin}}{K_{sen}} = \frac{15600}{3.695 + 1.82 + 8.23} \Big/ 1.2 = 946(A)$$

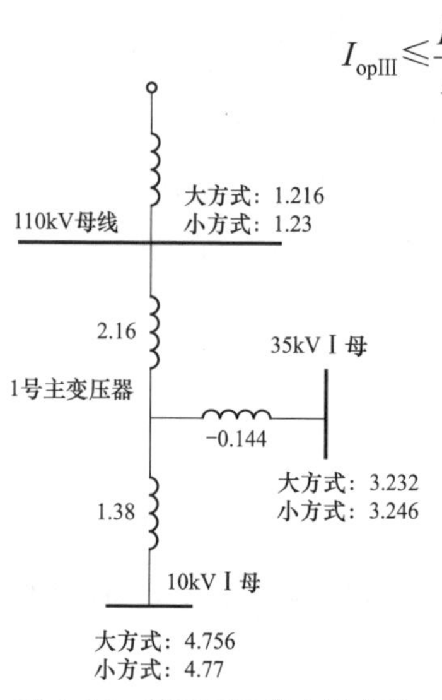

图 4-10 某 110kV 变电站主变压器阻抗图

式中 I'_{Dmin}——小方式相邻设备（负荷主变压器 10kV 母线处）末端相间故障流过保护安装处电流；

K_{sen}——灵敏系数，取 1.2。

整定结果取 700A，2.1s。

二、110kV 主变压器保护计算实例

某 110kV 变电站系统综合阻抗如图 4-10 所示，1 号主变压器各侧额定电流 251/770/2749A，接线组别 YNyn 0d11。主变压器高压侧中性点经间隙接地，变电站无小电源接入，分支系数均按 1 考虑，请对 1 号主变压器继电保护进行整定计算。

短路电流计算详见表 4-1 所示。

表 4-1　　短路电流计算

运行方式	10kV 母线两相故障	35kV 母线两相故障	110kV 母线两相故障
小方式	9985A	4162A	3534A
小方式（折算至 110kV）	912A（折算至 110kV）	1339A（折算至 110kV）	—

1. 差动保护

（1）差动启动电流。

整定原则：按躲变压器正常运行时差动不平衡电流整定，有

$$I_{op} = 0.4I_e$$

式中　I_e——变压器基准侧二次额定电流（经平衡系数调整后的二次额定电流）。

（2）差动速断保护。

整定原则：按躲过变压器初始励磁涌流或外部故障最大不平衡电流整定，有

$$I_{op} = 5I_e$$

2. 低压侧后备保护

（1）过流Ⅰ段保护（经复压闭锁，不带方向）。

整定原则 1：按小方式低压侧母线两相故障流过保护安装处电流有规定灵敏系数整定，有

$$I_{opI} \leqslant \frac{K_F I_{Dmin}^{(2)}}{K_{sen}} = \frac{1 \times 9985}{1.5} = 6657(A)$$

式中　K_F——分支系数，选用正序分支系数较小值。低压侧母线接有小电源或并联运行时根据计算结果确定，否则取 1；

$I_{Dmin}^{(2)}$——小方式低压侧母线两相故障电流；

K_{sen}——灵敏系数，取 1.5。

整定结果取 6000A，0.6s 跳低压侧断路器，0.9s 跳各侧断路器。

（2）过流Ⅱ段保护（不经复压闭锁，不带方向）。

整定原则：按躲主变压器低压侧最大负荷电流整定，有

$$I_{opII} \geqslant \frac{K_K}{K_f} I_{Lmax} = \frac{1.3}{0.95} \times 2749 = 3762(A)$$

式中　K_K——可靠系数，取 1.3；

K_f——返回系数，取 0.95；

I_{Lmax}——主变压器低压侧最大负荷电流。

整定结果取 3800A，1.2s 跳低压侧断路器，1.5s 跳各侧断路器。

3. 中压侧后备保护

（1）过流Ⅰ段保护（经复压闭锁，不带方向）。

整定原则：按小方式中压侧母线两相故障流过保护安装处电流有规定灵敏系数整定，有

$$I_{opI} \leqslant \frac{K_F I_{Dmin}^{(2)}}{K_{sen}} = \frac{1 \times 4162}{1.5} = 2775(A)$$

式中　K_F——分支系数，选用正序分支系数较小值，中压侧母线接有小电源或并联运行时根据计算结果确定，否则取 1；

$I_{Dmin}^{(2)}$——小方式中压侧母线两相故障电流；

K_{sen}——灵敏系数，取 1.5。

整定结果取 2600A，0.6s 跳中压侧断路器。

（2）过流Ⅱ段保护（不经复压闭锁，不带方向）。

整定原则：按躲主变压器中压侧最大负荷电流整定，有

$$I_{opII} \geqslant \frac{K_K}{K_f} I_{Lmax} = \frac{1.3}{0.95} \times 770 = 1054(A)$$

式中 K_K——可靠系数，取 1.3；

K_f——返回系数，取 0.95；

I_{Lmax}——主变压器中压侧最大负荷电流。

整定结果取 1100A，2.4s 跳中压侧断路器。

4. 高压侧后备保护

（1）过流Ⅰ段保护（经复压闭锁，不带方向）。

整定原则 1：按小方式中压侧母线两相故障流过保护安装处电流有规定灵敏系数整定，有

$$I_{opI} \leqslant \frac{K_F K_T I_{Dmin}^{(2)'}}{K_{sen}} = \frac{1 \times 1 \times 1339}{1.2} = 1116(A)$$

式中 K_F——分支系数，选用正序分支系数较小值，中压侧或低压侧母线接有小电源或并联运行时根据计算结果确定，否则取 1；

K_T——折算系数，Yy 接线形式取 1，Yd 接线形式取 1.15；

$I_{Dmin}^{(2)'}$——小方式中（低）压侧母线两相故障电流折算至高压侧值；

K_{sen}——灵敏系数，取 1.2。

整定原则 2：与中侧复压过流Ⅰ段配合整定，有

$$I_{opI} \geqslant K_K K_F K_T I'_{opI} = 1.1 \times 1 \times 1 \times 2600 \times \frac{37}{115} = 920(A)$$

式中 K_K——可靠系数，取 1.1；

K_F——分支系数，选用正序分支系数较大值；

K_T——折算系数，Yy 接线形式宜取 1，Yd 接线形式取 1.15；

I'_{opI}——中（低）压侧复压过流Ⅰ段定值折算至高压侧值。

整定结果取 1000A，0.9s 跳各侧断路器。

（2）过流Ⅱ段保护（不经复压闭锁，不带方向）。

整定原则 1：按小方式中（低）压侧母线两相故障流过保护安装处电流有规定灵敏系数整定，有

$$I_{opII} \leqslant \frac{K_F K_T I_{Dmin}^{(2)'}}{K_{sen}} = \frac{1 \times 1 \times 1339}{1.5} = 893(A)$$

$$I_{opII} \leqslant \frac{K_F K_T I_{Dmin}^{(2)'}}{K_{sen}} = \frac{1 \times 1.15 \times 912}{1.5} = 699(A)$$

式中 K_F——分支系数，选用正序分支系数较小值，中压侧或低压侧母线接有小电源或并联运行时根据计算结果确定，否则取 1；

K_T——折算系数，Yy 接线形式取 1，Yd 接线形式取 1.15；

$I_{Dmin}^{(2)\prime}$——小方式中（低）压侧母线两相故障电流折算至高压侧值；

K_{sen}——灵敏系数，取 1.5。

整定原则 2：与中（低）压侧复压过流Ⅱ段配合整定，有

$$I_{opII} \geqslant K_K K_F K_T I'_{opII} = 1.1 \times 1 \times 1 \times 1100 \times \frac{37}{115} = 389(A)$$

$$I_{opII} \geqslant K_K K_F K_T I'_{opII} = 1.1 \times 1 \times 1.15 \times 3800 \times \frac{10.5}{115} = 439(A)$$

式中 K_K——可靠系数，取 1.1；

K_F——分支系数，选用正序分支系数较大值；

K_T——折算系数，Yy 接线宜取 1，Yd 接线宜取 1.15；

I'_{opII}——中（低）压侧复压过流Ⅱ段定值折算至高压侧值。

整定原则 3：按躲主变压器高压侧最大负荷电流整定，有

$$I_{opII} \geqslant \frac{K_K}{K_f} I_{Lmax} = \frac{1.3}{0.95} \times 251 = 343(A)$$

式中 K_K——可靠系数，取 1.3；

K_f——返回系数，取 0.95；

I_{Lmax}——变压器高压侧最大负荷电流。

整定结果取 480A，2.7s 跳各侧断路器。

第五章　GIS 智能变电站及检测技术

现阶段，组合电器已在智能变电站中取得广泛应用。由于组合电器运行可靠性高于常规敞开式设备，具备安装维护方便、检修周期长的优势，且满足城市规划中减少占地面积和控制建筑高度的城市景观美化要求，故在城市负荷中心和主城区新建的变电站基本都采用 GIS 组合电器。考虑到 GIS 的基本元件均处于金属壳密封气室内，为预防和避免潜伏性和突发性事故的发生，更好地掌握和诊断 GIS 设备的运行工况，需定期对 GIS 设备开展带电检测试验、例行试验及诊断性试验。2023 年，国网公司明确提出加强变电运检全业务核心班组建设，进一步要求变电运检人员提升组合电器的带电检测技能水平，强化超声波局部放电检测、特高频局部放电检测、SF_6 气体分解物检测等带电检测核心业务的自主实施，打造变电“全科医生”“专科医生”技能队伍，提升变电设备运检保障能力。本章将从组合电器的概述、气室分布与结构、组合电器基本元件、带电检测及相关试验五个方面内容进行介绍。其中，组合电器的带电检测项目应重点掌握特高频局部放电检测、超声波局部放电检测、红外热像检测项目，其余项目可作了解。

第一节　组合电器概述

一、组合电器的定义

组合电器是将两种或两种以上的电器，按照电气主接线要求组成一个整体，结构紧密且各电器部分仍能保持原有性能的装置。组合电器有多种分类，按照结构特点，组合电器可分为敞开式和封闭式；按照电压等级，可分为低压组合电器和高压组合电器；按照固定特点，又可分为固定式组合电器和手车式组合电器；按与其他设备连接方式分类，可分为架空出线方式和电缆引出线方式；按照主接线方式，GIS 有单母线接线、双母线接线、一个半断路器接线、桥形接线和角形接线等多种接线形式；按结构形式来分，GIS 分为三相分筒式、母线三相共筒其余三相分筒式和三相共筒式。

目前，现场应用较多的是 SF_6 气体绝缘封闭式组合电器。SF_6 气体绝缘封闭式组合电器是断路器、隔离开关、母线、接地开关、电流互感器以及其他高压电气设备（变压器除外），按照电气主接线方式分别安装在各自密封的金属壳内组成一套变电站设备，由于其具备全封闭的特性，需要在内部充有一定压力的 SF_6 气体作为绝缘介质，因此又称为气体绝缘组合电器（Gas Insulated Switchgear，GIS）。

二、组合电器发展概况

自 20 世纪 60 年代 GIS 组合电器首次出现，组合电器制造及相关技术的研究发展至今已有 50 多年历史。1965 年，ABB 公司第一套 126kV 电压等级的组合电器在美国投入运行，之后，组合电器便广泛应用于国外电力行业市场中。美国 ABB、法国阿尔斯通、德国西门子等生产厂家一直致力于 GIS 组合电器小型化、提升环境适应性、降低成本等技术领域的研究与应用，这些品牌厂家具有很强的技术研发和应用能力，是国外高压组合电器行业中的主流品牌，在市场中占据主导地位。其中，美国 ABB 占据行业市场份额的 20%，并已经生产超过 1 万多台组合电器设备，被世界上近 80 个国家引入并投入应用；西门子公司已经生产并投入运行超过 8500 台 GIS 组合电器设备，而且广泛应用于国内外近 1000 座电站中。

国内 GIS 组合电器设备的研制与应用，起步于 20 世纪 60 年代，国家相关部门针对国内长江水域建设发电站，提出应用 GIS 组合电器设备的设计方案。1966 年，长江流域水电开发规划办公室开始组织西安高压电器研究所、西安高压开关设备厂共同研制开发 GIS 组合电器设备，用于长江流域大型水力发电站高压开关类设备的配套建设。经过五年的研发攻关，1971 年我国首次试制成功 110kV GIS 设备并投入运行。由于 GIS 占地面积少、环保性能好，GIS 设备的应用特别适用于城市发展，20 世纪 80 年代以来，国产大型 GIS 设备发展迅速。西安高压电器研究自主研制的国内首套 ZF–220 型 220kV GIS 组合电器设备，于 1982 年 10 月 26 日在南昌斗门变电站投产试运行，并于 1986 年 10 月通过了由原机械部电工局、水电部科技司在南昌主持进行的试运行鉴定。进入 20 世纪 80 年代中期，平高电气集团结合国外先进技术进行科技攻关，研制出电压等级为 500kV 的 LW6 型组合电器设备，并被列为我国替代进口重大技术装备产品。1999 年，平高电气通过引进日本东芝公司的 GIS 制造技术，以合作生产形式研制出国内第一套 1000kV GIS 设备并挂网试运行。与此同时，西电开关电气、新东北电气集团等公司也通过先进装备制造技术引进、消化吸收再创新的方式取得了类似的进展。2007 年，经国家电网公司特高压专家组的设计评审，平高电气集团针对所研制的特高压晋东南变电站两个 1100kV GIS 间隔设备进行技术可行性试验。2008 年 7 月，国内首套 1100kV GIS 设备在平高电气集团下线出厂，成功应用于晋东南—南阳—荆门 1000kV 特高压交流试验示范工程，这标志着国内特高压 GIS 设备研制、生产、制造等方面正式达到世界最高水平，实现特高压设备技术领域的新跨越。2014 年，中国西电集团自主科技攻关并研制出 1100kV GIS 出线套管，彻底扭转国内百万伏电气瓷套管“零国产化”的不利局面。进入 21 世纪以来，随着电网建设的步伐加快和 500kV 输电网发展的需要，500kV 变电站建设规模日益扩大，500kV GIS 电气设备有着广阔的市场需求。但由于 GIS 设备价格昂贵、新间隔扩建时与架空线路配合需加长母线等劣势，很大程度上限制了 GIS 组合电器的发展，为更好地适应电力建设新要求，采用 HGIS 组合电器设备是较好的解决方案。HGIS 组合电器是将断路器、隔离开关、电流互感器等主要元件分相组合在金属壳体内，出线套管通过软导线与敞开式主母线连接，采用敞开式避雷器和电压互感器形成混合型的配电装置。因此，HGIS 继承了 GIS 的运行可靠性高、环境适应能力强、安装维护方便等优点，又由于各间隔设备相互独立，HGIS 同时又兼具敞开式 AIS 设备便于变电站扩建、单个元件检修等优势，因此 HGIS 组合电器在 500kV 变电站中取得广泛应用。

三、组合电器特点

组合电器与 AIS 设备相比，其用金属罐体将其内部的一次设备与空气隔绝，同时采用绝缘强度高、灭弧能力强、化学性质稳定的 SF_6 气体替代空气作为绝缘介质，使其在建设、安装、运行、检修等多个环节具备诸多的显著优点：

（1）小型化。占地面积与空间体积大幅减少，由于 SF_6 气体有很好的绝缘和灭弧性能，能大幅度缩小一次电气设备的绝缘距离，进而缩小变电站的占地面积，实现小型化。

（2）可靠性高。由于全部电器设备封闭于接地外壳之中，减少了自然环境条件对设备的影响，设备运行可靠性高，也具备较好的抗地震性能。

（3）安全性好。带电部分密封于外壳接地的金属罐体内，因而带电运行时工作人员没有触电危险，且 SF_6 气体为不可燃烧气体，所以无火灾危险。

（4）抗环境干扰能力强。因带电部分以金属罐体封闭，对电磁和静电实现屏蔽，运行噪声小，抗无线电干扰能力强。

（5）安装周期短。由于实现小型化，可在工厂内进行整机装配和试验合格后，以单元或间隔的形式运达现场，因此既能缩短现场安装工期，又能提高安装可靠性。

（6）检修维护量小。因其结构布局合理，灭弧系统先进，大大提高了产品的使用寿命，因此检修周期长，维护工作量小，而且由于小型化，设备距离地面低，因此日常维护方便。

虽然 GIS 组合电器优势显著，但与常规变电站 AIS 设备相比，GIS 组合电器也存在着以下缺点：

（1）金属消耗量大，价格较为昂贵。GIS 组合电器前期投资较大，比分散式元件投资多 30%～40%。

（2）密封性能要求高。GIS 设备对 SF_6 气体的密封性要求较高，若 GIS 因制造、安装或检修质量问题而发生 SF_6 漏气时，将影响设备的安全运行，且产生较高的补气维护费用。

（3）SF_6 气体会对人体和环境造成危害。GIS 设备内部发生故障时分解产生的一些硫化物有毒性，将危害人体健康。SF_6 用气量较大，对环保要求高，气体维护工作量大。

（4）故障后危害较大。GIS 组合电器一旦发生故障，后果要比普通敞开式变电站设备严重得多，这是因为元件密集度高，一个元件的故障可能使整套设备失效或损毁，而且 GIS 的检修所需的时间也要比常规设备长得多。

第二节　气室分布与结构

一、组合电器分类

相较于 GIS 设备和 AIS 设备（敞开式开关设备），HGIS 是一种介于 GIS 和 AIS 之间的新型开关设备，其结构与 GIS 基本相同，但母线设备处于 SF_6 气室之外。GIS 设备广

泛应用于 220kV 及以下电压等级，在特高压变电站 500kV、1000kV 电压等级也有较多应用，而 HGIS 设备则普遍应用于 500kV 及以上电压等级。

组合电器依据安装地点可以分为户外式（见图 5-1）和户内式（见图 5-2），依据内部结构可以分为单相单筒式（见图 5-3）和三相共筒式（见图 5-4）。110kV 以下电压等级的组合电器常见户内式和三相共桶式设计，220kV 及以上电压等级的组合电器更多采用户内式和单相单筒式（220kV 母线设备多采用三相共筒式）设计。

图 5-1 户外式组合电器实景

图 5-2 户内式组合电器实景

图 5-3 单相单筒式组合电器实景

图 5-4 三相共筒式组合电器实景

二、组合电器气室分布

组合电器是各个部件以搭积木的方式组合为具备不同功能的间隔，间隔与间隔通过母线连接组成整体设备，每个间隔包含的主要一次设备有断路器、隔离开关（快速隔离开关）、接地刀闸（快速接地刀闸）、主母线、电压互感器、电流互感器、避雷器、带电显示器等。组合电器通常由隔板（两侧承压的盆式绝缘子）分为若干个隔室，其内部导体由支持绝缘子（支持一极或者多极的内部绝缘子）提供支撑并保持与金属外壳之间的绝缘强度，隔板和支持绝缘子从外观上看都是一种盆式绝缘子，它们都是一种以环氧树脂作为主材料浇筑而成的固体绝缘件，两者的区别就是是否允许气体流通或者是否承压。隔板和支持绝缘子的实物图如图 5-5 和图 5-6 所示，各类技术标准中通常用“♦”表示隔板，用“◊”表示支持绝缘子。

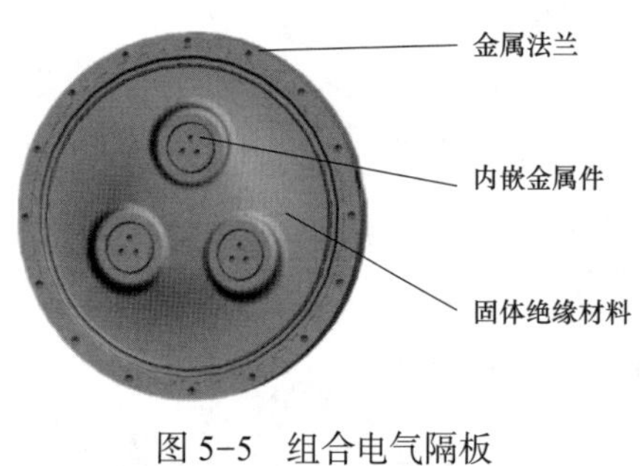

图 5-5　组合电气隔板
（承压盆式绝缘子）

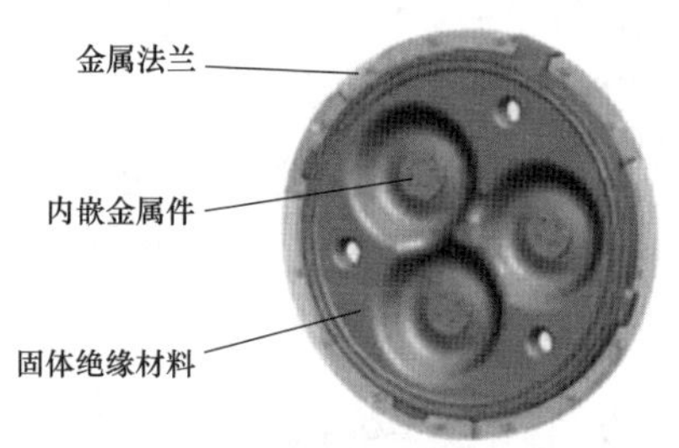

图 5-6　组合电气支持绝缘子
（不承压盆式绝缘子）

1. 典型 500kV 组合电器气室分布

变电站 500kV 主接线通常采用 3/2 接线方式，这个电压等级的组合电器多采用 HGIS 型式（母线、线路电压互感器和避雷器为敞开式设备，其他设备为 GIS 设备），一般断路器和电流互感器共用气室，隔离开关和接地刀闸共用气室，下面以如图 5-7 所示的 500kV ×× 变电站为例，分析 500kV HGIS 设备气室分布情况。

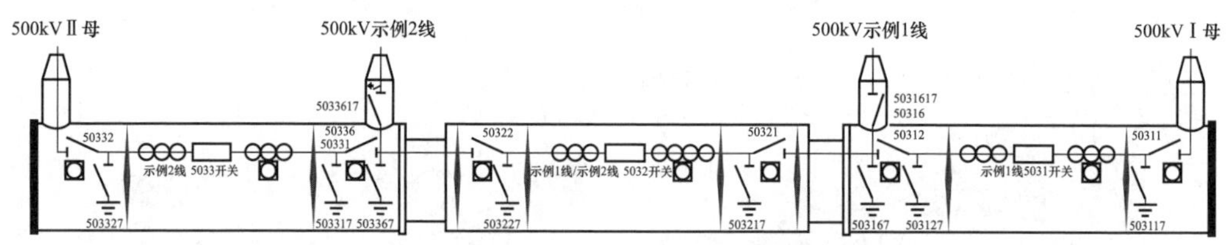

图 5-7　500kV ×× 变电站第三串气室分割图

图 5-7 中♦为气室隔板，◙为 SF_6 气体密度继电器，50332 隔离刀闸、503327 接地刀闸和 500kV Ⅱ母线侧出线套管共用一个气室，5033 开关及其两侧电流互感器共用一个气室，50331 隔离刀闸、50336 隔离刀闸、503317 接地刀闸、503367 接地刀闸、5033617 接地刀闸和 500kV 示例 2 线出线套管共用一个气室，50322 隔离刀闸和 503227 接地刀闸共用一个气室，5032 开关及其两侧电流互感器共用一个气室，50312 隔离刀闸、50316 隔离刀闸、503127 接地刀闸、503167 接地刀闸、5031617 接地刀闸和 500kV 示例 1 线出线套管共用一个气室，5031 开关及其两侧电流互感器共用一个气室，50311 隔离刀闸、503117 接地刀闸和 500kV Ⅰ母线侧出线套管共用一个气室。每个独立气室配置一块 SF_6 气体密度继电器。

2. 典型 220kV 组合电器气室分布

变电站 220kV 主接线通常采取双母线或双母线分段方式，一般母线为三相共用气室设计，其他设备分相配置气室。按照国家电网公司十八项反措条款的要求，隔离开关（包含与隔离开关配套的接地刀闸）配置独立气室，断路器及其电流互感器共用气室，线路电压互感器、避雷器分别配置独立的气室。下面以如图 5-8 所示的 220kV 组合电器出

线间隔气室分隔图为例，简单介绍组合电器各个组成部分以及一次电气图符号标识。

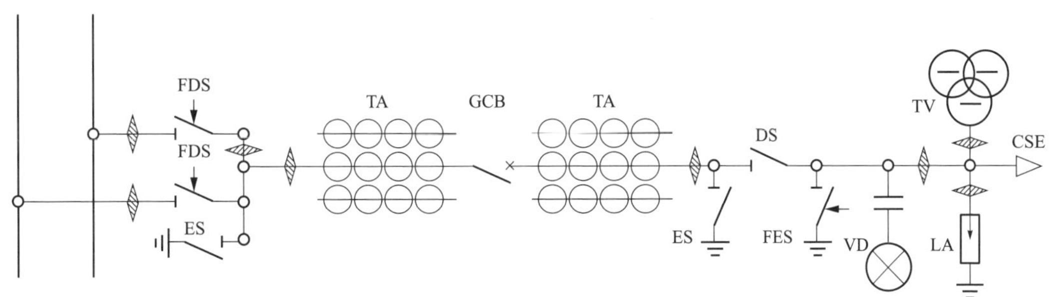

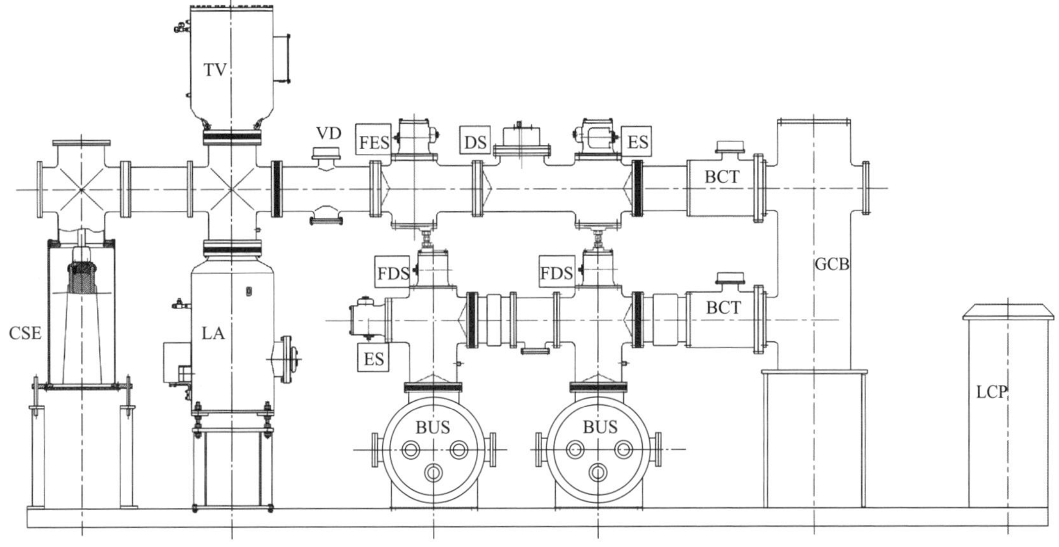

图 5-8　220kV 组合电器出线间隔气室分隔图

GCB—断路器；DS—隔离开关；FDS—快速隔离开关；ES—接地开关；FES—快速接地开关；BUS—主母线；TA—电流互感器；TV—电压互感器；LA—避雷器；VD—高压带电显示器；CSE—电缆终端

3. 典型 110kV 组合电器气室分布

变电站 110kV 主接线通常采取单母线或内桥接线方式，多采用三相共用气室的设计方式。一般隔离开关、接地刀闸及与其连接的电流互感器共用一个气室，断路器、电压互感器、避雷器均为独立气室，每个独立气室配置一块 SF_6 气体密度继电器。下面以某 110kV 组合电器出线间隔模拟图（见图 5-9）为例，简单介绍典型 110kV 变电站出线间隔、母线电压互感器间隔、母线分段间隔的组合电器气室分隔情况。

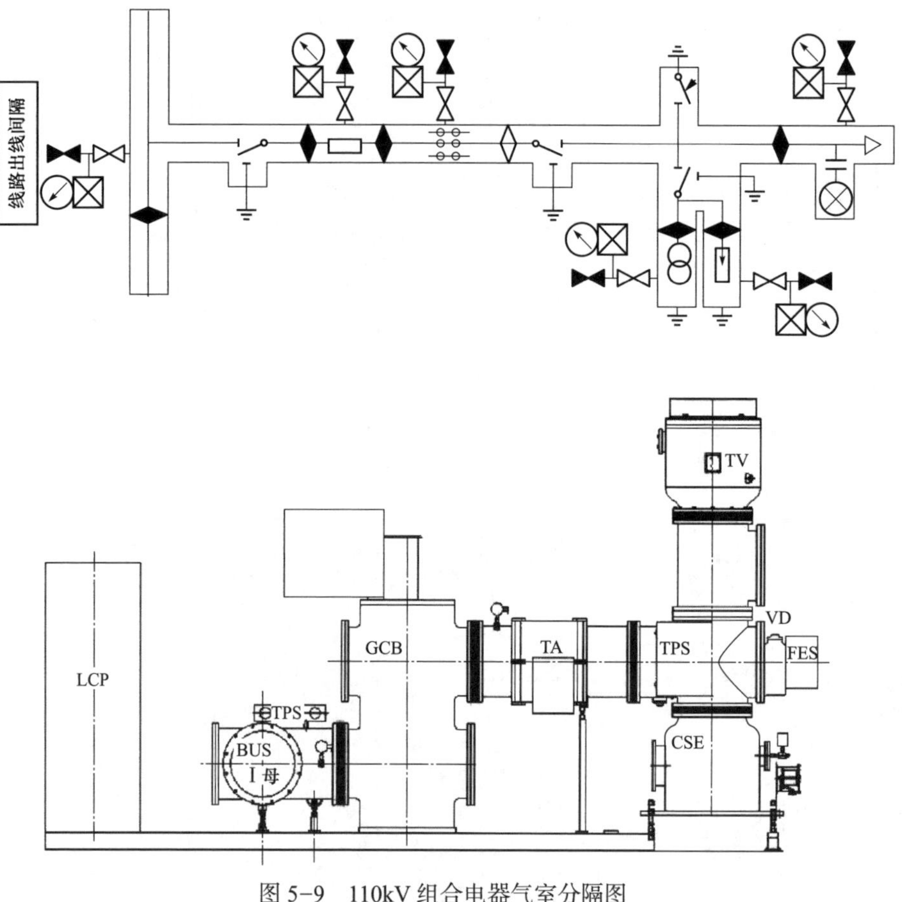

图 5-9 110kV 组合电器气室分隔图

第三节 组合电器基本元件

对于 GIS 组合电器的基本元件来说，主要包括断路器、隔离开关、接地开关、快速接地开关、电流互感器、电压互感器、金属氧化物避雷器、母线、出线套管、汇控柜等。图 5-10 所示为 GIS 双母线间隔的结构布置图。

下面分别对 GIS 组合电器的主要设备进行分析。

1. 断路器

断路器是一种能够关合、承载、开断运行回路的正常电流，也能在规定时间内可靠关合、承载及开断规定的过载电流（包括短路电流）的开关设备。合格的断路器应具备足够的开断关合能力、适应工作环境的温升性能、满足动稳定和热稳定要求和较大的机械强度。

（1）开断关合能力：断路器应能可靠运行，动作时能切断电弧，不应发生电的或热的损坏。断路器的绝缘应能经受得住规定的过电压的作用，当过电压超过允许值时，不应因断路器绝缘的损坏而造成电网的短路。

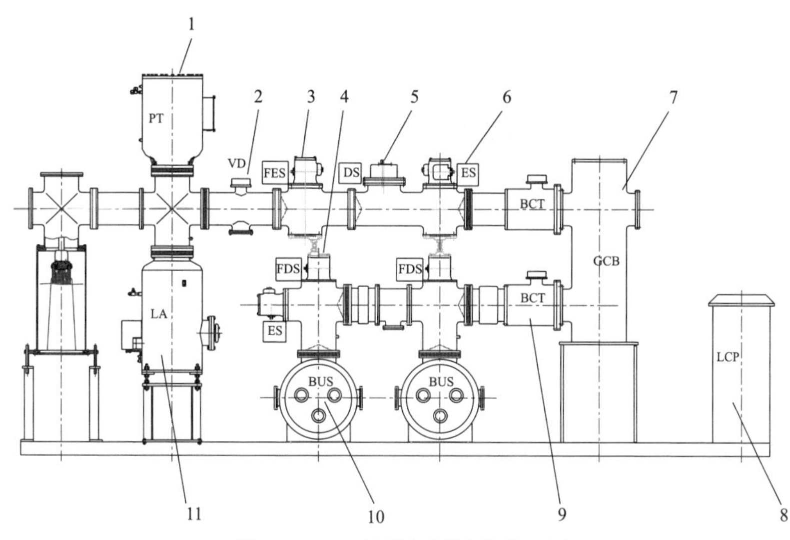

图 5-10 双母线间隔结构布置图

1—电压互感器；2—带电显示器；3—快速接地开关；4—快速隔离开关；5—隔离开关；6—接地开关；7—断路器；8—汇控柜；9—电流互感器；10—母线；11—避雷器

（2）温升性能：在规定的条件下，应可靠地长期运行。断路器在正常工作时，要长期通过额定电流，因此导体和触头部分温度会升高，而其温升不应超过允许值，保证绝缘不因受热而破坏；绝缘介质要产生介质损耗，不应损坏绝缘；断路器分、合闸时，触头之间会形成电弧，电弧产生很大的热量，在灭弧室内建立很高的压力，在电弧作用下，触头不应灼伤或熔焊，灭弧室不应爆裂。

（3）动热稳定性：在短路电流作用下，断路器应有足够的热稳定性和电动稳定性。短路电流可高达几十千安，在短路电流作用下，断路器导电部分要急剧发热，同时受到很大的电动力。断路器必须具有足够的热稳定度和动稳定度，以免导体受到热的损害，使机械性能产生永久性的破坏。

（4）机械寿命：有足够的机械强度。断路器在正常分、合闸时，要受到机械力的作用；开断短路电流时，会产生极大的电动机械力。在所有这些机械力作用下，断路器均应能正常工作，具有足够的机械寿命。

组合电器中的断路器采用 SF_6 作为灭弧介质，通常由外壳、操动机构（常用液压或弹簧）、动静触头、绝缘介质、合闸电阻、固体绝缘支撑材料等部分组成。断路器在组合电器中的结构可参考 GIS 断路器模拟图（见图 5-11）。

断路器灭弧室通常采用“压气 + 热膨胀”自能式灭弧原理，开断能力强，燃弧时间短，全开断时间 2 周波，电寿命长（满容量开断 20 次），结构简单可靠。断路器分闸位置和合闸位置内部动静触头的变化情况可参考不同状态下断路器灭弧室结构图（见图 5-12）。

2. 隔离开关和接地开关

隔离开关定义：是一种主要用于“隔离电源、倒闸操作、用以连通和切断小电流电

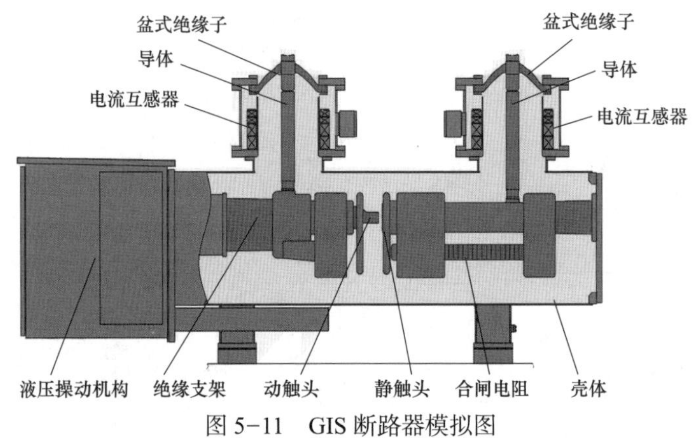

图 5-11　GIS 断路器模拟图

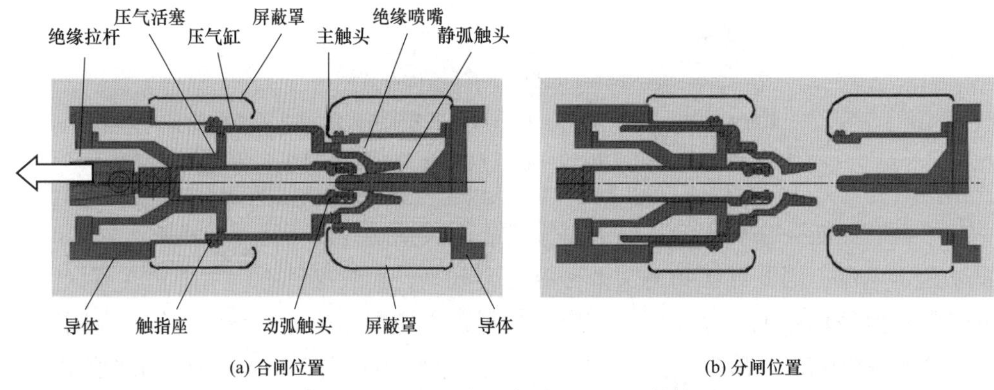

图 5-12　不同状态下断路器灭弧室结构图

路”，无灭弧功能的开关器件。隔离开关在分位置时，触头间有符合规定要求的绝缘距离和明显的断开标志；在合位置时，能承载正常回路条件下的电流及在规定时间内异常条件（例如短路）下的电流的开关设备。

接地开关定义：接地开关是指释放被检修设备和回路的静电荷以及为保证停电检修时检修人员人身安全的一种机械接地装置。它可以在异常情况下（如短路）耐受一定时间的电流，但在正常情况下不通过负荷电流。

用于组合电器中的隔离开关和接地开关通常采用将隔离、接地开关两种元件组合在同一模块内的设计方式，这种设计结构紧凑，性能稳定可靠。根据主回路的载流方向，该模块可以分为 GR 型（角型，回路呈直角形，见图 5-13）和 GL 型（线型，回路呈直线形，见图 5-14）。

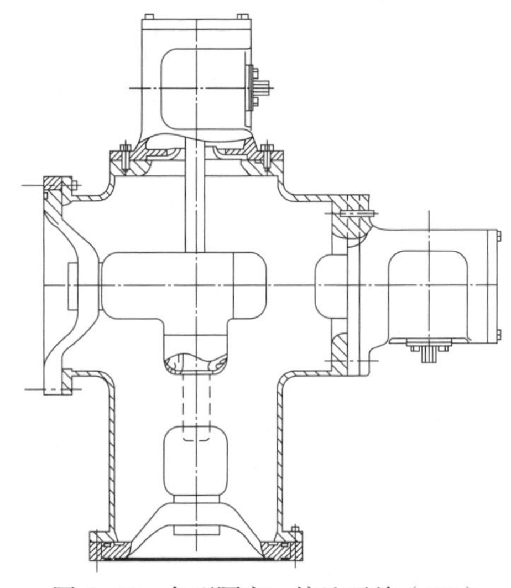

图 5-13　角型隔离—接地开关（GR）

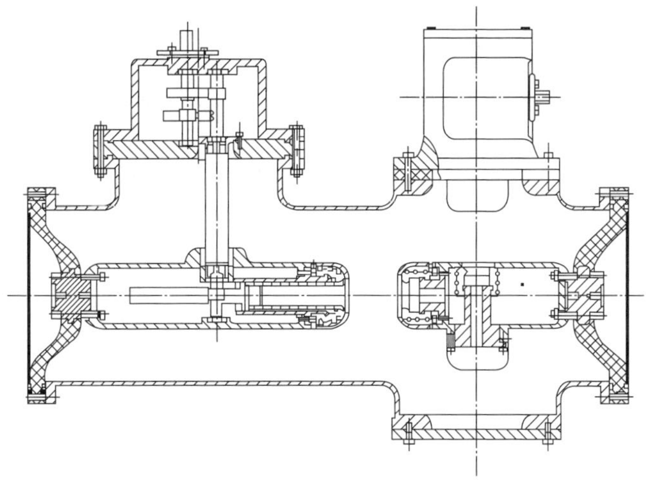

图 5-14　线型隔离—接地开关（GL）

在 220kV 及以下电压等级中，经常用到三工位（隔离—接地）开关，三工位开关是将隔离开关和接地开关集成在同一模块内，可实现导通、隔离、接地三种工况。这种设计因具备结构简单、体积小、可靠性高、操作方便、寿命长等优点，在 110kV、35kV 组合电器中得到较为广泛的应用。三工位开关结构模型可参考图 5-15，工作原理可参考图 5-16。

隔离开关与接地开关根据用途可分为普通型隔离开关（见图 5-17）、快速型隔离开关（见图 5-18）两类。快速隔离开关（用于母线侧隔离开关）动触头、静触头引弧环为

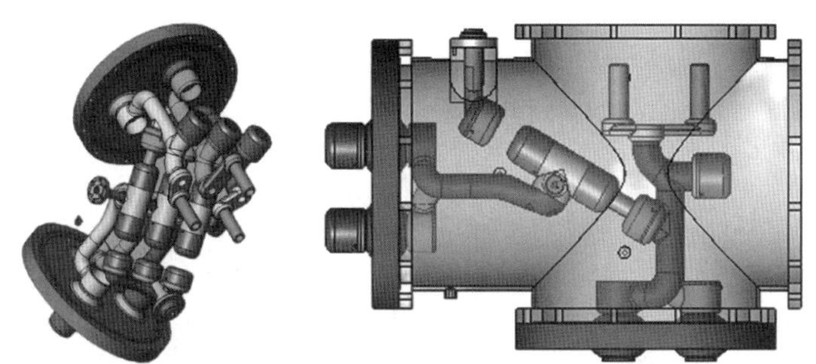

图 5-15　三工位（隔离—接地）开关模拟图

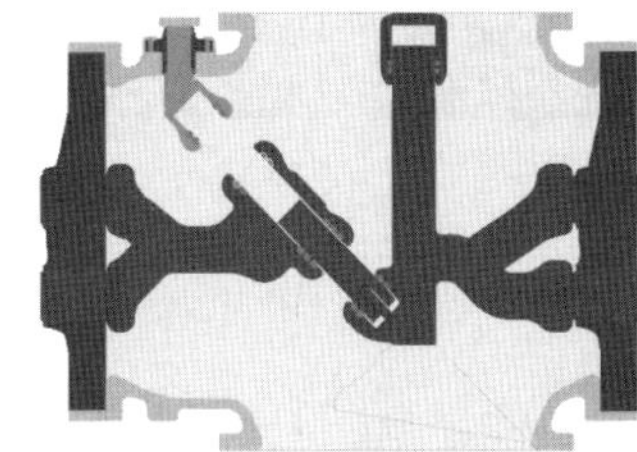

(a) 三工位开关合闸位置

(b) 三工位开关分闸位置

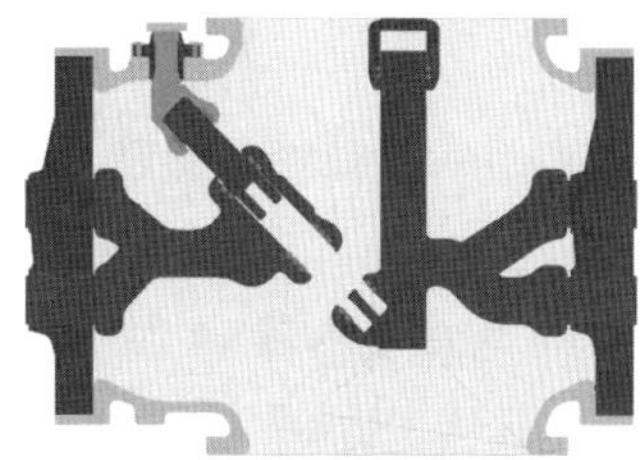

(c) 三工位开关接地位置

图 5-16　三工位（隔离—接地）开关工作原理图

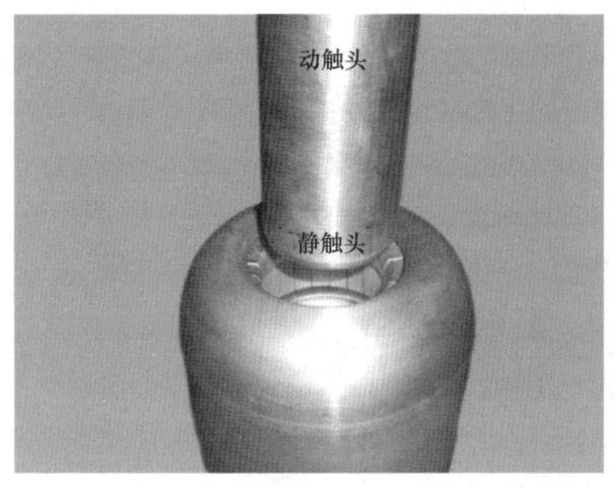

图 5-17　普通型隔离开关动、静触头

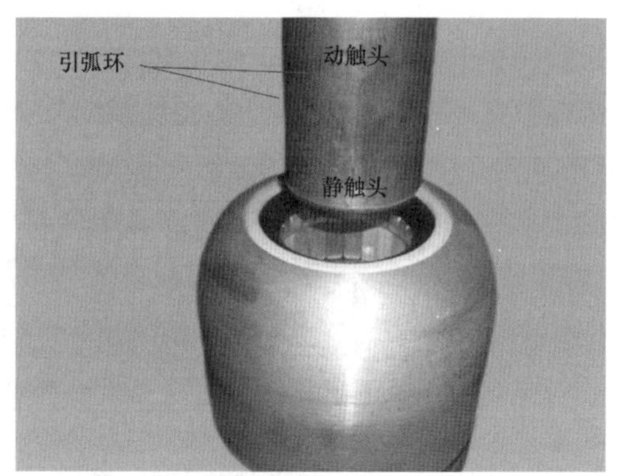

图 5-18　快速型隔离开关动、静触头

铜钨合金材料，能够经受切合母线转换电流和充电电流时的电弧烧蚀。

接地开关根据用途可分为快速接地开关（线路接地开关）和检修接地开关。快速接地开关动触头、静触头引弧环为铜钨合金材料，具有关合短路电流和开合感应电流能力，其操动机构配置弹簧用以实现快速的分合操作。检修接地开关只作为检修时起安全保护作用而使用，不能用于短路电流的关合和感应电流的开合。

3. 电流互感器

电流互感器是 GIS 中实现电流量的测量与电流保护功能的元件，GIS 配用 LR（D）型电流互感器，为单相封闭式，穿心式结构（GIS 电流互感器结构和实物见图 5-19）。电流互感器二次绕组中有电流时，如二次绕组开路，就会在二次端子间产生异常高压，极有可能破坏二次绕组、引线端子、继电器或测量仪表的绝缘；因此，电流互感器二次绕组在运行时严禁开路。

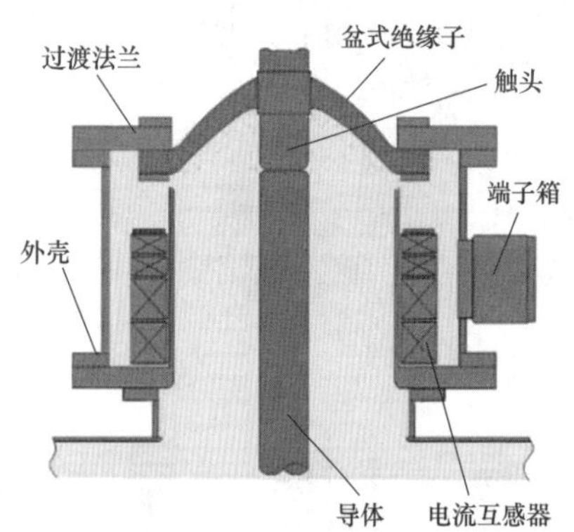

图 5-19　GIS 电流互感器结构和实物图

4. 电压互感器

电压互感器是 GIS 中实现电压量的测量与电压保护功能的元件，电压互感器按结构可分为三相共箱式、三相分箱式，采用 SF_6 气体绝缘，并处于一个独立的气室内。由壳体、盆式绝缘子、一次绕组、二次绕组、铁芯等组成。GIS 多配用电磁式 SF_6 电压互感

器（见图 5–20），一次绕组和二次绕组为同轴圆柱结构，一次绕组装有高压电极及中间电极，绕组两侧设有屏蔽板，使场强分布均匀。电压互感器在运行时二次侧严禁短路，否则二次侧产生的巨大电流将导致电压互感器爆炸。

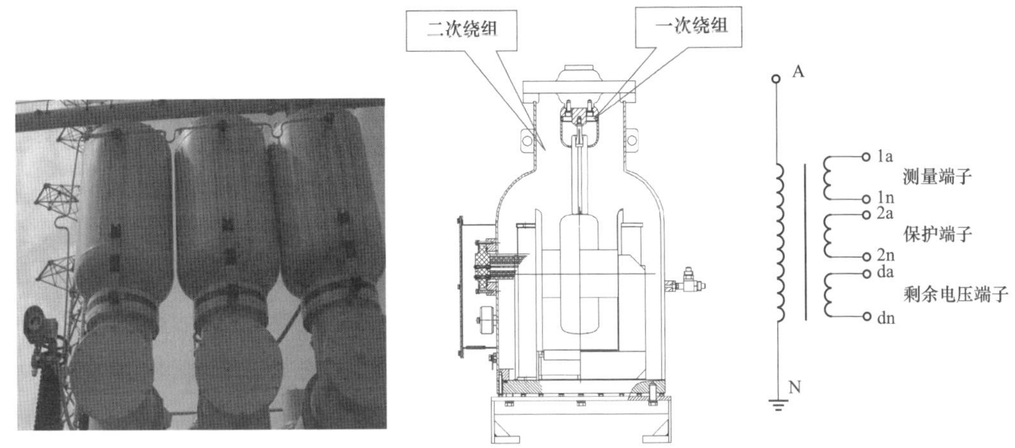

图 5–20　GIS 电压互感器实物图和结构图

5. 避雷器

金属氧化物避雷器（以下简称避雷器）用来保护 GIS 设备，防止 GIS 设备遭受雷电冲击过电压或操作冲击过电压的损害。罐式氧化锌避雷器（见图 5–21）主要由罐体、盆式绝缘子、安装底座及芯体等部分组成。氧化锌阀片具有优良的非线性伏安特性，在正常运行电压下，它呈现高电阻，避雷器中流过微小的电流（微安级），几乎使系统与大地绝缘；当系统出现来自架空线雷电冲击电压的过电压或电缆连接的操作冲击过电压时，氧化锌阀片呈现低电阻，并将过电压幅值限制在被保护电气设备绝缘所能承受的允许值范围内，并留有一定的安全裕度，此后氧化锌避雷器又恢复高阻状态，使系统恢复正常运行。

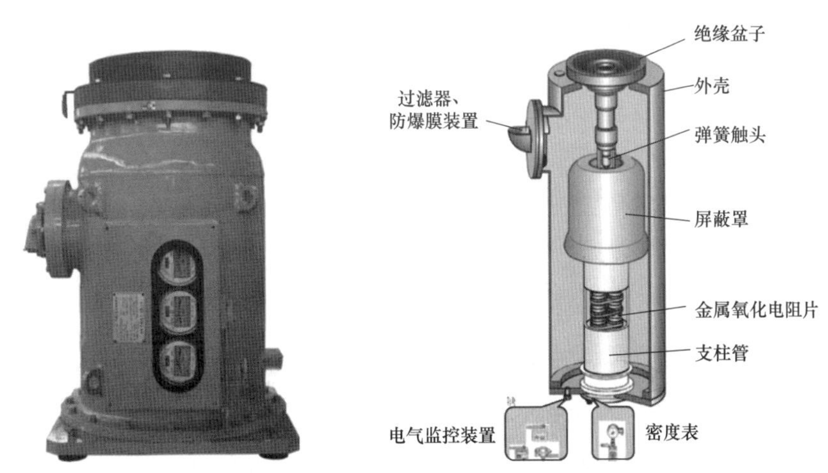

图 5–21　GIS 罐式氧化锌避雷器实物图和结构图

6. 母线

在 GIS 组合电器中，按母线罐体所处位置及母线的作用，将母线分为主母线和分支母线，主母线用于不同间隔之间的连接元件，起着承担电流汇集的作用；分支母线能够把承担电流送出或送入母线，用于连接 GIS 的各种开关元件。下面以常见的主母线为例进行介绍。

主母线一般采用三相共箱式结构，三相导体在母线罐体内呈品字形结构，导体通过绝缘子固定在外壳上。母线结构如图 5-22 所示。

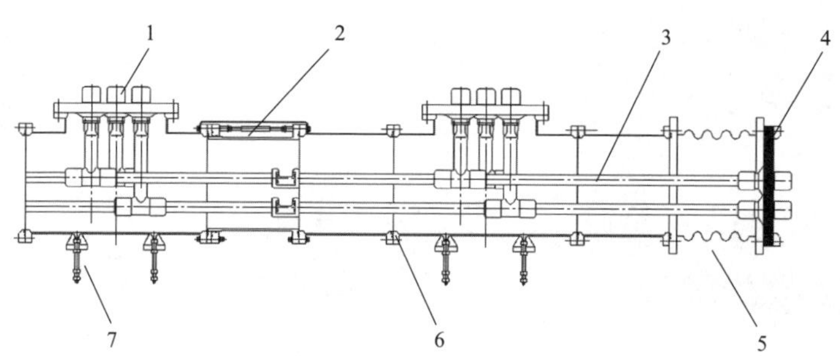

图 5-22　母线罐体结构图

1—母线出口；2—母线伸缩节；3—母线导电杆；4—母线绝缘子；
5—母线波纹管；6—母线过渡筒；7—母线罐体去接底座

GIS 管母是 GIS 组合电器的重要组成部分，其长度一般为 200～500 米。GIS 母线伸缩节主要用于 GIS 管母在施工安装时罐体长度调节补偿、运行阶段母线管筒随运行环境温度变化带来伸缩节伸缩量变化的补偿。母线过渡筒和导电杆是 GIS 不同间隔之间连接和过渡的桥梁；在现场实际中，由于出线间隔多，出现母线罐体过长时，为了防止由于热胀冷缩、设备安装误差等因素造成设备破坏，常在母线之间配置波纹管，此外，在 GIS 罐体与外界振动源直接相连时，为了吸收振动，一般也配置波纹管；母线绝缘子具有分割气室和绝缘的作用；母线罐体支撑底座作为 GIS 管母的附属设备，主要起着支撑母线的作用。

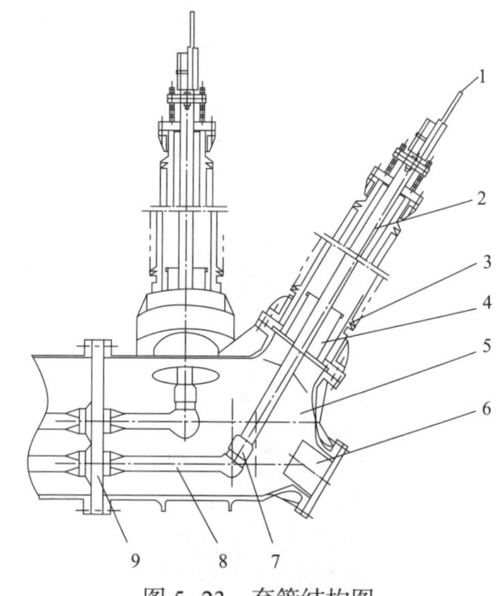

图 5-23　套管结构图

1—接线端子；2—导电杆；3—瓷套；4—屏蔽环；
5—连接筒；6—分子筛；7—梅花触头；8—三相导体；
9—盆式绝缘子

7. 出线套管

套管是 GIS 的一个标准元件，用于对地绝缘和电流的引进引出，直接和架空线或出线相连。典型的套管结构如图 5-23 所示。其中，接线端子用于和架空线或出

线连接，导电杆用于承载负载电流，瓷套承担高低压间的外绝缘，分子筛中装有可以吸附 SF_6 气体中的水分及有害分解物的吸附剂，盆式绝缘子用于套管和母线的连接和气室的隔离。

8. 智能控制柜

智能控制柜主要用于实现对现场 GIS 设备的状态监视、实时告警与集中控制等功能，承担着 GIS 设备遥测、遥控、遥调、遥信信息传输的枢纽作用，对保障 GIS 设备正常运行具有重大意义。

在变电站现场，通常每个间隔配置有独立的智能控制柜，柜内清晰明显地展示了该间隔的一次主接线图、各个设备的就地操作控制开关以及对应的信号指示灯，还包括带电显示器、开关及闸刀远方 / 就地切换把手、设备操作五防编码锁、控制电源空气开关、遥控出口硬压板等设备，如图 5-24 所示。除此之外，合智一体装置还可就地显示对应间隔的状态信息、报警信息及状态检测结果。

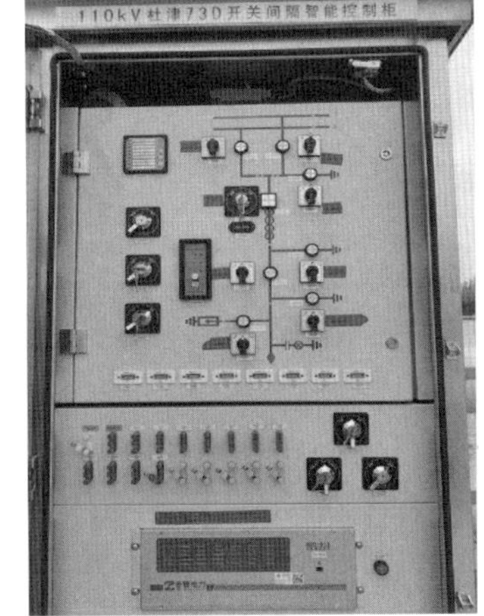

图 5-24　智能控制柜

智能控制柜一般具有操作控制、信号传输、GIS 气室监视等功能，具体如下：

（1）实现对间隔内断路器、隔离开关、接地开关等设备远方 / 就地操作控制，在控制柜上实现对一次设备进行就地操作，正常运行时将切换把手切至远方位置，实现远方遥控操作；

（2）监视间隔内所有设备的分合闸位置状态及上传位置信号；

（3）监视间隔内所有气室 SF_6 气体密度是否处于正常状态、气室压力低告警或闭锁异常信号上传；

（4）监视断路器操作机构的储能状态及未储能、储能超时等异常信号上传；

（5）监视控制回路电源是否正常；

（6）显示所在间隔一次电气设备的主接线及间隔当前设备运行状态；

（7）实现间隔内各开关设备之间的电气联锁及不同间隔间的电气联锁；

（8）实时监测 GIS 设备机构箱及端子箱内的温湿度；

（9）作为 GIS 各元件间及 GIS 与主控室之间控制、信号的枢纽，用于接收和发送信号。

9. SF_6 气体密度继电器

GIS 组合电器的密闭气室内都充有 SF_6 气体，在设备运行实际中需对气室 SF_6 气体密度进行监视，SF_6 气体密度继电器在结构紧凑、气室集中的 GIS 组合电器中获得广泛应用。SF_6 气体密度继电器不仅带有指针，还具备报警、闭锁功能，能够检测罐体气室实时压力，当气室压力下降至告警值或闭锁值时，会将告警或闭锁信号传至后台。SF_6 气体密度继电器的实物图及结构如图 5-25 所示。

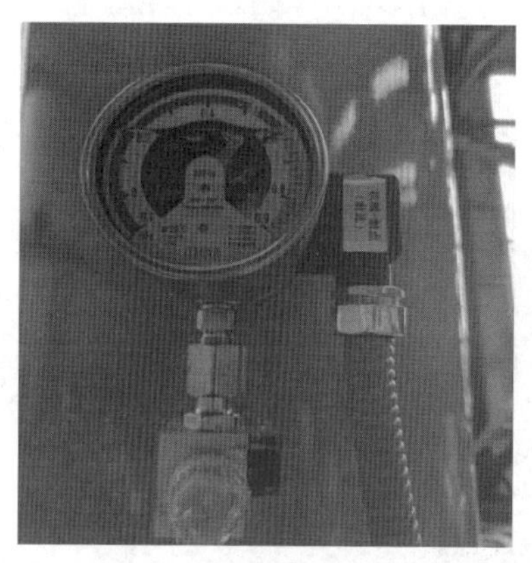

(a) 密度继电器

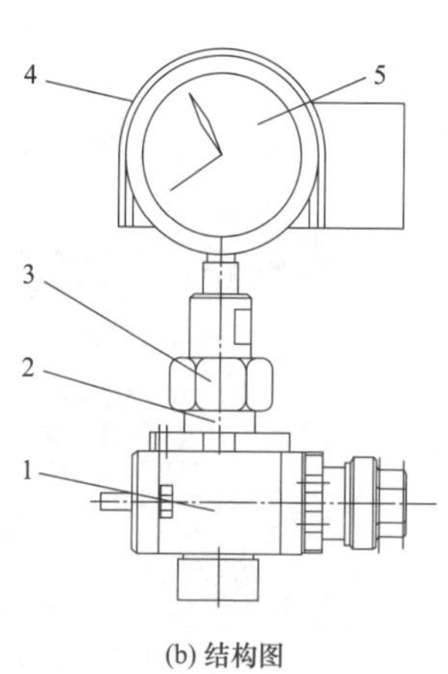

(b) 结构图

图 5-25　SF_6 气体密度继电器

1—阀座；2—自封阀；3—接头；4—保护罩；5—SF_6 密度计

将 SF_6 气体密度继电器信号及告警回路进行拆解，拆解后的 SF_6 气体密度继电器如图 5-26 所示，后耳座中共有 7 个端子，其中一个端子为接地端子，另外 6 个端子用于 SF_6 压力告警和闭锁信号回路。

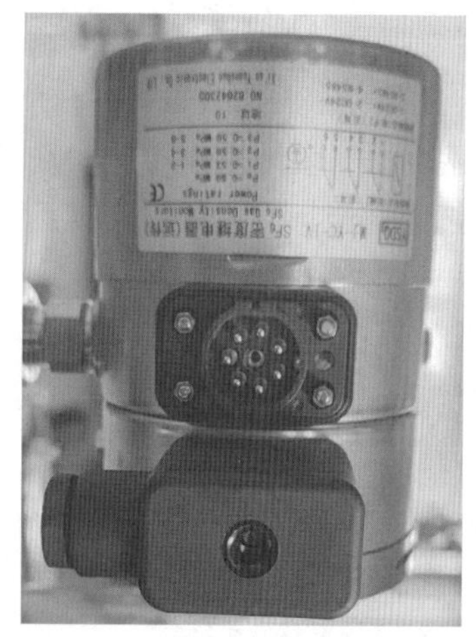

图 5-26　SF_6 气体密度继电器接线端子

SF_6 气体密度继电器提供一副告警信号回路和两副闭锁信号回路，信号回路原理如图 5-27 所示，1-2 端子为压力低告警信号输出接点，3-4 端子及 5-6 端子为两副压力低闭锁信号输出接点。

10. 带电显示器

带电显示器在 GIS 组合电器中一般安装在出线线路侧、主变压器侧、母联开关柜上母线侧、TV 柜上母线侧等部位，是一种能够直接显示所在部位是否带电的提示性安全装置。带电显示器主要由电压传感器、显示器（3 个发光二极管）等组成，其原理如图 5-28 所示。图

中电压传感器通过上法兰连接至高压母线，电容另一端通过接线端连接至带电显示器，利用电压传感器电容与带电显示器内部电容构成串联分压回路，实现对母线或开关引线高压回路电压信号的非接触式检测，并将带电显示器内部电容的分压作为显示器的驱动信号源。

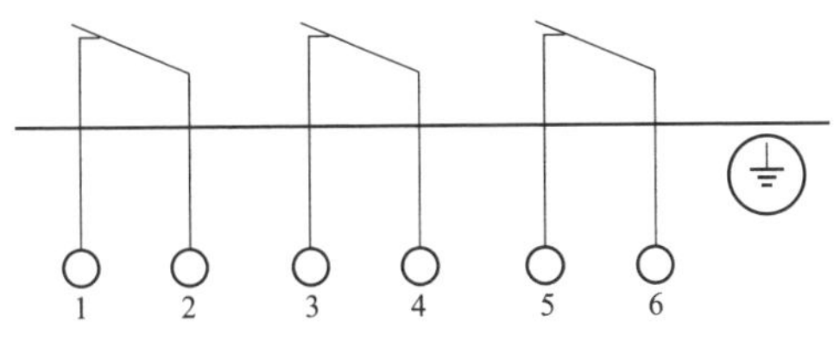

图 5-27　接线端子原理图

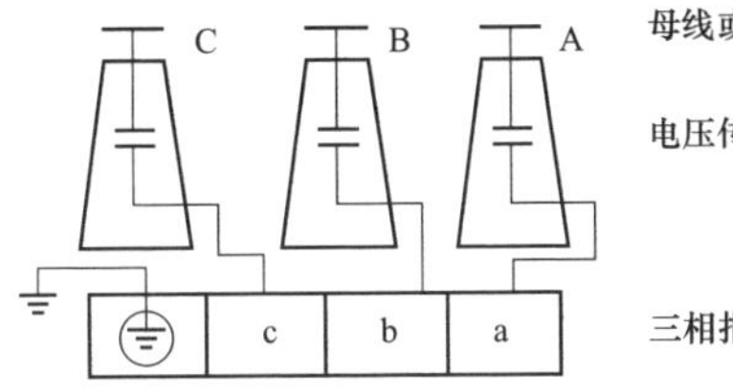

图 5-28　带电显示器原理图

当带电显示器检测部位带有运行电压时，显示器三相指示灯发出红光，警示运维人员对应检测部位带电，而检测部位无电时则发出绿光。带电显示器实物如图 5-29 所示。

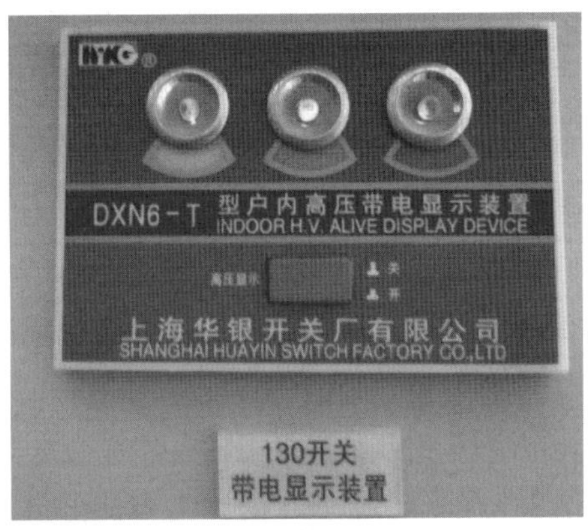

图 5-29　带电显示器实物图

带电显示器在 GIS 组合电器中的作用主要有两方面，一是替代验电器，用于指示线路侧或母线侧等部位是否带电，并且是倒闸操作中间接验电的判据之一；二是实现接地闸刀关联的电气联锁功能，一般将带电显示器的辅助接点串入接地闸刀操作控制回路中。另外，带电显示器通常还用于 10kV 配电设备中，用于提供高压开关柜门的强电闭锁功能，当柜体带电时，实现高压开关柜柜门的强制闭锁，从技术层面上杜绝操作人员误入带电间隔风险，进而保护人身安全。

近年来，带电显示器在设备运检工作中，在特定场景下，还可用于间接证明 10kV 等不接地系统是否存在单相接地故障。在现场实际中，若 TV 一次高压熔断器出现熔断，TV 无法正常显示二次电压，此时发生单相接地，后台根据电压遥测值无法判断接地故障相，这种情况下可根据现场带电显示器指示情况来分析。发生单相接地时，该段母线上接地相所有带电显示器的该相均指示无电（指示灯发绿光），另外两相指示有电（指示灯发红光），则可判断出接地故障相别，为现场运维人员查找故障点提供参考依据。

第四节　组合电器带电检测

一、GIS 带电检测原理

1. 检测原理

组合电器设备在运行时受到电压、热、力等作用，导致绝缘劣化，并在其生产、运输、装配调试、运行和维修过程产生或留下各种潜伏性缺陷，这些问题会逐渐扩大，致使内绝缘的电气强度下降，进而引发故障，如图 5-30 所示。在电场的作用下，导体之间的绝缘只有部分区域发生放电，而没有贯穿施加电压的导体之间，即尚未发生击穿现象，这种放电称为局部放电。早期的潜伏性故障主要以局部放电的形式表现出来，因此，进行局部放电检测，以预防绝缘事故的发生，对于维护设备安全和电力系统稳定运行具有极其重要的意义。

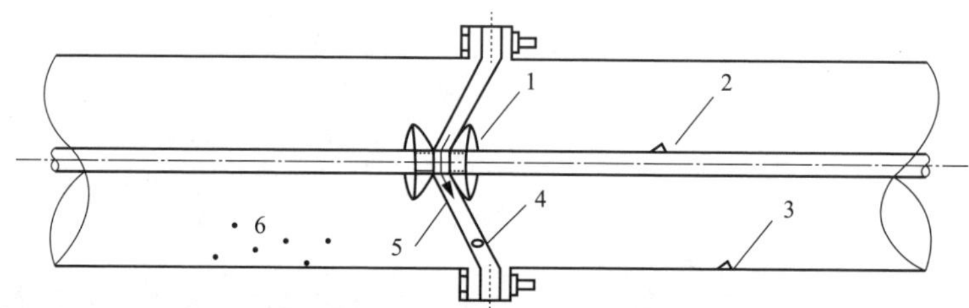

图 5-30 GIS 设备的缺陷

1—悬浮屏蔽；2—导体上的毛刺；3—壳体上的毛刺；4—盆式绝缘子内部缺陷；5—盆子绝缘子上的颗粒；6—自由移动的金属颗粒

局部放电是一种脉冲放电现象，会在电力设备内部和周围空间中引发光、声、电气和机械的振动等一系列物理现象和化学变化。这些因局部放电而产生的各种物理和化学变化可以为监测电力设备内部绝缘状态提供检测信号。带电检测通常采用便携式检测设备，在设备运行状态下，对其状态量进行现场检测。这种检测方式是在设备带电短时间内进行的，与长期连续的在线监测方式有所不同。

2. 局部放电单位

在局部放电检测中，常用单位有 dB、mV、μV、dBmV、dBμV、dBm 等。其中 dBmV 用于表征相对于基准值为 1mV 局部放电量 dB 量值的表示法，dBμV 用于表征相对于基准值为 1μV 局部放电量 dB 量值的表示法。dBm 是 dBmW 单位的缩写，无论是 dBmV、dBμV，都是电压测量体系，与负载阻抗没有关系，而 dBm 则是一种功率测量体系。在实践中，dBmV、dBμV 有时全部简称 dB。具体公式如下：

$$U = 20\log_{10}\frac{U_{\mathrm{m}}}{1\mathrm{mV}} \tag{5-1}$$

式中，U 单位为 dBmV，U_{m} 单位为 mV。

$$U = 20\log_{10}\frac{U_{\mu}}{1\mu\mathrm{V}} \tag{5-2}$$

式中，U 单位为 dBμV，U_{μ} 单位为 μV。

$$U = 10\log_{10}\frac{U_{\mathrm{w}}}{1\mathrm{mW}} \tag{5-3}$$

式中，U 单位为 dBm，U_w 单位为 mW。

按上述公式计算，0.5μV 对应 −6dBμV，100mV 对应 100dBμV，可将幅值变化范围为 200000 倍的局部放电信号倍压缩到 100 倍左右。

3. 检测项目

组合电器带电检测技术主要包括：超声波局部放电检测、特高频局部放电检测、SF_6 气体湿度及分解物检测、红外热像检测、红外检漏检测、X 射线检测等技术，后续将从这几个带电检测项目进行详细讲解。

目前，无论哪一种检测方法都有一定的局限性，与核酸检测类似，如图 5−31 所示，各检测方法之间互补性较强。特高频法、超声波法、X 射线分别对局部放电缺陷、机械缺陷、少部分组件配合缺陷具有相对较好的检测有效性，其中特高频法仍是目前在线监测技术中经济性最好的方法。检测手段的局限性、人自身的素质和责任心、仪器精度及干扰的影响都可能导致漏检、误检。

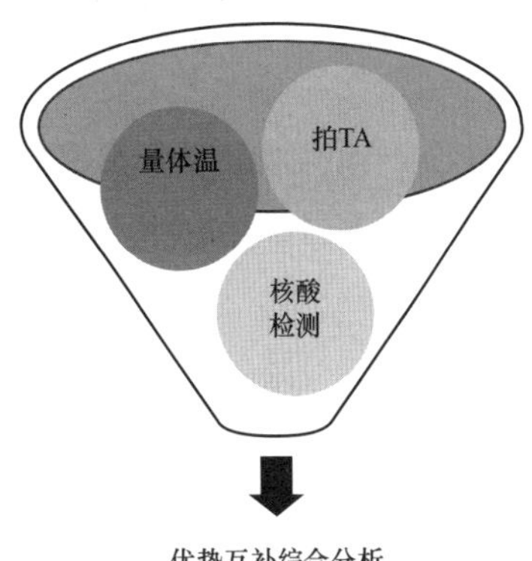

图 5−31　检测方法的互补

4. 漏检、误检原因

漏检的主要原因可能包括：

（1）带电检测对突发性绝缘故障检测十分困难。尤其对处于低场强区域的异物，因开关操作产生的振动、气流、瞬态过电压运动到绝缘件表面、屏蔽罩附近导致瞬间放电，几乎难以预警。

（2）现有在线监测和带电检测方法难以检测到 GIS 设备（尤其是特高压 GIS 设备）绝缘缺陷产生的偶发局部放电信号。对这种偶发局部放电（频次少于 10 次 /s 或两次局部放电间隔大于 24h），特高频在线监测通常会因放电频次较低或放电次数较少判断为噪声不报警，而带电检测时间较短，很容易错过局部放电信号，导致漏检。

（3）对于机械缺陷导致的故障，故障前设备多数仅存在紧固松动，超声波和 X 射线很难检出，而开关操作后，设备因应力和振动过大发生组部件断裂、脱落迅速诱发故障，导致漏检。

误检的主要原因可能包括：

（1）检测过程没有有效排除干扰，导致误检。

（2）设备缺陷过于微小，检测手段有限很难发现，或在开关停电操作、运输、充放气、吊装、解体过程中状态发生变化。

针对现场偶发局部放电信号，可采取前置放大器、加装长时高灵敏度局部放电监测系统等方式，提高检测精度，如图 5−32 所示。

图 5-32　长时高灵敏度局部放电监测系统

二、GIS 带电检测项目

1. 特高频局部放电检测

（1）检测原理。当局部放电在 GIS 设备内部发生时，其范围很小，击穿过程非常快，会产生很陡的脉冲电流，其上升时间小于 1ns，并激发出高达数百兆赫兹的电磁波。这些电磁波沿气室间隔传播，并从 GIS 外壳的金属非连续部位泄漏出来。通过特高频传感器（频率范围 300～1500MHz）来检测 GIS 设备内部局部放电激发的电磁波信号，从而反映出 GIS 设备内部是否存在局部放电，并能判断局部放电的类型和位置，特高频局部放电检测示意如图 5-33 所示。特高频传感器可分为内置传感器（安装在设备内部）和外置传感器（安装在设备外部）两种，具体示意如图 5-34 所示。

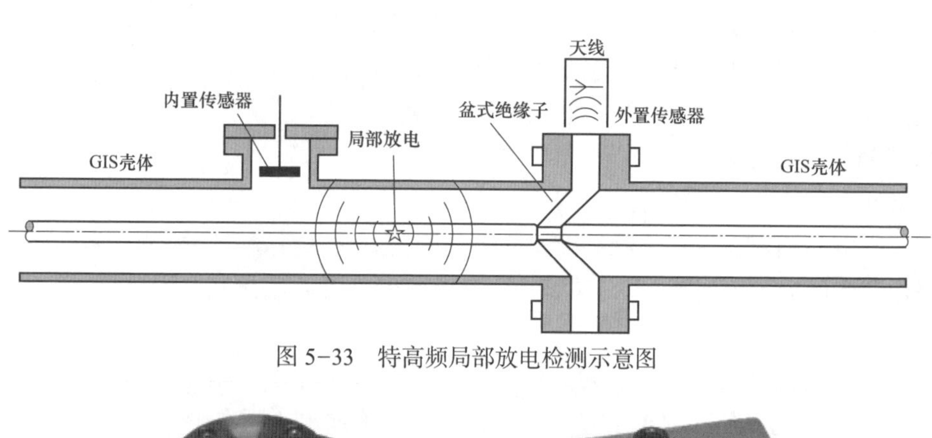

图 5-33　特高频局部放电检测示意图

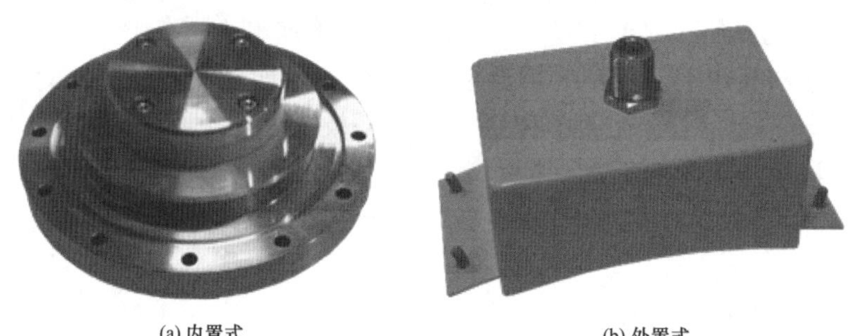

图 5-34　特高频局部放电传感器

特高频局部放电主要以 PRPS、PRPD 等图谱进行异常判断，如图 5-35 所示。PRPS 图谱，即脉冲序列相位分布图谱（Phase-Resolved Pluse Sequence），将脉冲信号按相位、幅值、周期三个维度进行绘制。图谱中脉冲信号用竖线表示，X 轴、Y 轴、Z 轴分别表示

相位 0°～360°、周期数、脉冲幅值。PRPS 图谱一般记录 50 个周期脉冲信号的相位–幅值分布情况。PRPD 图谱，即局部放电相位分布图谱（Phase-Resolved Partial Discharge），将脉冲信号按照相位、幅值、脉冲数三个维度绘制。*X* 轴、*Y* 轴、颜色表示工频相位 0°～360°、脉冲幅值、脉冲数。PRPD 图谱可以看成是 PRPS 图谱在工频周期–幅值平面上的“投影”，可以记录特高频局部放电的长时间累计情况。

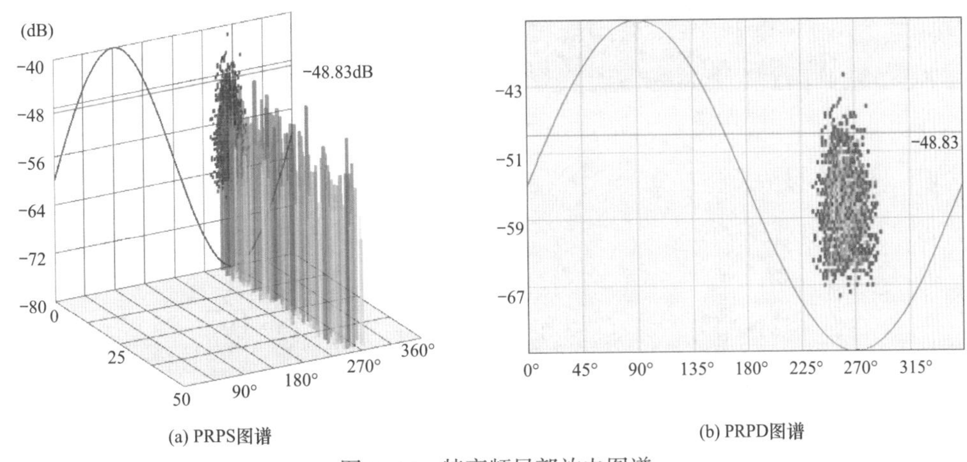

图 5-35　特高频局部放电图谱

（2）规程标准。特高频局部放电检测规程标准主要有：DL/T 1630—2016《气体绝缘金属封闭开关设备局部放电特高频检测技术规范》、Q/GDW 1168—2013《输变电设备状态检修试验规程》、Q/GDW 1799.1—2013《国家电网公司电力安全工作规程　变电部分》、Q/GDW 11059.2—2018《气体绝缘金属封闭开关设备局部放电带电测试技术现场应用导则　第 2 部分：特高频法》、《国家电网公司变电检测通用管理规定　第 2 分册　特高频局部放电检测细则》。

（3）检测位置。利用内置式传感器（如已安装）、非金属法兰绝缘盆子、带有金属屏蔽绝缘盆子的浇注口（浇筑口需打开或无需打开）、设备观察窗及接地开关外露绝缘件等部位，如图 5-36 所示。

注意：①使用特高频局部放电内置传感器时，断开传感器输出接口与后端信号调理单元输入接口间的连接后，传感器芯线与地的电压不应大于 5V，否则应在输出端口接入带限压电阻的三通接头或限压保护端子。②开关设备在运行时禁止观察，以免电弧伤害眼睛。

（4）检测流程。在采用特高频法检测局部放电时，现场检测流程如下：

1）设备连接。根据仪器的接线图，连接测试仪的各个部件，将检测仪主机正确、可靠地接地，之后将检测仪连接电源，开机。

2）工况检查。启动检测仪后，运行检测软件，检查同步状态、相位偏移等参数，进行系统自检，以确认各个检测通道的正常运行。

(a) 内置式传感器

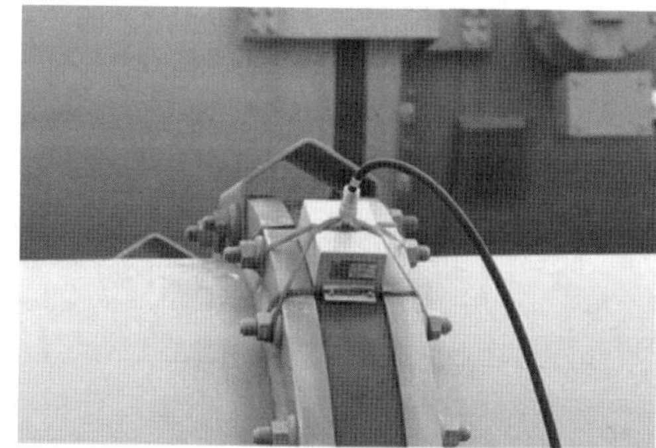
(b) 非金属法兰盆子

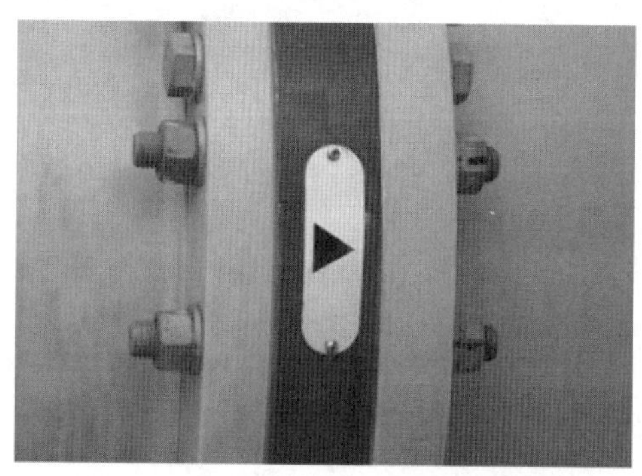
(c) 金属屏蔽盆子(浇筑口需打开)

(d) 金属屏蔽绝缘盆子(浇筑口无需打开)

(e) 设备观察窗

(f) 接地开关外露绝缘件

图 5-36 特高频检测位置

3）设置检测参数。设置变电站名称、检测位置，并进行相应的标注。将传感器放置在空气中，进行背景噪声的检测和记录，并根据现场噪声水平设置通道信号的检测阈值，如图 5-37 所示。

4）信号检测。打开与传感器连接的检测通道，并观察检测到的信号，如图 5-38 所示。如果信号没有异常，保存一组数据，退出并移至下一个检测点继续检测；如果发现信号异常，延长检测时间并记录至少三组数据，进入异常诊断流程，现场检测流程如图 5-39 所示。如果需要，可以接入信号放大器进行必要的信号增强。

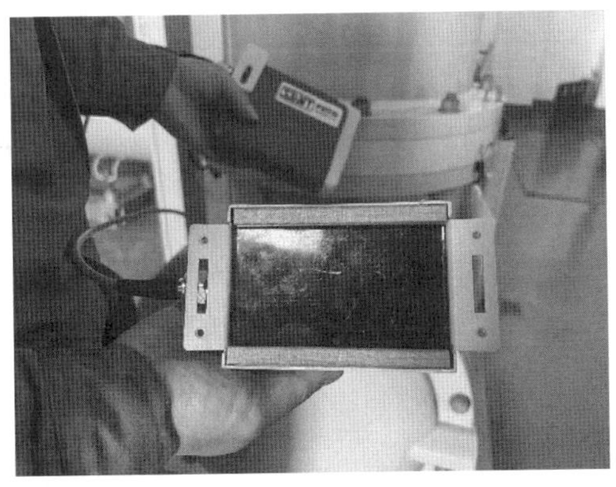

图 5-37　特高频局部放电背景检测

图 5-38　特高频局部放电检测

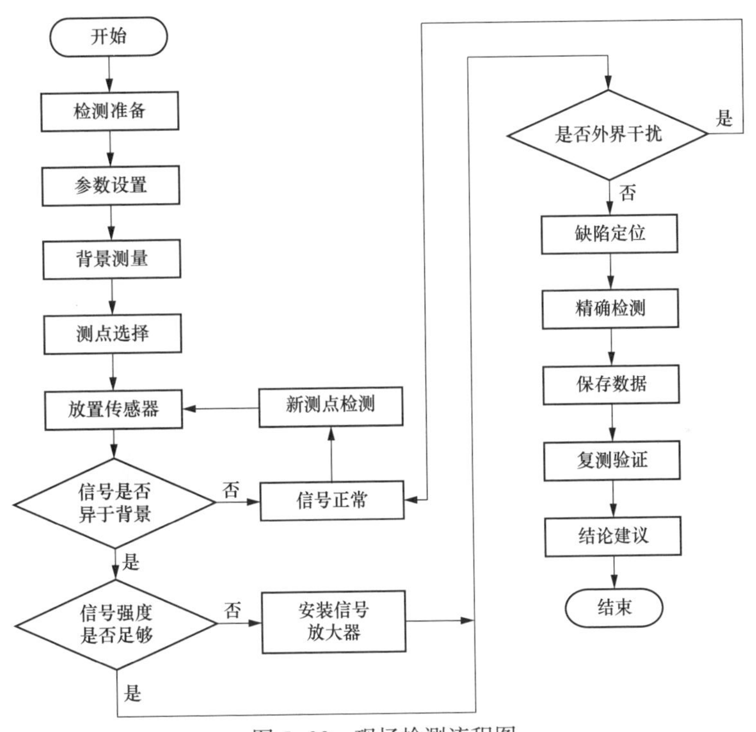

图 5-39　现场检测流程图

5）检测部位较高时，可借助专用的检测杆进行检测，也可以使用梯凳、人字梯等登高工具。在检测过程中，应确保传感器保持稳定。

注意：① 检测中应将电缆完全展开，避免同轴电缆外皮受到剐蹭损伤。② 传感器应与盆式绝缘子紧密接触，且应放置在两根禁锢盆式绝缘子螺栓的中间，以减少螺栓对内部电磁波的屏蔽及传感器与螺栓产生的外部静电干扰。③ 在检测时应最大限度保持测试周围信号的干净，尽量减少人为制造出的干扰信号，如手机信号、照明灯信号等。④ 在开始检测时，不需要加装放大器，若发现有微弱的异常信号时，可接入放大器后再观察信号。

（5）排除干扰。在测试过程中，可能遇到来自各个方向的干扰，这些干扰源可能存在于电气设备内部或外部的空间中。在开始测试前，尽可能排除干扰源的影响，可以采取一些措施，例如关闭荧光灯和手机。尽管如此，现场环境中仍然可能存在一些干扰信号。

此时，一般采用滤波器法、屏蔽带法等方式减少干扰：

1）选择不同频段的滤波器来抑制干扰信号，可以使用仪器内置的滤波器或额外加装的滤波器。强电晕信号在 300MHz 以上仍然具有较高的幅值，对现场检测会产生很大影响，可采用下限截止频率为 500MHz 的高通滤波器来进行抑制。对于常见的手机通信干扰，可使用 900MHz 的窄带阻波器来进行抑制，如图 5-40 所示。采用 300～600MHz 的带通滤波器可以避开高频干扰信号。

图 5-40　900MHz 窄带阻波器

2）采用屏蔽带或屏蔽布包扎特高频传感器、盆式绝缘子，如图 5-41 所示。

图 5-41　屏蔽布

在发现异常信号后，通常将传感器朝向外侧，以比较两个信号的特征和幅值。如果在空气中存在与内部信号相位和变化规律相似的信号，并且外部信号的幅值大于内部信号，则初步识别为外部信号。如果不易比较，可以切换至低通或高通后，再比较内部和外部信号的情况。

如果信号来自设备内部，可以使用时差定位法来进行放电源的定位。如果同时能够检测到超声波信号，则可以使用声电联合法进行更精确的定位。如果信号来自外部空间，必要时可使用平分面法进行外部放电源的定位。

（6）典型图谱。特高频局部放电典型缺陷的 PRPS/PRPD 图谱见表 5-1。

（7）注意事项。

1）在进入室内 GIS 设备场地前，必须确认 SF_6 气体和氧含量合格。

2）在进行检测时，人员、仪器与带电部位必须保持足够的安全距离。

3）在进行检测时，应避开防爆口和压力释放阀。

4）在进行检测时，应防止传感器坠落到 GIS 管道上，且应防止误动其他部件。

5）行走中注意脚下，避免踩踏设备管道。

6）如果需要接通 220V 电源进行检测，应注意防止低压触电。

7）如果检测现场出现明显异常情况，应立即停止检测工作并撤离现场。

表 5-1　　PRPS/PRPD 典型图谱

类型	放电模式	脉冲序列相位分布图谱（PRPS）	局部放电相位分布图谱（PRPD）
电晕放电	处于高电位或低电位的金属毛刺或尖端，由于电场集中，产生的电晕放电	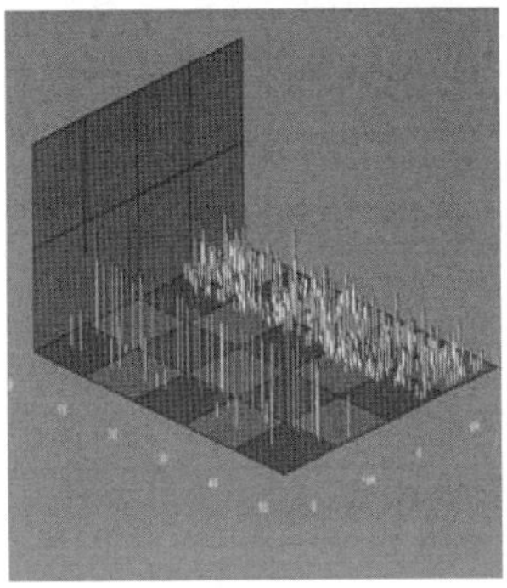	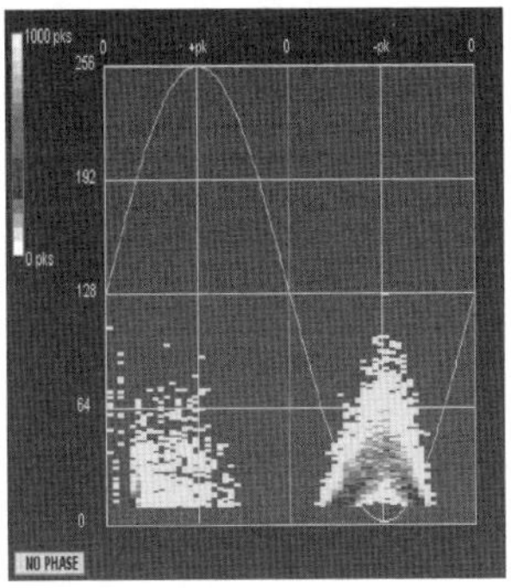
	分析：放电信号的极性效应明显，通常在工频相位负半周或正半周出现，放电信号强度较弱且相位分布较宽，放电次数较多。放电较严重时，另外半周出现放电信号，幅值更高，相位分布较窄，放电次数较少		
悬浮电位放电	松动金属部件产生的局部放电	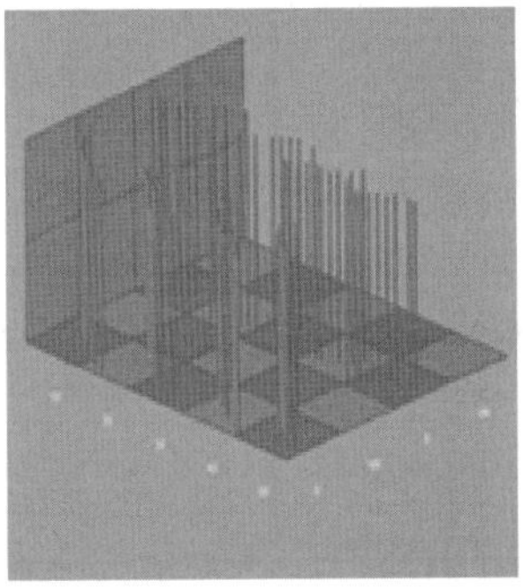	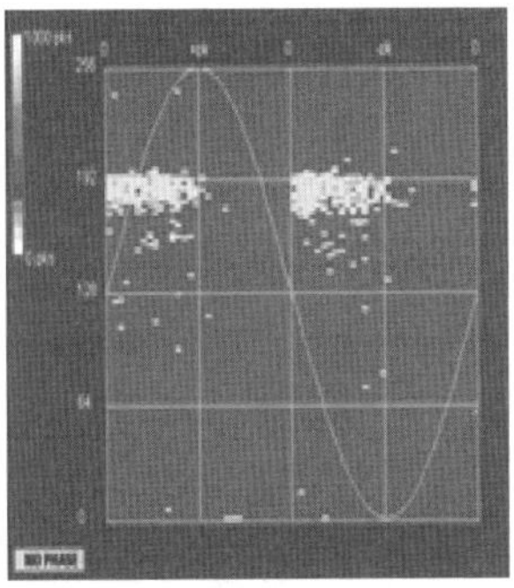
	分析：放电信号通常在工频相位正、负半周均会出现，且具有一定对称性，放电信号幅值较大且相邻放电信号时间间隔基本一致，放电次数少，放电重复率较低。脉冲序列相位分布图谱具有“内八字”或“外八字”特征		
自由颗粒放电	自由颗粒间的局部放电，自由颗粒和金属部件间的局部放电	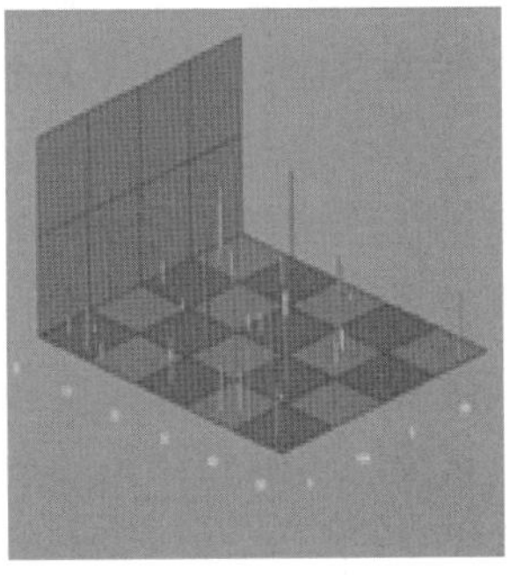	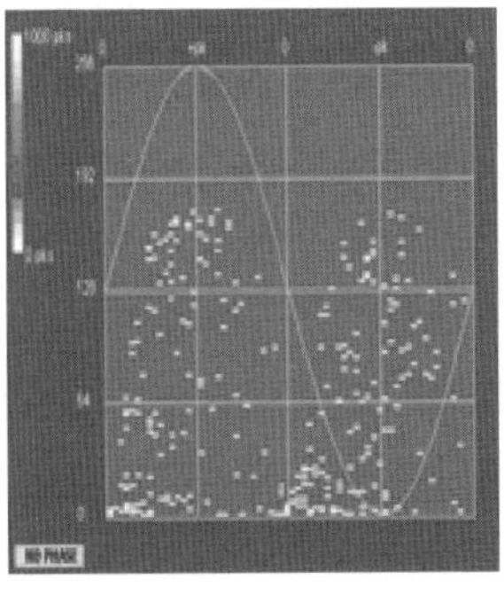
	分析：放电脉冲幅值分布较广，放电时间间隔不稳定，其极性效应不明显，在整个工频周期相位均有放电信号分布		

续表

<table>
<tr><th>类型</th><th>放电模式</th><th>脉冲序列相位分布图谱（PRPS）</th><th>局部放电相位分布图谱（PRPD）</th></tr>
<tr><td rowspan="2">空穴放电</td><td>固体绝缘内部开裂、气隙等缺陷引起的放电</td><td>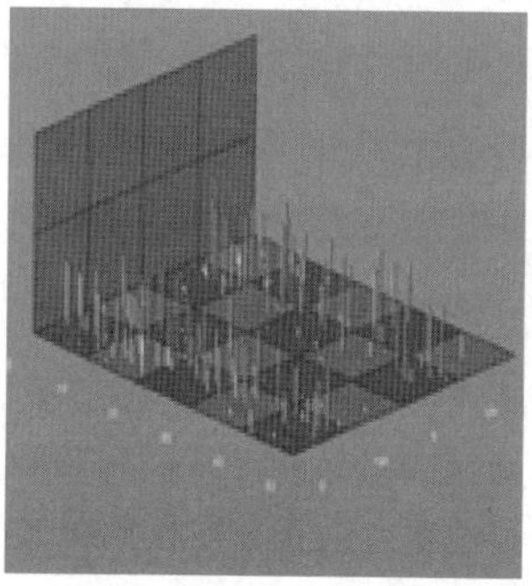</td><td>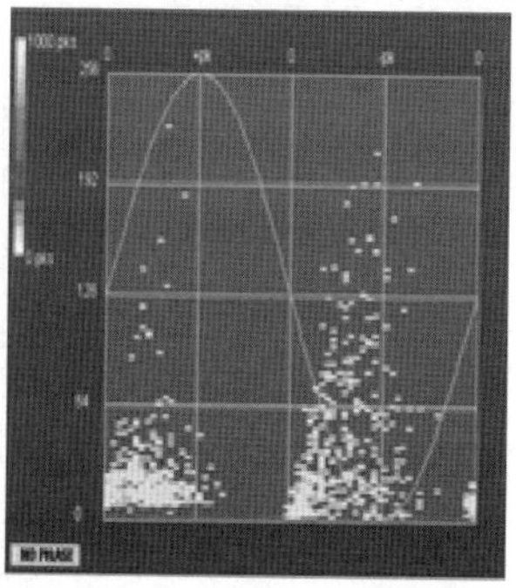</td></tr>
<tr><td colspan="3">分析：放电信号通常在工频相位正、负半周均会出现，且具有一定对称性，放电幅值较分散，放电次数较少</td></tr>
<tr><td rowspan="2">沿面放电</td><td>固体绝缘表面损伤、脏污引起的放电</td><td>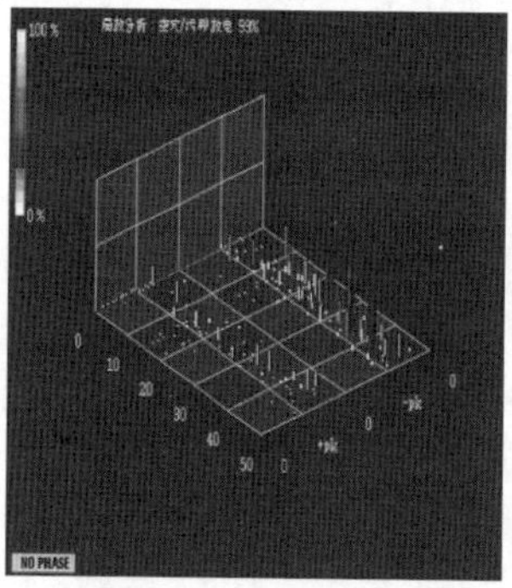</td><td>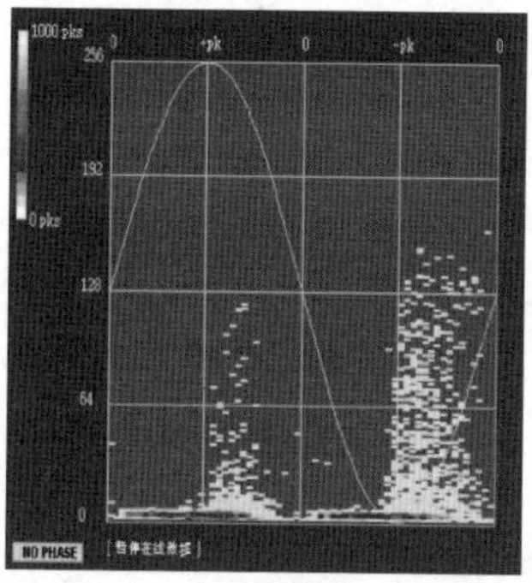</td></tr>
<tr><td colspan="3">分析：放电信号与空穴放电信号特征相似，放电幅值分散性较大，放电时间间隔不稳定，极性效应不明显</td></tr>
</table>

2. 超声波局部放电检测

（1）检测原理。GIS 设备内部发生局部放电时，会产生超声波信号，其频率在 20～200kHz 之间，可通过超声波传感器采集 GIS 设备中发生局部放电时产生的超声波信号，获得局部放电的相关信息，从而实现 GIS 设备的局部放电检测。GIS 设备超声波局部放电检测，通常采用接触式声发射传感器，而在开关柜中一般采用非接触式声发射传感器。

超声波局部放电检测的特点在于传感器与电力设备的电气回路无任何联系，因此不会受到电气干扰的影响，然而，在现场使用时，该方法容易受到周围环境噪声和设备机械振动的干扰。由于超声波信号在常用的电力设备绝缘材料中衰减较大，因此，其检测范围有限，但具有高度准确的定位优势。可通过测量超声波信号的强度以及多通道超声波信号之间的延迟来进行定位。此外，如果能同时检测到特高频局部放电信号，还可以用声电联合法来进行定位。

超声波局部放电情况主要依据信号水平、频率相关性、相位分布、特征指数、时域

波形来体现。主要有五种检测模式，分别为：

1）连续检测模式：可实时显示信号的有效值、周期峰值以及 50Hz/100Hz 频率成分（即 1 个工频周期出现 1 次 / 2 次放电信号）等信息，如图 5-42 所示，该模式主要用于快速获取被测设备信号特征，具有显示直观、响应速度快的特点。

2）相位检测模式：可实时显示放电信号的幅值与相位之间的关系，其中横轴表示相位，纵轴表示信号的幅值，如图 5-43 所示，可以方便观察是否具有聚集效应。

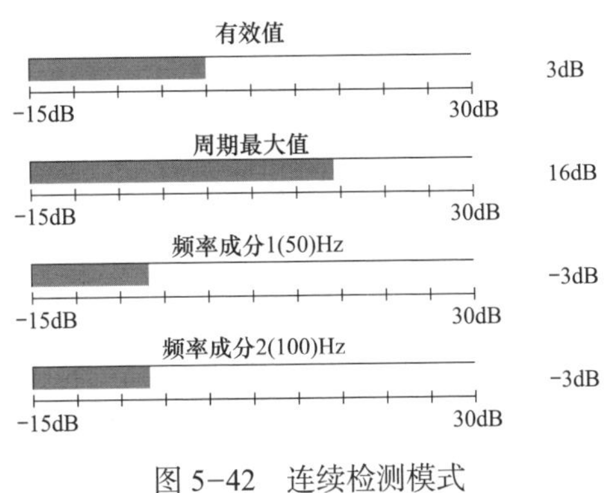

图 5-42　连续检测模式

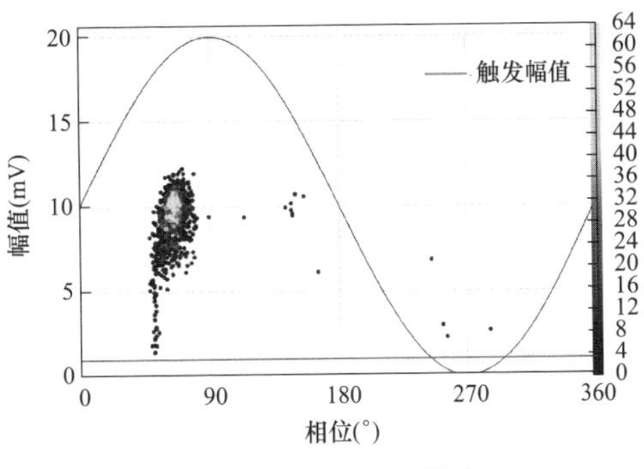

图 5-43　相位检测模式

3）脉冲检测模式：亦称飞行图，可实时显示颗粒的幅值与飞行时间之间的关系，其中横轴表示颗粒一次“飞行”的时间，纵轴表示信号的幅值，如图 5-44 所示，该模式主要用于进一步确认自由颗粒缺陷。

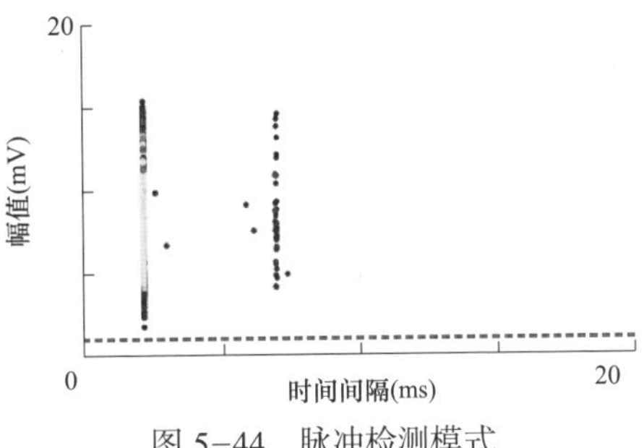

图 5-44　脉冲检测模式

4）时域波形检测模式：可实时显示局部放电信号的原始波形，以便直观地观察被测信号是否存在异常情况。

5）特征指数检测模式：可实时显示信号发生的时间间隔，其中横轴表示时间间隔，纵轴表示信号发生次数。

（2）规程标准。DL/T 1250—2013《气体绝缘金属封闭开关设备带电超声局部放电检测应用导则》、Q/GDW 1168—2013《输变电设备状态检修试验规程》、Q/GDW 1799.1—2013《国家电网公司电力安全工作规程　变电部分》、Q/GDW 11059.1—2018《气体绝缘金属封闭开关设备局部放电带电测试技术现场应用导则　第 1 部分：超声波法》、《国家电网公司变电检测通用管理规定　第 4 分册　超声波局部放电检测细则》。

（3）检测位置。检测点间隔应小于检测仪器的有效检测范围，每次选择的检测点位置应尽量与前次测量保持一致，以便进行比较和对比分析。一般按以下要求选择检测点。

1）在 GIS 设备断路器断口处、隔离开关、接地开关、电流互感器、导体连接部件处，以及盆式绝缘子的两侧等均应设置检测点。

2）水平结构分布的气室，测点宜选择在气室侧下方；竖直结构分布的气室，测点宜选择在靠近绝缘盆子处。

3）母线气室宜每 2～3m 距离设置 1 处测试点，当发现异常时可缩短检测距离。

4）对于直径较大的 GIS 设备，还应考虑在其圆周上增加检测点。

（4）检测流程。

1）检查仪器完整性，按照仪器说明书的指引连接各部件，并将检测仪器正确接地后开机。

2）开机后，运行检测软件，检查界面显示、模式切换是否正常稳定。

3）进行仪器自检，确认超声波传感器和检测通道工作正常。

4）将检测仪器调整至适当的量程，并将传感器悬浮在空气中，测量空间的背景噪声并做记录，如图 5-45 所示，根据现场噪声水平设定信号检测阈值。如果现场空间噪声较大，需要在传感器的检测面均匀涂抹专用耦合剂，并将传感器放置在设备架构上，此时仪器所测得的数据即为背景值，如图 5-46 所示。

图 5-45　空气背景检测

图 5-46　设备构架背景检测

图 5-47　超声波局部放电检测

5）清洁壳体表面，并在传感器的检测面上均匀涂抹专用耦合剂，施加适当的压力，使传感器紧贴在检测点壳体外表面上，以尽量减小信号衰减，如图 5-47 所示。在进行检测时，传感器应与被试壳体保持相对静止。在必要的情况下，可以配备绝缘支撑杆来进行检测，但必须确保传感器与设备带电部位有足够的安全距离。

6）在进行检测时，使用连续模式观察信号的变化情况。如果信号峰值与背景值相比没有明显变化，并且在连续测量模式中无 50/100Hz 频率相关性，那么可以判定为没有异常信号，保存数据并继续下一个点的检测。

7）如信号峰值明显增大或出现明显的 50/100Hz 频率相关性，应在该气室进行多点检测，并记录多组数据以进行幅值对比和趋势分析，为了准确进行相位相关性分析，可以利用与运行设备相同相位关系的电源引出相位同步信号。在进行检测过程中，需要进行干扰信号排除，如果确定设备内部存在异常信号，就需要进行信号类型识别及信号定位工作。

8）在检测过程中，可以使用耳机监听异常信号的声音特性。通过观察声音特性的持续性、频率高低等方面，可以进行初步的判断。此外，通过按压可能振动的部件，可以初步排除一些干扰。

9）若发现异常信号可进入相位模式和脉冲模式进一步分析。

10）填写设备检测数据记录表，其中对于存在异常的气室，应附检测图片和缺陷分析内容，并出具检测报告。

（5）排除干扰。当检测到异常信号时，应延长检测时间，加强测试值与背景值的比较。在异常点附近的设备构件或基座处，重新测试背景值，并结合以下方法进行干扰排除。

1）固定传感器：在检测中，使用固定座或绑扎带等工具确保传感器无振动，并全程保持静音。

2）排查外部干扰源：排查检测现场可能的外部干扰源，包括外界环境干扰、GIS 壳体振动干扰、感应电干扰、磁致伸缩干扰等。

3）横向比较法：将异常部位的检测信号与相邻区域的信号或其他相、其他间隔相同部位信号进行比较，以确定是否存在明显的异常信号。如果其他部位也存在异常信号，那么可以认为这是干扰信号；反之，如果其他部位没有异常信号，则可以判断这是局部放电信号。

4）趋势分析法：将该部位的异常信号与历史数据相比较，以确定是否存在增长趋势。

5）图谱比较法：将该部位的异常信号与局部放电典型波形图库进行对比分析。

（6）缺陷识别。缺陷的识别主要基于以下依据：① 与空间背景进行比对，存在明显差异；② 与同类设备或相邻设备进行横向比较，比如 A、B、C 三相的比较，有明显差异；③ 对比同一部位的历史数据，有明显的增长趋势；④ 与典型放电图谱对比，具有明显的放电特征。对于自由颗粒、电晕放电、悬浮放电、机械振动的判断方法，可参考表 5-2。

表 5-2　　缺陷类型的判断方法

缺陷类型 判断依据	自由颗粒	电晕放电	悬浮电位	机械振动
周期峰值 / 有效值	高	低	高	高
频率成分 1	无	高	低	有

续表

缺陷类型 判断依据	自由颗粒	电晕放电	悬浮电位	机械振动
频率成分 2	无	低	高	高
相位特征	无	有	有	有

通常可以使用单个传感器进行定位，并通过移动传感器测试气室不同的部位，找到信号的最大值点，该位置即为缺陷点。另外，也可以使用多个传感器之间的时延来进行定位。

（7）典型图谱。超声波局部放电典型图谱，见表 5-3、表 5-4。

表 5-3　　电　晕　放　电

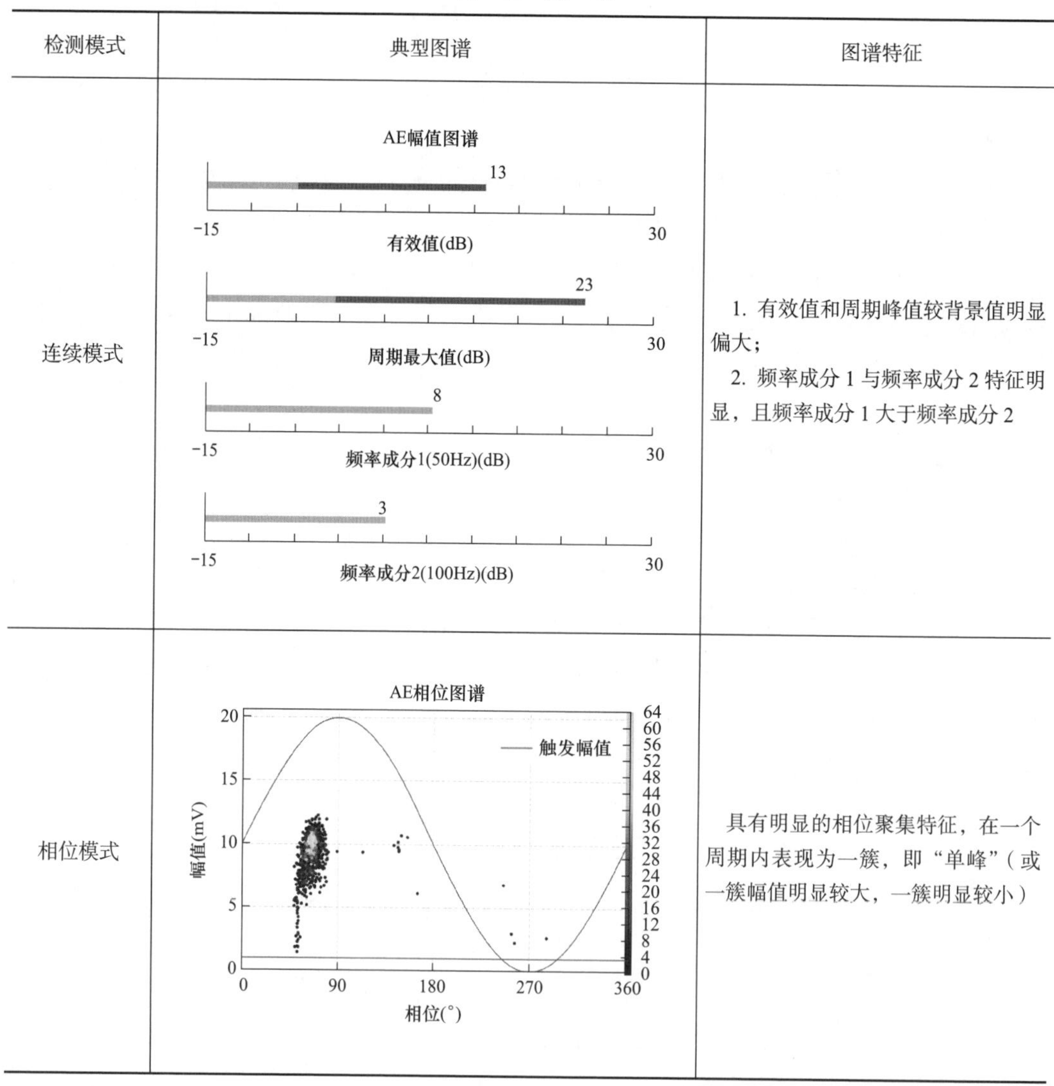

检测模式	典型图谱	图谱特征
连续模式	AE幅值图谱 有效值(dB)：13（−15～30） 周期最大值(dB)：23（−15～30） 频率成分1(50Hz)(dB)：8（−15～30） 频率成分2(100Hz)(dB)：3（−15～30）	1. 有效值和周期峰值较背景值明显偏大； 2. 频率成分 1 与频率成分 2 特征明显，且频率成分 1 大于频率成分 2
相位模式	AE相位图谱	具有明显的相位聚集特征，在一个周期内表现为一簇，即“单峰”（或一簇幅值明显较大，一簇明显较小）

表 5-4　悬　浮　放　电

检测模式	典型图谱	图谱特征
连续模式	AE幅值图谱 有效值(dB)：-15～30，20 周期最大值(dB)：-15～30，23 频率成分1(50Hz)(dB)：-15～30，-10 频率成分2(100Hz)(dB)：-15～30，3	1. 有效值和周期峰值较背景值明显偏大； 2. 频率成分 1 与频率成分 2 特征明显，且频率成分 2 大于频率成分 1
相位模式	AE相位图谱 幅值(mV)：0～20；相位(°)：0～360；触发幅值	具有明显的相位聚集特征，且在一个周期内表现为两簇，即“双峰”

GIS 基座、支架等外部物体的热胀冷缩或松动会引起振动，但这并不意味着 GIS 会在短时间内发生故障。然而，仍需要对由 GIS 内部线圈类设备振动过大引发的超声波振动信号，给予足够的重视。长时间的机械振动可能导致设备内部部件松动，从而引发悬浮放电。

3. SF_6 气体湿度及分解产物检测

（1）湿度检测原理。SF_6 气体中的水分含量过高，可能会对电气设备的性能、运行安全、使用寿命以及人身健康安全构成潜在威胁。导致 SF_6 气体湿度超标的主要原因包括：SF_6 新气含水量不合格、充气过程带入的水分、绝缘件带入的水分、吸附剂的影响、透过密封件渗入的水分以及设备泄漏点渗入的水分。

目前 SF_6 气体湿度现场检测主要采用露点法和阻容法：

1）露点法。露点法检测原理如下：在恒定压力下，使一定流量的 SF_6 气体通过测试室中的抛光金属镜面，该金属镜面采用半导体制冷技术。当 SF_6 气体中的水蒸气随镜面温度的降低逐渐达到饱和时，镜表面开始结露，这个温度被称为露点。随后通过光电测试系统指示出露点值，并根据露点值与 SF_6 气体含水量之间的关系计算出 SF_6 中水分含量。

2）阻容法。阻容法的原理是：当被测气体通过电子湿度仪的传感器时，气体湿度的变化会导致传感器的电阻和电容量发生变化，通过测量传感器在吸湿后电阻和电容的变化量，可以计算出微水含量。

露点法和阻容法相比其他方法，有灵敏度高、检测周期短、适用现场检测等优点。

（2）分解产物检测原理。正常运行的 SF_6 设备，非灭弧室通常无 SF_6 气体分解产物，灭弧气室亦无明显的 SF_6 气体分解产物。据统计数据，在 SF_6 设备发生故障时，设备内的 SF_6 气体会生成大量氟化物和硫化物。通过检测这些故障特征分解产物，可以快速诊断设备内部的缺陷，并准确判断设备潜伏故障的存在，从而避免造成更大的危害。

在放电和热分解过程中，在水分的作用下，SF_6 气体会产生的主要分解产物，包括 SO_2、H_2S 和 HF。当故障涉及固体绝缘材料电解或热解时，还会生成 CF_4、CO 和 CO_2。由于大多数故障情况下，SO_2 和 H_2S 的含量明显增加，因此主要关注的检测对象是 SO_2、H_2S、CO 和 HF。

SF_6 气体分解产物常用检测方法：气体检测管法、红外光谱法、电化学法、气相色谱法、气相色谱－质谱联用分析法等。目前对 SO_2、H_2S、CO、HF 四类分解产物常采用电化学传感器法、气体检测管法，对 CF_4 常采用气相色谱法。其检测原理如下：

1）电化学传感器法：利用高温催化剂让被测气体进行化学反应，从而改变电化学传感器输出的电信号，进而确定被测气体的成分和含量。电化学法的优点在于其检测周期短，灵敏度高，适用于现场便捷检测。

2）气相色谱法：利用不同分解产物在固定相和流动相中具有不同分配系数的原理，通过载气的流动，使分解产物在色谱柱中多次反复分配以实现分离。随后，通过检测器将分离后的物质转化为相应分解产物的电信号，从而准确测出分解产物含量。气相色谱法具有满足精确测量要求的优点，因此常用于实验室检测。

3）气体检测管法：利用分解产物气体与填充在检测管内的化学试剂发生反应，产生特定的化合物，从而引起指示剂的颜色变化。通过观察颜色变化和指示的长度，可以确定被测气体中分解产物的含量。

（3）规程标准。GB/T 8905—2012《六氟化硫电气设备中气体管理和检测导则》、Q/GDW 447—2010《气体绝缘金属封闭开关设备状态检修导则》、Q/GDW 448—2010《气体绝缘金属封闭开关设备状态评价导则》、Q/GDW 11305—2014《SF_6 气体湿度带电检测技术现场应用导则》、Q/GDW 1896—2013《SF_6 气体分解产物监测技术现场应用导则》、《国家电网公司变电检测管理通用细则　第 7 分册　SF_6 湿度检测细则》、《国家电网公司变电检测管理通用细则　第 8 分册　SF_6 分解产物检测细则》。

（4）检测流程。

1）仪器接地：首先将气体综合分析仪接地，先连接地端，再接仪器端。

2）连接尾气回收装置：通过排气管连接仪器与尾气回收袋 / 尾气回收装置，连接完成后，排气口与排气管朝向下风侧，尾气回收袋放于 5m 外低洼处。最后打开尾气收集

袋阀门。

3）仪器自检冲洗及校准：Ⅰ. 连接 SF_6 尾气回收中转袋；Ⅱ. 连接 SF_6 纯气瓶至 SF_6 气体检测仪器；Ⅲ. 逐级开启 SF_6 纯气瓶阀门、减压阀门，检漏完成后，SF_6 纯气冲洗；Ⅳ. 仪器校准；Ⅴ. 逐级关闭 SF_6 纯气瓶阀门、减压阀门；Ⅵ. 拆除仪器与减压阀之间的管路。

4）正确选取转接头，连接仪器至被测气室取气口。

5）分别对转接头与被测气室取气口及导入管检漏。

6）开始检测，测试数据稳定后，记录检测结果。检测过程中注意观察被测设备气室压力。

7）进行分解产物测试，若第一次 SO_2 或 H_2S 气体含量大于 10μL/L，则需用 SF_6 纯气重复冲洗 SO_2 及 H_2S 至零位。第二次检测分解产物，1min 后如测试数据稳定，则记录检测结果。

8）拆除仪器与被测气室的转接头。

9）检查取气口处是否有 SF_6 气体泄漏，恢复被测气室值开工前状态，记录测试后被测气室压力。

10）分解产物检测完成后用 SF_6 纯气冲洗仪器，直至 SO_2 及 H_2S 示值至零位或冲洗时间达到 1min。

11）逐级关闭阀门，拆除管路、接头等，关闭仪器并拆除接地线。

（5）判别依据。SF_6 气体湿度和 SF_6 气体分解产物指标要求见表 5-5、表 5-6。

表 5-5　　SF_6 气体湿度指标要求（20℃体积比）

气室	灭弧气室（μL/L）	非灭弧气室（μL/L）
交接试验	≤150	≤250
运行中气室	≤300	≤500

表 5-6　　SF_6 气体分解物指标要求

分解产物	SO_2（μL/L）	H_2S（μL/L）
交接试验	≤1	≤1
运行中气室	≤1	≤1

（6）注意事项。

1）首次连接和最后恢复时，所有气路上的通气口（被试设备取气口、防尘保护盖帽、减压阀、转接头、导气管口）都需要进行清洁擦拭，并在必要时进行烘干处理。

2）任何时候进行新接、断开或更改气路，在通气前都要进行气路检漏。

3）在断开气路时，务必使用吹风筒将取气口吹干净，确保没有残留气体，并进行检漏，检漏速度不超过 25mm/s。

4. 红外热像检测

（1）检测原理。自然界中，所有温度高于绝对零度（−273.15℃）的物体都会不断地辐射红外线，而这些红外线携带了物体的温度特征信息。电力设备运行状态红外检测的实质就是对设备（目标）发射的红外辐射进行探测及显示处理的过程。设备所发射的红外辐射功率经过大气传输和衰减后，被检测仪器光学系统接收并聚焦到红外探测器上，然后将目标的红外辐射信号功率转换成便于直接处理的电信号。这些信号经过放大处理后，会以数字或二维热图像的形式展示目标设备表面的温度数值或温度场分布。

（2）规程标准。DL/T 664—2018《带电设备红外诊断应用规范》、《国家电网公司变电检测管理规定（试行）第 1 分册 红外热像检测细则》。

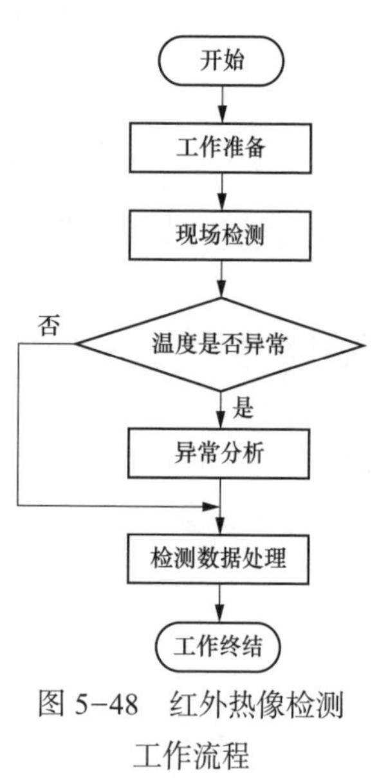

图 5-48 红外热像检测工作流程

（3）检测流程。检测流程如图 5-48 所示。其具体操作如下：

1）检查仪器外观、镜头是否清洁完好，并确保电池和存储卡容量充足。

2）打开电源，等待仪器稳定。

3）选定被测设备和测量位置，确保测量位置与带电部位之间的安全距离符合要求。

4）使用激光测距仪测量被测设备与测量点之间的距离，并做好记录。

5）仪器稳定后，在菜单中输入并确认被测设备的辐射率、目标距离、大气温度和相对湿度；如果被测设备周围没有明显的热源，将反射温度设置为大气温度。合理设置区域、点温度测量，热点温度跟踪功能，以获得最佳的检测效果。

6）调整焦距，确保被测设备图像清晰、边缘清楚；选择铁红调色板。

7）对组合电器断路器断口等各个部位进行检测，对于新安装或大修后的 GIS 设备，应对所有 GIS 罐体进行全面检测。在不同的方向和角度进行检测，保存图像并记录温度、温差、图像编号等信息。

8）记录被检设备的实际负荷电流、额定电流和运行电压，并撰写检测报告。

（4）典型故障。缺陷判断方法主要有表面温度判断法、同类比较判断法、图像特征判断法、相对温差判断法。

GIS 设备发热情况可分为：内部发热、外部发热。

1）内部发热主要原因：由于内部接头接触不良，导致回路电阻增大，在流经一次电流时产生异常发热。参考调节范围为 ±5K。典型故障包括触头插接不到位、隔离开关或断路器触头接触不良等情况。由于红外电磁波无法穿透 GIS 外壳，再加上 SF_6 气体本身的导热性较空气差，因此内部产生的热量主要通过热对流传到外壳上，如图 5-49 所示。

根据现场经验，所测得的 GIS 外壳温度与其内部实际发热点的温度可能相差几十开尔文（K），因此对于 GIS 内部的发热情况，通常很难检测发现，必须采用精确测温方式。

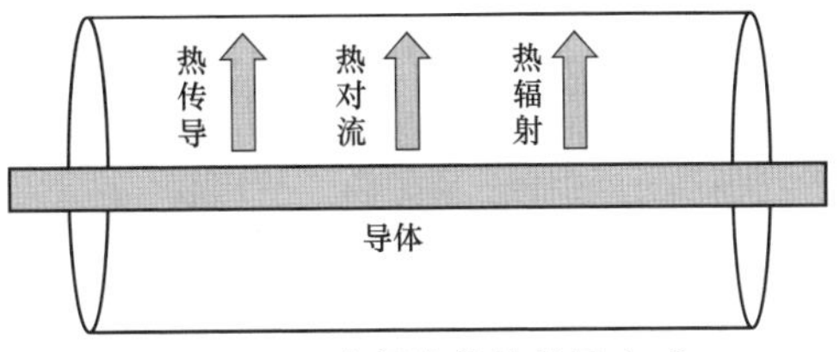

图 5-49 内部发热热传导方式

2）外部发热主要原因：电磁感应产生的环流加之外部闭合回路接触不良，钢材质外壳的涡流损耗发热，套管出线部位一次导体接头发热。参考调节范围可以是自动调节或者 ±10～20K。典型故障包括导流排连接面、法兰紧固螺栓发热等情况。

（5）注意事项。

1）一般情况下，首先进行远距离全面扫描被测设备（至少 3 个不同方位），一旦发现异常情况，再对异常部位和重点设备进行近距离的精确检测，并保存图像、记录温度、温差、图像编号等信息。

2）在检测过程中，尽量避免阳光和附近热源对结果的影响。对于被遮挡的设备，应进行近距离多角度的检测，确保测点没有遗漏。

3）在保持安全距离的前提下，尽量将仪器靠近被测设备，使其充满整个仪器的视场。测试角最好控制在 30° 之内，不宜超过 45°。

4）如果发现异常情况，应从多个角度进行局部检测，拍摄对应部位的可见光图片，同时记录负荷电流。根据测量温度、图像特征以及运行信息来判断是否存在缺陷，确定缺陷的类型，并提出相应的检修建议。

5）在冻结和记录图像时，应尽量保持仪器平稳。

（6）判别依据。

1）内部接头发热，当 GIS 内部导体接头对应壳体表面，相间（不同部位）温差在 3K 以上时，应加以关注，必要时结合分解产物、直流电阻方式分析确认。

2）其余发热，可结合 DL/T 664—2016《带电设备红外诊断技术应用导则》规程进行分析确认。

5. 红外检漏检测

（1）检测原理。由于 SF_6 与空气相比，在特定波长的光吸收特性上更为明显，因此它们在红外影像上呈现的反映不同。当存在泄漏气体的区域时，相关的视频图像将呈现出对比变化，形成烟雾状阴影。泄漏气体的浓度越大，吸收越强，烟雾状阴影也就越明显。这使得通常在可见光下无法观察到的气体泄漏得以直观呈现，从而方便检测人员快速确定泄漏点。常用检测仪器如图 5-50 所示。

图 5-50 菲力尔 FLIR306 检漏仪

（2）规程标准。《国家电网公司变电检测管理规定（试行）第 13 分册 红外成像检漏细则》。

（3）检测位置。SF_6 气体泄漏红外成像重点检测位置有法兰密封面、密度继电器表座密封处、罐体预留孔的封堵、充气口、SF_6 管路、设备本体砂眼。

（4）检测流程。

1）检测仪器是否处于正常工作状态，并确认电源供应正常。

2）根据 SF_6 电气设备的情况，确定检测部位。

3）根据检测部位调整检测仪器，包括调节图像焦距、明亮度和对比度等参数。

4）至少选择三个不同的方位对设备进行检测，以保证对设备的全面检测，如图 5-51 所示。对于微小泄漏量的检测，可以采用高灵敏度模式。

图 5-51 红外成像检漏

5）记录泄漏部位的视频和图片。

6）如发现异常情况，应撰写检测报告。

（5）判别依据。若检漏仪显示出烟雾状气体冒出，说明该部位存在泄漏点。对于交接设备，SF_6 气体的年泄漏率应小于 1%（以质量分数计算）；而对于运行设备，SF_6 气体的年泄漏率应小于 0.5%（以质量分数计算）。泄漏的原因主要有以下几点。

1）密封件质量：泄漏可能是由于密封件老化或密封件本身质量问题引起的。

2）绝缘子裂纹：绝缘子出现裂纹会导致泄漏。

3）设备安装施工质量：泄漏可能是由于螺栓预紧力不足、密封垫压偏安装施工质量问题引起的。

4）密封槽和密封圈不匹配：如果密封槽和密封圈不匹配，也会导致泄漏。

5）设备本身质量：设备本身的质量问题，如焊缝、砂眼等，可能引起泄漏。

6）设备运输损坏：在设备运输过程中，密封部分可能会受损导致泄漏发生。

（6）注意事项。

1）在使用过程中，注意保护好镜头。

2）在使用仪器时，避免强烈太阳光或高温热源直接照射镜头，以防损坏探测器。

3）在进行检漏检测时，检测人员应尽量站在上风侧。

6. X 射线成像检测

（1）检测原理。X 射线透过物体后，由于穿透物体的衰减系数和厚度不同，射线减弱的强度会有所差异，当被透照物体存在局部厚度差异时，感光胶片会反映这种差异，进而可以判断物体是否存在缺陷。

GIS 设备的 X 射线成像检测主要采用数字成像检测技术，包括 CR 技术和 DR 技术。CR 技术需要将 X 射线透过物体的信息记录在成像板（IP 板）上，然后通过激光扫描装

置读取并生成数字化图像。而 DR 技术在曝光的同时，可以观察到产生的数字图像。CR 技术的优点是可以弯曲使用，畸变小，可以长时间成像，多张 IP 板可以拼接成较大的成像尺寸；其缺点是相比于 DR 技术，检测灵敏度较低，需要取下 IP 板后进行激光读取，且定位能力不如 DR 技术。

GIS 设备的 X 射线成像可用于状态评价和故障取证，它能够在不停电、不开罐的情况下，观察设备内部状态，包括隐患排查、重点位置定期检测以及设备竣工验收检测。此外，在解体 GIS 设备之前，可以对设备进行原位故障状态的取证，以防止拆解过程中故障状态的改变，从而影响故障原因的判断。

（2）规程标准。DL/T 1946—2018《气体绝缘金属封闭开关设备 X 射线透视成像现场检测技术导则》、DL/T 1785—2017《电力设备 X 射线数字成像检测技术导则》。

（3）检测流程。

1）X 射线成像检测前，应熟悉被检设备内部结构，确定检测区域，做好防护措施。

2）做好 X 射线机的训机工作，训机时应用铅堵住射线机口，避免辐射。

3）将 X 射线机放置在被测 GIS 设备的前方，将透照时 X 射线束中心垂直指向透照区的中心，必要时可根据需要调整。

4）成像板放置在 GIS 设备的另一侧，紧贴在 GIS 设备上，使射线穿过被检区域对成像板进行曝光。

5）检测时，根据 GIS 设备壳体、内部元件材料等情况，选择合适的管电压、曝光量、焦距及透照方向。

6）调整位置，进行下一次检测。

7）进行图像处理，并出具检测报告。

（4）典型缺陷。

1）典型缺陷主要分为两类：壳体内部异物、零部件异常缺陷。

a. 壳体内部异物缺陷主要包括工具遗留腔体内部、腔体内部绝缘漆脱落、金属颗粒脱落、金属螺栓脱落；

b. 零部件异常缺陷主要包括屏蔽罩松动、螺钉松动、隔离开关分闸或合闸不到位、导电杆插入不到位、接地开关分闸或合闸不到位、螺栓弹性垫片未压紧、弹簧松动等。

2）诊断依据：根据图像显示和设备内部构造对比情况，结合多张图像、多种检测方式联合诊断缺陷类型。

（5）注意事项。

1）超辐射剂量能引起人体放射性损伤，在 X 射线透照时，应做好安全防护。

2）做好 X 射线工作场所控制区和监督区辐射监测工作，将作业时被检测物体周围的空气比释动能率大于 $15\mu Gy \cdot h^{-1}$ 的范围化为控制区，并应在其边界上悬挂清晰可见的“禁止进入 X 射线区”警告牌，作业人员应在控制区边界外操作，否则应采取专门的防护措施。在控制区边界外，将作业时空气比释动能大于 1.5μGy·h^{-1} 的范围划为监督区，并应在其边界上悬挂清晰可见的“无关人员禁止入内”警告牌，必要时设专人警戒。在监督区边界附近不应有经常停留的非作业人员。

3）为了保证诊断结果的准确性，需要了解检测部件内部的详细结构以及部件材质情况。

4）在保证穿透力的前提下，选择能力较低的 X 射线；在保证不影响质量的前提下，尽量选择较大的焦距。

三、GIS 带电检测综合应用

案例一　避雷器缺陷

【检测情况】

2018 年 9 月 30 日，检测人员发现某变电站 4D35 线避雷器 A 相超声波局部放电信号异常。4D35 线避雷器 A 相整体超声波局部放电信号幅值偏大，底座处超声波信号最强，如图 5-52 所示。同一线路，B、C 两相相同位置超声波局部放电信号幅值均远小于 A 相，相邻线路 A 相相同位置超声波检测幅值也远小于该线路 A 相。判断超声波局部放电信号来自 4D35 线避雷器 A 相内部。该信号幅值较大，且一直存在，一个周期有两簇信号，具有 100Hz 相关性，依据《国家电网公司变电检测管理规定（试行）第 4 分册 超声波局部放电检测细则》，该信号符合局部放电典例图谱特征。

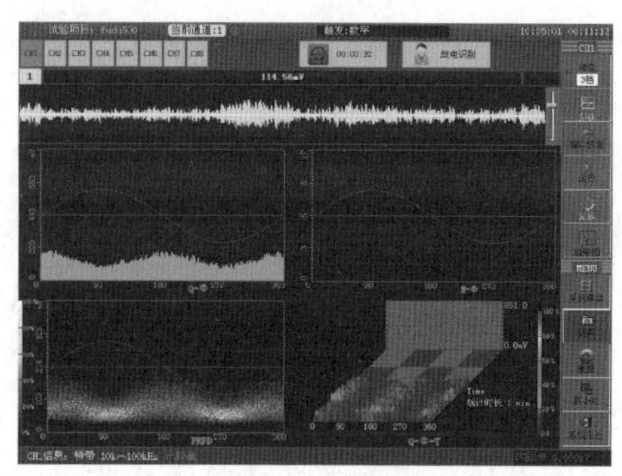

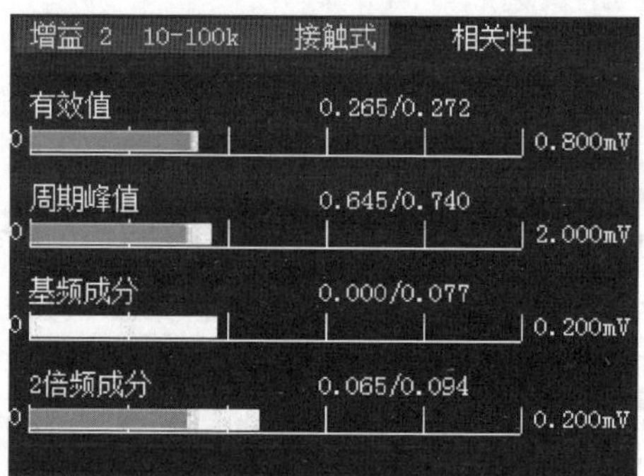

图 5-52　4D35 线避雷器 A 相底座处超声波局部放电信号

对 4D35 线避雷器进行特高频局部放电检测，发现 A 相底座缝隙处幅值最大，B 相和 C 相相同位置幅值均小于 A 相，且图谱特征与 A 相类似，判断为同一信号源，均来自 4D35 线避雷器 A 相内部，如图 5-53 所示。4D35 线避雷器 A 相底座缝隙处特高频信号最强，该信号幅值较大，且一直存在，具有一定对称性，依据《国家电网公司变电检测管理规定（试行）第 2 分册 特高频局部放电检测细则》，符合局部放电典例图谱特征。

对 4D35 线避雷器气室进行 SF_6 气体组分和纯度检测，试验结果见表 5-7。

由表 5-7 中数据可以看出：4D35 线避雷器 A 相气室 SO_2 浓度为 100μL/L（超出仪器量程），远大于标准值 1μL/L。

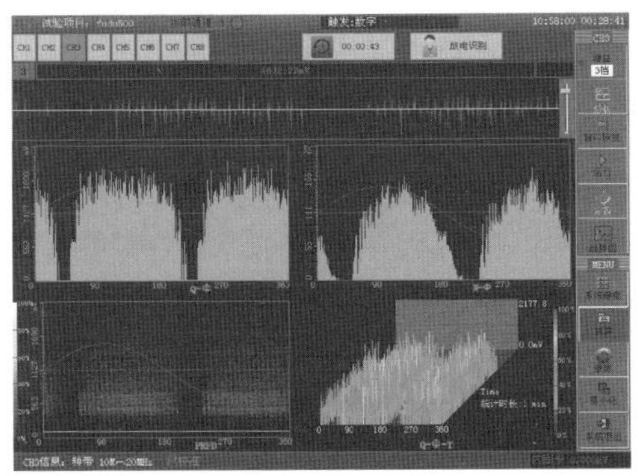

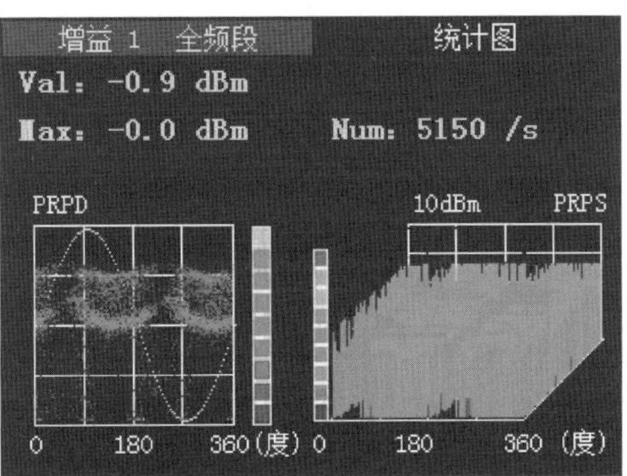

图 5-53　4D35 线避雷器 A 相底座缝隙处特高频局部放电信号

表 5-7　　4D35 线避雷器气室 SF_6 气体组分和纯度检测数据

气体组分和纯度	A 相避雷器气室	B 相避雷器气室	C 相避雷器气室
CO 浓度（μL/L）	13.4	6.9	7.3
SO_2 浓度（μL/L）	100 （仪器最大量程为 100）	0	0
H_2S 浓度（μL/L）	0	0	0
纯度（%）	99.99	99.99	99.99

结合上述测试结果，初步确认 4D35 线避雷器 A 相气室存在异常局部放电信号，故对避雷器进行更换。

【解体情况】

11 月 16 日，对该避雷器进行解体检查，发现避雷器整个气室表面附着大量放电之后产生的分解物粉尘，如图 5-54 所示。

进一步拆解，发现避雷器芯体存在明显松动，其紧固螺母已经和绝缘杆脱离。

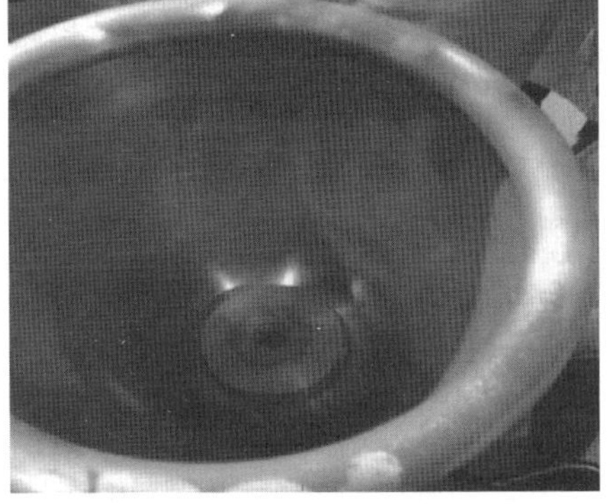

图 5-54　避雷器表面和芯体

将屏蔽罩与均压罩卸下后，发现芯体紧固螺母和碟簧连接处有明显放电痕迹，且将紧固螺母拆出后其压接处明显有较多的放电分解物粉尘，如图 5-55 所示。

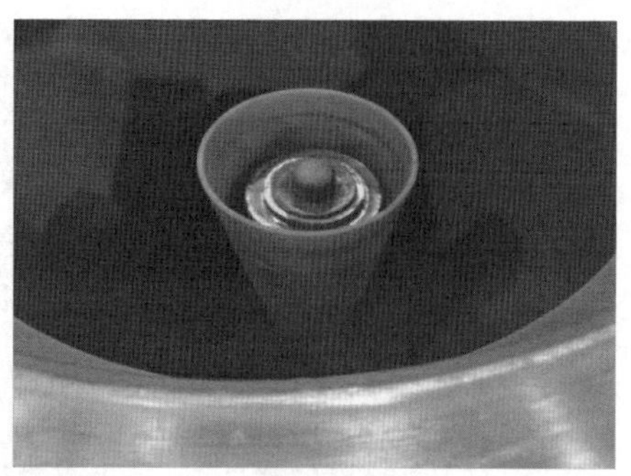

图 5-55　避雷器的放电痕迹

【原因分析】综合分析缺陷原因为紧固螺母未上紧，导致避雷器在带电运行一段时间后，紧固螺母与碟簧之间开始放电，并且放电量逐步增大，导致避雷器振动，传导至外壳表现为避雷器内部有异响。如果继续运行很有可能发生 GIS 主绝缘击穿，造成设备事故，严重威胁电网安全稳定运行。

案例二　绝 缘 子 缺 陷

【检测情况】

2015 年 11 月 3 日，检测人员对某 110kV GIS 设备开展带电检测时，发现特高频异常信号，58A 间隔附近信号幅值较大，现场设备情况及特高频传感器布置情况如图 5-56 所示，检测结果如图 5-57 所示。

(a) 间隔情况

(b) 传感器位置布置

图 5-56　传感器位置布置

其中 58A 间隔附近异常信号幅值最大，沿 58A 间隔往左右两侧信号逐步衰减。传感器 1、2、3 分别布置在 58A2 隔离开关与Ⅱ母线间的盘式绝缘子上，三个传感器检测到的信号图谱特征一致，在一个周期的特定相位有两簇明显的脉冲集中现象，且信号幅值大小不一，初步判断 58A 间隔与Ⅱ相连的区域存在绝缘类缺陷。

特高频传感器 PRPS 图谱如图 5-57 所示。超声波局部放电检测、SF_6 湿度及分解物检测，均未见异常，判断该处为绝缘件空穴 / 污秽局部放电。特高频局部放电、超声波局部放电、SF_6 湿度及分解物复测，结果基本一致。

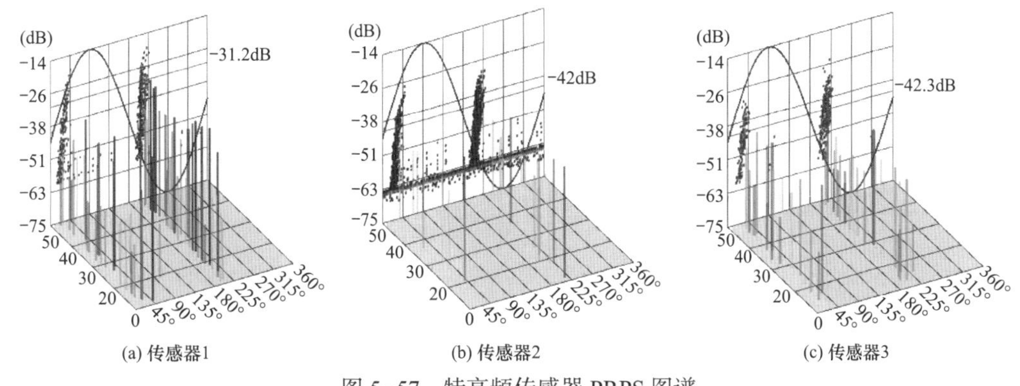

图 5-57　特高频传感器 PRPS 图谱

【定位情况】

在 58A2 隔离开关气室与Ⅱ母相连的三相盘式绝缘子（敞开式）上布置传感器 1、2、3，在与 58A 间隔左右相邻的Ⅱ母 TV 间隔及母联 500 间隔的 A、C 相盆子上布置传感器 4、5，如图 5-58 所示。采用高速示波器，利用信号到达各传感器的时延进行局部放电源的定位，如图 5-59 所示。

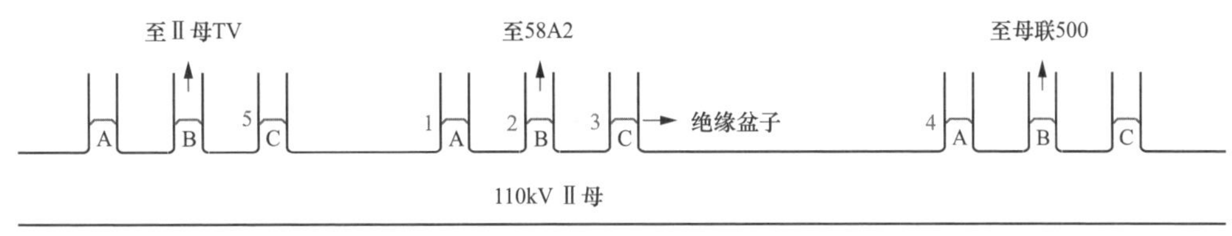

图 5-58　传感器布置示意图

传感器 1 比传感器 3、4、5 均先抵达，和传感器 2 抵达时间基本一致。比较各传感器信号的到达时延，初步判断信号源处在传感器 1 所在位置附近。

【解体情况】

2017 年 11 月 18 日，结合该变电站 110kV GIS 停电计划，对 58A 开关间隔位置的母线气室进行了开罐检查。

58A 间隔位置的 110kV Ⅱ母线每相有 2 只柱式绝缘子，三相共 6 只分别编号 A1、A2、B1、B2、C1、C2，如图 5-60、图 5-61 所示。开罐检查发现 C 相编号为 C2 的柱式绝缘子表面有放电痕迹，如图 5-62 所示，其他绝缘件表面未见异常。

2017 年 12 月 22 日，返厂对拆下的绝缘件开展 X 射线检测、交流耐压及局部放电测量。X 射线检测发现 B1 柱式绝缘子低压电极底部与绝缘材料接触面间存在气泡一只，如图 5-63 所示，其他绝缘子无异常。

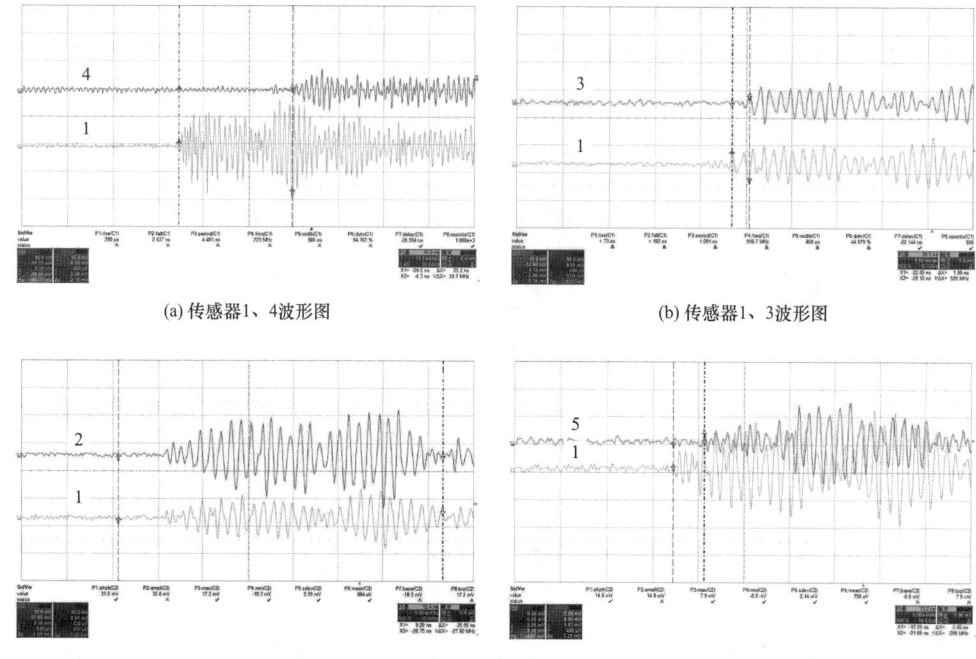

(a) 传感器1、4波形图　　(b) 传感器1、3波形图

(c) 传感器1、2波形图　　(d) 传感器1、5波形图

图 5-59　各位置原始波形图

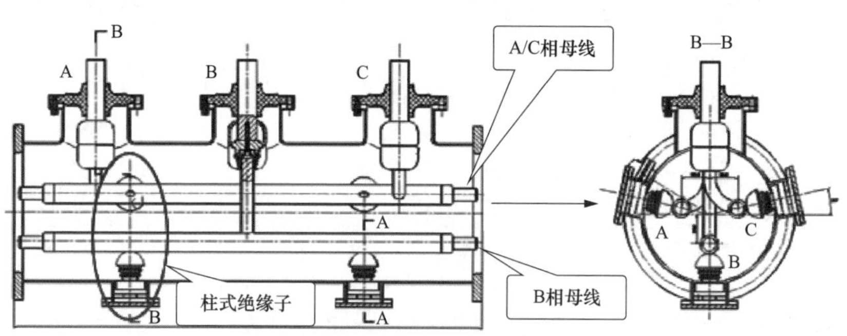

图 5-60　110kV 母线结构示意图

(a) 正视图

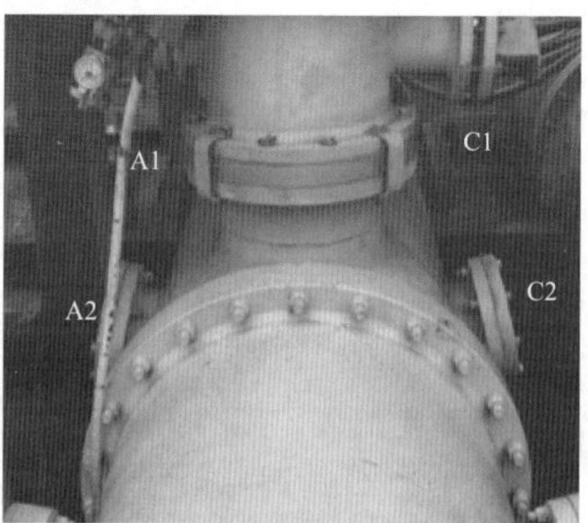

(b) 侧视图

图 5-61　110kV 母线现场情况

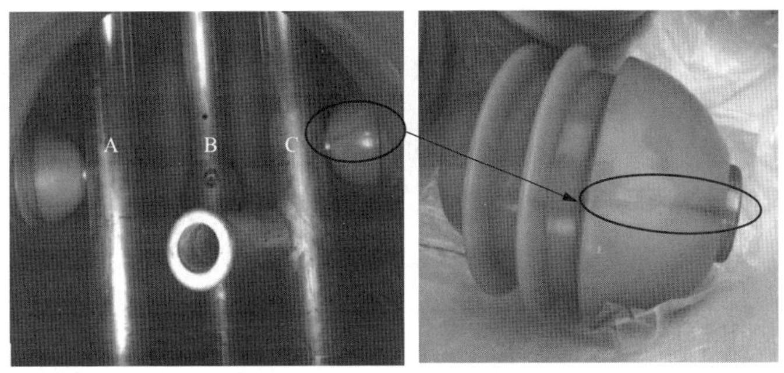

图 5-62　C 相柱式绝缘子表面放电情况

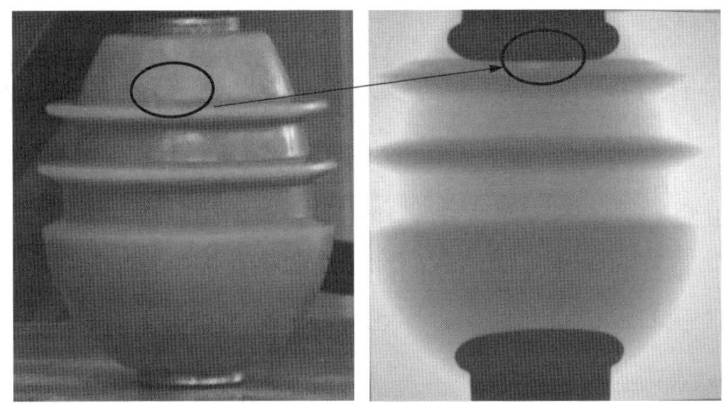

图 5-63　B1 柱式绝缘子及 X 射线

对各柱式绝缘子进行 245kV/5min 交流耐压试验，耐压试验结果均合格，试验后绝缘子表面无异常。

检测发现 B1 绝缘子局部放电异常，在 $1.5U_m/\sqrt{3}$（109kV）下局部放电量 166pC，$1.1U_m/\sqrt{3}$（80kV）下局部放电量 183pC，局部放电严重超标，如图 5-64 所示，其他绝缘子无异常。

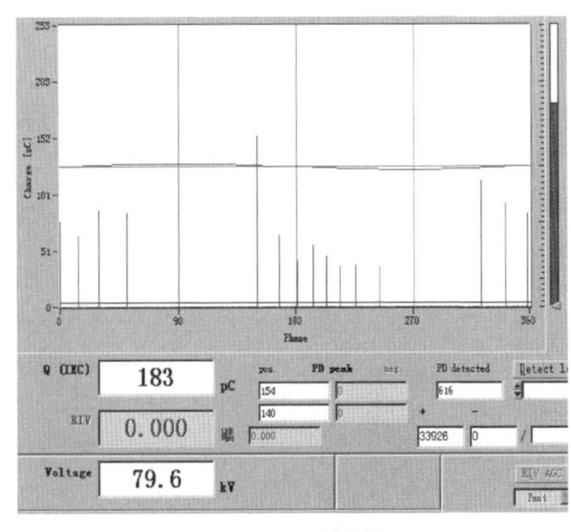

(a) $1.5U_m/\sqrt{3}$局部

(b) $1.1U_m/\sqrt{3}$ 局部

图 5-64　B1 柱式绝缘子局部放电测量结果

【原因分析】

对于 B1 柱式绝缘子内部气泡成因，分析为绝缘子采用常压浇注，为保证高压电极的绝缘强度，浇注模具设计时将高压电极做底，浇冒口设计在低压电极，浇注时空气被裹进浇注料内，随浇注液面逐渐抬升，凝胶前已有的气泡向上方逃逸，逃逸到顶部遇到低压电极的阻挡，而低压电极底部为平面，不利于气泡向其两侧运动排出，最终导致气泡残留在该处。

对于表面有放电痕迹的 C2 柱式绝缘子，其 X 射线、交流耐压及局部放电检测均无异常，初步判断为新投运时其表面可能存在粉尘，在交接耐压时发生闪络并留下痕迹，而放电将其表面粉尘颗粒烧蚀，再次耐压时通过，且在运行中不再发生放电。

第五节　GIS 设备交接、例行及诊断试验

一、GIS 试验目的

GIS 设备把断路器、隔离开关、接地开关、互感器、避雷器、母线、连接件和出线终端等设备和部件全部封闭在金属接地的外壳中，为确保新投 GIS 设备顺利投运，可以通过相关试验来发现 GIS 设备内部是否存在绝缘分布不均匀、设计不当造成局部场强过高或由于工艺不良等因素造成的内部缺陷，提前反映绝缘状况，预防潜伏性和突发性事故的发生。

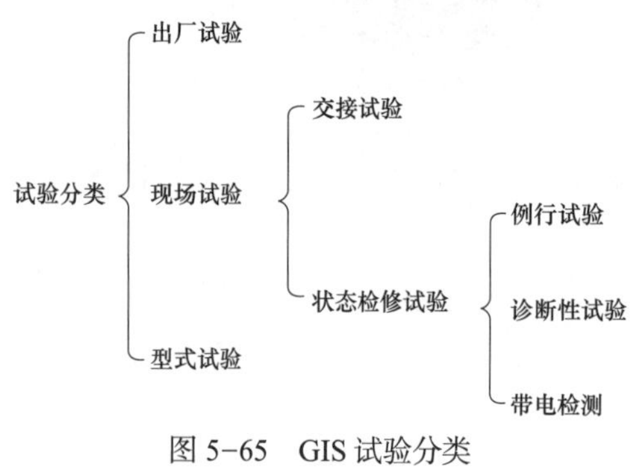

图 5-65　GIS 试验分类

二、GIS 试验分类

GIS 设备试验包括型式试验、出厂试验以及现场试验等，如图 5-65 本章节主要针对 GIS 设备安装后的现场试验进行阐述，现场试验分为交接试验、例行试验、诊断性试验、带电检测。

三、GIS 设备交接试验

电气设备安装竣工后的验收试验称为交接试验。GIS 智能变电站设备的交接试验应由设备施工单位电气试验人员负责实施，由设备业主单位变电检修人员现场见证试验过程，运维人员应在现场对设备验收时查阅相应试验报告和试验见证资料。交接试验的具体试验项目和试验方法如图 5-66 所示。

（一）绝缘试验

测量绝缘电阻是一项最简便、最常用的试验项目，通常用兆欧表（也称绝缘电阻表，俗称摇表）进行测量。一般根据试品在 1min 时的绝缘电阻的大小，可以检测出绝缘电阻是否有贯通的集中性缺陷、整体受潮或贯通性受潮。绝缘试验主要包括主回路的绝缘电阻试验和辅助回路的绝缘电阻试验。绝缘试验在交接试验规程中并无要求，但应在主回路交流耐压前后进行绝缘试验。

1. 绝缘电阻的试验方法

（1）记录被试设备铭牌、运行编号及大气条件等。

（2）试验前应断开被试设备电源及一切对外连线，并将被试设备短路后接地放电 1min，电容量较大的应至少放电 5min，以免试验人员触电或烧坏仪器。

（3）检验绝缘电阻表是否短路指针指零和开路指针指无穷大。

（4）根据被试设备铭牌选择绝缘电阻表的电压等级。如图 5-67、图 5-68 所示，连接好试验接线，打开绝缘电阻表电源或驱动绝缘电阻表至额定转速，将 L 端引出线连至被试品，并待 1min 时读取绝缘数值。

（5）绝缘电阻测试完毕后，应先断开接至被试品的测试线，然后再停止摇动绝缘电阻表。

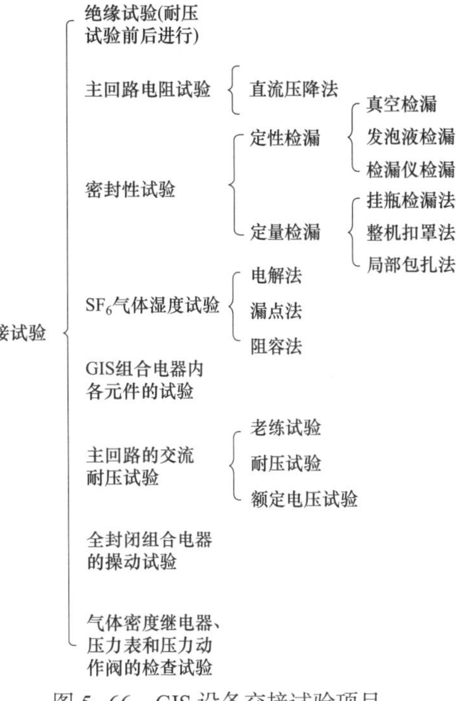

图 5-66　GIS 设备交接试验项目

（6）试验完毕或重复试验时，必须将被试物短接后对地充分放电。

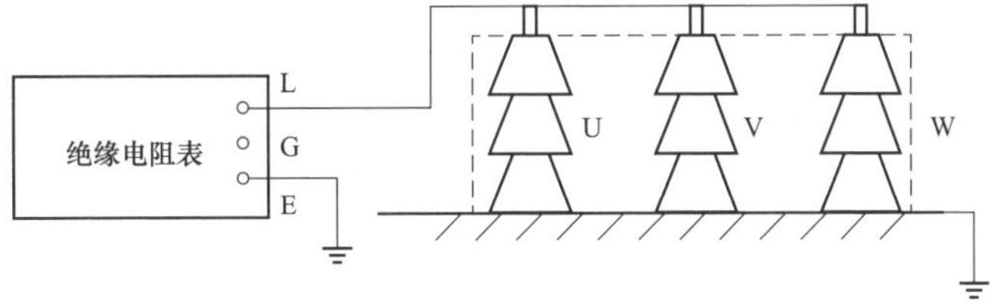

图 5-67　GIS 绝缘电阻测试接线图

2. 绝缘试验的判断标准

依照 DL/T 596—2021《电气设备预防性试验规程》、Q/GDW 1168—2013《输变电设备状态检修试验规程》，测量 GIS 主回路绝缘电阻试验应在主回路交流耐压前后进行，采用 2500V 兆欧表，其值应大于 5000MΩ；测量 GIS 辅助回路的绝缘电阻，应采用 2500V 兆欧表，其值应大于 10MΩ。

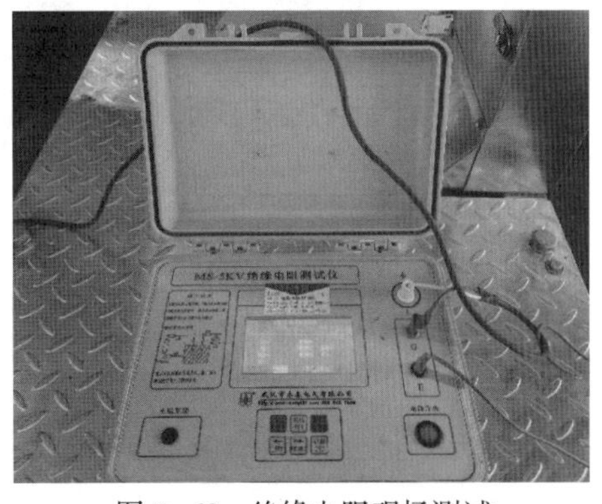

图 5-68　绝缘电阻现场测试

（二）主回路电阻试验

主回路是指不包括避雷器、电压互感器并联支路在内的其他回路，测量主回路的电阻，可以检查主回路中的连接和触头接触情况。

1. 测量主回路电阻值的基本方法

GIS 设备安装完毕后，在元件调试之前应测量主回路电阻，以检查主回路中的连结和触头接触情况，测量采用直流压降法，且测试电流不应小于 100A 如图 5−69～图 5−71 所示。测试电流可利用进出线套管注入，也可以打开接地开关导电杆与外壳之间的活动接地片，关合接地开关后，从接地开关导电杆注入测试电流。当被测回路各相长度相同时，测量的各相数据应相同或接近。根据接地开关的不同，分为以下两种情况。

（1）接地开关导电杆与外壳绝缘时，引到金属外壳的外部以后再接地，测量时可将活动接地片打开，利用回路上的两组接地开关导电杆关合到测量回路进行测量。

（2）接地开关导电杆与外壳不能绝缘分割时，测量 abcd 回路电阻值示意如图 5−72 所示。先合上接地开关，测量 abcd 回路电阻与 ad 间的并联值 R_0；然后打开接地开关，测量外壳 ad 间电阻 R_1，则回路电阻 $R=\dfrac{R_1R_0}{R_1-R_0}$。

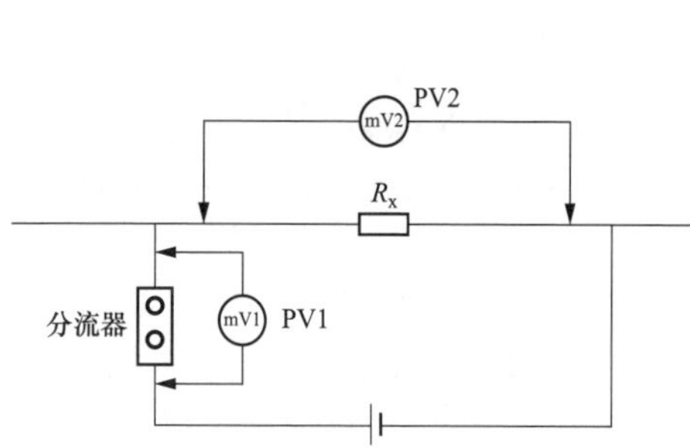

图 5−69　直流压降法测量 GIS 主回路电阻的接线图

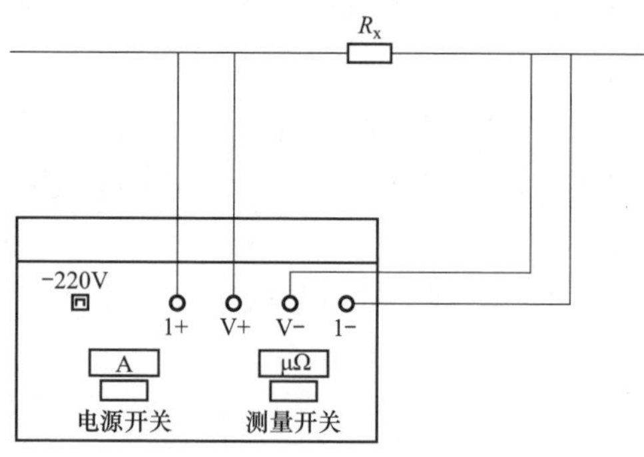

图 5−70　回路电阻测试仪（微欧电阻仪）测量 GIS 主回路电阻的接线图

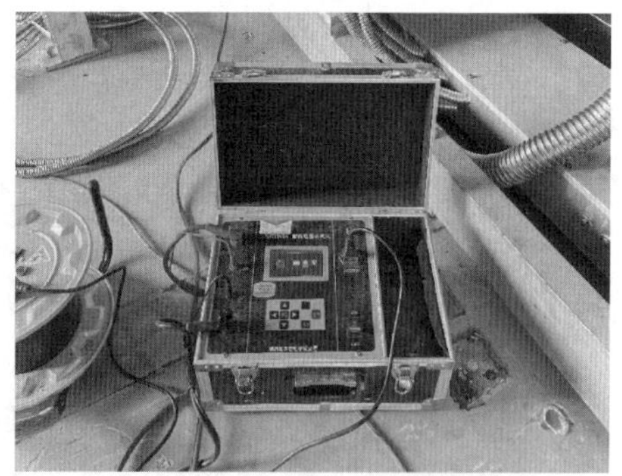

图 5−71　回路电阻现场测试图

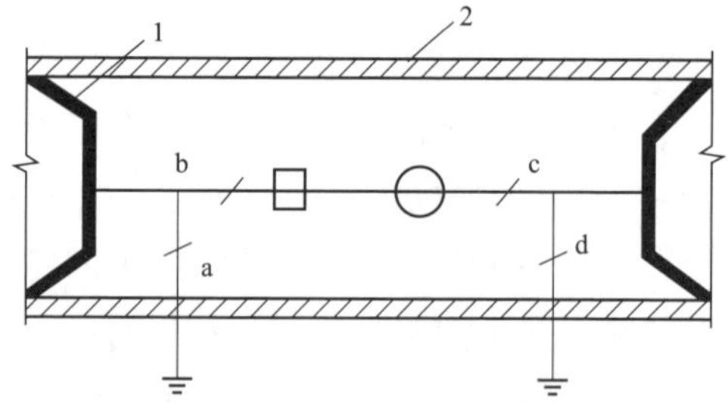

图 5−72　测量 abcd 回路电阻值示意图

1—盆式绝缘子；2—外壳

2. 回路电阻数值大的进一步检测方法

一般回路电阻数值大主要是各接头处接触不良造成的。为便于确定具体故障，可以采取电流回路仍然在主回路（即两接地开关导电杆上），然后打开相关开关、刀闸的手孔

盖，分别抽取两点电压来分别测量各部位电阻的方法来确定具体故障。

3. 主回路电阻值的判断标准

根据 GB 50150—2016《电气装置安装工程 电气设备交接试验标准》、DL/T 618—2011《气体绝缘金属封闭开关设备现场交接试验规程》，主回路电阻值的测试结果不应超过产品技术条件规定值（出厂值）的 1.2 倍。

（三）密封性试验

密封性试验又称泄漏气体检漏试验，如图 5-73 所示，GIS 中 SF_6 气体的绝缘和灭弧能力主要依靠足够的充气密度（压力）和气体的高纯度，气体泄漏直接影响设备的安全运行和操作人员的人身安全。

图 5-73　密封性试验现场

1. 密封性试验方法

（1）定性检漏。定性检漏是判断设备漏气与否及设备漏点的一种手段，通常作为定量检漏前的预检，只判断气体绝缘设备泄漏情况的相对程度，而不测量其具体泄漏率。定性检漏的试验方法包括抽真空检漏、发泡液检漏以及检漏仪检漏。

（2）定量检漏。定量检漏可以测出泄露处的泄漏量，从而得到气室的泄漏率。其方法包括挂瓶检漏法、整机扣罩法以及局部包扎法。

通常 SF_6 设备在交接验收中都使用局部包扎法进行，其方法是在 GIS 经真空检漏并静止 5h 后，选用几个法兰口和阀门作取样点，用厚约 0.1mm 的塑料薄膜在取样点的外周包一圈半，按缝向上，尽可能做成圆形。然后用胶带沿边沿粘牢，塑料袋与 GIS 设备元件要保持一定的空隙。最后用精密的检漏仪，测定塑料袋里 SF_6 气体的浓度。根据式（5-4）和式（5-5）分别计算漏气量和漏气率。

$$Q=\frac{K}{\Delta t}V\rho t \tag{5-4}$$

式中　Q——漏气量，g；

K——SF_6 气体的体积浓度；

V——体积，即罩子体积减去被测设备的体积，L；

ρ——SF_6 的密度，6.16g/L；

Δt——测试的时间，h；

t——被测对象的工作时间，在这段时间内没有再充气，如求年漏气量，则 $t=365\times24=8760(\text{h})$。

$$\eta=\frac{Q}{M}\times100\% \tag{5-5}$$

式中　M——设备中所充 SF_6 气体的总质量，g。

2. 密封性试验的判断标准

根据 GB 50150—2016《电气装置安装工程 电气设备交接试验标准》、GB/T 1094.3—2017《电力变压器　第 3 部分：绝缘水平、绝缘试验和外绝缘空气间隙》、DL/T 618—2011《气体绝缘金属封闭开关设备现场交接试验规程》，采用局部包扎法试验，以 24h 的漏气量换算，每一个气室年漏气率不应大于 1%，750kV 电压等级的不应大于 0.5%。密封试验应在封闭式组合电器充气 24h 以后，且组合操动试验后进行。

图 5-74　测量 GIS 设备 SF_6 气体湿度现场

（四）SF_6 气体湿度试验

1. SF_6 气体中的水分超标的危害

SF_6 气体湿度测试（见图 5-74）是 GIS 运行维护的主要内容之一，SF_6 气体中的水分超标会引起严重的不良后果。其危害主要有两个方面：

（1）水分引起的化学腐蚀作用。SF_6 气体在常温下是稳定的，当温度低于 500℃时一般不会自行分解，但当 SF_6 气体中含有较多的水分时，温度在 200℃以上就开始水解，其反应式为：

$$2SF_6 + 6H_2O \longrightarrow 2SO_2 + 12HF + O_2 \tag{5-6}$$

生成物中 HF 的水溶液叫氢氟酸。它是无机酸中腐蚀性最强的一种，也是对生物机体有强烈腐蚀作用的物质。SO_2 遇水会生成亚硫酸（H_2SO_3），也有腐蚀性。

水的危害更主要的是电弧作用下的 SF_6 分解产物与其再反应而生成的水解衍生物。这些物质主要有 SOF_2、SOF_4、SO_2F_4、SO_2、HF 等，它们均具有腐蚀性和（或）毒性。

（2）水分对绝缘的危害。SF_6 气体中的水分，除对设备绝缘体和金属部件产生腐蚀作用外，还在它的表面产生凝结水，附着在绝缘件的表面，而造成沿面闪络。

2. 测量 SF_6 气体湿度的方法

测量 SF_6 气体湿度（20℃的体积分数），应按现行国家标准 GB/T 7674《额定电压 72.5kV 及以上气体绝缘金属封闭开关设备》和 GB/T 8905《六氟化硫电气设备中气体管理和检测导则》的有关规定执行；气体含水量的测量应在封闭式组合电器充气 24h 后进行，应对每个独立气室的 SF_6 气体进行湿度测试。依据所使用的仪器不同，主要有电解法，露点法和阻容法三种，在我国多用电解法设计微水测量仪。

$$I = \frac{CpT_0Fq}{3p_0TV_0} \times 10^{-4} \tag{5-7}$$

式中　I——电解电流，μA；

C——气样含水量，mg/L；

F——法拉第常数，96485C；

p_0——标准大气压，101.325kPa；

T_0——临界绝对温度，273K；

V_0——摩尔体积，22.4L/mol；

p——运行气体压力，Pa；

T——运行气体温度，K；

q——试验时气体流量，mL/min。

3. SF_6 气体湿度判断标准

根据 GB 50150—2016《电气装置安装工程 电气设备交接试验标准》、DL/T 618—2011《气体绝缘金属封闭开关设备现场交接试验规程》、《国网安徽省电力有限公司技术监督办公室关于印发六氟化硫组合电器设备“否决项”条款及技术监督手册的通知》技监工作〔2021〕2 号，有电弧分解物的隔室，SF_6 气体含水量应小于 150μL/L；无电弧分解物的隔室，应小于 250μL/L；箱体及开关（SF_6 绝缘变压器），应小于 125μL/L；电缆箱及其他（SF_6 绝缘变压器），应小于 220μL/L；

（五）GIS 组合电器内各元件的试验

在条件具备的情况下，应尽可能对 GIS 各元件如断路器、隔离开关、接地开关、互感器、母线、套管和避雷器等进行多项目的试验，以便更好地发现缺陷，如图 5-75 所示。由于 GIS 各元件直接连接在一起并封闭在接地的金属外壳内，测试信号可通过出线套管加入；或通过打开接地开关导电杆与金属外壳之间的活动连接片，从接地开关导管加入测试信号，各元件试验项目的试验原理与敞开式设备一致。

GIS 组合电器内的断路器、隔离开关、负荷开关、接地开关、避雷器、互感器、套管、母线等元件的试验，应按交接试验标准相应章节的有关规定进行。对无法分开的设备可不单独进行。

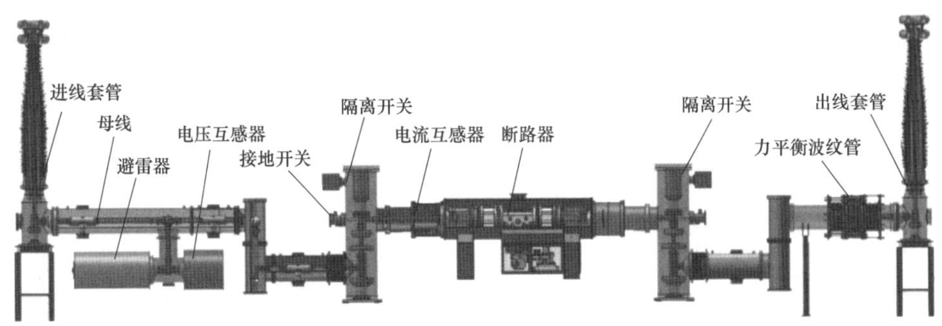

图 5-75　GIS 设备结构图

GIS 组合电器内各元件的具体试验项目如下：

1. 断路器

试验项目有：动作特性试验，绝缘电阻试验，回路电阻试验，操动机构的试验，操动机构的闭锁性能试验，操动机构的防跳及防止非全相合闸辅助控制装置的动作性能试验，辅助和控制回路电阻及工频耐压试验。

2. 隔离开关和接地开关

试验项目有：操动机构的试验，操动机构分、合闸线圈的最低动作电压试验，分、合闸时间试验，辅助和控制回路电阻及工频耐压试验。

3. 电压互感器和电流互感器

试验项目有：极性试验、变比试验、二次绕组间及绕组对外壳的绝缘电阻试验、绕组交流耐压试验。

4. 金属氧化物避雷器试验

试验项目有：绝缘电阻试验、直流泄漏试验、放电计算器动作情况检查。

5. 套管

试验项目有：绝缘电阻试验、20kV 及以上非纯瓷套管的介质损耗因数和电容值试验、交流耐压试验、SF_6 套管气体试验。

6. 母线

试验项目有：绝缘电阻试验、气体密封性试验、交流耐压试验。

7. GIS 组合电器内各元件试验的判断标准

根据 GB 50150—2016《电气装置安装工程 电气设备交接试验标准》、DL/T 618—2011《气体绝缘金属封闭开关设备现场交接试验规程》，各元件试验项目的判断标准与敞开式设备一致，应按交接试验标准相应章节的有关规定进行。

（六）主回路的交流耐压试验

GIS 在主回路电阻、各元件试验、湿度和密封性试验及主回路绝缘电阻试验合格后，应进行交流耐压试验。交流耐压试验是鉴定电力设备绝缘强度的最严格、最有效和最直接的试验方法，它对判断电力设备能否继续运行具有决定性意义，也是保证设备绝缘水平，避免发生绝缘事故的重要手段。试验时所有电流互感器二次绕组应短接接地，并将高压电缆和架空线、变压器和电磁式电压互感器、金属氧化物避雷器与被试 GIS 断开。主回路在 1.2 倍电压下应进行局部放电检测，通常采用超声波法和特高频法，其值一般不大于 5pC。

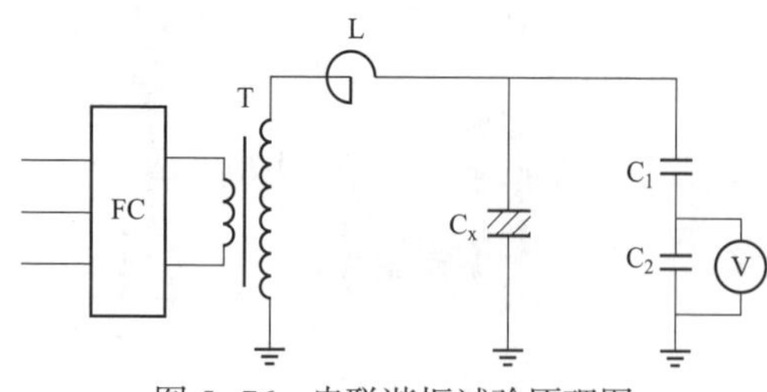

图 5-76 串联谐振试验原理图

FC—变频电源；T—激磁变压器；L—串联电抗器；C_1、C_2—分压电容器；C_x—试品

1. 试验原理及接线

110kV GIS 交流耐压试验采用外施交流耐压方式，利用被试设备的容性负载与试验回路的电感构成串联谐振回路，通过调节励磁变压器输出电压，达到耐压试验的目的。试验原理如图 5-76 所示，现场接线如图 5-77

所示。

2. 交流耐压试验方法

试验电压应施加到每相导体与外壳之间，每相一次，其他非试相导体与接地的外壳相连。试验电压一般由进出线套管施加，试验过程中应使每个部件至少承受一次试验电压。同时，为避免同一部件多次承受电压而导致绝缘劣化，试验电压应尽可能由几个部位施加，若整体容量较大，GIS 交流耐压试验可分段进行。

图 5-77 串联谐振试验现场接线图

第一阶段试验为母线电压互感器的老练试验，主要包括检查母线电压互感器变比、带电显示装置指示正确性、电压互感器气室局部放电检测。首先，缓慢升压，观察各间隔带电显示装置指示变化情况，记录带电显示装置指示变化时的电压值并检查指示是否正确，要求试验电压在 16.5kV（15% U_n，U_n 为 110kV）以下时，带电显示可靠不动作，电压在 44kV（40%U_n）及以上时可靠动作。当电压升至 1.0 倍设备额定相对地电压 63.5kV 时，检查所有电压互感器变比是否正确，带电显示装置指示是否正确，检测母线电压互感器气室局部放电情况。

第二阶段试验内容为设备主回路交流耐压试验。首先进行老练试验，升压至 72.7kV，保持 5min 无异常后继续升压至 $\sqrt{3}$ 倍额定相对地电压（U_m）126kV，并保持 3min。再进行耐压试验，无异常后电压升到现场交流耐压值 230kV，保持 1min，然后将电压降至 1.2 倍设备额定相对地电压（$U_m/\sqrt{3}$）87.3kV，对其余设备进行局部放电测试，完成后降压至零。

第三阶段试验内容为出线间隔电压互感器的老练试验，主要检查出线电压互感器变比，电压互感器气室局部放电情况。在第二阶段设备状态的基础上，安装出线间隔电压互感器、避雷器及其可拆卸导体。升压至 1.0 倍设备额定相对地电压 63.6kV，检查线路电压互感器变比是否正确，检测气室局部放电。检查完成电压降至零，断开电源。

3. 交流耐压试验判断标准

根据 GB 50150—2016《电气装置安装工程 电气设备交接试验标准》、DL/T 555—2004《气体绝缘金属封闭开关设备现场耐压及绝缘试验导则》、DL/T 474.4—2018《现场绝缘试验导则 交流耐压试验》，110kV GIS 设备交流耐压值应为 230kV，试验过程中无击穿放电，则认为整个 GIS 通过试验。在试验过程中，如果发生击穿放电，可采取下列步骤：

（1）进行重复试验，如果该设备还能经受规定的试验电压时，则认为放电是自恢复放电，耐压试验通过；

（2）如果重复耐压失败，须将设备解体，打开放电间隔，仔细检查绝缘损坏情况，采取必要的修复措施，再进行规定的耐压试验。

（七）全封闭组合电器的操动试验

通过操动试验可以全面验证 GIS 电气、气动、液压功能和其他联锁的功能特性，验证控制、测量和调整设备动作特性，还能够检测其负荷能力和安全可靠性。

1. 组合电器的操动试验方法

本试验在元件试验完成后进行，试验前仔细检查管路接头的密封、螺钉、端部的连接是否良好，接线和装配是否符合设备图纸要求。

本试验应逐项进行接地开关与有关隔离开关之间、接地开关与有关电压互感器之间、隔离开关与有关断路器之间、隔离开关与有关隔离开关之间的相互联锁动作以及双母线接线中的隔离开关倒母线操作联锁动作等。各试验项目至少进行 3 次。

2. 全封闭组合电器的操动试验判断标准

根据 GB 50150—2016《电气装置安装工程 电气设备交接试验标准》，DL/T 618—2011《气体绝缘金属封闭开关设备现场交接试验规程》，进行组合电器的操动试验时，联锁与闭锁装置动作应准确可靠；电动、气动或液压装置的操动试验，应按产品技术条件的规定进行。

（八）气体密度继电器、压力表和压力动作阀的检查试验

在 GIS 设备中，SF_6 气体是主要的绝缘介质和灭弧介质，因而其绝缘强度和灭弧能力取决于气体的密度。SF_6 气体密度降低会使气体绝缘设备耐压强度降低并使断路器开断容量下降。GIS 气体绝缘设备的每个气室都装有压力表，以便在运行中直观地监视设备内气体压力的变化，因此要求压力表的指示要准确。

1. 气体密度继电器试验方法

密度继电器的校验应在校正台上进行，以 HMD 型密度继电器为例。HMD 型校验仪可对任意环境温度下的各种 SF_6 气体密度继电器的报警、闭锁、超压接点动作和复位（返回）时的压力值进行测量，并自动换算成 20℃时的对应标准压力值，实现对 SF_6 气体密度继电器的性能校验；对任意环境温度下的各种 SF_6 气体密度继电器的额定值进行校验；并自动换算成 20℃时的对应标准压力值，实现对 SF_6 气体密度继电器的额定值校验。自动完成测试数据和测试结果的记录、存储、处理，并可以将数据进行打印。

2. 压力表和压力动作阀的检查

GIS 气体绝缘设备的每个气室都装有压力表，要求压力表的指示要准确，校验时可将压力表指示与标准表的指示刻度相核对。并检查压力动作阀是否可靠动作。

3. 气体密度继电器、压力表和压力动作阀的检查试验判断标准

根据 GB 50150—2016《电气装置安装工程 电气设备交接试验标准》，DL/T 618—2011《气体绝缘金属封闭开关设备现场交接试验规程》，在充气过程中检查气体密度继电器及压力动作阀的动作值，应符合产品技术条件的规定；压力表指示值的误差及其变差，均应在产品相应等级的允许误差范围内；对单独运到现场的表计，应进行核对性检查。

四、GIS 设备的例行试验

例行试验是指为获取设备状态量，评估设备状态，及时发现事故隐患，在国家标准

或行业标准的规定下，运行中需定期进行的试验，例行试验时，运维人员应提前做好安全措施及相应的停电工作，办理工作许可与工作终结。试验结束后，试验人员应做好检修试验记录，提交至运维人员。例行试验的具体试验项目如图 5−78 所示。

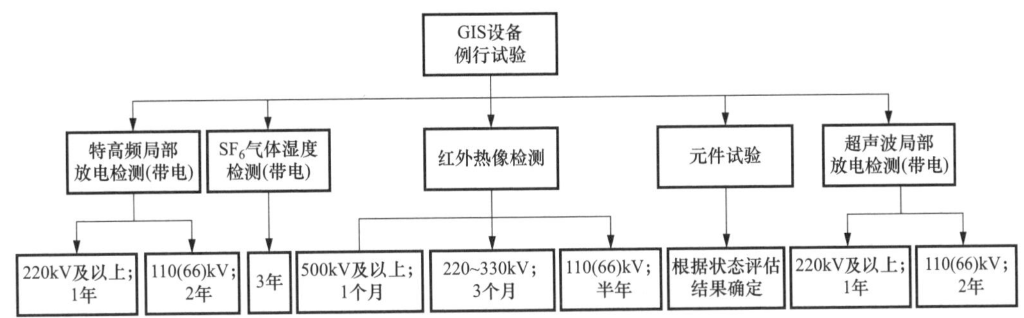

图 5−78 GIS 设备的例行试验项目

（一）红外热像检测

1. 基准周期

500kV 及以上：1 个月；220～330kV：3 个月；110kV（66kV）：半年。

2. 检测要点

GIS 设备罐体由金属导电回路、盆式绝缘子、SF_6 气体、金属外壳组成，通过红外热像检测可发现 GIS 设备导电回路发热等电流致热型缺陷，分析时，应考虑测量时及前三小时负荷电流的变化情况。测量分析方法可参考 DL/T 664—2016《带电设备红外诊断应用规范》。

3. 诊断方法

（1）表面温度判断法。主要适用于电流致热型和电磁效应引起发热的设备。根据测得的设备表面温度值，对照 DL/T 664—2016《带电设备红外诊断应用规范》中高压开关设备和控制设备各种部件、材料和绝缘介质的温度和温升极限的有关规定，结合环境气候、负荷大小进行分析判断。

（2）相对温差判断法。主要适用于电流致热型设备，采用相对温差判断法可减小负荷缺陷的漏判率。

（3）同类比较判断法。根据同组三相设备、同相设备之间对应部位的温差进行比较分析。

（4）图像特征判断法。主要适用于电压致热型设备。根据同类设备的正常状态和异常状态的热图像，判断设备是否正常，如图 5−79 所示。应排除各种干扰因素对图像的影响，必要时结合电气试验或化学分析的结果，进行综

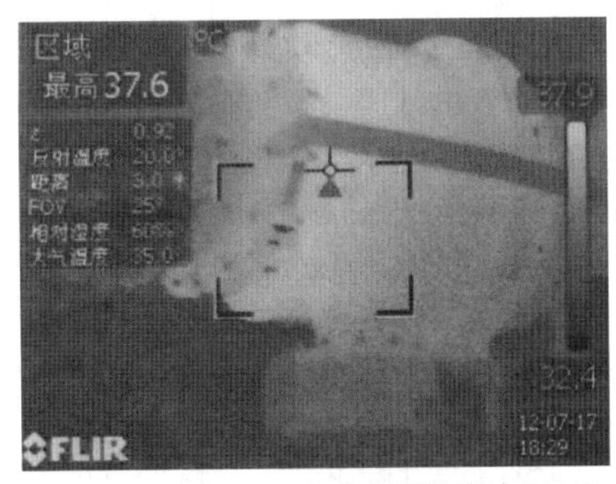

图 5−79 110kV TV 气室相间温差大于 2K，A 相气室 37.5°，正常相 34.5°

合判断。

（5）档案分析判断法。分析同一设备不同时期的检测温度场分布，找出设备致热参数的变化，判断设备是否正常。

（6）实时分析判断法。在一段时间内使用红外热成像仪连续检测某被测设备，观察设备温度随负载、时间等因素的变化。

4. 缺陷分类

（1）一般缺陷。指设备存在过热，有一定的温差，温度场有一定的梯度，但还不会马上引起事故，一般要求记录在案。注意观察其缺陷发展，利用停电检修机会，有计划地安排试验检修消除缺陷。

（2）重要缺陷。指设备存在过热，程度较重，温度场分布梯度较大，温差较大，应尽快安排处理。电流致热的设备应视情况降低负荷电流，电压致热型设备应安排其他测试手段，确认缺陷性质后，立即消缺。

（3）紧急缺陷。指设备最高温度超过 DL/T 664—2016《带电设备红外诊断应用规范》规定的最高允许温度，应立即安排处理。电流致热的设备应立即紧急降低负荷电流或立即消缺，电压致热的设备应立即安排其他试验手段，确定缺陷性质，立即消缺。

500kV GIS 电流互感器外壳发热未充分接地如图 5-80 所示。

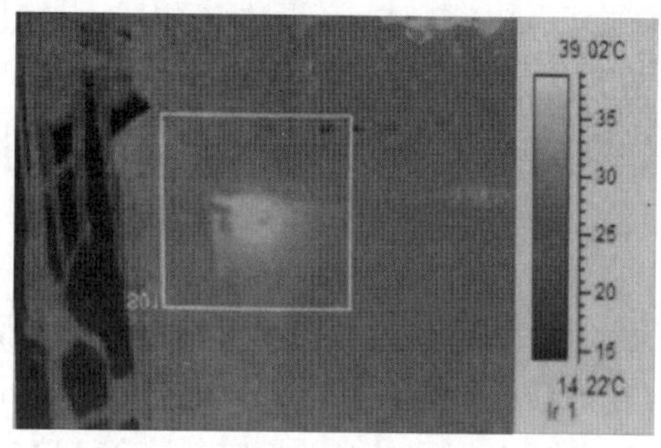

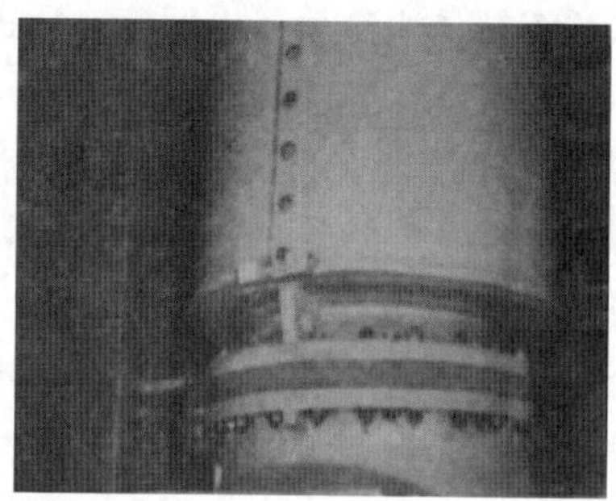

图 5-80　500kV GIS 电流互感器外壳发热未充分接地

5. 判断标准

红外热像检测缺陷诊断判断标准参考 DL/T 664—2016《带电设备红外诊断应用规范》。

（二）元件试验

1. 基准周期

各元件试验项目和周期按设备技术文件规定或状态评价结果确定。

2. 检测要点

GIS 组合电器内的断路器、隔离开关、负荷开关、接地开关、避雷器、互感器、套管、母线等元件的试验，应按例行试验标准相应章节的有关规定进行。对无法分开的设备可不单独进行。试验项目的要求参考设备技术文件 Q/GDW 1168—2013《输变电设备状态检修试验规程》、DL/T 596—2021《电力设备预防性试验规程》。

3. 元件试验判断标准

根据 Q/GDW 1168—2013《输变电设备状态检修试验规程》、DLT 596—2021《电力设备预防性试验规程》规定，各元件试验项目的判断标准与敞开式设备一致，应按例行试验标准相应章节的有关规定进行。

（三）SF_6 气体湿度检测

1. 基准周期

SF_6 气体湿度检测的基准周期为 3 年。

2. 检测要点

有下列情况之一时，开展 SF_6 气体湿度检测：

（1）新投运测一次，若接近注意值，半年之后再测一次。

（2）新充（补）气 48h 之后至 2 周之内应测量一次。

（3）气体压力下降明显时，应定期跟踪测量气体湿度。

3. SF_6 气体湿度检测方法

SF_6 气体可从密度监视器处取样，取样方法及测量方法可参考交接试验 SF_6 气体湿度检测相关内容。测量完成之后，按要求恢复密度监视器，注意按力矩要求紧固。

4. SF_6 气体湿度检测判断标准

根据 Q/GDW 1168—2013《输变电设备状态检修试验规程》，SF_6 气体湿度检测测量结果应满足表 5-8 要求。

表 5-8　　SF_6 气体湿度检测标准

试验项目	要求		
	设备	新充气后	运行中
湿度（H_2O）（20℃，0.1013MPa）	有电弧分解物隔室	≤150μL/L	≤300μL/L（注意值）
	无电弧分解物隔室	≤250μL/L	≤500μL/L（注意值）
	箱体及开关（SF_6 绝缘变压器）	≤125μL/L	≤220μL/L（注意值）
	电缆箱及其他（SF_6 绝缘变压器）	≤220μL/L	≤375μL/L（注意值）

（四）特高频局部放电检测

1. 基准周期

GIS 设备特高频局部放电检测要求如下：

220kV 及以上设备：1 年；

110kV（66kV）设备：2 年。

2. 检测原理及方法

在局部放电发生的过程中，由于放电的存在，都会向外界发散出电磁波，利用专用的天线和仪器检测，就可以了解到 GIS 内部局部放电的情况，这种方法被称为电磁波法。由于 SF_6 气体的高绝缘能力，在 GIS 中发生的局部放电的电磁波特性与在空气中发生的不同，具有更高的频率，其波头的时间非常短，而且分布的比较分散，从几千赫兹到几千兆赫兹都有分布。

特高频局部放电测量方法是通过检测 GIS 中局部放电发射的大量高频放电信号来确定局部放电是否发生的。它可以利用内、外置天线进行测量。特高频法采集信号和信号分析一般有宽带法和窄带法，前者采集宽频带的数据，观察局部放电发生的频带和幅值判断局部放电以及产生的原因；后者在局部放电频带范围内选定某个频率后用频谱分析仪观察该频率下的时域信号，从而判断局部放电产生的原因。

特高频法进行局部放电定位大致分为方向定位法和距离定位法。除了少数的 GIS 外，绝大多数在出厂时没有配置内置传感器，所以只能使用各种外置传感器进行测量。特高频传感器尺寸比较大，可利用绑带直接固定在盆式绝缘子的位置进行测量，当然直接利用内置传感器效果更好。

3. 检测要点

本项目适用于非金属法兰绝缘盆子，带有金属屏蔽的绝缘盆子可利用浇注开口进行检测，具备内置探头的和其他结构参照执行。

检测前应尽量排除环境的干扰信号。检测中对干扰信号的判别可综合利用特高频法典型干扰图谱、频谱仪和高速示波器等仪器和手段进行。进行局部放电定位时，可采用示波器（采样精度至少 1GHz 以上）等进行精确定位，必要时也可通过改变电气设备一次运行方式进行。

4. 特高频局部放电检测判断标准

根据 Q/GDW 1168—2013《输变电设备状态检修试验规程》，检测结果应无异常放电，若有异常情况应缩短检测周期。

（五）超声波局部放电检测（带电）

1. 基准周期

220kV 及以上：1 年；

110kV（66kV）：2 年。

2. 检测原理及方法

GIS 发生局部放电时分子间剧烈碰撞并在瞬间形成一种压力，产生超声波脉冲类型包括纵波、横波和表面波。不同的电气设备、环境条件和绝缘状况产生的超声波频谱都不相同。GIS 中沿 SF_6 气体传播的只有纵波，这种超声纵波以某种速度以球面波的形式向四面传播。由于超声波的波长较短，因此它的方向性较强，从而它的能量较为集中，可以通过设置在外壁的压敏传感器收集超声信号。

局部放电产生的声波频谱分布很广，为 10～10^7Hz，在 GIS 中由于高频分量在传播过程中都衰减掉了，能监测到的声波包含的低频分量比较丰富。因此，局部放电产生的声波传到金属外壳和金属颗粒撞击外壳引起的振动频率在数千到数万赫兹之间。声学方法是非入侵式的，可在不停电的情况下进行检测，在测量时需要人员手持传感器或在 GIS 上装设传感器进行测量。另外由于声波的衰减，使得超声波检测的有效距离很短，

这样超声波仪器可以直接对局部放电源进行定位（<10cm）且不易受 GIS 外部噪声源影响。

3. 检测要点

一般检测频率在 20～100kHz 之间的信号。若有数值显示，可根据显示的 dB 值进行分析。对于以 mV 为单位显示的仪器，可根据仪器生产厂建议值及实际测试经验进行判断。

4. 超声波局部放电检测判断标准

根据 Q/GDW 1168—2013《输变电设备状态检修试验规程》，检测结果应无异常放电。若检测到异常信号可利用特高频检测法、频谱仪和高速示波器等仪器、手段进行综合判断。异常情况下应缩短检测周期。

五、GIS 设备的诊断性试验

诊断性试验是指电力设备在巡检、在线监测、例行试验等发现设备状态不良，或经受了不良工况，或受家族缺陷警示，或连续运行了较长时间时，为进一步评估设备状态进行的试验。诊断性试验时，运维人员应提前做好安全措施及相应的停电工作，办理工作许可与工作终结。试验结束后，试验人员应做好检修试验记录，提交至运维人员。诊断性试验的具体试验项目如图 5-81 所示。

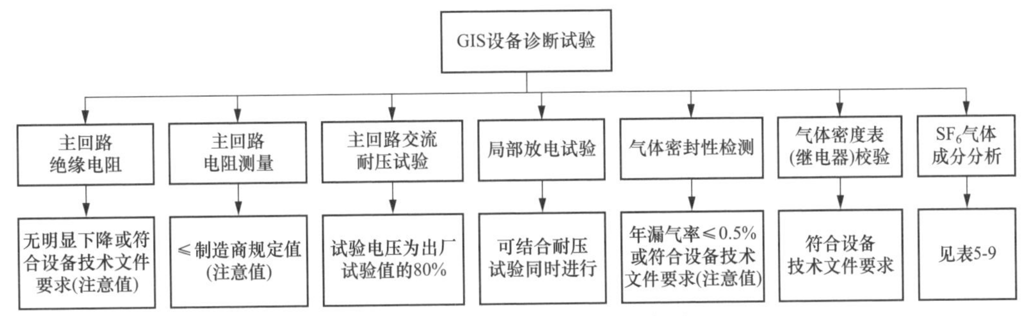

图 5-81　GIS 设备的诊断性试验项目

（一）主回路绝缘电阻

对绝缘有怀疑时或交流耐压前后开展本试验，用 2500V 绝缘电阻表测量，试验方法及接线同本节交接试验内容。

判断标准：根据 Q/GDW 1168—2013《输变电设备状态检修试验规程》，试验数据同以往数据相比较无明显下降或符合设备技术文件要求（注意值）。

（二）主回路电阻测量

对主回路导电回路有怀疑或自上次试验之后又有 100 次以上分、合闸操作时，进行本项目试验。在合闸状态下测量。当接地开关导电杆与外壳绝缘时，可临时解开接地连接线，利用回路上两组接地开关的导电杆直接测量主回路电阻；若接地开关导电杆与外壳的电气连接不能分开，可先测量导体和外壳的并联电阻 R_0 和外壳电阻 R_1，然后按 $R=\dfrac{R_0R_1}{R_1-R_0}$ 计算主回路电阻 R，若 GIS 母线较长，间隔较多，宜分段测量。测量电流可取 100A 到额定电流之间的任一值，测量方法同本节交接试验。

判断标准：根据 Q/GDW 1168—2013《输变电设备状态检修试验规程》，主回路电阻值应不大于制造商规定值（注意值）。

（三）主回路交流耐压试验

对核心部件或主体进行解体性检修之后，或检验主回路电阻时，进行本项试验。测量方法同本节交接试验相关内容。试验时，电磁式电压互感器和金属氧化物避雷器应与主回路断开，并在耐压结束后，恢复连接。

判断标准：根据 Q/GDW 1168—2013 输变电设备状态检修试验规程》，试验电压为出厂值的 80%，试验时间为 60s。

（四）局部放电试验

进行主回路交流耐压试验时，可同时测量局部放电量，通常采用超声波法和特高频法。试验时，电磁式电压互感器和金属氧化物避雷器应与主回路断开，并在耐压结束后，恢复连接。并进行电压为 $U_m/\sqrt{3}$，时间为 5min 的试验。

判断标准：根据 Q/GDW 1168—2013《输变电设备状态检修试验规程》，放电量应不大于 5pC。

（五）气体密封性检测

当气体密度表显示密度下降或定性检测发现气体泄漏时，进行本项试验，方法同本节交接试验相关内容。

判断标准：根据 Q/GDW 1168—2013《输变电设备状态检修试验规程》，每气室年漏气率应不大于 0.5% 或符合设备技术文件要求（注意值）。

（六）气体密度表（继电器）校验

数据显示异常或达到制造商推荐的检验周期时，进行本项目。方法同本节交接试验相关内容。

判断标准：根据 Q/GDW 1168—2013《输变电设备状态检修试验规程》，应符合设备技术条件要求。

（七）SF_6 气体成分分析

怀疑 SF_6 气体质量存在问题，或者配合事故分析时，可进行 SF_6 气体分析，对于运行中的 SF_6 设备，若检出 SO_2 或 H_2S 等杂质组分含量异常，应结合 CO、CF_4 含量及其他检测结果、设备电气特性、运行工况进行综合分析。

判断标准：根据 Q/GDW 1168—2013《输变电设备状态检修试验规程》，如表 5-9 所示。

表 5-9　　SF_6 气体成分分析判断标准

试验项目	要求
CF_4	增量≤0.1%（新投运≤0.05%）（注意值）
空气（O_2+N_2）	≤0.2%（新投运≤0.05%）（注意值）

续表

试验项目	要求
可水解氟化物	≤1.0μg/g（注意值）
矿物油	≤10μg/g（注意值）
毒性（生物试验）	无毒（注意值）
密度（20℃，0.103MPa）	6.17g/L
SF_6 气体纯度（质量分数）	≥99.8%（新气）；≥97%（运行中）
酸度	≤0.3μg/g（注意值）
杂质组分	SO_2：≤1μL/L（注意值）；H_2S：≤1μL/L（注意值）

六、案例分析

交流耐压合并超声波局部放电试验发现 500kV 某站罐式断路器内部杂质案例。

（一）案例经过

某单位对 5052、5053 断路器进行交接试验中的交流耐压试验及在线局部放电试验。耐压试验合格，局部放电试验数据异常，经开罐检查发现罐式断路器内存在杂质。

断路器型号：LW13A-550Y 罐式，额定电流 4000A，开断电流 63kA，厂家为西安西开高压电气股份有限公司。

（二）检测技术和分析评价方法

1. 交流耐压试验情况

现场对断路器断口间及整体对地进行了交流耐压试验（出厂耐压值的 80%——592kV），均通过。

2. 交流耐压时局部放电测量情况

依据 DL/T 617《气体绝缘金属封闭开关设备技术条件》试验程序和方法，进行断路器的局部放电测试。采用挪威 AIA-1 超声波检测仪进行测试，由人工手持探测传感器对断路器进行多点检测，并记录测试数据。

测试之前，先进行背景噪声测量，手持探头在罐体附近的空中测量，测试背景噪声的有效值 / 峰值为 0.27mV/1.03mV（见图 5-82）。

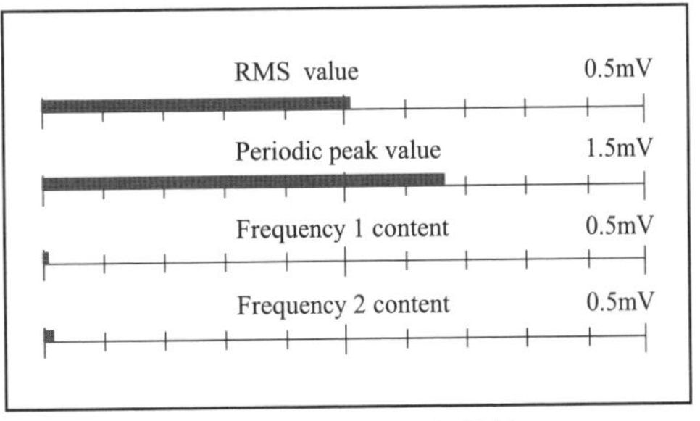

图 5-82　背景噪声数值

电压升至 349kV 后，将传感器放置在待测点上，传感器在使用之前应均匀涂抹专用硅胶，测量之时保持静止状态。观察连续模式图谱，并与背景噪声图谱比较，如信号增长明显，由判据来区分故障类型，确定之后颗粒故障需结合脉冲模式进行危险性评估，毛刺和电位悬浮引起的放电需结合相位模式再具体区别判定。根据声音在气室传递衰减的特性，结合断路器内部结构判断故障部位。

侯村 5053 断路器为罐式开关视为一个气室，重点检查屏蔽罩、离子吸收器和绝缘支撑部件，一般在以上部位选取 2～3 个点。

3. 测试结果

测试中发现 5053 开关 A 相局部放电的连续模式（见图 5-83）数值为 0.38mV/2.3mV 大于背景值，同时根据相位模式（见图 5-84）对放电类型进行分析，发现峰值不稳定，频率 1 和频率 2 都有相应变化。

4. 测试分析

根据局部放电试验波形结果显示，初步判断为开关内部有弱放电现象。随后对该断路器进行了开罐检查，发现开关内部有少许脏污和灰尘，对该开关进行处理后再次测量，弱放电现象消失，测试数值为背景值。

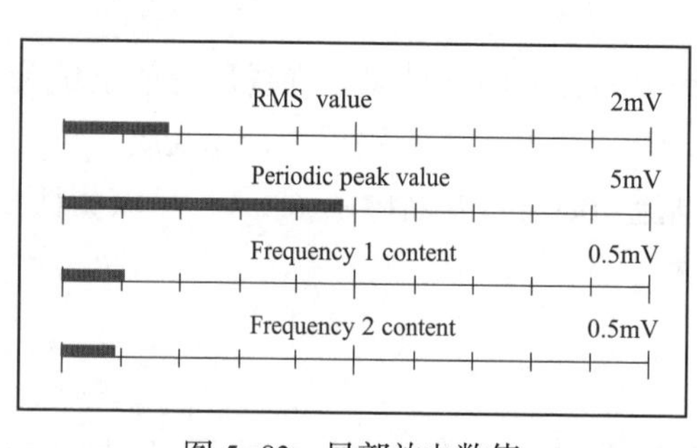

图 5-83　局部放电数值

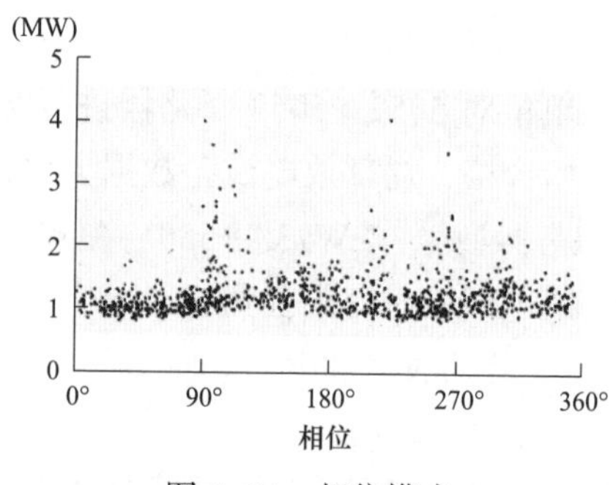

图 5-84　相位模式

5. 原因分析

根据现场施工安装记录，断路器在安装时未采取搭建作业帐篷等防尘措施，封罐时未彻底清洁罐体内部，导致部分杂质进入。

（三）案例体会

断路器交接试验时，由于交流耐压试验不易发现内部杂质、气泡等局部放电缺陷，因此在交流耐压同时进行超声波局部放电测量对于及时发现此类缺陷是十分必要的。

GIS 设备现场安装时应加强设备安装工艺的管理，罐式断路器安装时，应采取搭建作业帐篷、地面铺工程塑料布等防尘措施，抽真空前罐体内部必须彻底清理。验收时认真查验施工记录、监理记录、安装时的天气情况、装配顺序、安装工艺、气室的清理等是否满足要求。

第六章　110kV 智能变电站典型倒闸操作及一键顺控

本章主要围绕 110kV 智能变电站的主接线特点，对不同主接线方式下断路器、变压器等主设备的倒闸操作进行解读，随着变电运维“两个替代”建设的推广应用和一键顺控倒闸操作技术的成熟，一键顺控倒闸操作将逐步演变为智能变电站运维人员的新型操作模式，有效提升智能变电站的倒闸操作效率和变电运检数字化水平，降低运维人员在现场倒闸操作时面临的安全风险。本章重点研究一键顺控倒闸操作的技术原理和操作流程，并以 110kV 线路间隔为例，对一键顺控倒闸操作票进行分析。

第一节　智能变电站检修状态一致性原则

在智能变电站中，保护装置除远方操作压板和检修压板采用硬压板外，其他压板均为软压板。当保护装置检修压板投入时，上送带品质位信息，保护装置应明显显示（面板指示灯或界面显示）。对于 GOOSE 软压板，保护装置应在发送端设 GOOSE 出口软压板，除启动失灵 / 失灵联跳开入软压板外，接收端不设相应 GOOSE 开入软压板。对于按 MU 设置的“SV 接收”软压板，当保护装置检修压板和 MU 上送的检修数据品质位不一致时，保护装置应报警并闭锁相关保护；“SV 接收”压板退出后，相应采样值显示为 0 时，不应发 SV 品质报警信息。

一、GOOSE 检修机制

（1）当装置检修压板投入时，装置发送的 GOOSE 报文中的 Test 应置位。

（2）GOOSE 接收端装置应将接收的 GOOSE 报文中的 Test 位与装置自身的检修压板状态进行比较，只有两者一致时才将信号作为有效进行处理或动作，不一致时宜保持一致前状态。

（3）当发送方 GOOSE 报文中 Test 置位时发生 GOOSE 中断，接收装置应报具体的 GOOSE 中断告警，但不应报“装置告警（异常）”信号，不应点“装置告警（异常）”灯。

GOOSE 检修不一致时，保护装置的处理：① 启动失灵、闭锁重合闸、远跳、跳闸开入；② 位置信息取检修不一致之前的状态。

GOOSE 检修不一致时，智能终端的处理：对接收的跳、合闸信号做无效处理，不予执行。

二、SV 检修机制

（1）当合并单元装置检修压板投入时，发送采样值报文中采样值数据的品质 q 的 Test 位应置 True。

（2）SV 接收端装置应将接收的 SV 报文中的 Test 位与装置自身的检修压板状态进行比较，只有两者一致时才将该信号用于保护逻辑，否则应按相关通道采样异常进行处理。

（3）对于多路 SV 输入的保护装置，一个 SV 接收软压板退出时应退出该路采样值，该 SV 中断或检修均不影响本装置运行。

SV 检修不一致的处理：当保护装置检修压板和合并单元上送的检修数据品质位不一致时，保护装置应报警并闭锁相关保护。“SV 接收”压板退出后，相应采样值显示为 0 时，不应发 SV 品质报警信息。

三、MMS 检修机制

保护装置检修压板投入时，站控层根据上送报文中的品质 q 的 Test 位判断报文是否为检修报文并作出相应处理。当报文为检修报文时，报文内容不应显示在简报窗中，且不应发出音响告警，但应刷新画面，保证画面状态与实际状况相符。检修报文应存储，并可通过单独的窗口进行查询。

检修压板是指装置处在检修状态的一种硬压板。报文接收装置将接收到的 GOOSE 报文 Test 位、SV 报文数据品质 Test 位与装置自身检修压板状态进行比较，做“异或”逻辑判断，两者一致时，信号进行处理或动作，两者不一致时则报文视为无效，不参与逻辑运算。继电保护装置、合并单元、智能终端、合智一体等 IED 设备具有状态自动识别功能，当合并单元、智能终端或合智一体与保护装置的“检修状态”硬压板均投入时，保护装置仍能出口跳闸。当合并单元、智能终端或合智一体与保护装置的“检修状态”硬压板状态不一致时，保护装置将闭锁其功能。保护装置与合并单元、智能终端、合智一体“检修状态”硬压板状态与动作跳闸逻辑如表 6-1 所示。

表 6-1　检修硬压板状态与保护动作跳闸逻辑

<table>
<tr><th>检修压板状态</th><th>保护装置</th><th>合并单元</th><th>智能终端</th><th>动作跳闸情况</th></tr>
<tr><td rowspan="9">检修压板状态（1 为投入，0 为退出）</td><td>1</td><td>1</td><td>0</td><td>保护动作，断路器不跳闸</td></tr>
<tr><td>1</td><td>1</td><td>1</td><td>保护动作，断路器跳闸</td></tr>
<tr><td>0</td><td>0</td><td>1</td><td>保护动作，断路器不跳闸</td></tr>
<tr><td>0</td><td>0</td><td>0</td><td>保护动作，断路器跳闸</td></tr>
<tr><td>1</td><td>0</td><td>0</td><td>保护不动作，断路器不跳闸</td></tr>
<tr><td>0</td><td>1</td><td>1</td><td>保护不动作，断路器不跳闸</td></tr>
<tr><td>保护装置</td><td colspan="2">合智一体装置</td><td>动作跳闸情况</td></tr>
<tr><td>1</td><td colspan="2">1</td><td>保护动作，断路器跳闸</td></tr>
</table>

续表

检修压板状态	保护装置	合并单元	智能终端	动作跳闸情况
检修压板状态（1 为投入，0 为退出）	1	0		保护不动作，断路器不跳闸
	0	1		保护不动作，断路器不跳闸
	0	0		保护动作，断路器跳闸

第二节　智能变电站软、硬压板投退原则

继电保护和安全自动装置的安全隔离措施一般可采用投入检修压板、退出装置软压板、出口硬压板以及断开装置间的连接光纤等方式，实现检修装置（新投运装置）与运行装置的安全隔离。本节主要针对内桥、单母分段接线软硬压板投退一般性原则进行阐述。

“检修”机制是一种便捷的隔离措施，操作方便且有明显可断点，但需要运行人员对装置的二次回路有清晰的认识才能灵活掌握。“检修”压板作为快速临时隔离措施，不能作为唯一的隔离措施，应根据具体情况配合使用出口软压板和接收软压板实现检修设备与运行设备的有效隔离。

（1）“SV 接收”软压板运行说明。

1）继电保护装置的间隔“SV 接收”软压板的操作应在对应间隔停电的情况下进行；“SV 接收”软压板的投入应在一次设备投入运行前操作，退出时应在一次设备转冷备用或检修后操作；当一次设备转冷备用或检修而二次系统无工作时，可不改变保护装置的“SV 接收”软压板状态。

2）母差保护、变压器电气量保护，当该间隔一次设备处于运行时，对应该间隔的“SV 接收”软压板应投入。当该间隔一次设备退出运行时，在间隔开关转冷备用或检修后，对于母差保护、变压器保护，现场应将对应间隔的“SV 接收”软压板退出。

（2）当继电保护装置中的某种保护功能退出时，应首先退出该功能独立设置的出口压板；若无独立设置的出口压板时，退出其功能投入压板；若无功能投入压板或独立设置的出口压板时，退出装置共用的出口压板。

（3）设备停电时，应先停一次设备，后停继电保护设备；送电时，应在送电前投入继电保护设备。一次设备停电，继电保护设备无工作或工作不影响继电保护系统时，继电保护设备可不退出，但应在一次设备送电前检查继电保护设备状态是否正常。

（4）在继电保护操作过程中，对继电保护装置、智能终端、合并单元、合智一体化装置、多合一装置及站域保护控制系统的操作顺序由现场运行规程规定。

（5）单套配置的合并单元、智能终端、继电保护装置异常或故障时，对应一次设备宜退出运行。

（6）当一次设备某间隔（如线路、母联、变压器）为热备用时，视为该间隔投入运行，继电保护设备应正常投入运行。

（7）继电保护设备操作规定。

1）对于保测一体化装置、合智一体化装置、多合一装置、站域保护控制系统等多功能集成装置未应用的功能，与该功能相关的独立的软硬压板、控制字应退出，定值按最不灵敏整定，确保未应用功能在退出状态。

2）一次设备间隔停役时继电保护的操作。当一次设备某间隔（如线路、母联、变压器）为热备用时，视为该间隔投入运行，继电保护设备应正常投入运行；转冷备用或检修后，母差保护、变压器保护退出相应间隔“SV 接收”软压板，退出相应间隔 GOOSE 出口软压板。

3）110kV 变压器间隔单套智能终端停用的操作规定。

a. 当第一套智能终端停用时，应将第一套智能终端、第一套变压器电气量保护投停用状态，同时将变压器该侧一次设备转冷备用或检修状态。

b. 当第二套智能终端停用时，应将第二套智能终端、第二套变压器电气量保护投停用状态。

4）110kV 变压器间隔单套合并单元停用的操作规定。当单套合并单元停用时，应将该合并单元投停用状态，同时将取自该合并单元采样的变压器电气量保护投停用状态，退出全部间隔“GOOSE 出口”软压板。如该合并单元停用影响其他功能时，应通知相关专业人员。

5）110kV 变压器本体智能终端停用的操作规定。当变压器本体智能终端停用时，应将本体智能终端投停用状态；变压器同时失去非电量保护功能。

6）110kV 变压器本体合并单元停用的操作规定。当变压器本体合并单元停用时，应将该合并单元投停用状态，同时将取自该合并单元采样的变压器电气量保护投停用状态。

7）110kV 变压器间隔合智一体化装置停用的操作规定。

a. 当第一套合智一体化装置停用时，其操作按第一套智能终端、第一套合并单元均停用处理。

b. 当第二套合智一体化装置停用时，其操作按第二套智能终端、第二套合并单元均停用处理。

8）110kV 线路、母联（分段）间隔智能终端停用的操作规定。当线路、母联（分段）间隔智能终端停用时，对应一次设备转冷备用或检修状态，将该智能终端投停用状态，同时退出母差保护中该间隔“SV 接收”软压板、“GOOSE 出口”软压板。

9）110kV 线路、母联（分段）间隔合并单元停用的操作规定。当线路、母联（分段）间隔合并单元停用时，对应一次设备转冷备用或检修状态，将该合并单元投停用状态，同时退出母差保护中该间隔“SV 接收”软压板、“GOOSE 出口”软压板。如该合并单元停用影响其他功能时，应通知相关专业人员。

10）110kV 线路、母联（分段）间隔合智一体化装置停用的操作规定。当线路、母联（分段）间隔合智一体化装置停用时，按线路、母联（分段）间隔合并单元、智能终端均停用处理。

11）110kV 桥开关间隔智能终端停用的操作规定。当桥开关间隔智能终端停用时，对应一次设备转冷备用或检修状态，将该智能终端投停用状态，同时退出变压器保护中该间隔“SV 接收”软压板、“GOOSE 出口”软压板。

12）110kV 桥开关间隔合并单元停用的操作规定。当桥开关间隔合并单元停用时，对应一次设备转冷备用或检修状态，将该合并单元投停用状态，同时退出变压器保护中该间隔“SV 接收”软压板、“GOOSE 出口”软压板。如该合并单元停用影响其他功能时，应通知相关专业人员。

13）110kV 桥开关间隔合智一体化装置停用的操作规定。当桥开关间隔合智一体化装置停用时，按桥开关间隔合并单元、智能终端均停用处理。

14）110kV 母线电压合并单元单套停用的操作规定。

a. 当两套母线电压合并单元其中一套停用时，与该电压合并单元相联系的线路保护失去母线电压，相关线路保护转停用状态，相关线路间隔一次设备转冷备用或检修状态。

b. 当第一套母线电压合并单元停用时，与该电压合并单元相联系的变压器电气量保护失去母线电压，第一套变压器电气量保护自动退出与电压相关功能，无须进行其他操作。

c. 当第二套母线电压合并单元停用时，与该电压合并单元相联系的变压器电气量保护失去母线电压，对于配置两套功能完整的主、后备保护一体化变压器电气量保护场合，第二套变压器电气量保护自动退出与电压相关功能，无须进行其他操作；对于配置主、后备保护分置的两套电气量保护，变压器后备保护转停用状态。

d. 母线电压合并单元单套停用时，接入该母线电压合并单元的测控、计量、故障录波器等装置失去交流电压采样，现场应制定相应处理措施。

15）保护测控一体化装置、合智一体化装置、多合一装置停用的操作规定。

a. 对于多功能集成的继电保护设备，当停用某一功能时，按对应该功能的独立配置的装置停用处理。

b. 对于多功能集成的继电保护设备，当停用整套设备时，按对应全部已采用功能的独立配置的装置均停用处理。

16）站域保护控制系统的操作规定。

a. 当全站未配置独立的备用电源自动投入装置时，采用站域保护控制系统中备自投功能，其余功能均退出或投信号。

b. 当全站已配置独立的备用电源自动投入装置时，站域保护控制系统中全部功能均退出或投信号。

17）母线互联时的操作。投入母差保护的“互联”功能软压板。

18）母线 TV 检修时的操作。除单母线接线外，将第一套、第二套母线电压合并单元投 TV 并列；对于单母线接线，按两套母线电压合并单元同时停用处理。

19）GOOSE 网络、GOOSE 交换机的操作。GOOSE 网络、GOOSE 交换机无单独投退状态。当需要停用 GOOSE 网络或 GOOSE 交换机时，现场应根据该网络、交换机所处位置，按现场运行规程处理。

第三节　不完整扩大内桥接线典型倒闸操作解析

一、变电站主接线方式

110kV 智能变电站的主要接线方式包括单母线、单母线分段、桥式接线等。110kV 智能变电站基于 IEC 61850 标准，110kV 的间隔层与过程层合并单元采用点对点的通信传输，10kV 采用传统设备和微机保护。

110kV 智能变电站有新能源系统接入的，110kV 电源进线两侧应配置微机光纤纵差保护，110kV 变电站侧微机光纤纵差保护联切与新能源厂（站、场）有电气联系的 35 或 10kV 线路。

备自投联切与新能源厂（站、场）有电气联系的 35 或 10kV 线路。

如图 6-1 所示，以实训变蜀山变电站内桥接线为例，110kV 红山 511 断路器带 #1 主变压器运行，九华 516 断路器通过分段二 800 断路器带 2 号主变压器运行，分段一 700 断路器在热备用，两台主变压器解列运行。

110kV 备自投、10kV 备自投均在正常投入状态。

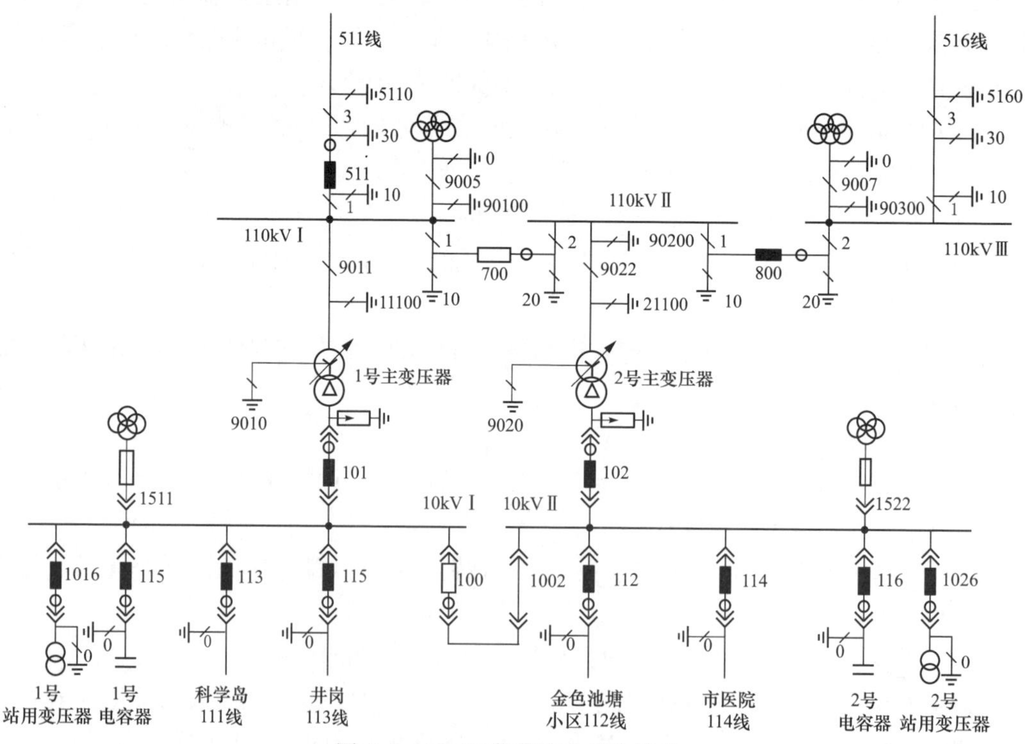

图 6-1　110kV 智能变电站主接线

二、110kV 智能站内桥接线断路器类设备倒闸操作

（一）一次设备的操作

110kV 智能变电站与传统的综自站变电站在一次设备的最大差异表现在一次设备的智能化，使用了智能终端和状态检测，实现了对断路器运行状态进行实时监测、自我诊断、智能控制和网络化信息传递等，与传统的综自站变电站相比，将电力设备模块化、系统化，在操作方面可实现程序化操作。操作的顺序和闭锁程序与常规站没有差异。

1. 断路器由运行转热备用

两条进线分别带Ⅰ、Ⅱ段母线运行，进线断路器转检修时直接拉开进线断路器会导致Ⅰ段母线失电。进线断路器转热备用时要首先考虑线路合环的操作。操作过程中，认真核对设备名称、编号及操作方向，防止误拉、合断路器。拉开断路器后应立即将测控屏远方 / 就地转换断路器切至就地。

检查断路器位置不能只看指示灯，还应检查断路器电流表和现场的机械位置指示器，来确认断路器已拉开，以防止断路器实际位置与机械位置指示器不符，造成断路器触头没有断开，而使下一步操作带负荷拉刀闸，造成对操作人员及设备的危害。

2. 断路器由热备用转冷备用

操作刀闸前应检查断路器是否在分闸位置，以防止带负荷拉刀闸：操作断路器两侧隔离刀闸时，应该先拉线路侧刀闸，再拉开母线侧刀闸，以防止误拉刀闸时故障范围扩大。操作母线侧刀闸后应检查线路保护屏电压切换指示灯确保二次回路切换正确。

3. 断路器由冷备用转断路器及线路检修

合接接地刀闸前必须进行验电，以防止带电合接接地隔离刀闸（挂地线）；验电时应该首先考虑采取直接验电的方式，不能进行直接验电时，应根据电气量、机械位置等信号的变化进行间接验电。验电时必须遵守安规规定。操作结束后在检修地点挂标识牌及装设围栏。

4. 汇报调度并作好记录。

（二）二次设备的操作

110kV 智能变电站二次设备信息传输网络化，相比于综自变电站，智能变电站大量减少硬压板的设置，而广泛采用软压板。智能变电站设置有保护功能软压板、GOOSE 软压板、SV 软压板、测控功能软压板、控制软压板，实现操作回路软件化。解决了综合自动化站变电站保护电缆硬压板点对点的连接方式，使保护安装、升级和操作更加便捷。

由于 110kV 智能站的线路保护和传统变电站的传输方式不同，110kV 智能变电站二次设备操作和传统变电站存在较大区别。

（1）进线通过电缆将本间隔电流量发送给本间隔合并单元，合并单元经过模数转换后，通过 SV 光纤以点对点的形式将电流量发给 110kV 备自投。

（2）110kV Ⅰ段母线 TV 通过电缆将母线电压量发送给母线合并单元，合并单元经过模数转换后，通过 SV 光纤以点对点的形式将电压量发给 110kV 备自投，110kV 备自投通过光纤以点对点的方式与进线断路器智能终端、110kV 母分段断路器智能终端实现直连直跳。

（3）备自投作为 110kV 变电站的进线保护自动装置，在方式不满足其充电条件时，需要停用备自投装置。备自投装置的停用可以投入 110kV 备自投“闭锁备自投”硬压板，也可以停用备自投功能软压板、GOOSE 接收、GOOSE 发送软压板，其目的是实现备自投放电，闭锁备自投动作。“闭锁备自投”硬压板主要是为运维人员调整运行方式操作方便而设的，“闭锁备自投”硬压板投入后，操作人员应检查备自投装置充电灯灭。如果不涉及断路器转检修或长时间停用备自投，只需操作此压板即可。

（4）断路器转检修尤其是二次有工作时，对应主变压器保护 GOOSE 出口跳高压侧软压板退出。主变压器是双套保护的均需要退出。

（5）主变压器检修时，主变压器本体智能组件柜装设非电量跳高压侧断路器保护，非电量跳高压侧硬压板停用。

（三）110kV 智能站断路器类设备典型倒闸操作票步骤解读

1. 状态确认

（1）红山 511 线路处于运行状态：红山 5111、5113 隔离开关、511 断路器在合位。

（2）红山 511 线路处于热备用状态：红山 511 断路器在分位，5111、5113 隔离开关在合位。

（3）红山 511 线路处于冷备用状态：红山 511 断路器在分位，5111、5113 隔离开关在分位。

（4）红山 511 线路处于检修状态：红山 511 断路器在分位，5111、5113 隔离开关在分位，线路侧接地刀闸 5110 在合位。

（5）红山 511 断路器处检修状态：红山 511 断路器在分位，5111、5113 隔离开关在分位，红山 511 断路器两侧接地刀闸 51110、51130 在合位。

2. 填票逻辑

（1）红山 511 断路器最终在检修状态，110kV 备自投条件不满足应停用。

（2）红山 511 断路器带 1 号主变压器运行转由分段一 700 断路器带。

（3）停电时，先拉开线路侧隔离开关，后拉开母线侧隔离开关，送电时相反。

（4）线路及断路器均转检修，先将线路转检修，再将断路器转检修。

（5）断路器转检修，对应断路器的储能及操作电源断开，切换开关需切至就地。

（6）扩大内桥接线方式，线路断路器转检修时对应主变压器保护出口压板要退出。

（7）线路上有人工作，应在断路器和线路侧隔离开关操作把手上悬挂“禁止合闸，线路有人工作！”标示牌。

3. 任务分解

模块一：110kV 红山 511 由运行转热备用

1）投入 110kV 备自投闭锁压板。

2）检查红山 511 线路带电指示器三相指示有电。

3）检查红山 511 线路避雷器泄漏电流三相指示正常。

4）检查分段一 700 断路器在热备用状态。

5）检查分段一 700 断路器分闸位置指示绿灯亮。

6）检查分段一 700 断路器分合闸位置指示器在“分”位。

7）检查分段一 700 断路器电流遥测值三相指示为零。

8）合上分段一 700 断路器。

9）检查分段一 700 断路器合闸位置指示红灯亮。

10）检查分段一 700 断路器分合闸位置指示器在“合”位。

11）检查分段一 700 断路器电流遥测值三相指示正常。

12）检查分段一 700 断路器与红山 511 负荷分配正常。

13）检查红山 511 断路器合闸位置指示红灯亮。

14）检查红山 511 断路器分合闸位置指示器在“合”位。

15）检查红山 511 断路器电流遥测值三相指示正常。

16）拉开红山 511 断路器。

17）检查红山 511 断路器分闸位置指示绿灯亮。

18）检查红山 511 断路器分合闸位置指示器在“分”位。

19）检查红山 511 断路器电流遥测值三相指示为零。

模块二：110kV 红山 511 由热备用转冷备用

20）拉开红山 5113 隔离开关。

21）检查红山 5113 隔离开关分闸位置指示绿灯亮。

22）检查红山 5113 隔离开关分合闸位置指示器在“分”位。

23）拉开红山 5111 隔离开关。

24）检查红山 5111 隔离开关分闸位置指示绿灯亮。

25）检查红山 5111 隔离开关分合闸位置指示器在“分”位。

模块三：110kV 红山 511 线路由冷备用转检修

26）检查红山 511 线路带电指示器三相指示无电。

27）检查红山 511 线路避雷器泄漏电流三相指示为零。

28）合上红山 5110 接地刀闸。

29）检查红山 5110 接地刀闸合闸位置指示红灯亮。

30）检查红山 5110 接地刀闸分合闸位置指示器在“合”位。

31）在红山 511 操作把手上悬挂“禁止合闸，线路有人工作！”标示牌一块。

32）在红山 5113 隔离开关操作把手上悬挂“禁止合闸，线路有人工作！”标示牌一块。

模块四：110kV 红山 511 断路器由冷备用转检修

33）检查红山 511 断路器电流遥测值三相指示为零。

34）合上红山 51110 接地刀闸。

35）检查红山 51110 接地刀闸合闸位置指示红灯亮。

36）检查红山 51110 接地刀闸分合闸位置指示器在“合”位。

37）合上红山 51130 接地刀闸。

38）检查红山 51130 接地刀闸合闸位置指示红灯亮。

39）检查红山 51120 接地刀闸分合闸位置指示器在“合”位。

40）将红山 511 断路器切换开关由“远方”切至“就地”。

41）将 1 号主变压器保护 GOOSE 压板“跳高压侧断路器软压板”由“1”调至“0”。

42）将 1 号主变压器保护“跳高压侧断路器 SV 接收软压板”由“1”调至“0”。

43）检查 1 号主变压器保护定值调整正确。

44）断开红山 511 断路器操作电源空气开关。

45）断开红山 511 断路器储能电源空气开关。

三、110kV 智能站内桥接线主变压器类设备倒闸操作

（一）一次设备的操作

（1）主变压器并列运行操作时，现场应先将并列主变压器的高压分头调至符合并列条件后方可操作（特殊情况需经批准），调度不再下令，现场应保证并列前、中、后主变压器中低压侧电压在合格范围内。

（2）拉合空载主变压器前，现场必须先短时合上主变压器高压侧中性点接地隔离断路器，调度不再对该项下令；现场按现场运行规定执行，直接填入操作票中执行，对调度安排中性点接地方式另行对待。

（3）“× 号主变压器由运行转检修”其含意为：该主变压器转检修，该主变压器各侧断路器转冷备用（包括主变压器中性点隔离断路器拉开），有消弧变的也应将连接该主变压器的隔离断路器拉开，并在相应主变压器侧挂地线（接有消弧变的中性点也应挂接地线）或者合接地隔离断路器。

（4）“× 号主变压器由运行转冷备用（热备用）”其含意为：该主变压器转冷备用（热备用），该主变压器各侧断路器转冷备用（热备用），其中主变压器冷备用应包括消弧变连接该主变压器的隔离断路器拉开及主变压器中性点隔离断路器拉开。

（5）“× 号主变压器由检修（冷备用）转热备用 ×××kV × 母、×××kV × 母”其含意为：该主变压器各侧断路器均转热备用，采用双母线接线方式的应明确转热备用于 × 母，如果不是各侧一致转到热备用状态，则应使用逐项令。

（6）“× 号主变压器由检修（冷备用）转运行 ×××kV × 母、×××kV × 母”其含意为：该主变压器各侧断路器均转运行，采用双母线接线方式的应明确转运行于 × 母，如果不是各侧一致转到运行状态，则应使用逐项令。

（7）“× 号主变压器由冷备用转空载运行”其含意为：× 号主变压器高压侧断路器转运行（× 母），其他侧断路器仍为冷备用。

（8）“× 号主变压器由热备用转空载运行”其含意为：× 号主变压器高压侧断路器转运行，其他侧断路器仍为热备用。

（二）二次设备的操作

对于 110kV 智能站的主变压器保护：各侧电压 SV 接收、各侧电流 SV 接收，主（差动）保护、后备保护、各侧电压投入，跳各侧 GOOSE 出口、闭锁备自投等软压板的投退。

主变压器保护接收：110kV 母线设备合并单元Ⅰ母电压、1 号主变压器 10kV 侧合并单元 10kV 侧电流和 10kV Ⅰ母电压、110kV 母分设备分段断路器的电流值、1 号主变压器本体合并单元中性点电流值、110kV 线路出线合并单元电流值。主变压器保护发送：110kV 备自投和 10kV 备自投的闭锁信号，1 号主变压器 10kV 智能终端直跳、110kV 母分设备分段断路器智能终端直跳、110kV 线路出线智能终端直跳。

（三）110kV 智能站内桥接线主变压器类设备典型倒闸操作票步骤解读

1. 状态确认

（1）2 号主变压器处于运行状态：分段二 800 断路器在合位，9022 隔离开关在合位，102 断路器在分位。

（2）2 号主变压器处于热备用状态：分段二 800 断路器在分位，9022 隔离开关在合位，102 断路器在分位。

（3）2 号主变压器处于冷备用状态：9022 隔离开关在分位，102 断路器手车在试验位置。

（4）2 号主变压器处于检修状态：高压侧接地刀闸 21100 在合位，主变压器低压侧与 102 断路器间在穿墙套管母线桥处挂接地线一组。

2. 填票逻辑

（1）110kV 备自投短暂停用与恢复，原因：拉开 9022 隔离开关前需先拉开分段二 800 断路器，9022 隔离开关拉开后可以合上分段二 800 断路器，110kV 备自投条件满足，可以恢复 110kV 备自投；10kV 备自投停用，原因：最终状态时 102 断路器手车在试验位置，10kV 备自投条件不满足应停用。

（2）停电时先拉开低压侧断路器，再拉开高压侧断路器，送电时相反。

（3）主变压器并列运行时，需检查满足并列运行条件。

（4）合环操作时应考虑环网内各设备潮流变化和电压波动；先高压侧合环，后低压侧合环，以防止环流过大跳开主变压器低压侧断路器。

（5）主变压器转检修，顺序：高压侧先转检修，低压侧后转检修。

（6）主变压器由空载运行转热备用时，合主变压器中性点接地刀闸前需检查 110kV 母线电压三相指示正常。

（7）主变压器由热备用转冷备用时，操作 9022 隔离开关前需先将高压侧分段二 800 断路器，分段一 700 断路器均转“非自动”。

3. 任务分解

模块一：110kV 2 号主变压器由运行转热备用

1）投入 110kV 备自投闭锁压板。

2）投入 10kV 备自投闭锁压板。

3）检查 2 号主变压器高压侧带电指示器三相红灯亮。
4）检查 1、2 号主变压器高压分接断路器挡位在可并列位置。
5）检查 1、2 号主变压器负荷满足并列运行条件。
6）检查分段一 700 断路器在热备用状态。
7）检查分段一 700 断路器分闸位置指示绿灯亮。
8）检查分段一 700 断路器分合闸位置指示器在“分”位。
9）检查分段一 700 断路器电流遥测值三相指示为零。
10）合上分段一 700 断路器。
11）检查分段一 700 断路器合闸位置指示红灯亮。
12）检查分段一 700 断路器分合闸位置指示器在“合”位。
13）检查分段一 700 断路器电流遥测值三相指示正常。
14）检查分段一 700 断路器与红山 511 负荷分配正常。
15）检查分段 100 断路器在热备用状态。
16）检查分段 100 断路器分闸位置指示绿灯亮。
17）检查分段 100 断路器分合闸位置指示器在“分”位。
18）检查分段 100 断路器电流遥测值三相指示为零。
19）合上分段 100 断路器。
20）检查分段 100 断路器合闸位置指示红灯亮。
21）检查分段 100 断路器分合闸位置指示器在“合”位。
22）检查分段 100 断路器电流遥测值三相指示正常。
23）检查分段 100 与 1 号主变压器 101、2 号主变压器 102 断路器负荷分配正常。
24）检查 2 号主变压器 102 断路器合闸位置指示红灯亮。
25）检查 2 号主变压器 102 断路器分合闸位置指示器在“合”位。
26）检查 2 号主变压器 102 断路器电流遥测值三相指示正常。
27）拉开 2 号主变压器 102 断路器。
28）检查 2 号主变压器 102 断路器分闸位置指示绿灯亮。
29）检查 2 号主变压器 102 断路器分合闸位置指示器在“分”位。
30）检查 2 号主变压器 102 断路器电流遥测值三相指示为零。
31）检查 1 号主变压器 101 与分段 100 断路器负荷分配正常。
32）检查分段一 700 断路器合闸位置指示红灯亮。
33）检查分段一 700 断路器分合闸位置指示器在“合”位。
34）检查分段一 700 断路器电流遥测值三相指示正常。
35）拉开分段一 700 断路器。
36）检查分段一 700 断路器分闸位置指示绿灯亮。
37）检查分段一 700 断路器分合闸位置指示器在“分”位。
38）检查分段一 700 断路器电流遥测值三相指示为零。

39）检查分段二 800 断路器合闸位置指示红灯亮。

40）检查分段二 800 断路器分合闸位置指示器在“合”位。

41）检查分段二 800 断路器电流遥测值三相指示正常。

42）检查 110kV Ⅱ母线电压遥测值三相指示正常。

43）合上 2 号主变压器高压侧中性点 9020 接地刀闸。

44）检查 2 号主变压器高压侧中性点 9020 接地刀闸已合上。

45）检查分段二 800 断路器合闸位置指示红灯亮。

46）检查分段二 800 断路器分合闸位置指示器在“合”位。

47）检查分段二 800 断路器电流遥测值三相指示正常。

48）拉开分段二 800 断路器。

49）检查分段二 800 断路器分闸位置指示绿灯亮。

50）检查分段二 800 断路器分合闸位置指示器在“分”位。

51）检查分段二 800 断路器电流遥测值三相指示为零。

52）拉开 2 号主变压器高压侧中性点 9020 接地刀闸。

53）检查 2 号主变压器高压侧中性点 9020 接地刀闸已拉开。

模块二：110kV 2 号主变压器由热备用转冷备用

54）断开分段一 700 断路器控制电源。

55）断开分段二 800 断路器控制电源。

56）拉开 2 号主变压器 9022 隔离开关。

57）检查 2 号主变压器 9022 隔离开关分闸位置指示绿灯亮。

58）检查 2 号主变压器 9022 隔离开关分合闸位置指示器在“分”位。

59）合上分段一 700 断路器控制电源。

60）合上分段二 800 断路器控制电源。

61）检查分段二 800 断路器分闸位置指示绿灯亮。

62）检查分段二 800 断路器分合闸位置指示器在“分”位。

63）检查分段二 800 断路器电流遥测值三相指示为零。

64）合上分段二 800 断路器。

65）检查分段二 800 断路器合闸位置指示红灯亮。

66）检查分段二 800 断路器分合闸位置指示器在“合”位。

67）检查分段二 800 断路器电流遥测值三相指示正常。

68）投入 110kV 备自投闭锁压板。

69）将 2 号主变压器 102 断路器切换开关由“远方”切至“就地”。

70）将 2 号主变压器 102 断路器手车由“工作位置”摇至“试验位置”。

71）检查 2 号主变压器 102 断路器手车已由“工作位置”摇至“试验位置”。

模块三：110kV 2 号主变压器由冷备用转检修

72）检查 2 号主变压器高压侧带电指示器三相红灯灭。

73）在 2 号主变压器高压侧与 9022 隔离开关间验明三相无电压。

74）合上 2 号主变压器 21100 接地刀闸。

75）检查 2 号主变压器 21100 接地刀闸合闸位置指示红灯亮。

76）检查 2 号主变压器 21100 接地刀闸分合闸位置指示器在“合”位。

77）在 2 号主变压器低压侧穿墙套管母线桥处与 2 号主变压器 102 断路器手车间验明三相确无电压。

78）在 2 号主变压器低压侧穿墙套管母线桥处与 2 号主变压器 102 断路器手车间装设接地线一组。

79）断开 2 号主变压器有载电源空气开关。

80）停用 2 号主变压器本体智能组件柜非电量跳高压（800）断路器硬压板。

81）停用 2 号主变压器本体智能组件柜非电量跳分段（700）断路器硬压板。

82）停用 2 号主变压器本体智能组件柜非电量跳 2 号主变压器低压（102）断路器硬压板。

四、110kV 智能站内桥接线母线及附属设备倒闸操作

（一）一次设备的操作

（1）内桥接线变电站母线为分段运行，主变压器高压侧没有断路器。110kV 母线及附属设备停送电时，要先把主变压器负荷转移，然后拉开高压侧进线断路器，并拉开主变压器高压侧隔离开关。

（2）运维人员在操作分、合主变压器时必须要使用断路器，包括空载运行的主变压器。主变压器空载运行时，如果用隔离断路器断开主变压器运行回路，这时在切断回路里产生的电流相当于是电感电流，切断的过程中产生的过电压易引起弧光烧毁设备，造成相间短路。

（3）主变压器并列时涉及系统的合环操作，合环操作需要先合大环，后合小环；而解环先解小环，再解大环。

（4）停用主变压器时要先拉开低压侧断路器，合上高压侧断路器（带主变压器空载运行），合上中性点接地刀闸，再拉开高压侧断路器，然后再拉开中性点接地刀闸。送电时顺序相反。

（5）主变压器转空载运行后要检查主变压器外观正常和声音无异常，遥测、遥信指示正确。

（6）操作 TV 隔离开关时，停电时先二次操作后一次操作，送电时顺序相反。

（二）二次设备的操作

（1）110kV 母线 TV 通过电缆将母线电压量发送给母线设备合并单元，合并单元进行数模转换后，通过 SV 光纤点对点的形式将电压量发送给相应的主变压器保护装置和 110kV 的备自投装置。

（2）110kV 母线分段断路器智能终端通过光纤点对点的方式 110kV 进线断路器，主变压器低压侧断路器直连直跳。

（3）110kV 智能站的母线设备停用母线电压 SV 接收、各侧电压 SV 接收，主（差动）保护、后备保护、各侧电压投退，跳各侧 GOOSE 出口、闭锁备自投等软压板的投退。

（三）110kV 智能站内桥接线母线及附属设备典型倒闸操作票步骤解读

1. 状态确认

（1）110kV Ⅰ母线处于运行状态：红山 511 断路器在合位，分段一 700 断路器在分位，5111、5113、9011、9005 隔离开关均在合位。

（2）110kV Ⅰ母线处于热备用状态：红山 511、分段一 700 断路器在分位，5111、7001、9011、9005 隔离开关均在合位。

（3）110kV Ⅰ母线处于冷备用状态：红山 511、分段一 700 断路器在分位，5111、7001、9011、9005 隔离开关均在分位。

（4）110kV Ⅰ母线处于检修状态：5111、7001、9011、9005 隔离开关均在分位，母线侧接地刀闸 90100 在合位。

2. 填票逻辑

（1）将 1 号主变压器、101 断路器均转冷备用，100 断路器转运行。110kV 备自投、10kV 备自投条件不满足应停用。

（2）110kV Ⅰ母线负荷由 100 断路器带。

（3）红山 511 转冷备用时，先拉开母线侧隔离开关，后拉开线路侧隔离开关。

（4）110kV Ⅰ母线腾空后，压变由运行转冷备用，最后母线转检修。

3. 任务分解

模块一：110kV 1 号主变压器由运行转热备用

1）投入 110kV 备自投闭锁压板。

2）投入 10kV 备自投闭锁压板。

3）检查 1、2 号主变压器高压侧分接断路器挡位在可并列位置。

4）检查 1、2 号主变压器负荷满足并列运行条件。

5）检查分段一 700 断路器在热备用状态。

6）检查分段一 700 断路器分闸位置指示绿灯亮。

7）检查分段一 700 断路器分合闸位置指示器在“分”位。

8）检查分段一 700 断路器电流遥测值三相指示为零。

9）合上分段一 700 断路器。

10）检查分段一 700 断路器合闸位置指示红灯亮。

11）检查分段一 700 断路器分合闸位置指示器在“合”位。

12）检查分段一 700 断路器电流遥测值三相指示正常。

13）检查分段一 700 断路器与红山 511 负荷分配正常。

14）检查分段 100 断路器在热备用状态。

15）检查分段 100 断路器分闸位置指示绿灯亮。

16）检查分段 100 断路器分合闸位置指示器在“分”位。

17）检查分段 100 断路器电流遥测值三相指示为零。
18）合上分段 100 断路器。
19）检查分段 100 断路器合闸位置指示红灯亮。
20）检查分段 100 断路器分合闸位置指示器在“合”位。
21）检查分段 100 断路器电流遥测值三相指示正常。
22）检查 1 号主变压器 101、2 号主变压器 102 断路器与分段 100 断路器负荷分配正常。
23）检查 1 号主变压器 101 合闸位置指示红灯亮。
24）检查 1 号主变压器 101 分合闸位置指示器在“合”位。
25）检查 1 号主变压器 101 电流遥测值三相指示正常。
26）拉开 1 号主变压器 101。
27）检查 1 号主变压器 101 分闸位置指示绿灯亮。
28）检查 1 号主变压器 101 分合闸位置指示器在“分”位。
29）检查 1 号主变压器 101 电流遥测值三相指示为零。
30）检查 2 号主变压器 102 断路器与分段 100 断路器负荷分配正常。
31）检查分段一 700 断路器合闸位置指示红灯亮。
32）检查分段一 700 断路器分合闸位置指示器在“合”位。
33）检查分段一 700 断路器电流遥测值三相指示正常。
34）拉开分段一 700 断路器。
35）检查分段一 700 断路器分闸位置指示绿灯亮。
36）检查分段一 700 断路器分合闸位置指示器在“分”位。
37）检查分段一 700 断路器电流遥测值三相指示为零。
38）检查 110kV Ⅰ母线电压遥测值三相指示正常。
39）合上 1 号主变压器高压侧中性点 9010 接地刀闸。
40）检查 1 号主变压器高压侧中性点 9010 接地刀闸已合上。
41）检查红山 511 断路器合闸位置指示红灯亮。
42）检查红山 511 断路器分合闸位置指示器在“合”位。
43）检查红山 511 断路器电流遥测值三相指示正常。
44）拉开红山 511。
45）检查红山 511 断路器分闸位置指示绿灯亮。
46）检查红山 511 断路器分合闸位置指示器在“分”位。
47）检查红山 511 断路器电流遥测值三相指示为零。
48）拉开 1 号主变压器高压侧中性点 9010 接地刀闸。
49）检查 1 号主变压器高压侧中性点 9010 接地刀闸已拉开。
模块二：110kV 1 号主变压器由热备用转冷备用
50）拉开 1 号主变压器 9011 隔离开关。
51）检查 1 号主变压器 9011 隔离开关分闸位置指示绿灯亮。

52）检查1号主变压器9011隔离开关分合闸位置指示器在“分”位。

53）将1号主变压器101切换开关由“远方”切至“就地”。

54）将1号主变压器101手车由“工作位置”摇至“试验位置”。

55）检查1号主变压器101手车已由“工作位置”摇至“试验位置”。

模块三：110kV红山511由热备用转冷备用

56）拉开红山5113隔离开关。

57）检查红山5113隔离开关分闸位置指示绿灯亮。

58）检查红山5113隔离开关分合闸位置指示器在“分”位。

59）拉开红山5111隔离开关。

60）检查红山5111隔离开关分闸位置指示绿灯亮。

61）检查红山5111隔离开关分合闸位置指示器在“分”位。

模块四：110kV分段一700断路器由热备用转冷备用

62）拉开分段一7001隔离开关。

63）检查分段一7001隔离开关分闸位置指示绿灯亮。

64）检查分段一7001隔离开关分合闸位置指示器在“分”位。

65）拉开分段一7002隔离开关。

66）检查分段一7002隔离开关分闸位置指示绿灯亮。

67）检查分段一7002隔离开关分合闸位置指示器在“分”位。

模块五：110kV Ⅰ母压变由运行转冷备用

68）检查110kV Ⅰ母线电压遥测值三相指示正常。

69）断开110kV Ⅰ母压变计量用电压空气开关。

70）断开110kV Ⅰ母压变保护用电压空气开关。

71）拉开110kV Ⅰ母压变9005隔离开关。

72）检查110kV Ⅰ母压变9005隔离开关分闸位置指示绿灯亮。

73）检查110kV Ⅰ母压变9005隔离开关分合闸位置指示器在“分”位。

74）将2号主变压器保护GOOSE压板“跳高压侧断路器软压板”由“1”调至“0”。

75）将2号主变压器保护GOOSE压板“跳高压桥断路器软压板”由“1”调至“0”。

76）将2号主变压器保护“跳高压侧断路器SV接收软压板”由“1”调至“0”。

77）将2号主变压器保护“跳高压侧桥断路器SV接收软压板”由“1”调至“0”。

78）检查2号主变压器保护定值调整正确。

模块六：110kV Ⅰ母线由冷备用转检修

79）检查110kV Ⅰ母线电压遥测值三相指示为零。

80）合上110kV Ⅰ母线90100接地刀闸。

81）检查110kV Ⅰ母线90100接地刀闸合闸位置指示红灯亮。

82）检查110kV Ⅰ母线90100接地刀闸分合闸位置指示器在“合”位。

第四节　单母分段接线典型倒闸操作解析

一、变电站主接线方式

本节中的 110kV 智能变电站单母线分段操作票，以实训变横江变电站接线为例，如图 6-2 所示，万横 923 线运行于Ⅰ母（供本站），经分段 900 供 110kV Ⅱ母，大横 962 线由大路口变电站充电至横江，大横 962 断路器热备用于Ⅱ母。

本站共有两台主变压器，正常运行方式下，2 号主变压器运行，1 号主变压器处于热备用；110kV 线路共有两条。110kV 备自投均正常投入。

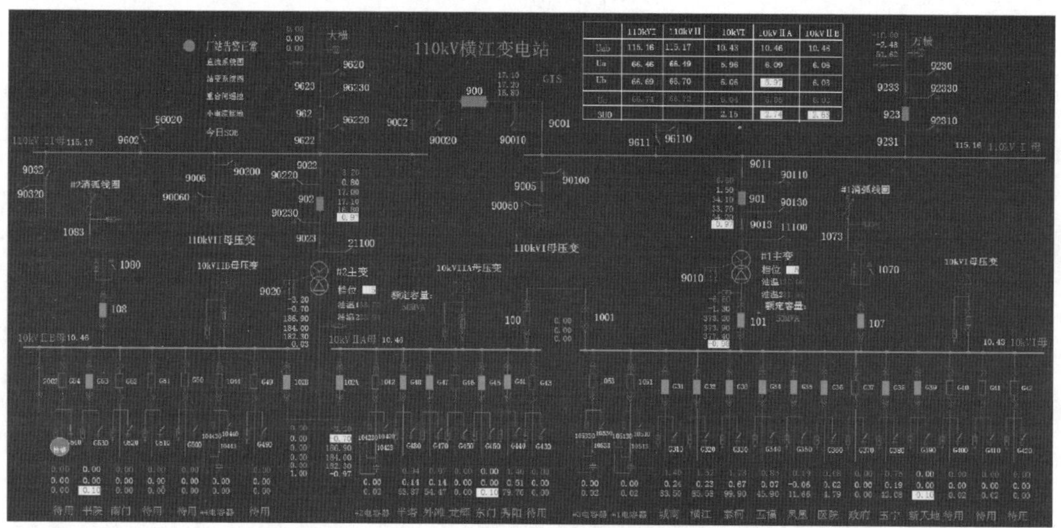

图 6-2　横江变电站主接线图

二、110kV 智能站内桥接线断路器类设备倒闸操作

（一）一次设备的操作

110kV 智能单母线分段变电站与 110kV 智能桥式接线变电站在一次设备都实现了设备智能化，使用了智能终端和状态检测，实现了对断路器运行状态进行实时监测、自我诊断、智能控制和网络化信息传递等，但操作的顺序和闭锁程序没有变化。单母线分段变电站在主变压器高压侧安装了断路器，使主变压器的操作更加便捷，同时在电网中也能提供转供角色。

（二）二次设备的操作

110kV 智能单母线分段变电站在二次设备上和桥式接线变电站的区别是线路保护配置更加完善，桥式接线变电站线路一般不配置保护。

110kV 智能单母分段变电站和桥式变电站二次设备操作存在区别。

（1）进线通过电缆将本间隔电流量发送给本间隔合并单元，合并单元经过模数转换后，通过 SV 光纤以点对点的形式将电流量发给保护、测控和 110kV 备自投。

（2）110kV Ⅰ段母线 TV 通过电缆将母线电压量发送给母线合并单元，合并单元经过模数转换后，通过 SV 光纤以点对点的形式将电压量发给 110kV 备自投、保护和主变压器间隔，110kV 备自投、保护和主变压器间隔通过光纤以点对点的方式与进线断路器智能终端、主变压器智能终端、110kV 母分段断路器智能终端实现直连直跳。

（3）110kV 智能单母分段变电站各侧断路器均有独立的 TA，进线间隔转检修时，停用备自投 GOOSE 接收、发送软压板和 SV 接收软压板。

（三）110kV 智能站单母线断路器类设备典型倒闸操作票步骤解读

1. 状态确认

（1）万横 923 线路处于运行状态：9231、9233 隔离开关、万横 923 断路器在合位。

（2）万横 923 线路处于热备用状态：万横 923 断路器在分位，9231、9233 隔离开关在合位。

（3）万横 923 线路处于冷备用状态：万横 923 断路器在分位，9231、9233 隔离开关在分位。

（4）万横 923 线路处于检修状态：万横 923 断路器在分位，9231、9233 隔离开关在分位，线路侧接地刀闸 9230 在合位。

（5）万横 923 断路器处于检修状态：万横 923 断路器在分位，9231、9233 隔离开关在分位，万横 923 断路器两侧接地刀闸 92310、92330 在合位。

2. 填票逻辑

（1）万横 923 断路器最终在检修状态，110kV 备自投条件不满足应停用。

（2）1 号主变压器负荷转由大横 962 线路经分段 900 断路器带。

（3）停电时，先拉开线路侧隔离开关，后拉开母线侧隔离开关，送电时相反。

（4）线路及断路器均转检修，先转线路检修，再转断路器检修。

（5）断路器转检修，对应断路器的储能及操作电源断开，切换开关需切至就地。

（6）线路断路器转检修时对应主变压器保护出口压板要退出。

（7）线路上有人工作，应在断路器和线路侧隔离开关操作把手上悬挂“禁止合闸，线路有人工作！”标示牌。

3. 任务分解

模块一：110kV 万横 923 断路器由运行转热备用

1）停用 110kV 备自投装置备自投功能软压板。

2）检查 110kV 分段 900 断路器确在运行状态。

3）检查大横 962 断路器确在热备用状态。

4）检查大横 962 断路器切换开关在“远方”。

5）合上大横 962 断路器。

6）检查大横 962 断路器机械位置指示确在合位。

7）检查大横 962 断路器智能柜“962 合”灯亮。

8）检查 110kV 分段 900 断路器、大横 962 断路器与万横 923 断路器负荷分配正常。

9）拉开万横 923 断路器。

10）检查万横 923 断路器机械位置指示确在分位。

11）检查万横 923 断路器智能柜“923 合”灯灭。

12）检查 110kV 分段 900 断路器与大横 962 断路器负荷分配正常。

模块二：110kV 万横 923 由热备用转冷备用

13）拉开万横 9233 隔离开关。

14）检查万横 9233 隔离开关机械位置指示确在分位。

15）检查万横 9233 隔离开关合闸灯灭。

16）拉开万横 9231 隔离开关。

17）检查万横 9231 隔离开关机械位置指示确在分位。

18）检查万横 9231 隔离开关合闸灯灭。

模块三：110kV 万横 923 线路由冷备用转检修

19）拉开万横 923 线路压变低压小断路器。

20）在万横 9233 隔离断路器靠近线路侧验明三相确无电压。

21）合上万横 9230 接地刀闸。

22）检查万横 9230 接地刀闸合闸灯亮。

23）检查万横 9230 接地刀闸机械位置指示确在合位。

24）检查万横 9230 接地刀闸三相确已合上。

25）在万横 923 断路器操作把手上悬挂“禁止合闸，线路有人工作！”标示牌。

26）在万横 9233 隔离断路器操作把手上悬挂“禁止合闸，线路有人工作！”标示牌。

模块四：110kV 万横 923 断路器由冷备用转检修

27）检查万横 923 断路器电流遥测值三相指示为零。

28）合上万横 92310 接地刀闸。

29）检查万横 92310 接地刀闸合闸位置指示红灯亮。

30）检查万横 92310 接地刀闸分合闸位置指示器在“合”位。

31）合上万横 92330 接地刀闸。

32）检查万横 92330 接地刀闸合闸位置指示红灯亮。

33）检查万横 92330 接地刀闸分合闸位置指示器在“合”位。

34）将万横 923 切换开关由“远方”切至“就地”。

35）将 110kV 侧备自投 GOOSE 接收“跳桥断路器软压板”由“1”调至“0”。

36）将 110kV 侧备自投 GOOSE 发送“跳桥断路器软压板”由“1”调至“0”。

37）将 110kV 侧备自投 SV 接收“跳桥断路器软压板”由“1”调至“0”。

38）断开万横 923 操作电源空气开关。

39）断开万横 923 储能电源空气开关。

三、110kV 智能站单母分段接线主变压器类设备倒闸操作

（一）一次设备的操作

110kV 智能站单母分段接线主变压器类的操作，不需要将高压侧进线线路停电，主变压器压器操作更加便捷。

（1）主变压器解列操作时，现场应先将解列主变压器的低压侧负荷进行调整，现场应保证解列前低压侧电压在合格范围内，低压侧合环后，拉开低压侧主变压器断路器。

（2）拉合空载主变压器前，现场必须先短时合上主变压器高压侧中性点接地隔离断路器。

（二）二次设备的操作

1. 对于 110kV 智能站的主变压器保护：各侧电压 SV 接收、各侧电流 SV 接收，主（差动）保护、后备保护、各侧电压投入，跳各侧 GOOSE 出口、闭锁备自投等软压板的投退。

2. 主变压器保护接收：主变压器保护采用 110kV 母线电压输入，110kV 母线设备合并单元 SV 网联至主变压器各侧间隔，通过 SV 组网后传输至保护及自动装置。

（三）110kV 智能站单母分段主变压器设备典型倒闸操作票步骤解读

1. 状态确认

（1）2 号主变压器处于运行状态：分段 900 断路器在合位，2 号主变压器 902 断路器在合位，9022、9023 隔离开关在合位，2 号主变压器 102A、102B 手车断路器在合位。

（2）2 号主变压器处于热备用状态：2 号主变压器 902 断路器在分位，9022、9023 隔离开关在分位；2 号主变压器 102A、102B 手车断路器在分位。

（3）2 号主变压器处于冷备用状态：2 号主变压器 902 断路器在分位，9022、9023 隔离开关在分位，2 号主变压器 102A、102B 手车断路器在试验位置。

（4）2 号主变压器处于检修状态：高压侧接地刀闸 21100 在合位，主变压器低压侧与 102A、102B 手车断路器间在穿墙套管母线桥处挂接地线一组。

2. 填票逻辑

（1）停电时先拉开低压侧断路器，再拉开高压侧断路器，送电时相反。

（2）合环时检查 1 号主变压器与 2 号主变压器有载分接断路器在可并列位置。

（3）主变压器由空载运行转热备用时，合主变压器中性点接地刀闸前需检查 110kV 母线电压三相指示正常。

（4）主变压器转检修，顺序：高压侧先转检修，低压侧后转检修。

3. 任务分解

模块一：110kV 2 号主变压器由运行转热备用

1）检查 2 号主变压器高压侧带电指示器三相红灯亮。

2）检查 1、2 号主变压器高压分接断路器挡位在可并列位置。

3）检查 1、2 号主变压器负荷满足并列运行条件。

4）检查 10kV 分段 1001 手车确在工作位置。

5）检查 10kV 分段 100 断路器手车确在工作位置。

6）检查 10kV 分段 100 断路器切换开关在“远方”位置。

7）合上 10kV 分段 100 断路器。

8）检查 10kV 分段 100 断路器机械位置指示确在合位。

9）检查 10kV 分段 100 断路器合闸灯亮。

10）检查 2 号主变压器 102A、102B 断路器与 10kV 分段 100 断路器负荷分配正常。

11）检查 2 号主变压器 102A、102B 断路器切换开关在“远方”位置。

12）拉开 2 号主变压器 102A、102B 断路器。

13）检查 2 号主变压器 102A、102B 断路器机械位置指示确在分位。

14）检查 2 号主变压器 102A、102B 断路器合闸灯灭。

15）检查 1 号主变压器 101 断路器与 10kV 分段 100 断路器负荷分配正常。

16）检查 110kV 1 号母线三相电压正常。

17）合上 2 号主变压器高压侧中性点 9020 接地刀闸。

18）检查 2 号主变压器高压侧中性点 9020 接地刀闸确已合上。

19）检查 2 号主变压器 902 断路器切换开关在“远方”位置。

20）拉开 2 号主变压器 902 断路器。

21）检查 2 号主变压器 902 断路器机械位置指示确在分位。

22）检查 2 号主变压器 902 断路器智能柜“902 合”灯灭。

23）拉开 2 号主变压器高压侧中性点 9020 接地刀闸。

24）检查 2 号主变压器高压侧中性点 9020 接地刀闸确已拉开。

模块二：110kV 2 号主变压器由热备用转冷备用

25）将 2 号主变压器 102A 断路器切换开关由“远方”切至“就地”位置。

26）将 2 号主变压器 102A 断路器手车由工作位置摇至试验位置。

27）检查 2 号主变压器 102A 断路器手车确已由工作位置摇至试验位置。

28）将 2 号主变压器 102B 断路器切换开关由“远方”切至“就地”位置。

29）将 2 号主变压器 102B 断路器手车确已由工作位置摇至试验位置。

30）检查 2 号主变压器 102B 断路器手车确已由工作位置摇至试验位置。

31）将 2 号主变压器 902 断路器切换开关由“远方”切至“就地”位置。

32）拉开 2 号主变压器 9023 隔离开关。

33）检查 2 号主变压器 9023 隔离开关机械位置指示确在分位。

34）检查 2 号主变压器 9023 隔离开关合闸灯灭。

35）拉开 2 号主变压器 9021 隔离开关。

36）检查 2 号主变压器 9021 隔离开关机械位置指示确在分位。

37）检查 2 号主变压器 9021 隔离开关合闸灯灭。

模块三：110kV 2 号主变压器由冷备用转检修

38）检查 2 号主变压器高压侧带电指示器三相红灯灭。

39）在 2 号主变压器高压侧与 9023 隔离开关间验明三相无电压。

40）合上 2 号主变压器 21100 接地刀闸。

41）检查 2 号主变压器 21100 接地刀闸合闸位置指示红灯亮。

42）检查 2 号主变压器 21100 接地刀闸分合闸位置指示器在“合”位。

43）在 2 号主变压器低压侧穿墙套管母线桥处与 2 号主变压器 102A 断路器手车间验明三相确无电压。

44）在 2 号主变压器低压侧穿墙套管母线桥处与 2 号主变压器 102A 断路器手车间装设接地线一组。

45）断开 2 号主变压器有载电源空气开关。

46）停用 2 号主变压器本体智能组件柜非电量跳高压断路器硬压板。

47）停用 2 号主变压器本体智能组件柜非电量跳 2 号主变压器低压断路器硬压板。

48）将 110kV 侧备自投 GOOSE 接收“跳桥断路器软压板”由“1”调至“0”。

49）将 110kV 侧备自投 GOOSE 发送“跳桥断路器软压板”由“1”调至“0”。

50）将 110kV 侧备自投 SV 接收“跳桥断路器软压板”由“1”调至“0”。

四、110kV 智能站单母接线母线及附属设备类倒闸操作

（一）状态确认

（1）110kV Ⅰ母线处于运行状态：万横 923 断路器在合位，分段 900 断路器在合位，9231、9233、9001、9002、9005 隔离开关均在合位。

（2）110kV Ⅰ母线处于热备用状态：万横 923、分段 900 断路器在分位，9231、9233、9001、9002、9005 隔离开关均在合位。

（3）110kV Ⅰ母线处于冷备用状态：万横 923、分段 900 断路器在分位，9231、9233、9001、9002、9005 隔离开关均在分位。

（4）110kV Ⅰ母线处于检修状态：9231、9611、9011、9005 隔离开关均在分位，母线侧接地刀闸 90100 在合位。

（二）填票逻辑

（1）将 1 号主变压器 901 断路器、万横 923 断路器均转冷备用。110kV 备自投条件不满足应停用。

（2）10kV Ⅰ母线负荷由 100 断路器带。

（3）110kV Ⅰ母线腾空后，压变由运行转冷备用，最后母线转检修。

（三）任务分解

模块一：110kV 1 号主变压器由运行转热备用

1）投入 110kV 备自投闭锁压板。

2）检查 1、2 号主变压器负荷满足并列运行条件。

3）检查 2 号主变压器高压侧带电指示器三相红灯亮。

4）检查 1、2 号主变压器高压分接断路器挡位在可并列位置。

5）检查 1、2 号主变压器负荷满足并列运行条件。

6）检查 10kV 分段 1001 手车确在工作位置。

7）检查 10kV 分段 100 断路器手车确在工作位置。

8）检查 10kV 分段 100 断路器切换开关在“远方”位置。

9）合上 10kV 分段 100 断路器。

10）检查 10kV 分段 100 断路器机械位置指示确在合位。

11）检查 10kV 分段 100 断路器合闸灯亮。

12）检查 1 号主变压器 101 断路器与 10kV 分段 100 断路器负荷分配正常。

13）检查 1 号主变压器 101 断路器切换开关在“远方”位置。

14）拉开 1 号主变压器 101 断路器。

15）检查 1 号主变压器 101 断路器机械位置指示确在分位。

16）检查 1 号主变压器 101 断路器合闸灯灭。

17）检查 2 号主变压器 102A、102B 断路器与 10kV 分段 100 断路器负荷分配正常。

18）检查 110kV 1 号母线三相电压正常。

19）合上 1 号主变压器高压侧中性点 9010 接地刀闸。

20）检查 1 号主变压器高压侧中性点 9010 接地刀闸确已合上。

21）检查 1 号主变压器 901 断路器切换开关在“远方”位置。

22）拉开 1 号主变压器 901 断路器。

23）检查 1 号主变压器 901 断路器机械位置指示确在分位。

24）检查 1 号主变压器 901 断路器智能柜“901 合”灯灭。

25）拉开 1 号主变压器高压侧中性点 9010 接地刀闸。

26）检查 1 号主变压器高压侧中性点 9010 接地刀闸确已拉开。

模块二：110kV 1 号主变压器由热备用转冷备用

27）将 1 号主变压器 101 切换开关由“远方”切至“就地”。

28）将 1 号主变压器 101 手车由“工作位置”摇至“试验位置”。

29）检查 1 号主变压器 101 手车已由“工作位置”摇至“试验位置”。

30）拉开 1 号主变压器 9013 隔离开关。

31）检查 1 号主变压器 9013 隔离开关分闸位置指示绿灯亮。

32）检查 1 号主变压器 9013 隔离开关分合闸位置指示器在“分”位。

33）拉开 1 号主变压器 9011 隔离开关。

34）检查 1 号主变压器 9011 隔离开关分闸位置指示绿灯亮。

35）检查 1 号主变压器 9013 隔离开关分合闸位置指示器在“分”位。

模块三：110kV 万横 923 断路器由运行转热备用

36）检查 110kV 分段 900 断路器确在运行状态。

37）检查大横 962 断路器确在热备用状态。

38）检查大横 962 断路器切换开关在“远方”。

39）合上大横 962 断路器。

40）检查大横 962 断路器机械位置指示确在合位。
41）检查大横 962 断路器智能柜“962 合”灯亮。
42）检查 110kV 分段 900 断路器、大横 962 断路器与万横 923 断路器负荷分配正常。
43）拉开万横 923 断路器。
44）检查万横 923 断路器机械位置指示确在分位。
45）检查万横 923 断路器智能柜“923 合”灯灭。
46）检查 110kV 分段 900 断路器与大横 962 断路器负荷分配正常。
模块四：110kV 分段 900 断路器由运行转热备用
47）检查 110kV Ⅰ母线三相电压正常。
48）拉开分段 900 断路器。
49）检查分段 900 断路器机械位置指示确在分位。
50）检查分段 900 断路器智能柜“900 合”灯灭。
模块五：110kV 分段 900 断路器热备用转冷备用
51）拉开分段 9001 隔离开关。
52）检查分段 9001 隔离开关分闸位置指示绿灯亮。
53）检查分段 9001 隔离开关分合闸位置指示器在“分”位。
54）拉开分段 9002 隔离开关。
55）检查分段 9002 隔离开关分闸位置指示绿灯亮。
56）检查分段 9002 隔离开关分合闸位置指示器在“分”位。
模块六：110kV 万横 923 断路器由热备用转冷备用
57）拉开万横 9233 隔离开关。
58）检查万横 9233 隔离开关分闸位置指示绿灯亮。
59）检查万横 9233 隔离开关分合闸位置指示器在“分”位。
60）拉开万横 9231 隔离开关。
61）检查万横 9231 隔离开关分闸位置指示绿灯亮。
62）检查万横 9231 隔离开关分合闸位置指示器在“分”位。
模块七：110kV Ⅰ母压变由运行转冷备用
63）检查 110kV Ⅰ母线电压遥测值三相指示正常。
64）断开 110kV Ⅰ母压变计量用电压空气开关。
65）断开 110kV Ⅰ母压变保护用电压空气开关。
66）拉开 110kV Ⅰ母压变 9005 隔离开关。
67）检查 110kV Ⅰ母压变 9005 隔离开关分闸位置指示绿灯亮。
68）检查 110kV Ⅰ母压变 9005 隔离开关分合闸位置指示器在“分”位。
模块八：110kV Ⅰ母线由冷备用转检修
69）检查 110kV Ⅰ母线电压遥测值三相指示为零。
70）合上 110kV Ⅰ母线 90100 接地刀闸。

71）检查 110kV Ⅰ母线 90100 接地刀闸合闸位置指示红灯亮。

72）检查 110kV Ⅰ母线 90100 接地刀闸分合闸位置指示器在“合”位。

五、10kV 高压手车断路器设备倒闸操作

（一）一次设备的操作

高压手车断路器柜是金属封闭断路器设备的俗称，是按一定的电路方案将有关电气设备组装在一个封闭的金属外壳内的成套配电装置（见图 6-3），是变电站 10kV 主要的电力控制设备，当系统正常运行时，能切断和接通线路及各种电气设备空载和负荷电流；当系统发生故障时它能和继电保护配合迅速切除故障电流，以防止扩大事故范围。

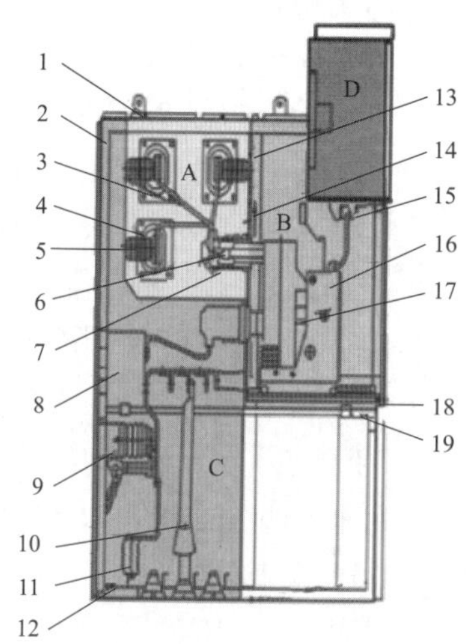

图 6-3　高压手车断路器柜结构示意图

A—母线室；B—（断路器）手车室；C—电缆室；D—继电器仪表室；

1—泄压装置；2—外壳；3—分支母线；4—母线套管；5—主母线；6—静触头装置；7—静触头盒；8—电流互感器；9—接地开关；10—电缆；11—避雷器；12—接地母线；13—装卸式隔板；14—隔板（活门）；15—二次插头；16—断路器手车；17—加热去湿器；18—可抽出式隔板；19—接地开关操动机构

在断路器室内安装了特定的导轨，供断路器手车在内滑行与工作（见图 6-4）。手车能在工作位置与试验位置之间移动。静触头的隔板（活门）安装在手车室的后壁上。手车从试验位置移动到工作位置过程中，隔板自动打开，反方向移动手车则完全复合，从而保障了操作人员不触及带电体。

电缆室内可安装电流互感器、接地断路器、避雷器（过电压保护器）以及电缆等附属设备（见图 6-5），并在其底部配制开缝的可卸铝板，以确保现场施工的方便。

断路器柜具有可靠的联锁装置，满足五防的要求，切实保障了操作人员及设备的安全。

（1）仪表室门上装有提示性的按钮或者转换断路器，以防止误合、误分断路器。

（2）断路器手车在试验位置或工作位置时，断路器才能进行合分操作，而在断路器合闸后，手车无法移动，以防止带负荷误推拉手车。

手车室：
手车轨道：供手车在柜内移动时的导向和定位用；
静触头盒隔板：手车在试验位置和工作位置之间移动过程中，遮挡上、下静触头盒的活门自动相应打开或闭合，形成隔室间有效的隔离

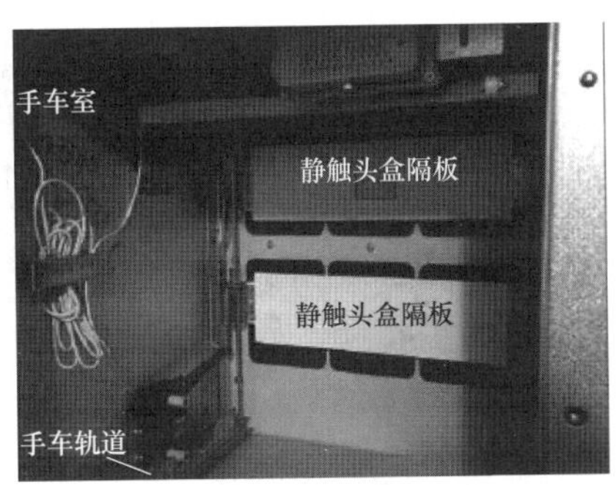

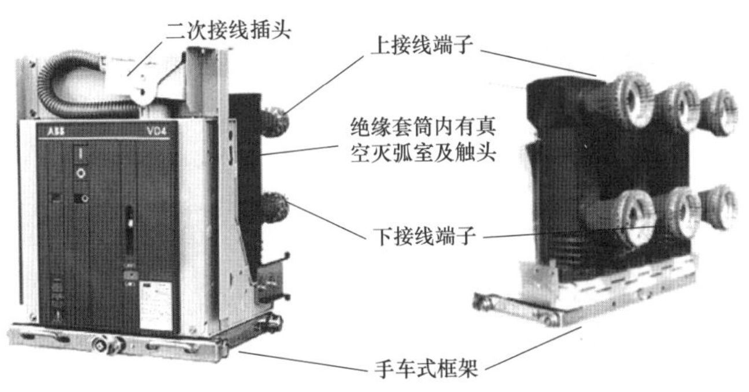

图 6-4　手车断路器柜断路器结构图

避雷器：设备过电压保护装置，并联在断路器出线侧，设备正常运行后一般不需要操作

电压传感器：带电显示装置的传感器，为带电显示装置及电磁锁提供带电信号

图 6-5　电缆室结构图

（3）仅当接地断路器处在分闸位置时，断路器手车才能从试验 / 检修位置移至工作位置；仅当断路器手车处于试验 / 检修位置时，接地断路器才能进行合闸操作。这样可以防止带电误合接地断路器，以及防止接地断路器处在闭合位置时分合断路器。

（4）接地断路器处于分闸位置时，断路器柜下门及后门都无法打开，以防止误入带电间隔。

（5）断路器设备上的二次线与断路器手车上的二次线的联络是通过手动二次航空插头来实现的，二次航空插头的动触头通过一个尼龙波纹收缩管与断路器手车相连，二次航空静触头座装设在断路器柜手车室的右上方（见图 6-6）。断路器手车只有在试验、断开位置时，才能插上和解除二次航空插头；断路器手车处于工作位置时由于机械联锁作用，二次航空插头被锁定，不能被解除。

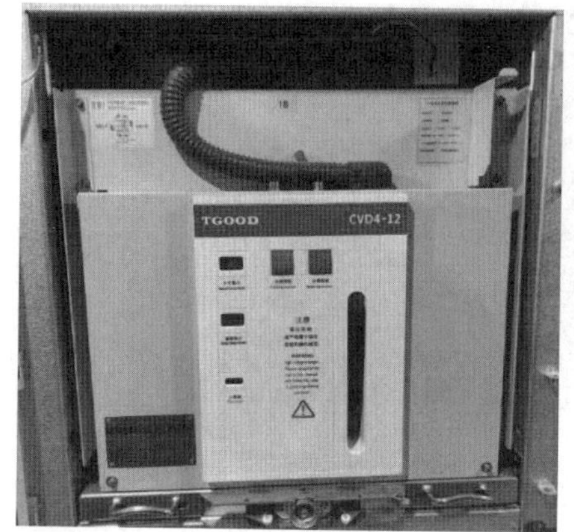

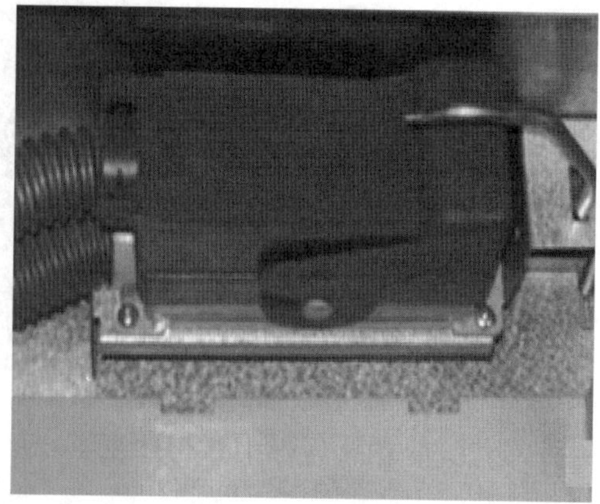

图 6-6　手车断路器二次航空插头图

（二）二次设备的操作

10kV 手车断路器继电保护采用保测一体就地安装的方式，保护装置设置在手车断路器柜的上柜，面板上安装有保护装置、操作把手、保护出口压板、仪表、状态指示灯（或状态显示器）等；保护小室内，安装有端子排、保护控制回路电源断路器、保护工作装置电源、储能电机工作电源断路器（直流或交流），以及特殊要求的二次设备（见图 6-7）。

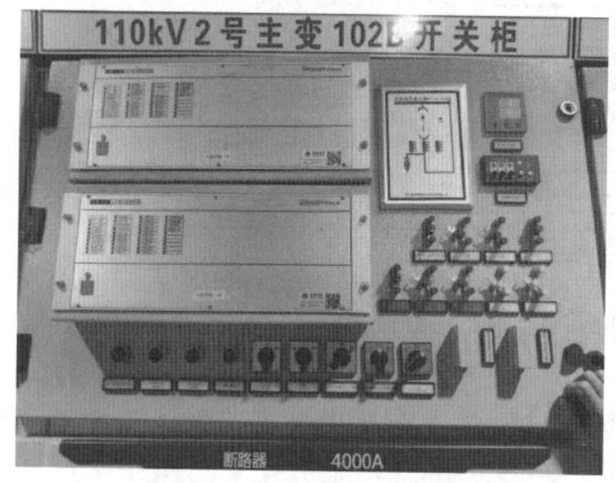

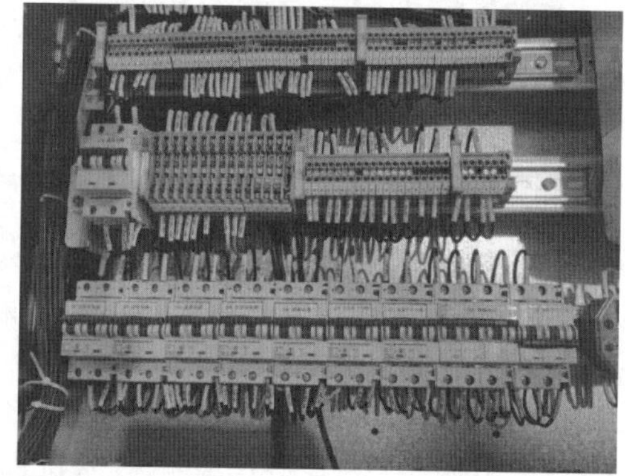

图 6-7　手车断路器保护装置图

（三）10kV 母线类设备典型倒闸操作票步骤解读

1. 状态确认

（1）10kV Ⅰ、Ⅱ段母线分列运行，分段 100 手车开关热备用。

（2）10kV Ⅰ、Ⅱ母线电压互感器分别运行于 10kV Ⅰ、Ⅱ段母线。

2. 填票逻辑

（1）10kV Ⅰ母线电压互感器最终在检修状态，10kV Ⅰ母线运行。

（2）10kV Ⅰ母线电压互感器转检修，Ⅰ、Ⅱ段母线电压切换开关切至并列运行。

（3）Ⅰ母线电压互感器手车闸刀转检修时，先拉开保护、计量用二次空气开关，再取

下手车闸刀二次航空插头。

3. 任务分解

模块一：Ⅰ、Ⅱ段母线分列运行转为并列运行

1）检查分段 100 手车断路器远近控切换把手在“远方”位置。

2）检查分段 100 手车断路器电流为“0”。

3）检查监控后台分段 100 手车断路器分闸指示正确。

4）合上分段 100 手车断路器。

5）检查监控后台分段 100 手车断路器合闸指示正确。

6）检查分段 100 手车断路器机械位置在合位。

7）检查分段 100 手车断路器负荷电流显示为“　　”。

8）检查 10kV Ⅰ、Ⅱ段母线电压正常。

9）将Ⅰ、Ⅱ段母线电压切换开关由“解列”切至“并列”。

模块二：10kV Ⅰ母线电压互感器转检修

10）断开 10kV Ⅰ段母线电压互感器保护用二次空气开关。

11）断开 10kV Ⅰ段母线电压互感器计量用二次空气开关。

12）取下 10kV Ⅰ段母电压互感器二次插头。

13）将Ⅰ段母线电压互感器线 1151 手车闸刀由“工作”位置摇至“试验”位置。

14）检查Ⅰ段母线电压互感器 1151 手车闸刀已摇至“试验”位置。

15）将Ⅰ段母线电压互感器线 1151 手车闸刀由“试验”位置摇至“检修”位置。

16）检查Ⅰ段母线电压互感器 1151 手车闸刀已摇至“检修”位置。

第五节　一键顺控倒闸操作

随着电网快速发展和设备规模大幅增长，不同电压等级的变电站数量不断增加，变电站电气设备倒闸操作也愈加复杂。现阶段，变电站已逐步进入少人值守模式，运维人员少与变电站数量多、设备运维要求高之间的矛盾日益突出，传统的变电站倒闸操作模式已不能满足电网发展及运维要求。针对当前一线运维班组操作任务多、操作耗时长、操作效率低、操作人员少的诸多难点问题，如何保障变电运维班组现场承载力，有效提升变电设备运维工作质效，加快推进变电运维“两个替代”建设应用，实现运维数字化转型，是运维专业急需考虑和解决的重点问题，在此背景下一键顺控倒闸操作技术便应运而生。

一、一键顺控倒闸操作基本介绍

一键顺控倒闸操作是变电站倒闸操作的一种操作模式，具备操作项目软件预制、操作任务模块式搭建、设备状态自动判别、防误联锁智能校核、操作步骤一键启动和操作过程自动顺序执行等功能。当前一键顺控倒闸操作范围主要涵盖主变压器、母线、断路器“运行、热备用、冷备用”三种状态间的转换操作，空气绝缘断路器柜的“运行、热备用”两种状态间的转换操作，双母线接线实现倒母线操作，主变压器中性点切换操作等应用场景。

一键顺控操作技术具有广阔的应用前景，其优势如下：

（1）提高倒闸操作效率。传统人工倒闸操作每步都需要操作人员到现场执行和确认，操作过程烦琐，而通过一键顺控操作，节省了大量的人工操作及设备状态核对时间，并且通过调用典型操作票库，简化操作票编写，也节省了倒闸操作的准备时间。

（2）降低误操作风险。采用模块化的操作票，其防误主机上有着独立且完善的五防闭锁逻辑，当逻辑不满足时无法下达操作任务，这有效杜绝了操作人员误填操作票、误入间隔、误触碰运行设备等误操作场景，避免了由于操作人员业务素质低对倒闸操作安全性和正确性的影响，大幅降低操作风险。

（3）提升设备状态确认可靠性。通过不同源“双确认”，一键顺控通过微动断路器或视频确认方式，能够精准地判断隔离断路器位置的分闸、合闸、异常状态及分合闸是否到位，实现倒闸操作项目的自动执行与智能校核，有效提升设备状态确认可靠性。

（4）保障倒闸操作安全性。采用顺序控制模式，由计算机按照程序自动执行操作票的遥控操作和状态检查，不会出现操作漏项、缺项，解决现场因设备运行突发异常、设备分合不到位等不可控因素，带来运维人员人工操作的人身安全风险问题，保障现场操作人员的人身安全。

二、一键顺控系统架构

现阶段，一键顺控支持变电站端和集控站（运维班）端两种操作模式，系统架构如图 6-8 所示。

变电站端一键顺控操作由一键顺控主机、智能防误主机、间隔层设备及一次设备双确认装置等协同完成。操作人员使用一键顺控主机选择当前设备态及目标设备态，调用一键顺控主机内提前预制的操作票，经智能防误主机和一键顺控主机防误双校核后，由一键顺控主机将操作指令通过间隔层设备下发至现场一、二次设备完成各项操作任务，实现变电站端一键顺控操作。同时，变电站端一键顺控配置集控站（运维班）端和调度端接口。

集控站监控系统部署一键顺控功能模块，运维班部署集控站监控系统终端，通过调用变电站端一键顺控服务，实现集控站（运维班）端一键顺控操作。集控站监控系统未完成部署前，集控站（运维班）端采用现有调度监控系统延伸模式调用变电站端一键顺控服务，实现集控站（运维班）端一键顺控操作。

一键顺控系统包括一键顺控主机、智能防误主机、数据通信网关机、双确认装置、测控装置等模块。

（1）一键顺控主机。负责顺控操作票的存储和管理，实时接收和执行本地及调控远方下发的一键顺控指令，完成生成任务、模拟预演、指令执行、防误校核等操作，并上送执行结果。

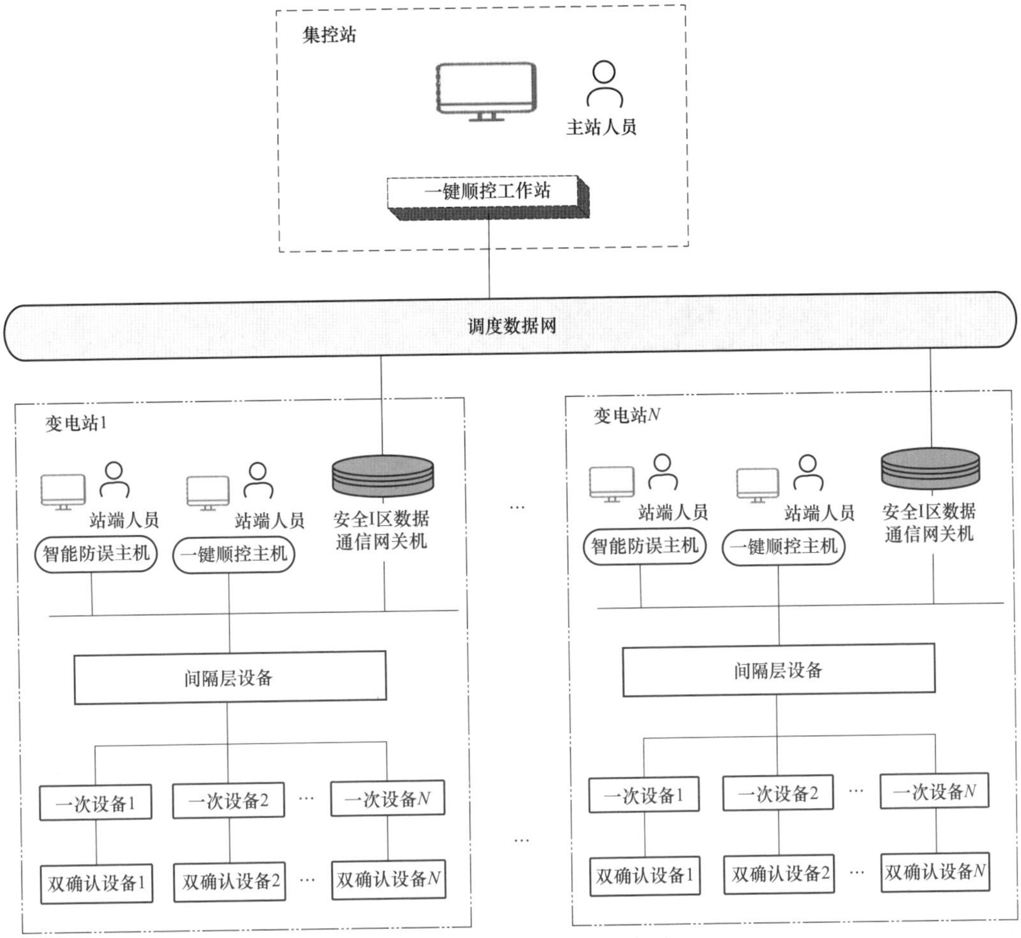

图 6-8　一键顺控系统架构图

（2）智能防误主机。具备面向全站设备的操作闭锁功能，满足一键顺控模拟预演、操作执行防误双校核功能。

（3）数据通信网关机。具备数据采集、处理、远传等基本功能，还具备单点遥控和一键顺控指令转发、执行结果上送等功能。

（4）测控装置（顺控 / 间隔）。接入一次设备双确认装置、空气开关位置等新增信号，实现对空气开关的遥控操作功能。

（5）双确认装置。用于实时监测断路器、隔离刀闸等设备实际位置的装置。

三、一键顺控操作流程

一键顺控操作的流程主要包含登录系统、权限校验、生成操作任务、模拟预演和指令执行五个环节。

（1）登录系统。在集控站或变电站一键顺控后台主机上打开顺控操作系统服务后，首先需进行用户权限校验，输入登录用户名称和密码，完成系统登录，如图 6-9 所示。

（2）权限校验。单击操作票菜单，选择一键顺序控制，进入权限校验界面，如图 6-10 所示。权限校验为操作人校验、监护人校验两个区域，窗口最下方显示确定、取消按钮。操作人校验区域左侧显示操作人图标，右侧在下拉列表框中选择操作人，在编辑框中输入操作人密码；监护人校验区域左侧显示监护人图标，右侧在下拉列表框中选择监护人，在编辑框中输入监护人密码；密码用密文形式显示。单击“确定”按钮后进行权限校验，权限校验失败时，弹出对话框提示“用户名或密码错误”。

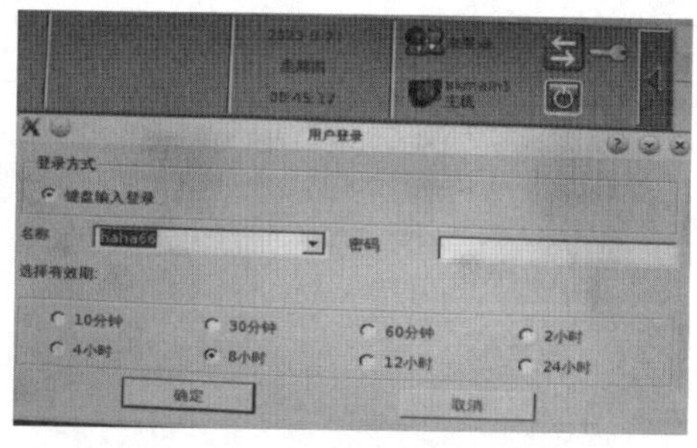

图 6-9　一键顺控系统登录

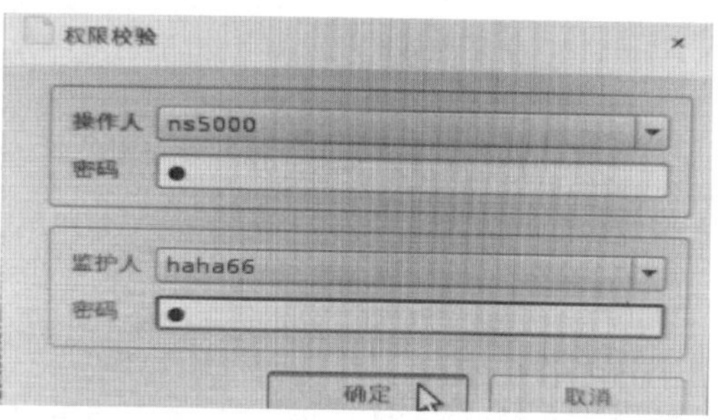

图 6-10　一权限校验

（3）生成操作任务。完成权限校验后操作人员可新建 / 添加操作任务，选择当前设备状态和目标状态，如图 6-11 所示。此时顺控主机通过采集一、二次设备状态信息，判断选择的操作对象的当前设备态是否和生成任务要求的当前设备态一致，根据选择的操作对象、当前设备态、目标设备态，在操作票库内自动匹配唯一的操作票，生成操作任务。

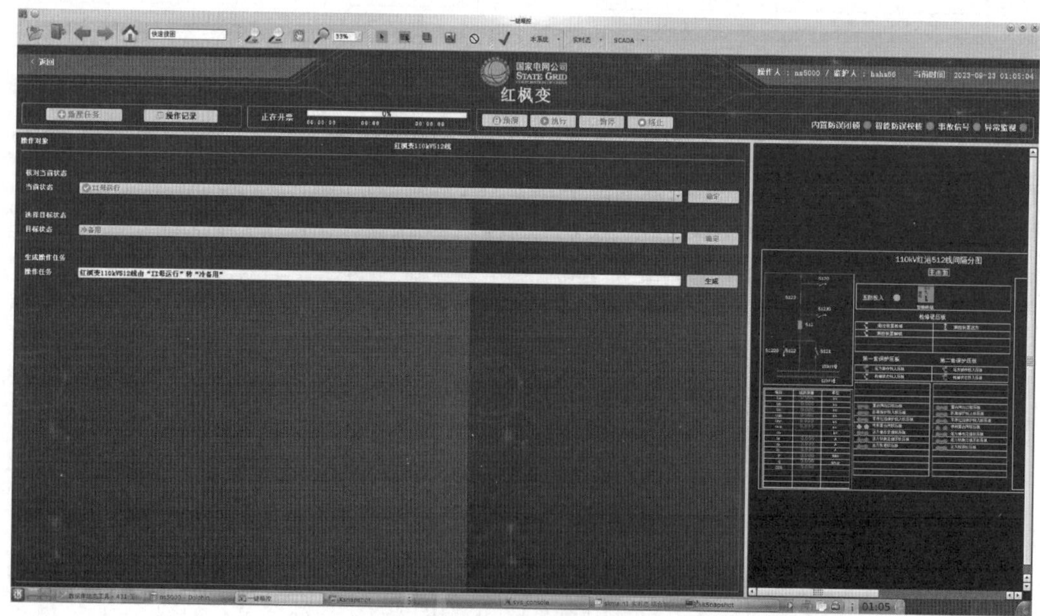

图 6-11　生成操作任务

（4）模拟预演。模拟预演步骤需经监控主机内置防误逻辑闭锁校验和独立智能防误主机防误逻辑校核，在顺控主机模拟预演执行前，系统会自动检查操作条件列表是否全部满足。在操作条件满足的前提下，单击预演按钮进行模拟预演，预演过程中，单击“执行”“暂停”“终止”按钮，后台界面模拟预演进度条显示当前预演进度，预演成功后单击执行按钮转到执行界面，如图 6-12 所示。若模拟预演失败，无法进行后续操作。

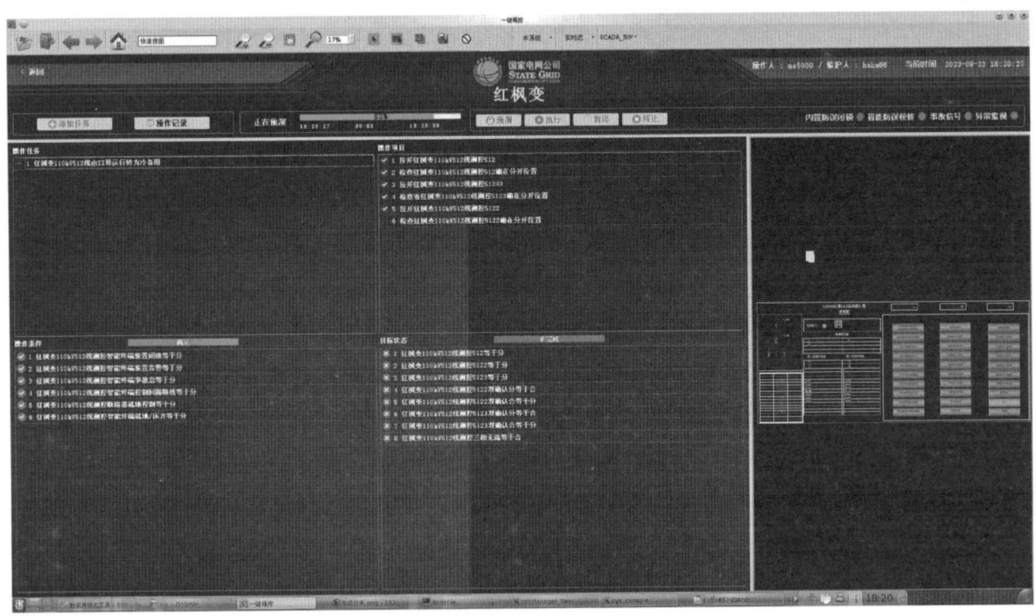

图 6-12　模拟预演

（5）指令执行。单击执行按钮开始执行顺控操作任务，如图 6-13 所示。顺控主机发一键顺控操作执行指令时，每步控制指令经监控主机内置防误逻辑闭锁校验和智能防误主机单步防误校核，且受相关闭锁信号闭锁。指令执行过程中，若防误逻辑校核不通过或收到相关闭锁信号，终止当前操作。

操作任务执行中可“暂停”。暂停后，“暂停”按钮切换成“继续”按钮，“预演”“执行”“终止”按钮保持锁定。操作任务执行中可“终止”。终止后，回到界面初始状态，开放“预演”“执行”“暂停”“终止”按钮。

一键顺控操作票库按电压等级、设备分间隔编写，组合票由各间隔操作票按防误要求组合而成，一键顺控操作票应能根据操作对象、当前设备态、目标设备态确定唯一的操作票。如图 6-14 所示为红枫变电站 110kV 系统双母线电气主接线图，以 110kV 红港 512 线路为例，编写 110kV 线路的一键顺控典型操作票。

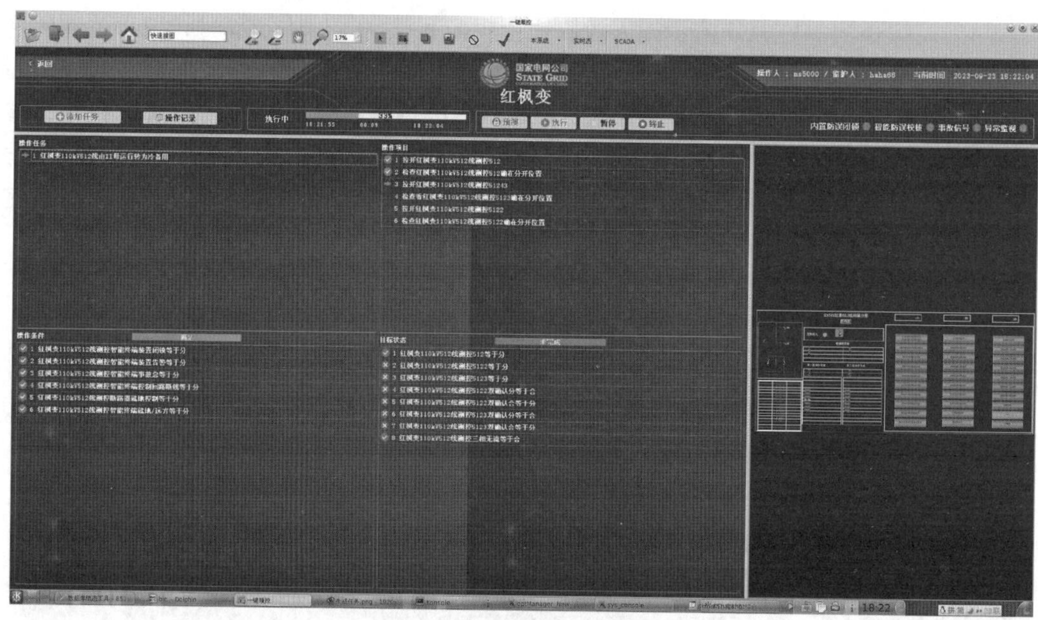

图 6-13　指令执行

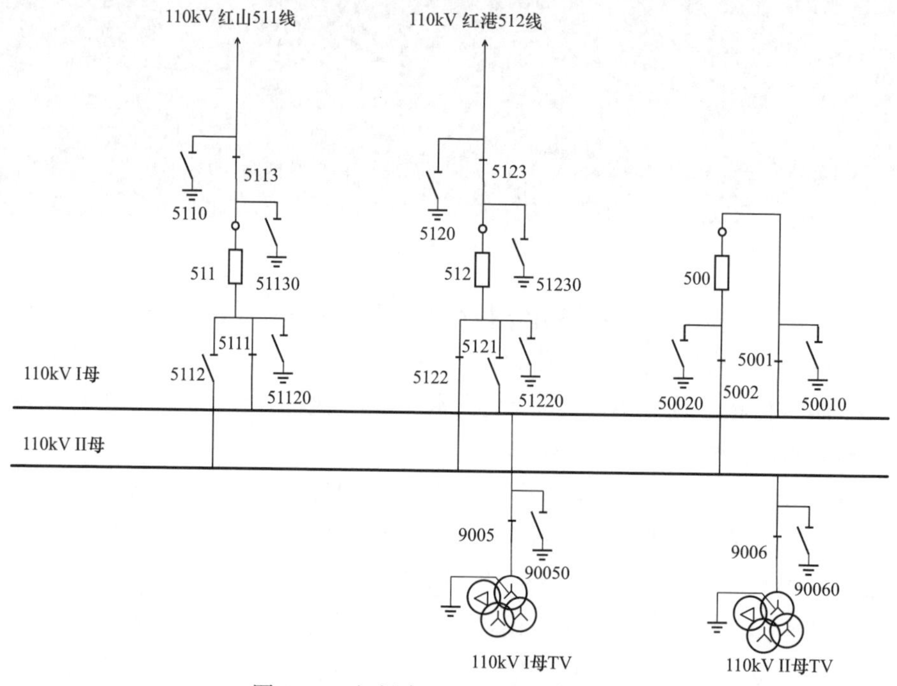

图 6-14　红枫变 110kV 双母线接线图

四、一键顺控典型操作票

以图 6-14 红枫变 110kV 双母线接线图为例，给出 110kV 红港 512 线停复役的一键顺控倒闸操作票，见表 6-2 和表 6-3。

表 6-2　　红枫变电站一键顺控倒闸操作票

单位：红枫变电站　　　　编号：

发令人：	受令人：	发令时间：　年　月　日　时　分
操作开始时间：　年　月　日　时　分		操作结束时间：　年　月　日　时　分

（√）监护下操作　　（　）单人操作　　（　）检修人员操作

操作任务：一键顺控：110kV 红港线 512 断路器由“Ⅱ母线运行”转“冷备用”

顺序	操作项目	√
1	选择“110kV 红港线 512”间隔	
2	选择当前状态为“Ⅱ母线运行”	
3	选择目标状态为“冷备用”	
4	检查操作任务“110kV 红港线 512 断路器由Ⅱ母线运行转冷备用”正确	
5	检查操作任务及操作内容生成正确	
6	单击“模拟预演”按钮	
7	检查“模拟预演”正确	
8	单击“执行”按钮	
9	检查一键顺控执行完毕	
10	检查目标状态正确：512-2 刀闸在分位，512-3 刀闸在分位，512 断路器在分位	
11		
12		
13		
14		
15		
16		
17		
18		
19		
20		

备注：

操作人：　　　　监护人　　　　值班负责人（值长）：

表 6-3　　红枫变电站一键顺控倒闸操作票

单位：红枫变电站		编号：
发令人：	受令人：	发令时间：　年　月　日　时　分
操作开始时间：　年　月　日　时　分		操作结束时间：　年　月　日　时　分
（√）监护下操作	（　）单人操作	（　）检修人员操作
操作任务：一键顺控：110kV 红港线 512 由“冷备用”转“Ⅱ母线运行”		

顺序	操作项目	√
1	选择“110kV 红港线 512”间隔	
2	选择当前状态为“冷备用”	
3	选择目标状态为“Ⅱ母线运行”	
4	检查操作任务“110kV 红港线 512 断路器由冷备用转Ⅱ母线运行”正确	
5	检查操作任务及操作内容生成正确	
6	单击“模拟预演”按钮	
7	检查“模拟预演”正确	
8	单击“执行”按钮	
9	检查一键顺控执行完毕	
10	检查目标状态正确：512-2 刀闸在合位，512-3 刀闸在合位，512 断路器在合位	
11		
12		
13		
14		
15		
16		
17		
18		
19		
20		

备注：		
操作人：	监护人	值班负责人（值长）：

第七章　110kV 智能变电站异常巡视及遥信

变电运维人员接到监控人员通知异常信号或者通过设备巡视发现问题时，应及时根据检查情况进行初步判断和异常处置。变电站设备巡视工作是变电运维工作的一项重要内容，对变电设备有关异常信号进行正确判断和处置是变电运维人员的一项重要能力。本章从智能站巡视要点、智能站常见异常信号解读以及其他监控信息释义及处置三个方面为读者展开介绍，旨在全面提高变电运维人员异常处置水平。

第一节　智能变电站巡视要点

智能变电站继电保护设备的智能化、自动化水平较高，在保证安全的前提下，宜通过技术创新和管理创新，开展远程巡视。异常天气、特殊运行方式、电网及设备异常等特殊情况下，应根据需要增加巡视频次。本节主要介绍主变压器、GIS 设备、开关柜、二次设备等四类设备巡视要点，并增加了部分远程智能巡视内容。

1. 主变压器

（1）例行巡视。

1）本体及套管。

a. 运行监控信号、灯光指示、运行数据等均应正常。

b. 各部位无渗油、漏油。

c. 套管油位正常，套管外部无破损裂纹、无严重油污、无放电痕迹，防污闪涂料无起皮、脱落等异常现象。

d. 套管末屏无异常声音，接地引线固定良好，套管均压环无开裂歪斜。

e. 变压器声响均匀、正常。

f. 引线接头、电缆应无发热迹象。

g. 外壳及箱沿应无异常发热，引线无散股、断股。

h. 变压器外壳、铁心和夹件接地良好。

i. 35kV 及以下接头和引线绝缘护套良好。

2）分接开关。

a. 分接挡位指示与监控系统一致。三相分体式变压器分接挡位三相应置于相同挡位，且与监控系统一致。

b. 机构箱电源指示正常，密封良好，加热、驱潮等装置运行正常。

c. 分接开关的油位、油色应正常。

3）冷却系统。

a. 各冷却器（散热器）的风扇、油泵、水泵运转正常，油流继电器工作正常。

b. 冷却系统及连接管道无渗油、漏油，特别注意冷却器潜油泵负压区有无出现渗油、漏油。

c. 冷却装置控制箱电源投切方式指示正常。

4）非电量保护装置。

a. 温度计外观完好、指示正常，表盘密封良好，无进水、凝露，温度指示正常。

b. 压力释放阀、安全气道及防爆膜应完好无损。

c. 气体继电器内应无气体。

d. 气体继电器、油流速动继电器、温度计防雨措施完好。

5）储油柜。

a. 本体及有载调压开关储油柜的油位应与制造厂提供的油温、油位曲线相对应。

b. 本体及有载调压开关吸湿器呼吸正常，外观完好，吸湿剂符合要求，油封、油位正常。

c. 免维护吸湿器电源应完好，加热器工作正常启动定值小于 RH60% 或按厂家规定。

6）其他。各控制箱、端子箱和机构箱应密封良好，加热、驱潮等装置运行正常。

a. 变压器室通风设备应完好，温度正常。门窗、照明完好，房屋无漏水。

b. 电缆穿管端部封堵严密。

c. 各种标志应齐全明显。

d. 原存在的设备缺陷是否有发展。

e. 变压器导线、接头、母线上无异物。

（2）全面巡视。全面巡视在例行巡视的基础上增加以下项目：

1）消防设施应齐全完好。

2）储油池和排油设施应保持良好状态。

3）各部位的接地应完好。

4）冷却系统各信号正确。

5）在线监测装置应保持良好状态。

6）抄录主变压器油温及油位。

（3）熄灯巡视。

1）引线、接头、套管末屏无放电、发红迹象。

2）套管无闪络、放电。

2. GIS 设备

（1）例行巡视。

1）设备出厂铭牌齐全、清晰。

2）运行编号标识、相序标识清晰。

3）外壳无锈蚀、损坏，漆膜无局部颜色加深或烧焦、起皮现象。

4）伸缩节外观完好，无破损、变形、锈蚀。

5）外壳间导流排外观完好，金属表面无锈蚀，连接无松动。

6）盆式绝缘子分类标示清楚，可有效分辨通盆和隔盆，外观无损伤、裂纹。

7）套管表面清洁，无开裂、放电痕迹及其他异常现象；金属法兰与瓷件胶装部位黏合应牢固，防水胶应完好。

8）均压环外观完好，无锈蚀、变形、破损、倾斜脱落等现象。

9）引线无散股、断股；引线连接部位接触良好，无裂纹、发热变色、变形。

10）设备基础应无下沉、倾斜，无破损、开裂。支架无锈蚀、松动或变形。

11）接地连接无锈蚀、松动、开断，无油漆剥落，接地螺栓压接良好。

12）对室内组合电器，进门前检查氧量仪和气体泄漏报警仪无异常。

13）运行中组合电器无异味，重点检查机构箱中有无线圈烧焦气味。

14）运行中组合电器无异常放电、振动声，内部及管路无异常声响。

15）SF_6 气体压力表或密度继电器外观完好，编号标识清晰完整，二次电缆无脱落、无破损或渗漏油，防雨罩完好。

16）对于不带温度补偿的 SF_6 气体压力表或密度继电器，应对照制造厂提供的温度－压力曲线，并与相同环境温度下的历史数据进行比较，分析是否存在异常。

17）压力释放装置（防爆膜）外观完好，无锈蚀变形，防护罩无异常，其释放出口无积水（冰）、无障碍物。

18）开关设备机构油位计和压力表指示正常，无明显漏气、漏油。

19）断路器、隔离开关、接地开关等位置指示正确，清晰可见，机械指示与电气指示一致，符合现场运行方式。尤其注意相间连杆采用转动、链条传动方式设计的三相机械联动隔离开关的三相位置指示是否一致。

20）断路器、油泵动作计数器指示值正常。

21）机构箱、汇控柜等的防护门密封良好、平整，无变形、锈蚀。

22）带电显示装置指示正常，清晰可见。

23）各类配管及阀门应无损伤、变形、锈蚀，阀门开闭正确，管路法兰与支架完好。

24）避雷器的动作计数器指示值正常，泄漏电流指示值正常。

25）智能柜散热冷却装置运行正常；智能终端或合并单元信号指示正确，且与设备运行方式一致，无异常告警信息；相应间隔内各气室的运行及告警信息显示正确。

（2）全面巡视。全面巡视应在例行巡视的基础上增加以下项目：

1）机构箱、汇控柜及二次回路。

a. 箱门应开启灵活，关闭严密，密封条良好，箱内无水迹。

b. 箱体接地良好。

c. 箱体透气口滤网完好、无破损。

d. 箱内无遗留工具等异物。

e. 接触器、继电器、辅助开关、限位开关、空气开关、切换开关等二次元件接触良好、位置正确，电阻、电容等元件无损坏，中文名称标识正确齐全。

f. 二次接线压接良好，无过热、变色、松动，接线端子无锈蚀，电缆备用芯绝缘护套完好。

g. 二次电缆绝缘层无变色、老化或损坏，电缆标牌齐全。

h. 二次电缆槽盒固定，且通风良好，无积水。

i. 电缆孔洞封堵严密牢固，无漏光、漏风、裂缝和脱漏现象，表面光洁平整。

j. 汇控柜保温措施完好，温湿度控制器及加热器回路运行正常，无凝露，加热器位置应远离二次电缆及温湿度传感器。

k. 照明装置正常。

l. 指示灯、光字牌指示正常。

m. 光纤完好，端子清洁，无灰尘。

n. 压板投退正确。

2）防误闭锁装置完好。

3）记录避雷器动作次数、泄漏电流指示值。

（3）熄灯巡视。

1）设备无异常声响。

2）引线连接部位、线夹无放电、发红迹象，无异常电晕。

3）套管等部件无闪络、放电。

3. 开关柜

（1）例行巡视。

1）开关柜运行编号标识正确、清晰，编号应采用双重编号。

2）开关柜上断路器或手车位置指示灯、断路器储能指示灯、带电显示装置指示灯指示正常。

3）开关柜内断路器操作方式选择开关处于运行、热备用状态时置于“远方”位置，其余状态时置于“就地”位置。

4）机械分、合闸位置指示与实际运行方式相符。

5）开关柜内应无放电声、无异味和不均匀的机械噪声。

6）开关柜压力释放装置无异常，释放出口无障碍物。

7）柜体无变形、下沉现象，柜门关闭良好，各封闭板螺栓应齐全，无松动、锈蚀。

8）开关柜闭锁盒、“五防”锁具闭锁良好，锁具标号正确、清晰。

9）充气式开关柜气压正常。

10）开关柜内 SF_6 断路器气压正常。

11）开关柜内断路器储能指示正常。

12）开关柜内照明正常，非巡视时间照明灯应关闭。

（2）全面巡视。全面巡视在例行巡视的基础上增加以下项目：

1）开关柜出厂铭牌齐全、清晰可识别，相序标识清晰可识别。

2）开关柜面板上应有间隔单元的一次电气接线图，并与柜内实际一次电气接线一致。

3）开关柜接地应牢固，封闭性能及防小动物设施应完好。

4）开关柜控制仪表室巡视检查项目及要求：

a. 表计、继电器工作正常，无异声、异味。

b. 不带有温湿度控制器的驱潮装置小开关正常在合闸位置，驱潮装置附近温度应稍高于其他部位。

c. 带有温湿度控制器的驱潮装置，温湿度控制器电源灯亮，根据温湿度控制器设定启动温度和湿度，检查加热器是否正常运行。

d. 控制电源、储能电源、加热电源、电压小开关正常在合闸位置。

e. 环路电源小开关除在分段点处断开外，其他柜均在合闸位置。

f. 二次接线连接牢固，无断线、破损、变色现象。

g. 二次接线穿柜部位封堵良好。

5）有条件时，通过观察窗检查以下项目：

a. 开关柜内部无异物。

b. 支持瓷瓶表面清洁、无裂纹、破损及放电痕迹。

c. 引线接触良好，无松动、锈蚀、断裂现象。

d. 绝缘护套表面完整，无变形、脱落、烧损。

e. 油断路器、油浸式电压互感器等充油设备，油位在正常范围内，油色透明无炭黑等悬浮物，无渗油、漏油现象。

f. 检查开关柜内 SF_6 断路器气压是否正常，并抄录气压值。

g. 试温蜡片（试温贴纸）变色情况及有无熔化。

h. 隔离开关动、静触头接触良好；触头、触片无损伤、变色；压紧弹簧无锈蚀、断裂、变形。

i. 断路器、隔离开关的传动连杆、拐臂无变形，连接无松动、锈蚀，开口销齐全；轴销无变位、脱落、锈蚀。

j. 断路器、电压互感器、电流互感器、避雷器等设备外绝缘表面无脏污、受潮、裂纹、放电、锈蚀现象。

k. 避雷器泄漏电流表电流值在正常范围内。

l. 手车动、静触头接触良好，闭锁可靠。

m. 开关柜内部二次接线固定牢固，无脱落，无接头松脱、过热，引线无断裂、外绝缘破损等现象。

n. 柜内设备标识齐全，无脱落。

o. 一次电缆进入柜内处封堵良好。

（3）熄灯巡视。熄灯巡视时应通过外观检查或观察窗检查开关柜引线、接头无放电、发红迹象，检查瓷套管无闪络、放电现象。

4. 二次设备

（1）检查继电保护室运行环境（温度、湿度）。

（2）检查继电保护设备网络运行正常，继电保护设备、监控系统无异常信息。

（3）检查设备装置面板及外观正常、电源指示正常、各运行指示灯指示正常，打印机工况及液晶屏幕显示正常无告警。

（4）检查屏内设备、硬压板位置正确。

（5）检查继电保护装置采样，保护装置的各相交流电流、各相交流电压、零序电流（电压）、差电流、外部开关量、定值区及定值情况。

（6）检查故障录波器的录波功能，进行故障录波器的录波功能测试。

（7）检查保护设备对时状况。

（8）检查变电站直流支路绝缘，对保护及控制直流各支路进行绝缘检查。

（9）检查户外装置现场运行环境，设备柜内温度、湿度正常，运行环境符合设备运行要求。

（10）检查户外智能控制柜、端子箱和汇控柜的防火墙、防火涂料封堵符合要求。

（11）检查户外智能控制柜、端子箱和汇控柜的防雨、防潮、防冻、防尘等性能满足相关标准，确保智能控制柜、端子箱和汇控柜内的智能终端、合并单元、继电保护装置等智能电子设备的安全可靠运行。

（12）定期开展红外测温巡视，利用红外成像对继电保护设备进行检查（重点检查TA、TV 二次回路接线端子、直流电源回路）。

5. 远程巡视内容

（1）在远方监控后台查看设备运行环境（温度、湿度）。

（2）在远方监控后台查看设备告警信息。

（3）在远方监控后台查看设备通信状态。

（4）在远方监控后台查看继电保护设备网络运行正常，故障录波器（网络报文记录及分析装置）无异常信息。

（5）在远方监控后台查看核对保护装置软压板控制模式、压板投退状态及定值区号。

第二节　智能变电站常见异常信号解读

本节主要对 110kV 变电站一、二次设备常见的十二种异常信号进行详细解读，从基本原理、异常现象、产生后果和处置思路四个方面进行重点介绍，还增加了“相关知识点”内容，供读者拓展学习。

一、主变压器本体轻瓦斯、有载调压轻瓦斯动作

1. 基本原理

变压器内部出现故障而使油分解产生气体，汇集于气体继电器顶部，使继电器触点

动作（上浮球），接通轻瓦斯信号回路。监控后台报轻瓦斯保护动作信号及对应光字牌点亮。本体智能终端轻气体保护动作灯点亮。现场气体继电器上部观察窗有可见液面。主变压器有载调压开关、本体气体继电器如图 7–1 所示。集气盒结构如图 7–2 所示。轻瓦斯动作示意图如图 7–3 所示。瓦斯保护分类如表 7–1 所示。

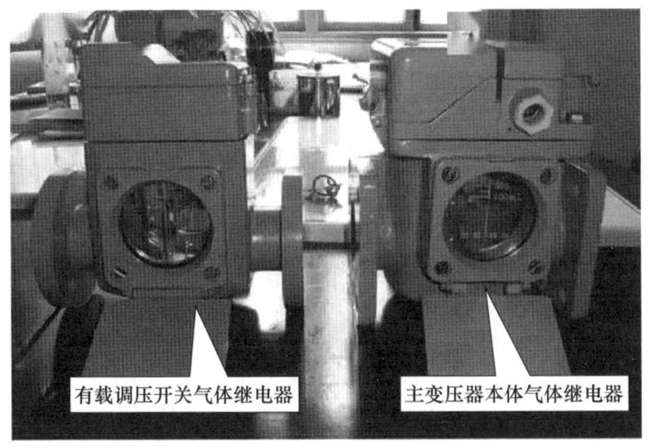

图 7–1　主变压器有载调压开关、本体瓦斯继电器

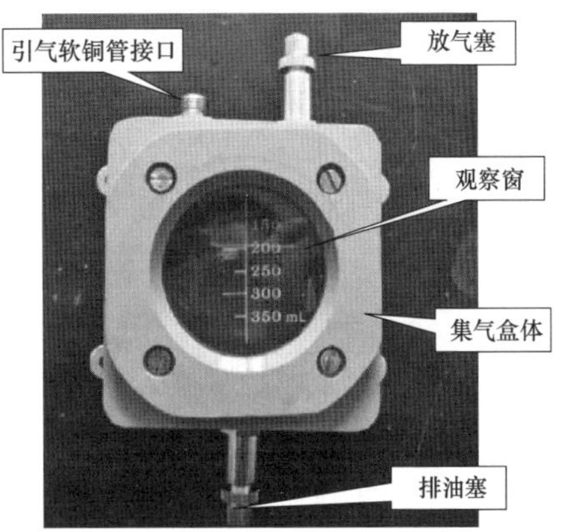

图 7–2　集气盒

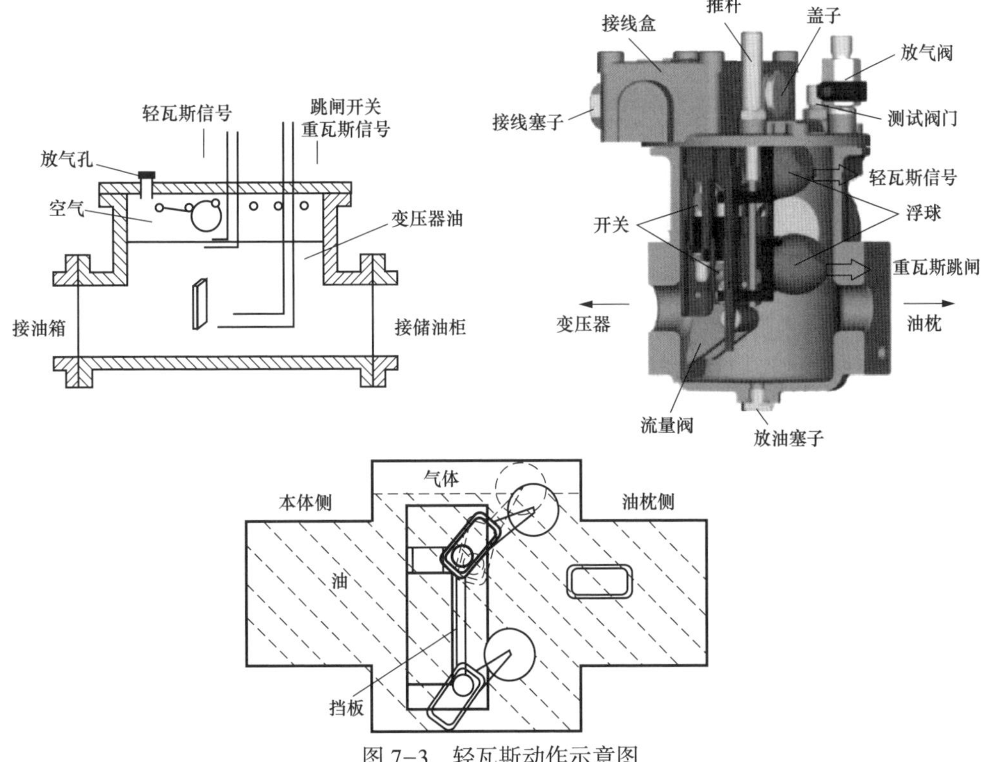

图 7–3　轻瓦斯动作示意图

2. 异常现象

监控后台报轻瓦斯保护动作信号及对应光字牌点亮。非电量保护装置或本体智能终

表 7-1　　　　瓦斯保护分类

保护名称		反映的物理量	对应的变压器故障	动作于
瓦斯保护	轻瓦斯保护	气体体积、油面高度	内部放电、铁芯多点接地、内部过热、空气进入油箱等	信号（1000kV 及以上主变压器或高压电抗器轻瓦斯动作于跳闸）
	重瓦斯保护	流速、油面高度	严重的匝间短路、对地短路	跳闸

端轻瓦斯保护动作灯点亮。现场瓦斯继电器上部观察窗和集气盒内有可见液面。

3. 产生后果

本体或有载开关轻瓦斯告警，说明变压器本体或有载开关内部可能产生故障，如若故障进一步发展会造成重瓦斯保护动作，变压器跳闸，甚至损坏设备。

4. 处置思路

梳理后台及监控报文，核实 24h 内轻瓦斯发信次数。根据《国家电网公司十八项电网重大反事故措施》中 9.2.3.6 当变压器一天内连续发生两次轻瓦斯报警时，应立即申请停电检查；非强迫油循环结构且未装排油注氮装置的变压器（电抗器）本体轻瓦斯报警，应立即申请停电检查。

可利用远程视频监控系统对变压器外观进行初步检查。观察气体继电器及引线外观是否良好、内部是否有气体、浮球是否下沉，现场检查前注意变压器是否有明显异常声响。

结合油温、油位数据及红外测温、局部放电等检测数据，同时结合现场工作（近期有无开展滤油、补油工作等）、设备历史工况（有无家族性缺陷、有无其他异常情况）及天气（是否阴雨天气、气体继电器是否有防雨罩、二次接线是否存在短路）等情况进行综合判断。

如果有任何其他伴发异常情况，应第一时间向调度申请紧急停运。

在取气及油色谱分析过程中，应高度注意人身安全，严防设备突发故障。油色谱分析结果采用三比值法，瓦斯气体点火检测的分类如表 7-2 所示。

表 7-2　　　　瓦斯气体点火检测的分类

气体颜色	可燃性	可能原因
灰黑色	灰黑色	灰黑色
易燃	易燃	易燃
绝缘油炭化、接触不良、局部过热	绝缘油炭化、接触不良、局部过热	绝缘油炭化、接触不良、局部过热
灰白色	灰白色	灰白色

若检测气体是可燃的或油中溶解气体分析结果异常，应立即申请将变压器停运；若检测气体继电器内的气体为无色、无臭且不可燃，且油色谱分析正常，则变压器可继续运行，但要及时消除缺陷。

【相关知识点】主变压器非电量保护的几个知识点

（1）油灭弧、真空灭弧有载开关。油灭弧有载分接开关在切换过程中会产生瓦斯气体，若接轻瓦斯将导致有载分接开关频繁报警，不应采用具有气体报警（轻瓦斯）功能的气体继电器，该类型有载分接开关仅具备油流速动跳闸即可。真空灭弧有载分接开关正常熄弧过程中不产生瓦斯气体，一旦出现气体说明真空泡已损坏或动作切换顺序存在异常，所以气体报警能反映这类故障。

（2）1000kV 及以上主变压器或高压电抗器轻瓦斯动作于跳闸由来。2019 年 11 月 22 日，某 1000kV 特高压变电站 11 月 14 日正式投入运行的 3 号主变压器爆燃引起火灾。当日 16 时 13 分，监控后台报 3 号主变压器轻瓦斯动作，运维人员按 DL/T 572—2010《电力变压器运行规程》规定，到现场查看 3 号主变压器设备情况。现场确认 3 号主变压器 WBH 本体非电量保护屏装置报本体轻瓦斯 B 相动作，且复归无效。现场检查 3 号主变压器 B 相瓦斯继电器、取气盒情况，并对主变压器本体进行铁心、夹件接地电流开展测试。16 时 36 分，该站监控后台报 3 号主变压器重瓦斯动作跳闸，B 相本体着火，变压器泡沫喷雾固定灭火系统正确启动。该次事件后，1000kV 及以上主变压器或高压电抗器轻瓦斯动作于跳闸。

二、断路器弹簧未储能 / 储能电动机故障 / 储能超时

1. 原理分析

110kV 变电站断路器多采用弹簧操动机构，断路器在合闸过程中，储能电动机通过压缩（或拉伸）弹簧将电能转化为机械能储存在压缩（或拉伸）后的弹簧中，一般弹簧操动机构里有一粗一细两副弹簧，合闸弹簧较粗，分闸弹簧较细。当弹簧机构断路器在合闸之后，如未能通过储能电动机将电能转化为机械能，再将动能通过压缩（或拉伸）弹簧的形式储存在弹簧里，监控后台会发出“断路器弹簧未储能”信号。断路器弹簧未储能属于严重缺陷，弹簧未储能将造成断路器不能进行正常的合闸动作。断路器弹簧合闸储能过程如图 7-4 所示。

目前 110kV 及以上的断路器主要采用弹簧操动机构、液压操动机构（含液压弹簧机构），以 110kV 河南平高 LW35 126 弹簧操动机构为例，储能控制回路及其储能电动机回路如图 7-5 所示，在断路器未储能时，微动开关 SPI 闭合，储能控制回路导通，延时继电器 KT3、储能控制继电器 K5 励磁带电，K5 动合辅助触点 13、14 闭合，接触器 KM 带电吸合，其动合辅助触点 1　2、3　4、5　6 闭合，电动机带电运行，带动合闸弹簧开始储能，储能完成后，微动开关 SPI 断开，储能控制回路及电动机回路断电，若在设定时间内弹簧未储能成功，延时继电器 KT3 动断辅助触点 25、26 断开，储能电动机回路断电，监控后台发出“储能超时”信号。

2. 异常现象

监控后台报断路器弹簧未储能信号及对应光字牌点亮。现场断路器弹簧储能机构指示未储能状态。

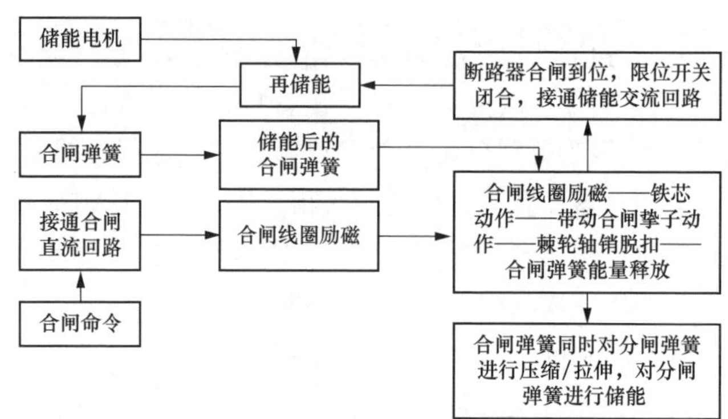

图 7-4　弹簧操动机构合闸过程示意图

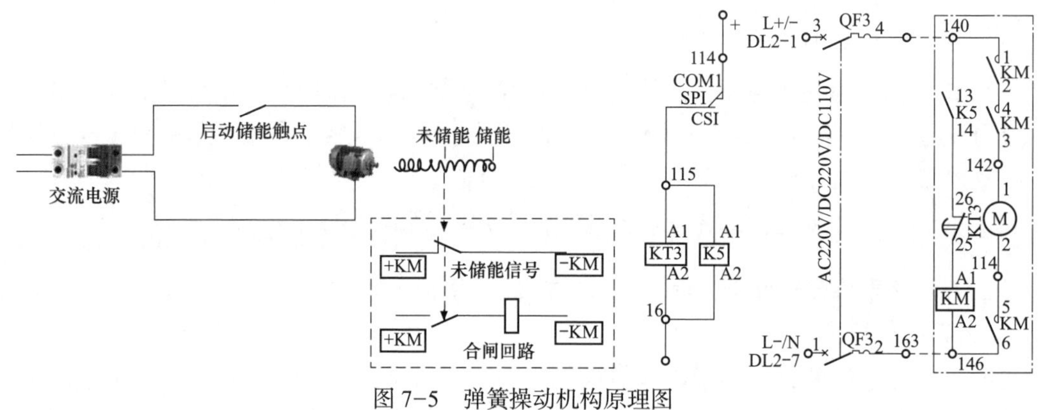

图 7-5　弹簧操动机构原理图

3. 产生后果

断路器机构弹簧未储能，若断路器处于分位，则发出控制回路断线信号，将无法合闸。若断路器处于合位，断路器仍能分闸，但故障跳闸后将无法重合。

4. 处置思路

（1）常见原因。根据变电站现场运维故障处置经验，断路器出现弹簧未储能信号的常见原因如下：

1）储能电动机、控制电源断开。

2）储能电动机本体损坏。

3）储能电动机、控制二次回路接线异常。

4）接触、继电器（辅助继电器、延时继电器）故障。

5）储能微动开关或行程开关故障。

6）储能机构机械部分故障。

（2）处置思路。

1）信号确认与检查。仔细检查监控后台信号，除了“弹簧未储能”外，是否伴生其他信号，重点检查有无“电动机电源失电”“电动机控制失电”，确认储能电动机及控制电源是否正常。

2）现场设备运行工况检查。检查断路器储能是否正常，储能电动机及相关继电器线圈有无烧坏痕迹，是否存在异味；若检查断路器储能正常，是由于继电器触点信号没有上传造成，则应对信号回路进行检查，更换相应的继电器或微动开关。

3）储能电动机本体检查。若现场检查发现储能电动机不转或空转不停，碳刷火花严重时，则可能是机械卡涩造成断路器未储能；断开储能电动机电源空气开关，测量电动机电阻，若阻值与其理论值相符，则电机正常，否则，电动机损坏。

4）储能电机回路、储能控制回路检查。准备相关图纸、万用表等工具使用测量电压法，测量回路相关端子电压，若测量值与理论值不符，确定故障区段，在断开储能电动机或控制电源后，可进一步使用测量电阻法测量二次回路通断情况，确定故障点。

【相关知识点】弹簧操动机构断路器储能过程

弹簧操动机构常用于中、高压断路器的操动机构中，由弹簧储能、合闸维持、分闸维持、分闸等四部分组成。弹簧操动机构的特点是：成套性强，性能稳定，运行可靠；不须大功率的储能源，可手动储能；动作时间快，缩短合闸时间；适合各种场合；结构复杂，机械工艺高，合闸冲击力大，要有缓冲装置。弹簧操动机构由弹簧压缩（或拉伸）所储存的能量控制断路器合、分闸操作。

弹簧的储能借助储能电机减速机构来完成，并经过锁扣系统保持在储能状态。开断时，锁扣借助磁力脱扣，弹簧释放能量，经过机械传递单元使触头运动。弹簧操动机构的主要组成部件有：凸轮、棘爪、拐臂、棘轮、分闸弹簧、合闸弹簧、分闸保持掣子、合闸保持掣子、分闸触发器、合闸触发器、分闸线圈、合闸线圈、灭弧室等，如图 7–6 所示。

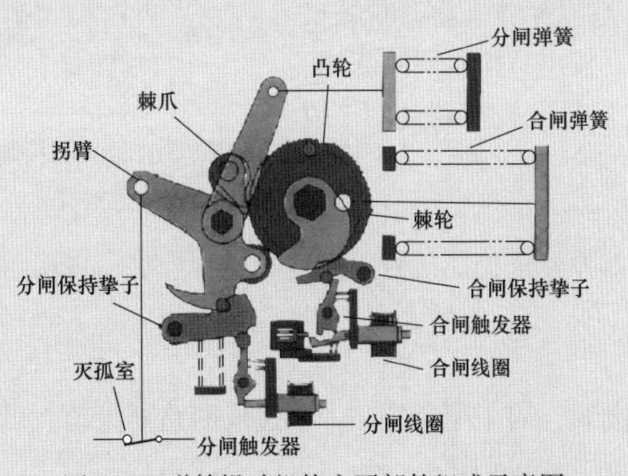

图 7–6　弹簧操动机构主要部件组成示意图

（1）合闸操作过程。当接到合闸信号时，合闸线圈带电，使合闸撞杆撞击合闸触发器。合闸触发器顺时针方向旋转，释放出合闸弹簧储能保持掣子。合闸弹簧储能保持掣子逆时针方向旋转，释放棘轮上的轴销。合闸弹簧释放能量，使棘轮带动凸轮轴逆时针方向旋转，使主拐臂以顺时针旋转，断路器完成合闸。并同时压缩分闸弹簧，使分闸弹簧储能。当主拐臂转到行程末端时，分闸触发器和合闸保持掣子将轴销锁住，断路器合闸操作完成。

（2）合闸弹簧储能过程。图 7-6 所示状态为开关处于合闸位置，合闸弹簧能量释放，同时分闸弹簧已完成储能。当断路器合闸操作完成后，与棘轮相连的凸轮板使限位开关闭合，磁力开关带电，接通电动机回路，使储能电机启动。通过一对锥齿轮传动至与一对棘爪相连的偏心轮上，偏心轮的转动使这一对棘爪交替蹬踏棘轮，使棘轮逆时针转动，带动合闸弹簧储能。合闸弹簧储能到位后，由合闸弹簧储能保持掣子将其锁定。同时凸轮板使限位开关切断电动机回路。合闸弹簧储能过程完成。

（3）分闸操作过程。当断路器处于合闸位置时，合闸弹簧已经完成储能，同时分闸弹簧也完成储能。储能的分闸弹簧使主拐臂受到偏向分闸位置的力，但在分闸触发器和分闸保持掣子的作用下将其锁住，开关始终保持在合闸位置。当接到分闸信号时，分闸线圈带电，使分闸撞杆撞击分闸触发器。分闸触发器顺时针方向旋转，从而释放出分闸保持掣子，分闸保持掣子也顺时针方向旋转释放主拐臂上的轴销 A。分闸弹簧能量释放，使主拐臂逆时针旋转，断路器分闸操作完成。

三、开关控制回路断线

1. 原理分析

断路器控制回路断线由智能终端（或常规变电站操作箱）内跳闸、合闸位置继电器的动断触点串联构成，用于监视断路器跳、合闸回路的完整性。当跳闸位置继电器（KTP）动断触点和合闸位置继电器（KCP）动断触点均闭合时，信号回路直流正电源经跳闸位置继电器和合闸位置继电器动断触点开入相应的测控单元，发出“控制回路断线”信号。控制回路断线信号监视回路如图 7-7 所示。

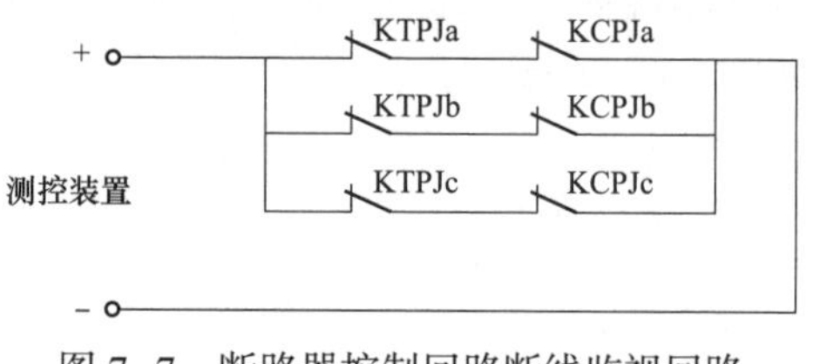

图 7-7　断路器控制回路断线监视回路

2. 异常现象

监控后台报断路器弹簧未储能信号及对应光字牌点亮。现场断路器弹簧储能机构指示未储能状态。

3. 产生后果

断路器控制回路断线，属于危急缺陷，会造成断路器拒动。当发生电网故障时，会造成越级跳闸，扩大事故停电范围。

4. 处置思路

（1）常见原因。根据变电站现场故障处置经验，断路器出现控制回路断线信号的常见原因（见图 7-8）如下：

1）直流电源空气开关跳闸或损坏：实际运行中如发现控制电源空气开关“偷跳”，变电运维人员可试送一次，试送复跳说明空气开关损坏或二次直流回路有故障点，需汇

报由二次检修人员进行消缺。

2）弹簧机构未储能：在断路器控制回路设计时，如将交流储能监视回路的动合触点接入断路器合闸控制回路，则在弹簧操动机构未完成储能时或储能失败时，会发出“控制回路断线”信号。跳闸直流回路无须接入储能监视回路相关触点。

3）断路器机构压力降至闭锁值或 SF_6 气体压力降至闭锁值。

4）二次回路接线松动或接触不良。

5）断路器辅助触点接触不良，合闸或分闸位置继电器故障。

6）断路器机构“远方 / 就地”切换开关损坏：AIS 变电站机构箱、GIS 变电站汇控柜的“远方 / 就地”切换把手切至“就地”时，会伴发“控制回路断线”信号，此时保护装置无法跳开断路器，也不能实现对断路器的远方操作。

7）分、合闸线圈损坏。

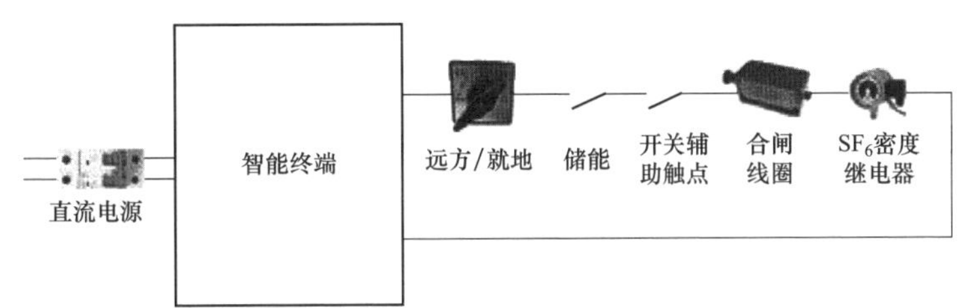

图 7-8　断路器控制回路断线信号原因示意图（合闸回路）

（2）处置思路。

1）信号确认。仔细检查监控后台信号，除了“控回断线”外，是否伴生其他信号，重点检查有无“操作电源消失”“弹簧未储能”“SF_6 压力低闭锁”等信号，智能终端分合闸灯是否正常。

2）电源检查。信号确认后，立即对控制回路电源空气开关进行检查，确认是否有跳闸或损坏现象。

3）汇控箱、机构箱及一次状态检查。检查机构箱（汇控柜）内“远方 / 就地”切换开关是否在“远方”位置，断路器储能是否正常，SF_6 压力表读数是否正常，并确定后台有无相关信号，相关继电器及线圈有无烧坏痕迹。

4）回路检查。以上因素检查无问题后，可初步确定故障出现在二次控制回路中，准备相关图纸、万用表等工具，确定故障区段，逐一排查，确定故障点。检查过程中，要防范直流接地。

四、异常发热

1. 原理分析

（1）发热原理。

1）电阻损耗。按照焦耳定律，电流通过导体存在的电阻将产生热能，一般为电流致热型，其发热功率为

$$P = K_f I^2 R \tag{7-1}$$

式中 P——发热功率，W；

I——电流强度，A；

R——电器或载流导体的直流电阻，Ω；

K_f——附加损耗数。

2）介质损耗。电气绝缘介质，由于交变电场的作用，使介质极化方向不断改变而消耗电能并引起发热，一般为电压致热型，其发热功率为

$$P = U^2 \omega C \tan\delta \tag{7-2}$$

式中 U——施加的电压，V；

ω——交变电压角频率；

C——介质的等值电容，F；

$\tan\delta$——介质损耗角正切值。

这种发热为电压效应引起的发热。

3）铁损。当在励磁回路上施加工作电压时，由于铁芯的磁滞、涡流而产生的电能损耗并导致发热。

以上三种发热形式，在正常运行的设备中也同样存在，这时设备表现为正常的热分布。若设备出现异常，这些发热机理将加剧或表现异常，则其热分布图像也与正常情况不一样。

（2）设备故障类型。

1）电气设备的外部故障。

a. 所谓高压电气设备的外部故障，主要是指对外界可以直观测到的设备部位发生的故障。其中又可以分为两种类型：① 长期暴露在大气中的各种裸露电气接头因接触不良等原因引起的过热故障；② 由于表面污秽或机械力作用引起绝缘性能降低造成的过热故障，如绝缘子劣化或严重污秽，引起泄漏电流增大而发热。这类故障可以直接暴露在红外诊断仪器的视场范围之内，所以，检测和诊断都比较容易，能够做到直观且一目了然。

b. 缺陷原因：① 设备设计不合理。② 安装施工不严格，不符合工艺要求，如连接件的接触表面未除净氧化层及其他污垢，焊接工艺差，紧固螺母不到位或未拧紧，未加弹簧垫圈，连接件内导体不等径等。③ 导线在风力舞动下或者外界引起的振动等机械力作用下，以及线路周期性过载及环境温度的周期性变化，也会使部件周期冷缩热胀，引起连接松弛。④ 长期裸露在大气环境中工作，因受雨、雪、雾、有害气体及酸、碱、盐等腐蚀性尘埃的污染和侵蚀，造成接头表面材料氧化等；⑤ 长期运行引起弹簧老化等。

2）电气设备的内部故障。高压电气设备的内部故障，主要是指封闭在固体绝缘、油绝缘以及设备壳体内部的电气回路故障和绝缘介质劣化引起的各种故障。故障出现在电气设备的内部，无法像外部故障那样能够从设备的外部直接检测出来。

根据各种电气设备的内部结构和运行状态，依据传热学理论，分析传导、对流和辐射三种热传递形式沿不同传热路径的贡献（多数情况下只考虑传导与对流），结合模拟试

验与大量现场检测实例的统计分析和解体验证，从电气设备外部显现的温度分布热像图，分析判断与其相关的内部故障。

a. 内部电气连接不良或触头接触不良故障。如封闭在绝缘盒内的发电机定子线棒接头焊接不良、各种上高压电气设备内部导电体连接不良、断路器触头接触不良、高压电力电缆出现鼻端连接不良等。此类故障的发热机制与外部故障相同。

b. 介质损耗增大故障。各种以油做绝缘介质的高压电气设备，一旦出现绝缘介质劣化或进水受潮，都会因介质损耗增加而发热。其发热机制属于电压效应发热，发热功率可用式（7-2）表示。

c. 绝缘老化、开裂或脱落故障。许多高压电气设备中的导电体绝缘材料因材质不佳或运行中老化，引起局部放电而发热；或者因老化、开裂、脱落，引起绝缘性能劣化或进水受潮，这种故障发热也属于电压效应发热。

d. 电压分布不均匀或泄漏电流过大性故障。

e. 涡流损耗（铁损）增大性故障。对于由绕组线圈或磁路组成的高压电气设备，由于设计不合理、运行不佳和磁回路不正常引起的磁滞、磁饱和与漏磁；或者由于铁芯片间绝缘破损，造成短路时，均可引起局部发热或铁制箱体发热。其发热机制为铁损或涡流损耗发热。

f. 缺油故障。油浸高压电气设备由于漏油而造成油位低下，严重者可引起油面放电，并导致表面温度分布异常。这种热特征除放电时引起发热外，主要是由于设备内部油面上下介质的热物性不同所致。

2. 异常现象

电力设备严重发热时可观察到发热点变红、烧毁等痕迹，通过红外测温仪进行测温时，可观察到明显发热点高温（电流致热型）或不同于正常热像图的异常热像图（电压致热型）。

3. 产生后果

电力设备严重发热时可能造成设备损毁，造成故障跳闸。

4. 处置思路

设备缺陷诊断判据如表 7-3、表 7-4 所示，根据对电气设备运行的影响程度可将缺陷分为以下三类。

（1）一般缺陷。

1）指设备存在过热，有一定温差，温度场分布有一定梯度，但不会引起事故的缺陷。这类缺陷一般要求记录在案，注意观察其缺陷的发展，利用停电机会检修，有计划地安排试验检修消除缺陷。

2）当发热点温升值小于 15K 时，不宜采用规定的设备缺陷性质。对于负荷率小、温升小但相对温差大的设备，如果负荷有条件或机会改变时，可在增大负荷电流后进行复测，以确定设备缺陷的性质，当无法改变时，可暂定为一般缺陷，加强监视。

表 7-3　　　　电流致热型设备缺陷诊断判据

设备类别和部位		热像特征	故障特征	缺陷性质			处理建议	备注
				一般缺陷	严重缺陷	危急缺陷		
电气设备与金属部件的连接	接头和线夹	以线夹和接头为中心的热像，热点明显	接触不良	温差超过15K，未达到严重缺陷的要求	热点温度大于80℃或$\delta \geqslant 80\%$	热点温度大于110℃或$\delta \geqslant 95\%$		δ相对温差
金属导线		以导线为中心的热像，热点明显	松股、断股、老化或截面积不够					
金属部件与金属部件的连接	接头和线夹	以线夹和接头为中心的热像，热点明显	接触不良	温差超过15K，未达到严重缺陷的要求	热点温度大于90℃或$\delta \geqslant 80\%$	热点温度大于130℃或$\delta \geqslant 95\%$		
输电导线的连接器（耐张线夹、接续管、修补管、并沟线夹、跳线线夹、T型线夹、设备线夹等）								
隔离开关	转头	以转头为中心的热像	转头接触不良或断股					
	触头	以触头压接弹簧为中心的热像	弹簧压接不良				测量接触电阻	
断路器	动、静触头	以顶帽和下法兰为中心的热像，顶帽温度大于下法兰温度	压指压接不良	温差超过10K，未达到严重缺陷的要求	热点温度大于55℃或$\delta \geqslant 80\%$	热点温度大于80℃或$\delta \geqslant 95\%$	测量接触电阻	内外部的温差为50～70K
	中间触头	以下法兰和顶帽为中心的热像，下法兰温度大于顶帽温度						内外部的温差为40～60K
电流互感器	内连接	以串、并联出线头或大螺杆出线夹为最高温度的热像或以顶部铁帽发热为特征	螺杆接触不良	温差超过10K，未达到严重缺陷的要求	热点温度大于55℃或$\delta \geqslant 80\%$	热点温度大于80℃或$\delta \geqslant 95\%$	测量一次回路电阻	内外部的温差为30～45K
套管	柱头	以套管顶部柱头为最热的热像	柱头内部并线压接不良					
电容器	熔丝	以熔丝中部靠电容侧为最热的热像	熔丝容量不够				检查熔丝	
	熔丝座	以熔丝座为最热的热像	熔丝与熔丝座之间接触不良				检查熔丝座	

表 7-4　　电压致热型设备缺陷诊断判据

设备类别		热像特征	故障特征	温差（K）	处理建议	备注
电流互感器	10kV 浇注式	以本体为中心整体发热	铁芯短路或局部放电增大	4	伏安特性或局部放电量试验	
	油浸式	以瓷套整体温升增大，且瓷套上部温度偏高	介质损耗偏大	2～3	介质损耗、油色谱、油中含水量检测	
电压互感器（含电容式电压互感器的互感器部分）	10kV 浇注式	以本体为中心整体发热	铁芯短路或局部放电增大	4	特性或局部放电量试验	
	油浸式	以整体温升偏高，且中上部温度高	介质损耗偏大、匝间短路或铁芯损耗增大	2～3	介质损耗、空载、油色谱及油中含水量测量	铁芯故障特征相似，温升更明显
耦合电容器	油浸式	以整体温升偏高或局部过热，且发热符合自上而下逐步递减的规律	介质损耗偏大，电容量变化、老化或局部放电	2～3	介质损耗测量	
移相电容器		热像一般以本体上部为中心的热像图，正常热像最高温度一般在宽面垂直平分线的 2/3 高度左右，其表面温升略高，整体发热或局部发热	介质损耗偏大，电容量变化、老化或局部放电			采用相对温差判别即 $\delta>20\%$ 或有不均匀热像
高压套管		热像特征呈现以套管整体发热热像	介质损耗偏大		介质损耗测量	穿墙套管或电缆头套管温差更小
		热像为对应部位呈现局部发热区故障	局部放电故障，油路或气路的堵塞			
充油套管	绝缘子柱	热像特征是以油面处为最高温度的热像，油面有一明显的水平分界线	缺油			

续表

设备类别		热像特征	故障特征	温差（K）	处理建议	备注
氧化锌避雷器	10～60kV	正常为整体轻微发热，较热点一般在靠近上部且不均匀，多节组合从上到下各节温度递减，引起整体发热或局部发热为异常	阀片受潮或老化	0.5～1	直流和交流试验	合成套比瓷套温差更小
绝缘子	瓷绝缘子	正常绝缘子串的温度分布同电压分布规律，即呈现不对称的马鞍形，相邻绝缘子温差很小，以铁帽为发热中心的热像图，其比正常绝缘子温度高	低值绝缘子发热（绝缘电阻在 10～300MΩ）	1		
绝缘子	瓷绝缘子	发热温度比正常绝缘子要低，热像特征与绝缘子相比，呈暗色调	零值绝缘子发热（0～10MΩ）	1		
		其热像特征是以瓷盘（或玻璃盘）为发热区的热像	由于表面污秽引起绝缘子泄漏电流增大	0.5		
	合成绝缘子	在绝缘良好和绝缘劣化的结合处出现局部过热，随着时间的延长，过热部位会移动	伞裙破损或芯棒受潮	0.5～1		
		球头部位过热	球头部位松脱、进水			
电缆终端		以整个电缆头为中心的热像	电缆头受潮、劣化或气隙	0.5～1		
		以护层接地连接为中心的发热	接地不良	5～10		采用相对温差判别即 $\delta>20\%$ 或有不均匀热像
		伞裙局部区域过热	内部可能有局部放电	0.5～1		
		根部有整体性过热	内部介质受潮或性能异常			

（2）严重缺陷。

1）指设备存在过热，程度较重，温度场分布梯度较大，温差较大的缺陷。这类缺陷应尽快安排处理。

2）对电流致热型设备，应采取必要的措施，如加强检测等，必要时降低负荷电流。

3）对电压致热型设备，应加强监测并安排其他测试手段，缺陷性质确认后，立即采取措施消缺。

4）电压致热型设备的缺陷一般定为严重及以上的缺陷。

（3）危急缺陷。

1）对电流致热型设备，应立即降低负荷电流或立即停电消缺。

2）对电压致热型设备，当缺陷明显时，应立即消缺或退出运行，如有必要，可安排其他试验手段，进一步确定缺陷性质。

【相关知识点】常见电力设备红外发热图谱

（1）电流致热型发热缺陷。电流致热型发热缺陷红外图谱如图 7–9、图 7–10 所示。

图 7–9　变压器套管接头异常发热

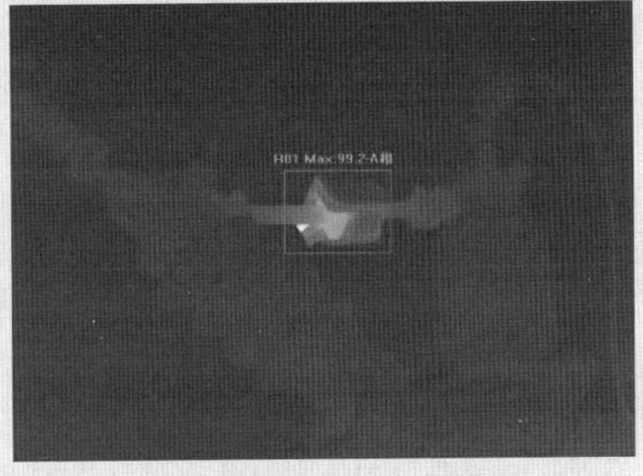

图 7–10　隔离开关触头异常发热

（2）电压致热型发热缺陷。电压致热型发热缺陷红外图谱如图 7–11、图 7–12 所示。

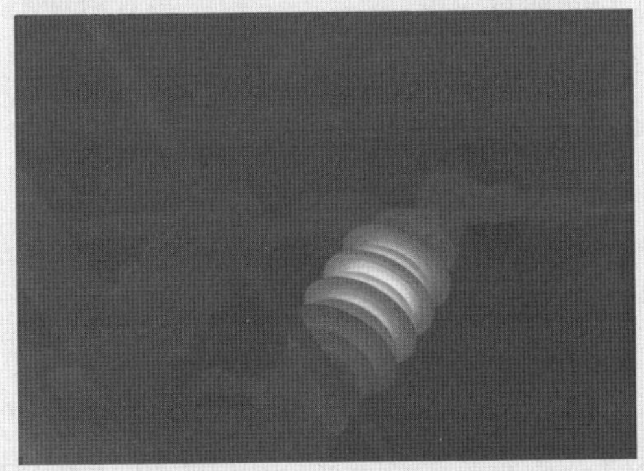

图 7–11　隔离开关支柱绝缘子异常发热

图 7–12　避雷器异常发热

相对温差计算公式见式（7–3）

$$\delta_t = (\tau_1 - \tau_2) / \tau_1 \times 100\% = (T_1 - T_2) / (T_1 - T_0) \times 100\% \quad (7\text{–}3)$$

式中 τ_1、T_1——发热点的温升和温度；

τ_2、T_2——正常相对应点的温升和温度；

T_0——环境温度参照体的温度。

五、智能终端 GOOSE 告警

1. 原理分析

智能终端不能正常接收保护、安全自动装置下发的跳、合闸指令，或不能正常接收测控装置下发的遥控分、合闸指令，或不能正常发送信息等，信号接收链路异常时还会报智能终端异常。

2. 产生后果

断路器跳、合闸回路异常，保护装置动作时断路器不能跳闸，导致事故范围扩大；无法远方实现断路器的分、合闸操作；无法将断路器、隔离开关位置等信息上传；等等。

3. 处置思路

智能终端 GOOSE 告警的可能原因有：装置异常、GOOSE 链路异常、对时异常。

智能终端可分为母线智能终端和间隔智能终端两类，间隔智能终端主要包括线路智能终端、母联断路器智能终端、分段断路器智能终端，母线智能终端和间隔智能终端的作用及链路结构有所区别，在进行智能终端异常查找时，首先应根据监控机显示的异常报文和光字牌判断是何种智能终端出现异常，再判断具体是哪一台装置的哪条链路出现异常。运维人员根据监控后台显示的异常报文和光字牌，查找到现场出现异常或故障的装置，再结合装置面板发出的告警信号，以及其他伴生信号或故障现象，逐步缩小查找范围，深入查找异常原因。

在故障查找过程中遵循装置“判收不判发”，这对缩小异常查找范围极为重要。

六、带电显示器故障

1. 原理分析

感应式带电显示装置感应被测设备的三相电压，并提供动断触点供电气闭锁回路使用。带电显示装置本体上一般设置 3 个指示灯，分别对应 A、B、C 三相。当有电压时，指示灯为红色；无电压时，指示灯为绿色。当带电显示装置异常时，装置无法正确反映线路（主变压器）有无电压。带电显示装置结构如图 7–13 所示。

2. 异常现象

带电显示装置红绿灯与实际不一致，线路带电而指示灯显示为绿色、线路停电指示灯而显示为红色、装置指示灯灭。

3. 产生后果

带电显示装置的辅助触点一般串联于线路（主变压器）接地刀闸的电气联锁回路中，当带电显示装置判断线路（主变压器）无电压时，其辅助触点闭合，允许线路（主变压器）接地刀闸的电气联锁回路连通，线路（主变压器）接地刀闸具备分、合闸条件；当

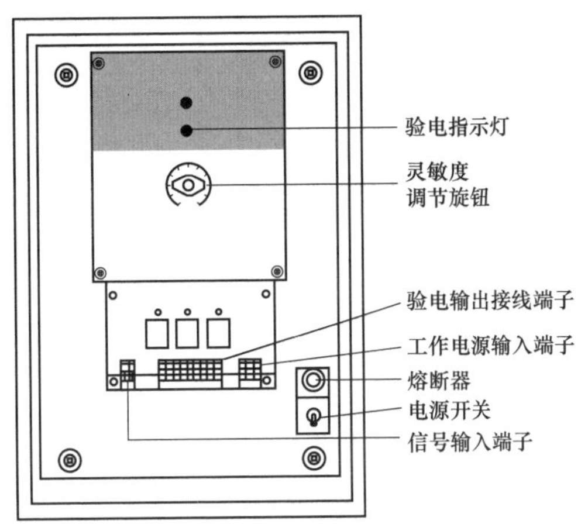

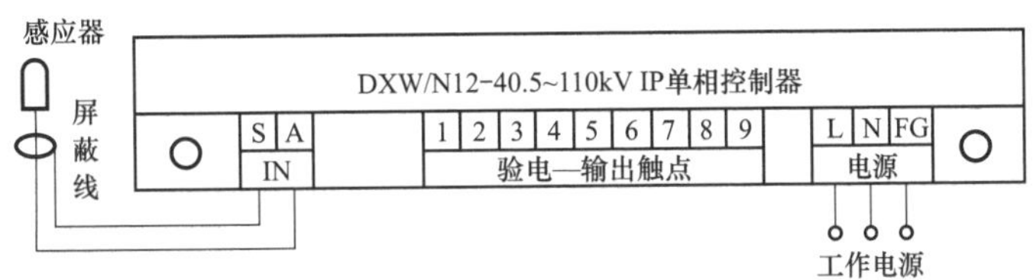

图 7-13　DXW/N 型带电显示器结构图

带电显示装置判断线路（主变压器）有电压时，其辅助触点断开，禁止线路（主变压器）接地刀闸合闸操作，防止带电合接地刀闸误操作事故发生；当带电显示装置故障而无法起到防误功能时，必须及时处理。

4. 处置思路

根据变电站现场故障处置经验，带电显示装置异常原因可能有以下五种。

（1）带电显示装置灵敏度调节错误，导致装置判断线路有无电压错误。

（2）带电显示装置工作电源断线或带电显示装置保安器故障（熔丝熔断），导致装置指示灯灭，装置辅助触点为线路有压状态。

（3）带电显示装置主板（控制器）故障，导致装置指示灯灭，装置接点为线路有压状态。

（4）带电显示装置信号输入端子或感应器端子松动，导致线路有电时装置判断为无电。

（5）带电显示装置指示灯损坏或接触不良，导致装置指示灯灭。

（6）当带电显示装置故障异常后，会影响线路接地刀闸正常操作，工作人员需尽快处理。带电显示装置故障有两种情况出现可能性较大：

1）装置主板损坏，表现为装置指示灯不亮，输出触点保持线路带电状态。

2）感应器或输入端子松动，表现为装置指示灯亮绿灯，输出触点为线路停电状态。

七、合并单元 SV/GOOSE 告警

1. 原理分析

（1）SV 告警。“合并单元 SV 告警”监视合并单元接收的 SV 报文是否正常的信号，

SV 产生告警表示保护及安全自动装置接收的 SV 报文出现异常，同时报合并单元异常。

（2）GOOSE 告警。不能正常接收隔离开关、断路器位置，以及不能将合并单元告警信息以通信的方式传送给测控，同时报合并单元异常。

（3）合并单元 SV/GOOSE 告警的可能原因如下：

1）合并单元装置板卡配置和具体工程的设计图纸不匹配导致合并单元无法正常运行。

2）直流电源异常或消失。

3）SV/GOOSE 链路异常。

2. 产生后果

（1）SV 告警。向保护及安全自动装置发出的 SV 采样品质为无效，保护及安全自动装置采样不正确，可能导致装置闭锁；测控装置接收遥测数值不正常，可能导致无法实时监视设备负荷情况，影响检同期合闸操作；等等。

（2）GOOSE 告警。合并单元装置告警报文无法正常上送。

3. 处置思路

合并单元可分为母线合并单元和间隔合并单元两类，间隔合并单元主要包括线路合并单元、母联断路器合并单元、分段断路器合并单元，母线合并单元和间隔合并单元的作用及链路结构有所区别，在进行合并单元异常查找时，首先根据异常报文和光字牌判断是何种合并单元出现异常，再判断具体是哪一装置的哪条链路出现异常。运维人员根据监控后台的异常报文和光字牌，查找现场出现异常或故障的装置，再结合装置发出的告警信号，以及其他伴生信号或故障现象，逐步缩小查找范围，深入查找异常原因。

在故障查找过程中，需明确装置“判收不判发”，“判收不判发”是指装置只有在信号接收链路出现异常时才会发告警信号，信号发送链路出现异常时本装置并不会告警，需结合接收该信号的装置告警情况进一步判断故障点，这对我们缩小异常查找范围极为重要。

另外，目前站内链路主要采用“直采直跳”点对点传输和“网采网跳”组网传输两种类型。“直采”是指智能电子设备间不经过交换机而以点对点连接方式直接进行采样值传输；“直跳”是指智能电子设备间不经过交换机而以点对点连接方式直接进行跳、合闸信号的传输；“网采”是指智能电子设备间经过交换机的方式进行采样值传输共享；“网跳”是指智能电子设备间经过交换机的方式进行跳、合闸信号的传输，通过划分 VLAN 的方式避免信息流过大。区分清楚所查链路的类型有利于我们分析异常原因和查找故障点，也是运维人员尽快查明故障的基础。

八、保护装置故障异常

1. 原理分析

继电保护装置指能够反映电力系统中电气元件发生故障或不正常运行状态，并动作于断路器跳闸或发出信号的一种自动装置，主要由交流输入插件、保护计算及故障检测插件、保护通道插件、开关量输入 / 输出插件、电源管理插件等组成。当保护装置检测到自身硬件异常或外部输入异常时，将会发出装置异常告警信号，并可能闭锁保护装置

部分功能，装置告警灯点亮。

当保护装置检测到自身硬件故障时，将会发出装置故障告警信号，同时闭锁整套保护装置，装置运行灯熄灭。

2. 产生后果

保护装置运行异常可能失去部分保护功能；保护装置故障，装置闭锁所有保护功能，致使故障时保护拒动。

3. 处置思路

保护装置运行异常包括：通道异常、采样异常、开入异常。

保护装置故障包括：保护装置定值整定错误，DSP 校验、内存出错，电源故障。

在进行保护装置异常分析查找时，运维人员根据监控后台的报文、光字牌、保护装置面板上指示灯点亮情况、显示的告警信息，大致判断是保护装置运行异常还是保护装置故障。如果是保护装置异常，可能会导致保护装置失去部分保护功能；如果是保护装置故障，运行灯将会熄灭，装置闭锁所有保护功能，并且保护装置必须退出运行。

（1）采样异常，即保护装置接收到的电流、电压数据异常。

1）若是保护装置同时报双 AD 采样不一致，则检查保护装置内启动值和保护值是否一致。若不一致，汇报调度并申请保护装置改停用，然后对保护装置或合并单元进行重启，重启后检查采样情况是否恢复；若重启后保护装置采样异常未恢复，需进一步检查保护装置并处理。

2）若是保护装置同时报 TA 断线，则首先检查保护装置内电流采样数据。若发现某相电流数据异常，则需对其他二次设备（如测控、故障录波、PMU 等）该相电流数据进行检查对比，如保护装置采样数据与其他二次设备采样数据相差较大，则可以判断该相电流回路故障。然后检查保护装置和端子箱内该相电流回路是否松动，有无放电痕迹等。若电流回路无异常，再用钳形电流表实测二次电流，并与保护装置采样对比，如相差较大，则判断是保护装置交流输入插件故障；汇报调度并申请保护装置改停用，然后对保护装置进行重启，重启后检查采样情况是否恢复；若重启后保护装置采样异常未恢复，需进一步检查保护装置并处理异常。

3）若是保护装置同时报 TV 断线，则首先检查保护装置内电压采样数据。若发现某相电压数据异常时，则需对其他二次设备（如测控、故障录波、PMU 等）该相电压数据进行检查对比，如保护装置采样数据与其他二次设备采样数据相差较大时，则可以判断该相电压回路故障。用万用表测量保护装置端子排上该相电压回路的节点电压，若端子前后电压正常，则判断是保护装置交流输入插件故障；汇报调度并申请保护装置改停用，然后对保护装置进行重启，重启后检查采样情况是否恢复；若重启后保护装置采样异常未恢复，需进一步检查保护装置并处理异常。若保护装置端子排上该相电压回路的节点前后电压异常，如某点电压应为 57.7V，实际测量为 0V，则说明该处节点出现松动，对该节点端子进行紧固处理异常。

（2）开入异常，即保护装置接收到的开入量状态信息异常。

根据现场处置经验，插件开入电源异常和跳闸位置开入异常较为常见。插件开入电源异常时，检查光耦电源是否正常，电源电压等级是否与装置设置一致。跳闸位置开入是指通过外部回路，串入断路器的动断触点，当断路器处于分闸位置时，回路接通，跳位信号开入至保护，保护装置中跳闸位置置“1”，即跳闸位置继电器动作。跳闸位置开入异常是因为线路有电流但跳闸位置继电器动作或三相不一致。在断路器处于合闸位置时，需要检查保护装置触点输入中某相跳闸位置是否为 1，并用万用表测量保护屏后端子排该相跳闸位置电压，若该触点电压为 57.7V，则说明保护装置无异常，根据图纸检查跳闸位置开入外部回路是否正常；若该触点电压为 0V，而保护装置触点输入为 1，则判断是保护装置开关量开入插件故障，汇报调度并申请保护装置改信号，然后对保护装置进行重启，重启后检查触点输入是否恢复，若重启后保护装置触点输入未恢复，需进一步检查保护装置并处理异常。

（3）故障。

1）若保护装置报定值错误，保护闭锁，则主要原因为定值超出整定范围、管理板定值与 DSP 板的定值不一致、保护 DSP 定值出错等。

2）若保护装置报 DSP 校验、内存出错，则可能是保护装置的保护计算及故障检测插件故障，此时保护装置闭锁，向调度申请保护改停用，然后对保护装置进行重启，重启后检查保护装置是否恢复正常运行；若重启后保护装置告警信息未恢复，需进一步检查保护装置并处理异常。

3）若监控后台收到“保护装置失电”，保护装置面板黑屏，则可能是保护装置电源故障。检查直流馈线屏上保护装置电源空气开关、保护屏后装置电源空气开关是否断开，检查保护装置电源插件指示灯显示是否正常。

九、TA 采样异常

1. 原理分析

依据电磁感应原理，电流互感器（简称 TA）将一次侧大电流转化为二次侧小电流，用于计量、测量、保护、控制等。TA 采样异常一般指二次采样不能正确反映一次电流实际值，TA 断线一般指至少一相无流。常见原因如下：

（1）TA 开路。

（2）二次设备交流板故障。

（3）TA 本体异常。

（4）多点接地或者有寄生回路。

2. 产生后果

TA 采样异常，将影响计量、测量的准确性；对于保护装置，严重时会导致保护误动作。而 TA 开路还会导致电流互感器铁芯严重发热、二次感应高电压等危害。

3. 处置思路

（1）信号确认。仔细检查监控后台信号，综合分析，对 TA 采样异常的范围、可能原因进行初步判断。

（2）一次设备检查。检查 TA 本体是否存在异常，如发热、渗油、漏油、气体压力低、外绝缘放电等。

（3）二次设备检查。对采用该 TA 的二次设备进行全面检查对比，检查采样异常范围是单一设备、多个设备还是所有设备，综合判断，定位故障点。

（4）TA 二次回路检查。重点检查 TA 二次回路是否存在开路，是否存在连片打开、电缆松动脱落等故障，如有应及时恢复，注意做好个人保安措施，防止高压触电。

十、TV 断线

1. 原理分析

电压互感器（简称 TV）主要用于将一次电压按变比转化为二次电压，并提供给二次设备使用，包括保护、测控、计量、PMU 等。TV 断线造成电压采样异常，影响二次设备正常运行。计量会出现较大误差或错误，测量将无法正确测量系统电压。而对于保护，会导致带方向的保护失去方向性，距离保护、备自投装置误动等恶劣影响。常见原因如下：

（1）TV 本体故障。

（2）二次电压空气开关故障。

（3）TV 隔离开关辅助触点故障。

（4）二次回路松动。

（5）并列运行方式下电压并列异常。

2. 处置思路

（1）信号确认。对电压互感器本体、电压互感器二次空气开关开展检查。如电压互感器二次空气开关跳开，应试送二次空气开关。仔细检查监控后台信号和影响范围，综合分析，缩小故障范围。

（2）回路检查。故障范围确定后，对该范围内二次回路及回路中元器件进行检查，准备相关图纸、万用表等工具，逐一排查，确定故障点。

十一、对时异常

1. 原理分析

保护装置接收不到外部时钟源对时信号，或接收到的对时信号不正确，当装置对时误差超过一定门槛时将会报“对时异常”告警信号。根据变电站现场故障处置经验，保护装置对时异常的常见原因如下：

（1）保护装置与对时装置之间的通信发生故障，表现在端子排两侧连接点松动或电缆的折断破损等。

（2）保护装置接收对时信号的插件损坏。

（3）对时装置输出板卡异常。

2. 产生后果

继电保护装置并不依赖于外部对时系统实现其保护功能，但是对时异常会影响运维人员对保护动作之后的时序判断，影响对事故动作原因的分析。

3. 处置思路

若保护装置及相关其他装置同时发“对时异常”告警信号，异常原因往往出现在时钟同步装置处，若只是单套保护装置发“对时异常”告警信号，大部分情况下是由保护装置与对时装置之间的电缆两端的连接点的松动造成。“对时异常”处理方法比较简单，运维人员需要对变电站对时系统原理有所了解，在发生类似设备对时异常时，才能有清晰的处置逻辑。

十二、直流接地

1. 原理分析

220V 直流系统两极对地电压绝对值差超过 40V 或绝缘降低到 25kΩ 以下，110V 直流系统两极对地电压绝对值差超过 20V 或绝缘降低到 15kΩ 以下，应视为直流接地。根据变电站现场故障处置经验，发生直流接地的常见原因如下：

（1）现场施工时工作不慎或工作失误造成直流接地。

（2）直流回路因污秽或受潮等原因绝缘降低造成接地。

（3）直流回路绝缘存在某些损伤缺，陷如磨伤、砸伤、压伤等。

（4）直流回路绝缘材料不合格、绝缘性能低或年久失修、老化。

（5）小动物或小金属零件搭接在直流回路导电部分与地之间造成直流接地。

2. 产生后果

直流系统若只有一点接地，并不会对系统构成危害，但应及时消除故障，若再有一点接地，则可能会造成严重后果。当直流系统正接地时，可能会造成断路器的误动；当直流系统负接地时，则可能会造成断路器的拒动。直流系统接地示意如图 7-14 所示，该图为某断路器的操作回路图，在 A、B、C 任一点接地时，系统仍可继续运行，但是若发生两点接地，则可能会引发以下后果。

（1）当 A、C 点同时接地时，等于将直流系统正、负极直接短路，可能会使上级直流空气开关跳开或熔断器熔断。

（2）当 B、C 点同时接地时，等于将跳闸线圈 YT 短路，此时断路器会拒动。

（3）当 A、B 点同时接地时，等于将跳闸触点 TBJ 短路，此时跳闸线圈 YT 得电，断路器会误动。

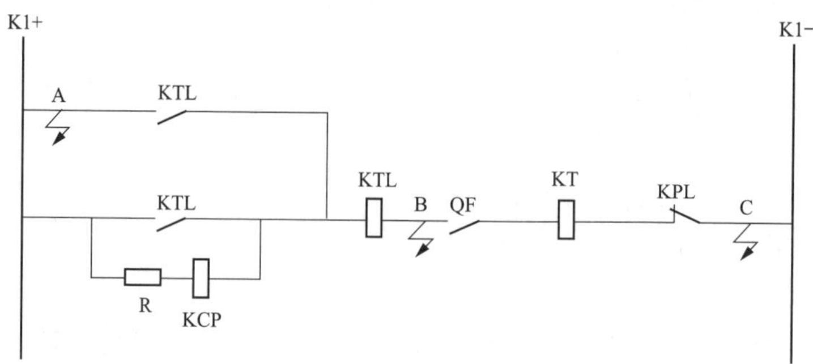

图 7-14　直流系统接地示意图

3. 处置思路

直流系统如出现接地，可能会造成断路器的误动或拒动，应尽快消除，恢复正常。变电站查找直流接地应按现场有关规定执行，在查找到具体接地点后，应及时汇报相关调度，并根据需要申请停用相关保护、安控等装置。现场出现直流接地信号，可按照以下三个步骤尽快隔离接地点。

（1）信号确认。当运维人员发现直流接地后，应首先核对故障信息是否正确，并汇报调度人员。

（2）检测接地支路。检查直流绝缘监测仪，确定接地支路；若直流绝缘监测仪检测不出接地支路，可采用便携式直流接地查找仪或拉路法查找接地支路。

（3）确定接地点并隔离故障。确认接地支路后，应首先进行外观检查，若有明显的受潮、绝缘破损等现象，应采取相应的方式进行处理；如需拆接端子，应参照符合现场实际的图纸，查找到接地点后，尽快隔离，若无法找到接地点则联系检修人员处理。

第三节 二次设备缺陷消缺安全措施

1. 一般原则

（1）继电保护装置、合并单元、智能终端、合智一体化装置、多合一装置、站域保护控制系统、GOOSE 网络、交换机等设备异常或故障应及时汇报值班调度员，经调度许可后运维人员按现场运行规程进行处理。

（2）对于保测一体化装置、合智一体化装置、多合一装置、站域保护控制系统等多功能集成装置，当某一项或多项应用功能出现异常或故障时，异常处理过程中不应影响其他功能正常运行；因功能间相互影响无法隔离时，应仅退出受影响功能；异常或故障仍无法隔离时，按整套装置异常或故障处理。

（3）值班调度员在接到现场运行人员汇报继电保护设备异常或故障时，应做好异常或故障记录，并根据异常或故障设备的影响范围及现场处理需要，确定应采取的措施。

2. 合并单元异常或故障

（1）110kV 线路、母联（分段）间隔合并单元异常或故障时，按线路、母联（分段）间隔合并单元停用处理，即对应一次设备转冷备用或检修状态，将该合并单元投停用状态，同时退出母差保护中该间隔“SV 接收”软压板、“GOOSE 出口”软压板。如该合并单元停用影响其他功能时，应通知相关专业人员。

（2）变压器间隔合并单元。

1）当单套合并单元异常或故障时，按变压器间隔单套合并单元停用处理。也就是说，应将该合并单元投停用状态，同时将取自该合并单元采样的变压器电气量保护投停用状态，退出全部间隔“GOOSE 出口”软压板。如该合并单元停用影响其他功能时，应通知相关专业人员。

2）桥接线形式当两套进线间隔（或桥开关间隔）合并单元同时异常或故障时，对应进线间隔或桥开关间隔应转冷备用或检修状态，异常或故障的两套合并单元均投停用状态，两套变压器电气量保护均退出该间隔“SV 接收”软压板、“GOOSE 出口”软压板。当进线间隔或桥开关间隔转冷备用或检修状态影响备用电源自动投入装置运行时，应停用备用电源自动投入装置备自投功能。

3）单母线、单母线分段、双母线接线形式。

a. 当两套合并单元同时异常或故障时，变压器应转冷备用或检修状态，异常或故障的两套合并单元均投停用状态，母差保护退出变压器间隔“SV 接收”软压板、“GOOSE 出口”软压板，两套变压器电气量保护均投入“检修状态”硬压板。

b. 当两套合并单元同时异常或故障，三绕组变压器需两侧运行时，合并单元异常的变压器某侧间隔应转冷备用或检修状态，异常或故障的两套合并单元均投停用状态，母差保护退出该间隔的“SV 接收”软压板、“GOOSE 出口”软压板，两套变压器电气量保护退出该侧“SV 接收”软压板、“GOOSE 出口”软压板。

（3）110kV 母线电压合并单元。

1）当某套母线电压合并单元异常或故障时，按母线电压合并单元单套停用处理。

a. 当两套母线电压合并单元其中一套停用时，与该电压合并单元相联系的线路保护失去母线电压，相关线路保护转停用状态，相关线路间隔一次设备转冷备用或检修状态。

b. 当第一套母线电压合并单元停用时，与该电压合并单元相联系的变压器电气量保护失去母线电压，第一套变压器电气量保护自动退出与电压相关功能，不须进行其他操作。

c. 当第二套母线电压合并单元停用时，与该电压合并单元相联系的变压器电气量保护失去母线电压，对于配置两套功能完整的主、后备保护一体化变压器电气量保护场合，第二套变压器电气量保护自动退出与电压相关功能，不须进行其他操作；对于配置主、后备保护分置的两套电气量保护，变压器后备保护转停用状态。

d. 母线电压合并单元单套停用时，接入该母线电压合并单元的测控、计量、故障录波器等装置失去交流电压采样，现场应制定相应的处理措施。

2）当两套母线电压合并单元同时异常或故障时，应将两套合并单元均投停用状态，继电保护操作按现场运行规程处理。

3）母线电压合并单元异常或故障时，接入异常或故障母线电压合并单元的测控、计量、故障录波器等装置失去交流电压采样，现场应制定并采取相应的处理措施。

3. 智能终端装置异常或故障

（1）110kV 线路、母联（分段）间隔智能终端。

1）当线路间隔智能终端异常或故障时，对应线路间隔转冷备用或检修状态，智能终端投停用状态，母差保护退出对应间隔“SV 接收”软压板、“GOOSE 出口”软压板，线路保护退出“SV 接收”软压板、“GOOSE 出口”软压板，投入“检修状态”硬压板。

2）当母联（分段）间隔智能终端异常或故障时，对应母联（分段）间隔转冷备用或检修状态，智能终端投停用状态，母差保护退出母联（分段）间隔“SV 接收”软压

板、“GOOSE 出口”软压板，投入“母联分列”软压板，母联（分段）独立过流保护投入“检修状态”硬压板。

（2）变压器间隔智能终端。

1）当单套变压器间隔智能终端异常或故障时，按变压器间隔单套智能终端停用处理，即当第一套智能终端停用时，应将第一套智能终端、第一套变压器电气量保护投停用状态，同时将变压器该侧一次设备转冷备用或检修状态。当第二套智能终端停用时，应将第二套智能终端、第二套变压器电气量保护投停用状态。

2）两套智能终端同时异常或故障（桥接线形式）。

a. 当两套 110kV 进线开关、桥开关间隔智能终端异常或故障时，对应进线间隔或桥开关间隔应转冷备用或检修状态，异常或故障的两套智能终端均投停用状态，两套变压器电气量保护均退出该间隔“SV 接收”软压板、“GOOSE 出口”软压板。当进线间隔或桥开关间隔转冷备用或检修状态影响备用电源自动投入装置运行时，应停用备用电源自动投入装置备自投功能。

b. 当变压器中压侧或低压侧间隔两套智能终端异常或故障时，对应变压器应转冷备用或检修状态，异常或故障的两套智能终端均投停用状态，两套变压器电气量保护投入“检修状态”硬压板。

c. 当变压器中压侧或低压侧间隔两套智能终端异常或故障时，若三绕组变压器需改为双绕组运行，则该间隔应转冷备用或检修状态，异常或故障的两套智能终端均投停用状态，两套变压器电气量保护均退出该间隔“SV 接收”软压板、“GOOSE 出口”软压板。

（3）两套智能终端同时异常或故障（单母线、单母线分段、双母线接线形式）。

1）当变压器高压侧间隔两套智能终端异常或故障时，对应变压器应转冷备用或检修状态，异常或故障的两套智能终端均投停用状态，母差保护退出对应间隔“SV 接收”软压板、“GOOSE 出口”软压板，两套变压器电气量保护投入“检修状态”硬压板。

2）当变压器中压侧或低压侧间隔两套智能终端异常或故障时，对应变压器应转冷备用或检修状态，异常或故障的两套智能终端均投停用状态，两套变压器电气量保护投入“检修状态”硬压板。

3）当变压器中压侧或低压侧间隔两套智能终端异常或故障时，若三绕组变压器需改为双绕组运行，则该间隔应转冷备用或检修状态，异常或故障的两套智能终端均投停用状态，母差保护退出对应间隔“SV 接收”软压板、“GOOSE 出口”软压板，两套变压器电气量保护均退出该间隔“SV 接收”软压板、“GOOSE 出口”软压板。

（4）当 110kV 变压器本体智能终端异常时，在查看异常内容后确认不影响非电量保护功能时，应及时处理；当 110kV 变压器本体智能终端故障时，按变压器本体智能终端停用处理。

4. 继电保护装置异常或故障

（1）110kV 变压器电气量保护。

1）单套变压器保护装置（或变压器后备保护装置）异常或故障时，将该套变压器保护装置（或变压器后备保护装置）投停用状态，该智能终端投入“检修状态”硬压板。

2）两套变压器电气量保护装置同时异常或故障时，一次设备转冷备用或检修状态，将异常或故障的两套变压器电气量保护装置投停用状态，两套智能终端投入“检修状态”硬压板。

（2）单套配置的线路保护装置异常或故障时，一次设备转冷备用或检修状态，将异常或故障的线路保护投停用状态，将与该保护装置相联系的智能终端投入“检修状态”硬压板。

（3）单套配置的母差保护装置异常或故障时，一次设备状态可不调整，将异常或故障的母差保护投停用状态，投入母联（分段）独立过流保护或调整上级保护定值。

（4）备用电源自动投入装置、母联（分段）独立过流保护、变压器非电量保护等出现异常或故障时，应将异常或故障的保护装置投停用状态，其他设备的操作按现场运行规程处理。

第八章　110kV 智能变电站故障处置

智能变电站故障是指电力系统在运行过程中，受到外力、绝缘老化、过电压、误操作、设计制造缺陷等原因引起的各种短路、断线等问题，会造成电气设备损坏、负荷损失、供电用户停电以及电网运行方式发生受累调整等后果，严重的甚至会导致电网稳定运行的破坏。事故（事件）指系统或其中一部分的正常工作遭到破坏，并造成减负荷、供电用户停电、电能质量降到不能容许的程度等后果，甚至造成人身伤亡和电网稳定破坏的严重后果，事故（事件）是已经发生的、造成的损失损害。本章摘选了 10 个现场运行发生的真实典型故障案例，在高精度数字物理混合仿真平台进行真实还原，并加以分析和拓展，以期提高现场变电运维（监控）人员的技术技能水平。

第一节　单一元件故障处置

案例一　主变压器 10kV 侧避雷器 B 相接地故障

（一）故障前运行方式

B 变电站 110kV 侧分列运行，进线一 985 开关、1 号主变压器 901 开关运行于 110kV Ⅰ母线，进线二 986 开关、2 号主变压器 902 开关运行于 110kV Ⅱ母线，110kV 分段 900 开关在热备用状态，110kV 备自投投入。

1 号主变压器 301 开关代 35kV Ⅰ母线路一 341 开关运行，101 开关代 10kV Ⅰ段母线路一 111、线路三 113（煤矿用户专线）、1 号接地站用变压器 117 开关运行，2 号主变压器 302 开关代 35kV Ⅱ母线路一 342 开关运行，102A 开关带 10kV ⅡA 母线路二 112、线路四 114 开关运行，102B 开关带 10kV ⅡB 母线路五 119、线路六 120 开关、2 号接地站用变压器 121 开关运行，1、2、3 号电容器在投入状态，35kV 分段 300 开关及 10kV 分段 100 开关在热备用状态。35kV 及 10kV 备自投投入。

1 号主变压器 110kV 侧中性点接地闸刀 9010 在分位，35kV 侧中性点接地闸刀 3010 在合位，经消弧线圈接地，2 号主变压器 110kV 侧中性点接地闸刀 9020 在分位，35kV 侧中性点接地闸刀在分位。故障前 B 变电站运行方式如图 8-1 所示。

（二）故障过程

××××年××月××日 12 时 43 分，110kV B 变电站 10kV Ⅰ段母线发接地告警，

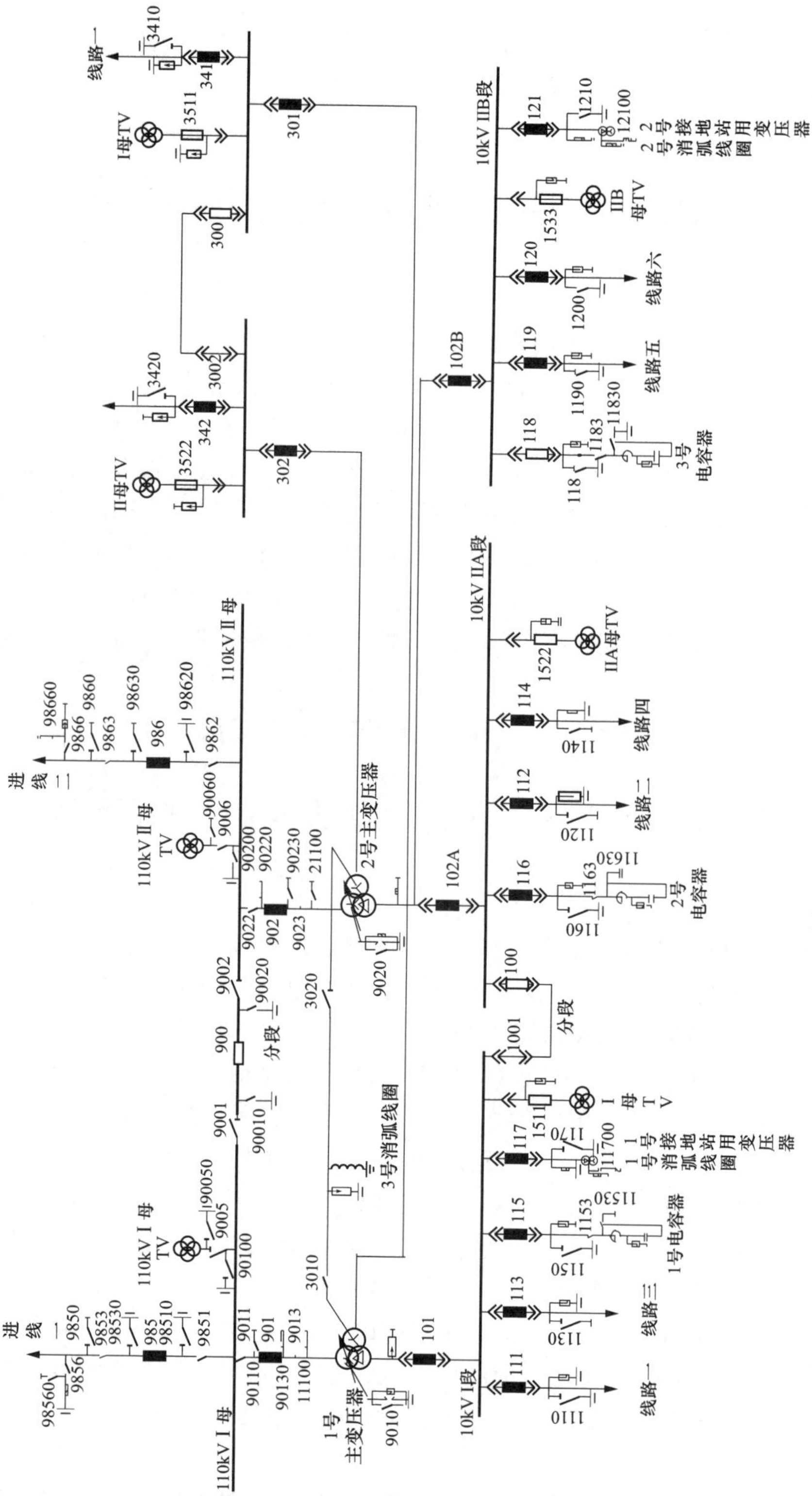

图 8-1 故障前 B 变电站运行方式

10kV Ⅰ段母线电压 A 相 10.15kV、B 相 0.12kV、C 相 10.21kV，10kV Ⅱ段、Ⅲ母线电压为 A 相 5.88kV，B 相 5.89kV，C 相 5.88kV。没有收到该变电站接地选线装置选线遥信。向县调汇报后，接县调口令对 10kV Ⅰ段母线进行拉路查找。接县调口令拉开线路一 111、线路三 113 开关后接地仍未消失，在拉线路三 113 专供线路开关之前，县调和煤矿用户联系，通知用户提前转移负荷。

变电运维人员 B 变电站站内检查汇报：1 号主变压器有异常震动声，10kV 侧 B 相避雷器泄漏电流表内部发黑，红外测温存在异常发热。

（三）故障处置

小电流接地系统发生单相接地故障，原则上应由监控中心在管辖调度的指挥下进行拉路查找，一般按照拉路查找序列表顺序进行拉路查找。在拉路查找没有发现故障线路的情况下，通知变电运维人员到现场进行检查，排除站内故障的可能性。经变电运维人员现场检查，本次为站内主变压器低压侧避雷器单相接地故障，运维人员汇报调度后将 1 号主变压器转检修，进行避雷器更换及试验工作。1 号主变压器 10kV 侧 B 相接地故障处置步骤表如表 8-1 所示。

表 8-1　　1 号主变压器 10kV 侧 B 相接地故障处置步骤表

序号	变电站	单位	分序	操作内容	备注
1	B 变电站	监控中心	1	在县调的指挥下对 B 变电站 10kV Ⅰ段母线所在线路进行拉路查找	对煤矿等重要用户拉路前，由调度联系用户进行负荷转移或做好停电准备
			2	通知变电运维人员到 B 变电站进行现场异常巡视	
2		变电运维	1	10kV 侧 B 相避雷器泄漏电流表内部发黑，红外测温发现存在异常发热	检查前须穿绝缘靴、戴绝缘手套
			2	向县调申请将 1 号主变压器转冷备用	
			3	停用 110kV 侧备自投	
			4	停用 35kV 侧备自投	
			5	停用 10kV 侧备自投	
			6	合上分段 900 开关	负荷转移前，高压侧先合环
			7	合上分段 300 开关并检查负荷分配正常	
			8	拉开 1 号主变压器 301 开关	
			9	合上分段 100 开关并检查负荷分配正常	
			10	拉开 1 号主变压器 101 开关	
			11	检查 110kV Ⅰ段母线三相电压指示正常	
			12	合上 1 号主变压器 110kV 侧中性点接地闸刀 9010	

续表

序号	变电站	单位	分序	操作内容	备注
			13	拉开 1 号主变压器 901 开关	
			14	拉开 9013 闸刀	
			15	拉开 9011 闸刀	
			16	将 1 号主变压器 301 开关摇至试验位置	
			17	将 1 号主变压器 101 开关摇至试验位置	
			18	检查 1 号主变压器已转至冷备用状态	
			19	拉开 900 开关	
			20	投入 110kV 侧备自投	恢复 110kV 侧线路备自投方式
			21	拉开 1 号主变压器 3010 中性点闸刀，并在 3010 闸刀操动机构处挂“禁止合闸”标志牌	消弧线圈不能同时运行在两台主变压器上
			22	合上 2 号主变压器 3020 中性点闸刀	
			23	向县调汇报 1 号主变压器已由运行转至冷备用	
			24	接调令将 1 号主变压器由冷备用转检修	
			25	验电并合上 1 号主变压器 11100 接地闸刀	
			26	在 1 号主变压器中压侧穿墙套管处验电后挂 1 号接地线一组	
			27	在 1 号主变压器低压侧穿墙套管处验电后挂 2 号接地线一组	
			28	拉开 1 号主变压器 9010 中性点闸刀	主变压器检修时，中性点不接地
3		变电运检	1	接县调许可令，开展 1 号主变压器低压侧避雷器更换及试验工作	
4		监控中心	1	加强对 2 号主变压器运行监视	

【思考题 1】消弧线圈能不能同时运行在两台主变压器上？

【思考题 2】主变压器差动保护范围内单相接地时，差动保护一定动作吗？

【思考题 3】小电流接地系统单相接地时，拉路查找顺序是什么？

（四）故障分析

小电流接地系统单相接地是电网常见故障之一，按规程规定一般可以持续运行 1～2h，原因一是 35kV 及以下靠近终端用户需要保证供电可靠性，二是低电压等级增加外绝缘配置的绝对成本、绝缘材料及工艺的要求相对较低，三是低电压等级单相接地时电弧一般可以自熄（间歇性弧光接地例外），发展为相间故障概率较低。间歇性电弧接地是指在小电流接地系统中，当发生一相对地短路故障，常出现电弧，如果此时系统中存在电容和电感引起线路某一部分的振荡，当电流振荡零点或工频零点时，电弧可能暂时

熄灭，之后事故相电压升高后，电弧则可能重燃的现象。

小电流接地系统发生单相接地时，由监控中心汇报调度并得到调度口令后进行拉路查找，如果接地时接地母线分段开关在运行状态，调度会优先使用“切割法”缩小拉路查找范围。拉路查找的顺序一般是先拉开接地母线投运的电容器组，如果有接地选线装置选线遥信则可以优先拉路判定，然后根据负荷的重要性，由低到高进行“一拉一送”查找，如果“一拉一送”没有查找到故障线路，可以进行“只拉不送”的拉路法排除多点同相接地的可能，同时通知变电运维人员到变电站进行站内巡视以排除站内接地的可能。对煤矿等特殊用户进行拉路前由调度电话通知用户做好停电准备。优先拉开投运在接地母线的电容器组的原因，一是排除电容器组支路接地的可能，二是降低接地母线的工频过电压。

根据测温结果判断，1 号主变压器 10kV 侧避雷器 B 相整体呈现贯穿性过热现象，可能为其内部存在缺陷所致。避雷器正常运行时，由于其内部非线性元件特性，对工频电压表现为高阻抗，而当避雷器内部存在缺陷时会导致其在工频电压作用下阻抗大大降低，此时并联在系统内的避雷器相当于接地故障点，10kV Ⅰ段母 B 线相电压降低，非故障相升高。10kV 系统为中性点不接地系统，故而故障点虽在主变压器差动范围，但故障电流基本为 10kV Ⅰ段母线电容电流及主变压器本身的对地电容电流之和，电流值很小，主变压器差动保护不动作。准确说主变压器差动保护动作切除的故障一般是主变压器各侧发生相间（含相间对地短路）故障、大电流接地系统侧单相接地故障以及主变压器内部故障时差流达到动作整定值的故障。

变电站如果在小电流接地系统侧采用两台主变压器共用一个消弧线圈的设计，原则上不允许消弧线圈同时运行在两台主变压器上，其原因一是由于两变压器的参数不完全相同，易在两变压器的中性点回路形成一定的环流；二是当补偿网络发生单相接地时，两变压器中性点的电位同时发生变化，各对应的相电压也会发生变化，这样不能正确区分发生接地故障发生在补偿网络的哪一部分；三是由于两变压器的铁芯饱和程度不尽相同，易使相电压中有高次谐波，此高次谐波通过变压器的中性点和相对地的电容形成通道，当补偿网络的自震频率与谐波的某一频率相等时，会出现谐振现象，谐振电流越大，相电压波形畸变越厉害。

【处置要点】

（1）根据监控班拉开 10kV Ⅰ段母线上所有出线开关后接地仍未消失的故障现象，判断接地点在站内，重点检查范围应为主变压器低压侧至穿墙套管部分、1 号接地站用变压器间隔。

（2）应严格按照 Q/GDW 1799.1—2013《国家电网公司电力安全工作规程　（变电部分）》5.2.4“高压设备发生接地时，室内人员应距离故障点 4m 以外，室外人员应距离故障点 8m 以外。进入上述范围人员应穿绝缘靴，接触设备的外壳时，应戴绝缘手套”的规定，现场检查时保持安全距离，做好安全措施。

【相关知识点】小电流接地系统单相接地的特点

由于中性点非直接接地系统发生单相接地后，短路电流很小，三相系统仍然保持对称，故系统能正常运行 1～2h，供电可靠性大大提高，在我国 35kV 及以下系统，一般均采用非直接接地运行方式，也称为小电流接地系统。

一、中性点不接地系统

中性点不接地系统图及单相接地短路时相量图如图 8-2 所示，为便于分析，假定电网空载运行，并不计电源和线路上的压降，正常运行时，三相对地电容相等且都为 C_0，则各相对地电容电流对称且平衡，三相电容电流相量和为零，因此电源中性点对地电压 $\dot{U}_\text{n}=0$，又因为忽略电源和线路上的压降，所以各相对地电压即为相电势，因此电网正常运行时并不产生零序电压和零序电流。

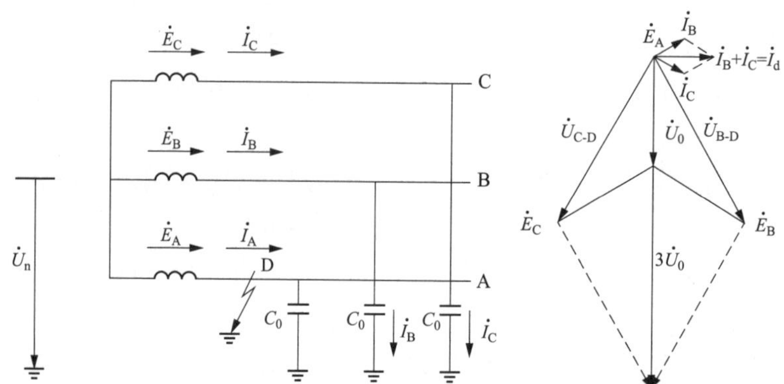

图 8-2　中性点不接地系统图及单相接地短路时相量图

当 A 相发生单相接地短路时，该相电压则由相电压变为零，此时中性点对地电压则由零变为中性点对 A 相的电压，即 $\dot{U}_\text{n}=-\dot{E}_\text{A}$。因此，非故障相的电压则变为线电压，即升高为相电压的 $\sqrt{3}$ 倍。各相对地电压为

$$\begin{cases}\dot{U}_\text{A-D}=0\\ \dot{U}_\text{B-D}=\dot{U}_0+\dot{U}_\text{B}=\dot{E}_\text{B}-\dot{E}_\text{A}\\ \dot{U}_\text{C-D}=\dot{U}_0+\dot{U}_\text{C}=\dot{E}_\text{C}-\dot{E}_\text{A}\end{cases} \tag{8-1}$$

由式（8-1）可知，发生单相接地短路时，线电压保持不变，对于接线电压的用电设备不受影响，系统仍可继续供电。但此时应发出信号，以便工作人员尽快查清并消除故障，一般允许继续运行时间不超过 2h。

A 相接地短路后，A 相对地电容被短接，因此其对地电容电流为零，非故障相 B、C 相的电容电流超前其相电压 90°，即

$$\begin{cases}\dot{I}_\text{B}=\text{j}\omega C_0\dot{U}_\text{B-D}\\ \dot{I}_\text{C}=\text{j}\omega C_0\dot{U}_\text{C-D}\end{cases} \tag{8-2}$$

从式（8−2）可以看出，流向故障点的电流为 B、C 两相对地电容电流之和，即

$$\dot{I}_{\rm d}=\dot{I}_{\rm B}+\dot{I}_{\rm C}=(\dot{U}_{\rm B-D}+\dot{U}_{\rm C-D}){\rm j}\omega C_0=3\dot{U}_0{\rm j}\omega C_0 \tag{8-3}$$

一般情况下，中性点不接地系统电网中有多条线路，发生单相接地，电容电流的分布如图 8−3 所示。

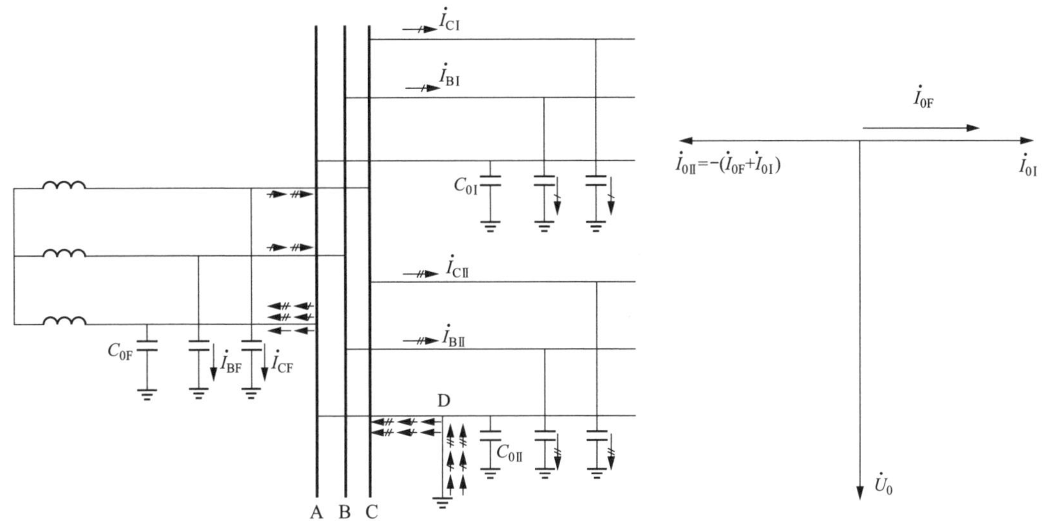

图 8−3 中性点不接地系统单相接地时电容电流分布图及相量图

在非故障线路Ⅰ，A 相对地电容电流则被短接，因此其对地电容电流为零，保护安装处即线路始端所流过的零序电流为

$$3\dot{I}_{0\rm I}=\dot{I}_{\rm BI}+\dot{I}_{\rm CI}=(\dot{U}_{\rm B-D}+\dot{U}_{\rm C-D}){\rm j}\omega C_{0\rm I}=3\dot{U}_0{\rm j}\omega C_{0\rm I} \tag{8-4}$$

即每一条非故障的线路零序电流为线路本身的电容电流，电容性无功功率的方向是由母线流向线路。

在发电机 F 上，有它本身的 B 相和 C 相的对地电容电流，但它还是产生其他电容电流的电源，因此，从 A 相中要流回从故障点流上来的全部电容电流，而在 B 相和 C 相中又要分别流出各线路上同名相的对地电容电流，此时从发电机出线端所反应的零序电流仍应为三相电流之和。由图 8−3 可见，各线路的电容电流由于从 A 相流入后又分别从 B 相和 C 相流出，相加后互相抵消，因此，只剩下发电机本身的电容电流，所以

$$3\dot{I}_{0\rm F}=\dot{I}_{\rm BF}+\dot{I}_{\rm CF}=(\dot{U}_{\rm B-D}+\dot{U}_{\rm C-D}){\rm j}\omega C_{0\rm F}=3\dot{U}_0{\rm j}\omega C_{0\rm F} \tag{8-5}$$

即发电机零序电流为发电机本身的电容电流，电容性无功功率的方向是由母线流向线路，这个特点与非故障线路一样。

在发生故障的线路Ⅱ，保护安装处即线路始端所流过的零序电流为

$$3\dot{I}_{0\rm II}=\dot{I}_{\rm AII}+\dot{I}_{\rm BII}+\dot{I}_{\rm CII} \tag{8-6}$$

在 A 相接地点要流回全系统 B 相和 C 相对地电容电流之总和，其值为

$$\dot{I}_{\text{AII}} = -[(\dot{I}_{\text{BI}} + \dot{I}_{\text{CI}}) + (\dot{I}_{\text{BII}} + \dot{I}_{\text{CII}}) + (\dot{I}_{\text{BF}} + \dot{I}_{\text{CF}})] \tag{8-7}$$

则有

$$\begin{aligned} 3\dot{I}_{0\text{II}} &= \dot{I}_{\text{AII}} + \dot{I}_{\text{BII}} + \dot{I}_{\text{CII}} = -[(\dot{I}_{\text{BI}} + \dot{I}_{\text{CI}}) + (\dot{I}_{\text{BF}} + \dot{I}_{\text{CF}})] \\ &= -3\dot{U}_0 \text{j}\omega(C_{0\text{I}} + C_{0\text{F}}) = -3\dot{U}_0 \text{j}\omega(C_{0\Sigma} + C_{0\text{II}}) \end{aligned} \tag{8-8}$$

由此可见，由故障线路流向母线的零序电流，其数值等于全系统非故障元件对地电容电流之总和（但不包括故障线路本身），其电容性无功功率的方向是由线路流向母线，恰好与非故障线路上的相反。

综上所述，对于中性点不接地系统发生单相接地时，其电压与电流具有以下特点：

（1）电压方面：在接地故障处，故障相对地电压为零，非故障相对地电压升高至线电压，三个相间电压的大小与相位保持不变，零序电压大小与相电压相等。

（2）电流方面：非故障线路上的零序电流 $3\dot{I}_0$ 等于本线路电容电流，电容性无功功率的方向由母线流向线路；故障线路零序电流 $3\dot{I}_0$ 等于所有非故障线路电容电流之和，电容性无功功率是由故障线路流向母线。在线路保护上，可以利用功率方向的不同来判别是故障线路还是非故障线路。

二、中性点经消弧线圈接地系统

根据以上分析可知，中性点不接地系统发生单相接地时，故障点的电流为全系统对地电容电流之和。当该电流大到一定程度时容易产生弧光接地，造成其他危害。例如，稳定性电弧可能烧坏设备或引起相间短路；间歇性电弧可能使电网电容、电感形成振荡而产生弧光接地过电压，使设备的绝缘遭到破坏。因此，通常采用中性点经消弧线圈接地的方式来达到限制电容电流的目的。

中性点经消弧线圈接地系统发生单相接地后，流过接地点的电流除全系统的电容电流以外，还包含消弧线圈的电感电流，如图 8-4 所示，即

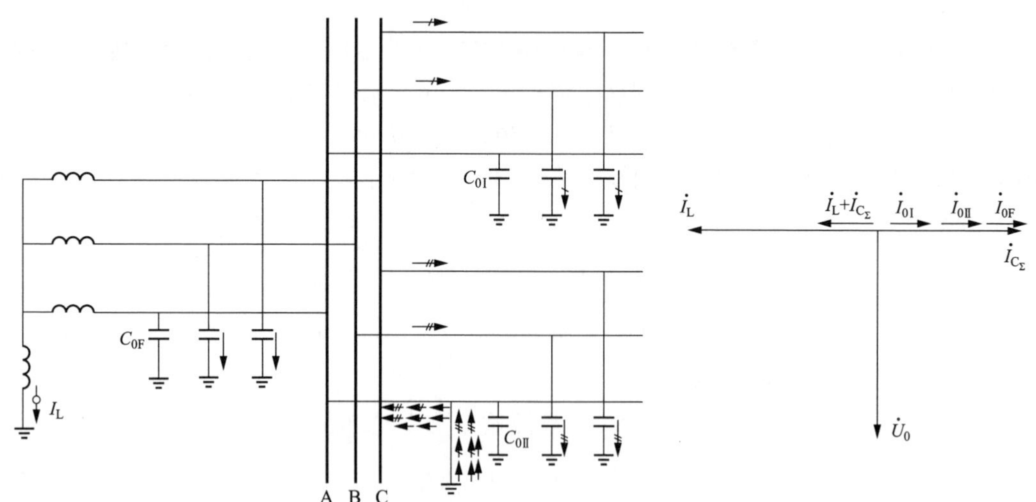

图 8-4　中性点经消弧线圈接地系统单相接地故障电流分布图及相量图

$$\dot{I}_{\mathrm{d}}=\dot{I}_{\mathrm{C}_{\Sigma}}+\dot{I}_{\mathrm{L}} \tag{8-9}$$

式中　$\dot{I}_{\mathrm{C}_{\Sigma}}$——全系统的对地电容电流，A；

$\dot{I}_{\mathrm{L}}$——消弧线圈的电感电流，即 $\dot{I}_{\mathrm{L}}=\dfrac{-\dot{E}_{\mathrm{A}}}{\mathrm{j}\omega L}$，A。

根据对电容电流补偿程度的不同可分为过补偿、全补偿和欠补偿三种补偿方式。

（1）全补偿，即$\dot{I}_{\mathrm{C}_{\Sigma}}=\dot{I}_{\mathrm{L}}$。在这种补偿方式下，接地点的电流为零。从熄灭电弧方面看，这种补偿方式是最好的，但此时$\omega \mathrm{L}=\dfrac{1}{3\omega C_{\Sigma}}$，正好构成串联谐振，一般情况下，输电线路的三相对地电容并不完全相等，因此电源中性点对地之间会产生电压偏移。由戴维南定理可知，当 L 断开时中性点电压，即开路电压为

$$\dot{U}_0=\frac{\mathrm{j}\omega C_{\mathrm{A}}\dot{E}_{\mathrm{A}}+\mathrm{j}\omega C_{\mathrm{B}}\dot{E}_{\mathrm{B}}+\mathrm{j}\omega C_{\mathrm{C}}\dot{E}_{\mathrm{C}}}{\mathrm{j}\omega C_{\mathrm{A}}+\mathrm{j}\omega C_{\mathrm{B}}+\mathrm{j}\omega C_{\mathrm{C}}}=\frac{C_{\mathrm{A}}\dot{E}_{\mathrm{A}}+C_{\mathrm{B}}\dot{E}_{\mathrm{B}}+C_{\mathrm{C}}\dot{E}_{\mathrm{C}}}{C_{\mathrm{A}}+C_{\mathrm{B}}+C_{\mathrm{C}}} \tag{8-10}$$

式中　C_{A}、C_{B}、C_{C}——分别为输电线路三相对地电容。

此外，在断路器合闸时三相触头不同时闭合，也会出现零序电压。

由于串联谐振回路中会产生很大的电流，该电流在消弧线圈上将引起很大的压降，从而造成系统中性点对地电压严重升高，因此，实际中这种补偿方式不能采用。

（2）欠补偿，即 $\dot{I}_{\mathrm{C}_{\Sigma}}>\dot{I}_{\mathrm{L}}$ 。在这种补偿方式下，接地点的电容电流仍呈容性。若系统运行方式发生改变如某些线路故障切除或检修，电容电流将减小，可能出现串联谐振，引起过电压，因此实际中一般也不采用欠补偿方式。

（3）过补偿，即 $\dot{I}_{\mathrm{C}_{\Sigma}}<\dot{I}_{\mathrm{L}}$ 。在这种补偿方式下，接地点的电容电流呈感性。因其不会出现谐振情况，实际中多采用这种补偿方式。常用过补偿度 $P=\dfrac{I_{\mathrm{L}}-I_{\mathrm{C}_{\Sigma}}}{I_{\mathrm{C}_{\Sigma}}}$ 来表示对电容电流的补偿程度，一般 P 取 5%～10%。

三、中性点经电阻接地系统

在 6～66kV 电网中，传统的分类把电阻分为高电阻、中电阻和小电阻三种形式（也有只分高电阻和低电阻两种）。对应的电阻值如下：

大于 500Ω 高电阻，接地故障电流＜10～15A。

10～500Ω 中电阻，15A＜接地故障电流＜600A。

小于 10Ω 小电阻，接地故障电流＞600A。

（1）经中电阻接地。为了克服小电阻的不足之处而保留其优点，可以采用中电阻接地方式。其要求如下：

1）选择接地电阻值时，应保证电阻的接地电流 I_{r}=（1～1.5）I_{C}，以限制过电压值不超过 2.6 倍（此数值是高压电动机、发电机可以承受的最大过电压倍数）。研究表明，进一步减少电阻值，提高电阻接地电流对降低内过电压收效不大。

2）从保证人身及设备安全出发，在对接地电阻为 4Ω 的用户变电站，接地故障电流不宜超过 150A，即系统的 I_C 和 I_r 控制在 100A 左右为宜。当 I_C 超过 100A 时，可采取的

措施包括：增加变电站的母线段数，减少一段母线上连接的出线数量，即降低该段母线的电容电流；给中性点接地电阻串联一只干式小电抗，把 I_C 补偿到 100A 以下。从以上分析可知，中电阻接地方式有着较大的生命力，较小电阻接地方式有较大的优势，是值得进一步研讨完善的接地方式之一。

（2）经高电阻接地。高电阻接地方式是以限制单相接地故障电流，并可防止谐振过电压和间歇性弧光接地过电压，主要应用于大型发电机组、发电厂厂用电和某些 6～10kV 变电站。它最大的特点是当系统发生单相接地时可以继续运行 2h，这与中、小电阻运行方式有着根本不同。

在 6～10kV 配电系统以及发电厂厂用电系统中，当单相接地电流电容电流较小时，故障接地可不跳闸，这样可以减少故障点的电位梯度，阻尼谐振过电压。按 DL/T 620—1997《交流电气装置的过电压保护和绝缘配合》标准规定："高电压接地系统设计应符合 $Ro \leqslant Xco$ 的原则，以限制由于电弧接地故障产生的瞬态过电压。一般采用接地故障电流小于 10A。"单从上述高电阻定义来看，高电阻的使用有局限性。

四、中性点经小电阻接地系统

世界上以美国为主的部分国家采用中性点经小电阻接地方式，原因是美国在历史上过高地估计了弧光接地过电压的危害性，而采用此种方式，用以泄放线路上的过剩电荷，来限制此种过电压。中性点经小电阻接地方式中，一般选择电阻的值较小。在系统单相接地时，控制流过接地点的电流在 500A 左右，也有的控制在 100A 左右，通过流过接地点的电流来启动零序保护动作，切除故障线路。在我省 35kV 及以下电网中，实际运用中一般是小电阻与消弧线圈并接，正常运行时经消弧线圈接地，单相接地发生且消弧线圈补偿容量不足时，经延时将小电阻支路接入，保护动作跳开断路器实现对单相接地故障点的隔离，所以中性点小电阻接地系统被归纳在大电流接地系统的分类中。

（1）小电阻接地。10～35kV 配电网中性点采用小电阻接地方式曾在上海、北京、广州、深圳等地的城区的配电网中使用。20 世纪 80 年代初，美国为我国首批 300MW 机组设计的火力发电厂厂用系统中性点采用小电阻接地方式。

1）小电阻接地方式的优点：

a. 自动隔离故障，运行维护方便。

b. 可快速切断接地故障点，过电压水平低，能消除谐振过电压，可采用绝缘水平较低的电缆和电气设备。

c. 减少绝缘老化，延长设备使用寿命，提高设备可靠性。

d. 因接地电流高达几百安以上，继电保护有足够的灵敏度和选取行，不存在选线上的问题。

e. 可降低火灾事故发生的概率。

f. 可采用通流容量大、残压低的无间隙氧化锌避雷器作为电网的过电压保护。

g. 能消除弧光接地过电压中的 5 次谐波，避免事故扩大为相间短路。

2）小电阻接地方式的接地故障电流为 600～1000A 或以上，会在电力系统中带来以下问题：

a. 过大故障电流容易扩大事故，即当电缆发生单相接地时，强烈的电弧会危及邻相电缆或同一电缆沟里的相邻电缆酿成火灾，扩大事故。

b. 数百安以上的接地电流会引起地电位升高达数千伏，大大地超过了安全的允许值，会对低压设备、通信线路、电子设备和人身保安造成危险。如低压电器要求不大于（$2U+1000$）$\times 0.75=1000$（V）；通信线路要求不大于 430～650V 地电位差；电子设备接地装置不能升高超过 600V 的电位，人身保安要求的跨步电压和接触电压在 0.2s 切断电源条件下不大于 650V，延长切断电源时间会有更大危害。

c. 小电阻流过的电流过大，电阻器产生的热容量因与接地电流的平方成正比，会给电阻器的制造带来困难，给运行也带来不便。

d. 为了保证继电保护正确动作，线路出现的零序保护不应采用三相电流互感器组成的二次零序接线方式，防止三相电流互感器有不同程度的饱和；或因特性不平衡，为使零序保护误动作，应采用零序电流互感器来解决之。

案例二　不完整扩大内桥 110kV 进线永久性接地故障

（一）故障前运行方式

110kV A 变电站高压侧不完整扩大内桥接线，进线 CA516 开关未配置，B 变电站通过 BA511 线路带 1 号主变压器运行，C 变电站通过 CA516 线路带 2 号主变压器运行，B、C 变电站侧线路保护配置 PCS941 零序距离保护，A 变电站受端没有配置线路保护。1、2 号主变压器均两卷变，设计容量 50MVA（配置两套主变压器主后一体差动保护及一套非电量保护）。A 变电站侧主变压器 110kV 侧中性点均不接地，A 变电站高压侧配置一套备自投 PCS9651。F 风电场通过 AF113 线路与 A 变电站联络，故障前一次运行方式如图 8-5 所示。

（二）故障过程

×××× 年 ×× 月 ×× 日 10 时 43 分，监控班通知 B 变电站 BA511 线路保护动作，A 变电站 BA511 线路保护动作，联跳 AF113 开关，110kV 备自投动作，进线一 511 开关在分位，分段一 700 开关在合位，AF113 开关在分位。

变电运维人员 A 变电站站内检查汇报：110kV BA511 开关保护“跳闸”“重合闸”灯亮，动作报文显示：0s 光纤纵差保护动作，联跳 113 开关，2s 重合闸动作，距离加速动作，故障相别 B 相，故障测距 3.42km；110kV 备自投动作，3s 跳电源 1，3.2s 合内桥 1 开关；1 号电容器 117 开关保护低电压保护动作，内桥 2 开关未过载。

变电运维人员 B 变电站站内检查汇报：110kV BA511 开关保护“跳闸”“重合闸”灯亮，动作报文显示：0s 光纤纵差保护动作，2s 重合闸动作，零序加速动作，距离加速动作，故障相别 B 相，故障测距 4.23km。

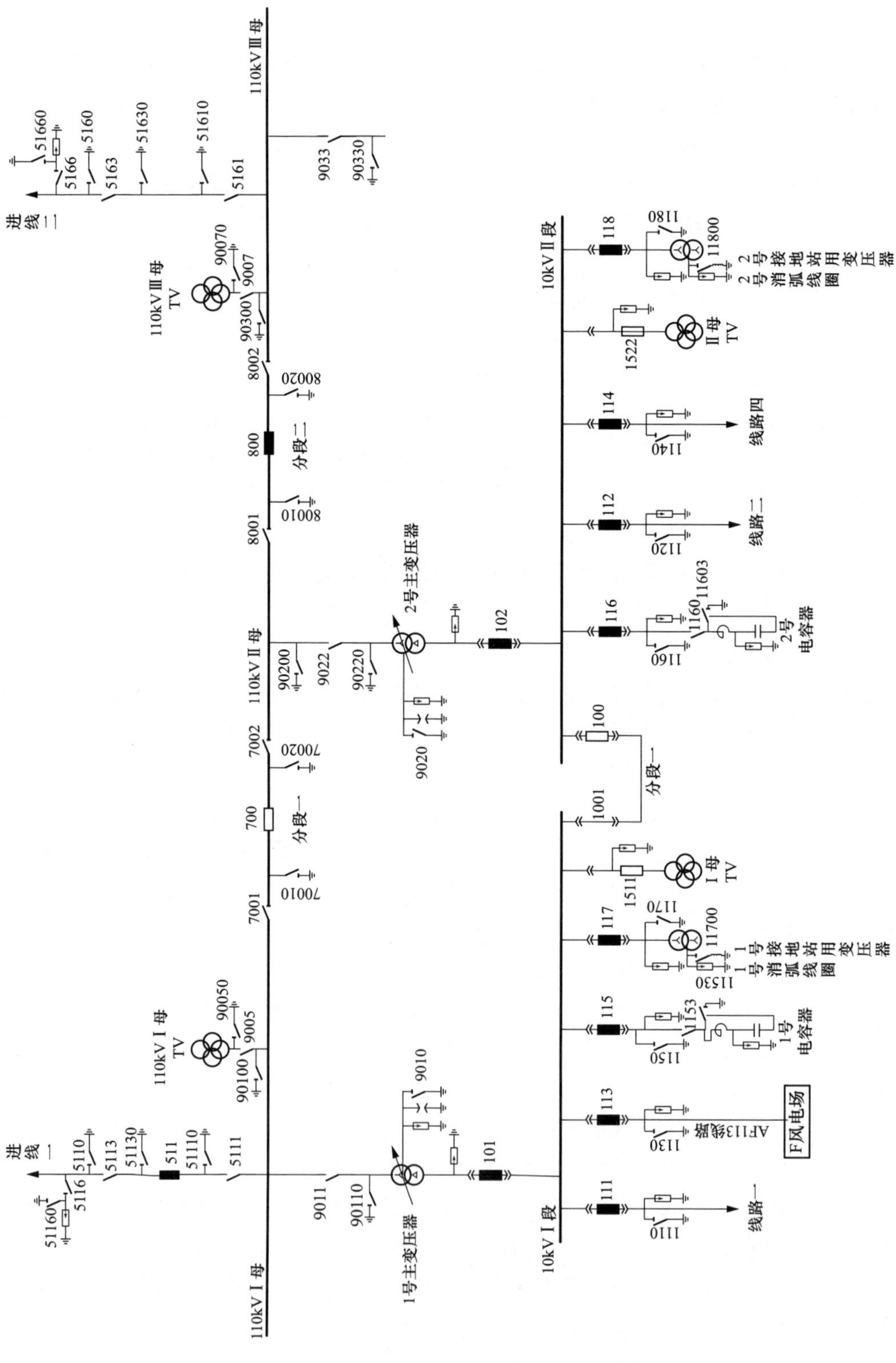

图 8-5　A 变电站故障前运行方式示意图

跳闸开关：A 变电站 511、113、117 开关，B 变电站 511 开关。

失电范围：BA511 线路及 A 变电站 1 号电容器，F 风电场与系统解列。

（三）故障处置（加入蜀山变保护动作图）

调度通知输电运检人员对 BA511 开展故障巡线后发现，BA511 线路 27 号杆塔 B 相悬垂绝缘子串、导线、横担均有闪络痕迹，绝缘子串表面有鸟粪附着，初步判定是鸟粪引起的 BA511 线路 B 相导线对横担接地故障，需更换绝缘子串。不完整扩大内桥 110kV 进线永久性接地故障处置步骤如表 8-2 所示。

表 8-2　　不完整扩大内桥 110kV 进线永久性接地故障处置步骤

序号	变电站	单位	分序	操作内容	备注
1	A 变电站	变电运维	1	向地调汇报现场检查情况，申请停用 110kV 侧备自投装置，申请恢复 F 风电场并网	
			2	接地调口令停用 110kV 侧备自投装置	
2		调度中心	1	通知输电运检中心对 BA511 线路进行故障巡线	
			2	通知 F 风电场拉开 AF113 开关	
3	A 变电站	监控中心	1	合上 113 开关	接地调口令，操作完毕汇报地调
4		调度中心	1	通知 F 风电场侧并网操作	并网同期装置一般在小电源侧开关处
5		输电运检	1	向地调申请将 BA511 线路转检修	
6		变电运维	1	拉开 5113 隔离刀闸	
			2	拉开 5111 隔离刀闸	汇报调度
7	B 变电站		1	拉开 5113 隔离刀闸	
			2	拉开 5111 隔离刀闸	汇报调度
8	A 变电站		1	在 5113 隔离刀闸线路侧验电并合上 51130 接地刀闸	汇报调度
9	B 变电站		1	在 5113 隔离刀闸线路侧验电并合上 51130 接地刀闸	汇报调度
10		监控中心	1	合上 117 开关	接调令
11		调度中心	1	许可输电运检中心更换 BA511 线路 27 号杆塔处 B 相悬垂绝缘子串	
12		输电运检	1	开展 BA511 线路 27 号杆塔处 B 相悬垂绝缘子串更换工作，并对闪络导线进行修补工作	

【思考题 1】如果故障线路是 CA516 线路，且 F 风电场并网运行于 A 变电站 10kV Ⅱ段母线，故障现象是什么？

【思考题 2】有小电源并入的变电站，保护配置与整定有什么要求？

（四）故障分析

本案例中，分析的是内桥（扩大）接线变电站进线故障时，高压侧备自投动作跳开电源 1 断路器、合上桥 1 断路器的动作过程。随着电网的发展，负荷侧经历着从“无源”向“有源”的结构性变化，本案中从 A 变电站 10kV Ⅰ段母线并网接入的 F 风电场在实际电网中屡见不鲜。

另外，110kV 变电站目前全部采用的是半绝缘主变压器，靠近中性点绕组的绝缘水平比端部绝缘水平低，而首端绕组与尾端绕组绝缘水平相同的为全绝缘。半绝缘变压器需配置避雷器和放电间隙防止过电压，并加装间隙保护，在中性点出现过电压造成绝缘水平被破坏时，及时跳开相关断路器，以保护主变压器中性点的绝缘，所以，间隙过电压保护不能算是主变压器的后备保护，而是主变压器的本体保护。

在没有小电源并网的内桥（扩大）接线终端变电站，受端高压侧进线是可以不配置线路保护的，但当受端有小电源并入时，譬如本案 B 变电站 110kV BA511 开关跳开后，造成 110kVA 变电站失去系统中性点，A 变电站 110kV Ⅰ段母线就变成局部不接地系统，F 风电场通过 1 号主变压器对高压侧母线反供电，母线残压会导致备自投无法动作，F 风电场侧 FA113 线路Ⅱ、Ⅲ段保护此时灵敏度很难满足动作条件，如果 F 风电场防孤岛保护不能可靠动作解列，会导致 BA511 线路故障后由 F 风电场带一个小孤网运行，并对 BA511 线路未隔离的 B 相故障点提供容性故障电流的故障后运行方式。当然，此时 1 号主变压器 110kV 侧中性点间隙零序电压将由零抬高到 3 倍的相电压值，由 1 号主变压器间隙过保护动作第一时限跳开 FA113 开关解列小电源。间隙过电压保护切除小电源后，110kV Ⅰ段母线失压，备自投动作条件满足，跳开 511 开关，合上 700 开关。

实际运行中，即便 F 风电场倒送 110kV 高压母线残压够低，满足了备自投判无压条件，动作跳 511 开关，在合 700 开关时是进行小电源与系统并网，很大可能导致停电范围扩大。所以“有源”负荷侧进线故障时，要先可靠地解列小电源这个“有源”。优化的保护配置方案是在 BA511 线路配置光纤纵差保护，线路故障时，由受端线路保护在第一次跳闸时就联切小电源，更快隔离故障点更快恢复供电的同时，也能更好地保护 1 号主变压器绕组的中性点绝缘，简化了保护间的配合策略。

处置要点如下：

（1）熟悉系统运行方式，正确判断故障点并进行隔离。

（2）恢复 F 风电场与主网的正常并网运行。

案例三　110kV 线路单相断线故障

（一）故障前运行方式

A 变电站 110kV 侧分列运行，进线一 511 开关、进线二 516 开关、分段二 800 开关运行，分段一 700 开关热备用，110kV 备自投投入。

10kV 单母线分段运行，1 号主变压器 101 开关运行于 10kV Ⅰ母线，代线路一 111 开关、1 号接地站用变及 1 号消弧线圈 117 开关运行，线路三 113 开关及 1 号电容器 115 开关热备用，2 号主变压器 102 开关运行于 10kV Ⅱ母线，代线路二 112、线路四 114、2 号接地站用变及 2 号消弧线圈 118 开关运行，2 号电容器 116 开关热备用。分段 100 开关热备用，10kV 备自投投入。故障前 A 变电站运行方式如图 8-6 所示。

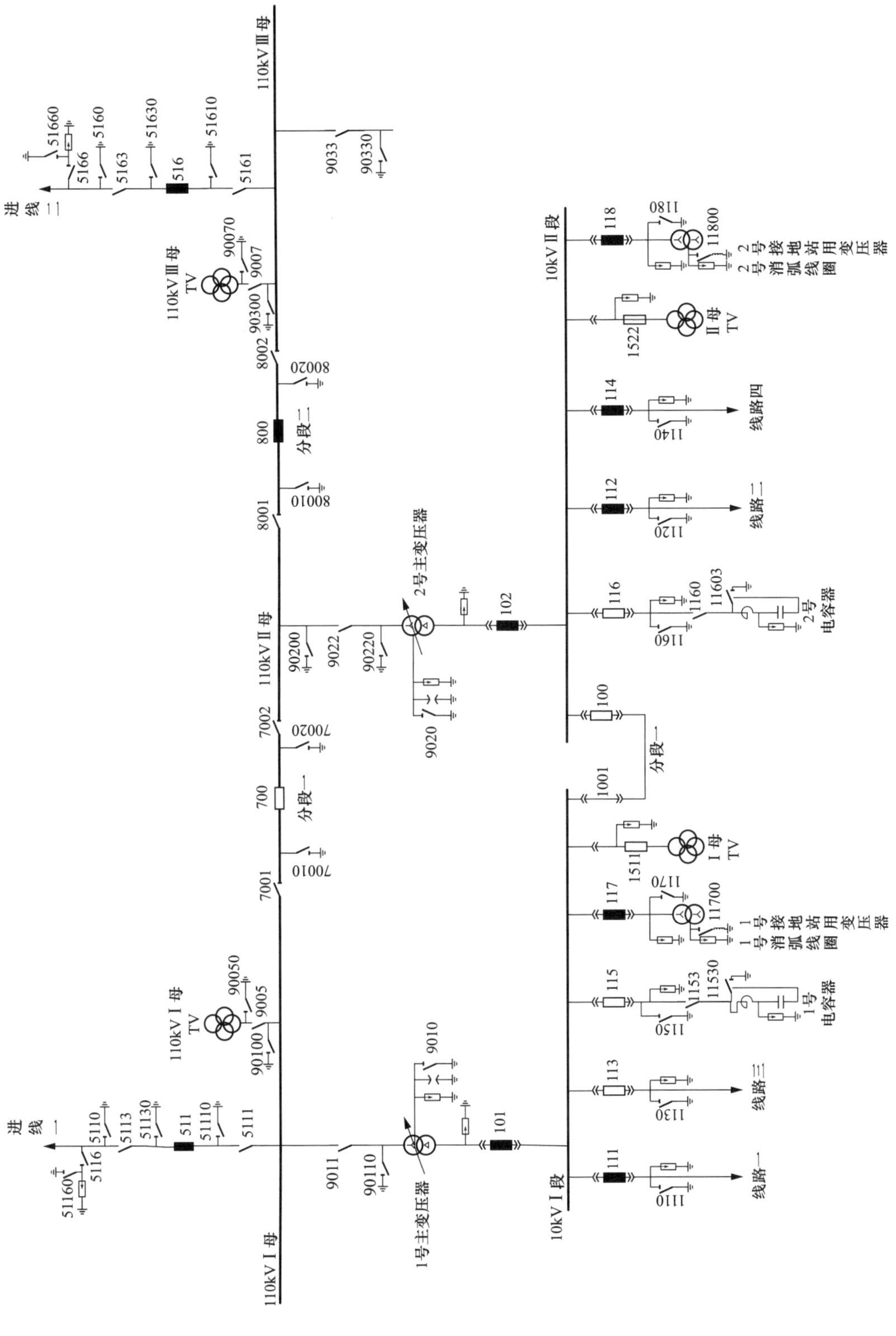

图 8-6　故障前 A 变电站运行方式

220kV C 变电站出线一 511 开关运行于 110kV Ⅰ母线。

（二）故障过程

××××年××月××日 11 时 34 分，监控班通知 C 变电站出线一 511 开关保护动作跳闸，重合成功，A 变电站 110kV、10kV Ⅰ母三相电压不平衡。

变电运维人员 C 变电站站内检查汇报：110kV 出线一 511 开关保护“跳闸”“重合闸”灯亮，动作报文显示：接地距离Ⅰ段、零序保护Ⅰ段动作，故障相别 A 相，测距 5.4km，重合闸动作，110kV 出线一 511 开关在合位。

变电运维人员 A 变电站站内检查汇报：110kV Ⅰ压变、10kV Ⅰ母压变本体，110kV 进线电缆及 1 号主变压器低压侧均未见异常，本地监控机 110kV Ⅰ母线电压显示异常：A 相 32.37kV，B 相 67.11kV，C 相 66.74kV。10kV Ⅰ母线电压显示异常：A 相 3.45kV，B 相 6.6kV，C 相 3.1kV。进线一 511 开关、1 号主变压器 101 开关电流遥测值显示正常。

（三）故障处置

经现场检查，本次故障是 C 变电站杆出线一 11 号杆塔反弓线 A 相接地故障后断线造成，现场处置步骤如表 8-3 所示。

表 8-3　110kV 线路单相断线故障处置步骤

序号	变电站	单位	分序	操作内容	备注
1		输电运检	1	向地调申请将 C 变出线一 511 线路转检修	
2	A	变电运维	1	停用 110kV 侧备自投	
			2	停用 10kV 侧备自投	
			3	拉开 1 号主变压器 101 开关	
			4	合上分段 100 开关	
			5	拉开进线一 511 开关	
3	C	变电运维	1	拉开出线一 511 开关	
			2	将出线一 511 开关由热备用转冷备用	
4	A	变电运维	6	将进线一 511 开关由热备用转冷备用	
			7	将进线一 511 线路由冷备用转检修	
5	C	变电运维	3	将出线一 511 线路由冷备用转检修	
6		输电运检	2	C 变出线一 11 号杆塔反弓线 A 相断线消缺	

（四）故障分析

C 变电站出线一 511 开关重合后，A 变电站 1 号主变压器高压侧三相电压不平衡，中性点产生放电电压，低压侧三相电压畸变，如图 8-7 所示。A 变电站 1 号主变压器高压侧三相负荷电流不平衡，A 相负荷电流为零，B、C 相负荷电流畸变，低压侧三相电流均产生畸变，如图 8-8 所示。主变压器高、低压侧电气量同时出现异常，可排除互感器故障原因，应为系统故障，与 C 变电站出线一 511 线路 A 相单相断线的异常运行状态相符。

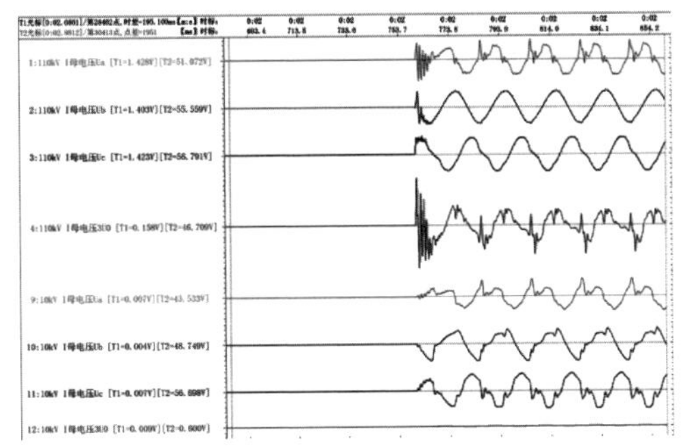

图 8-7　重合成功后 A 变电站电压波形

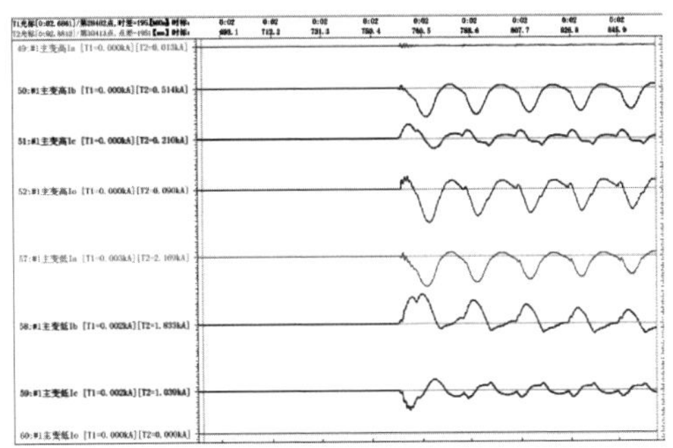

图 8-8　重合成功后 A 变电站电流波形

进入稳态后，故障录波器记录的 110kV Ⅰ母及 10kV Ⅰ母电压波形如图 8-9 所示。主变压器高压侧断线相 A 相电压降低到正常相电压的一半，非断线相电压正常；主变压器低压侧 B 相电压正常，A 相、C 相电压明显降低至一半。

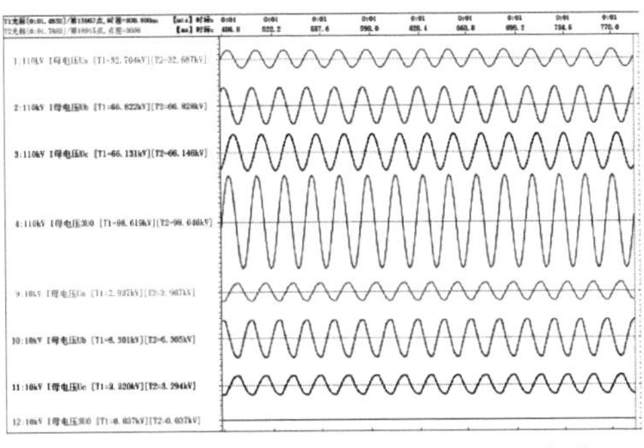

图 8-9　进入稳态后 A 变电站电压波形

【处置要点】

（1）运维人员在出现电压异常情况时，应根据异常现象做初步判断，判断要点包括是否为一次设备异常、是否为站内故障等。

（2）当母线三相电压不平衡时，处于分闸状态的主变压器中性点有较高偏移电压，合中性点接地闸刀操作存在带电合地刀风险；处于合闸状态的主变压器中性点可能存在中性点零序电流，分中性点接地闸刀操作存在带负荷拉闸刀风险；母线电压不平衡时近控操作主变压器中性点地刀存在伤及人身风险。

（3）当母线电压发生不平衡时，可能存在站内设备损坏、站内接地等异常情况。电力安全工作规程要求：高压设备发生接地时，室内人员应距离故障点 4m 以外，室外人员应距离故障点 8m 以外。进入上述范围人员应穿绝缘靴，接触设备外壳和构架时，应戴绝缘手套。运维人员在检查站内设备时应做好人身安全防范，进入电容器室、开关室、主变压器室时应注意自我保护，在门口对设备总体情况进行红外测温，发现异常声响、发热、放电时，穿戴好个人防护用品方可进行进一步检查。

（五）相关知识点

以 Yd11 变压器为例，在高压侧 A 相断线时分析电压变化情况，如图 8-10 所示，写出边界条件

$$\begin{cases} \dot{I}_{\mathrm{KA}}=0 \\ \dot{U}_{\mathrm{KB}}=\dot{U}_{\mathrm{KC}}=0 \end{cases} \tag{8-11}$$

书写时，图上的符号应在图后标注其含义，包括相量图。

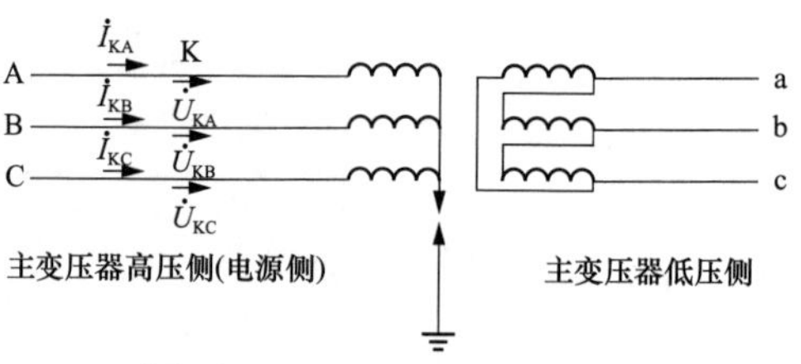

图 8-10　Yd11 主变压器模型

根据对称分量法可得

$$\begin{cases} \dot{I}_{KA1} + \dot{I}_{KA2} + \dot{I}_{KA0} = 0 \\ \dot{U}_{KA1} = \dot{U}_{KA2} = \dot{U}_{KA0} \end{cases} \tag{8-12}$$

由此画出复合序网图如图 8-11 所示。

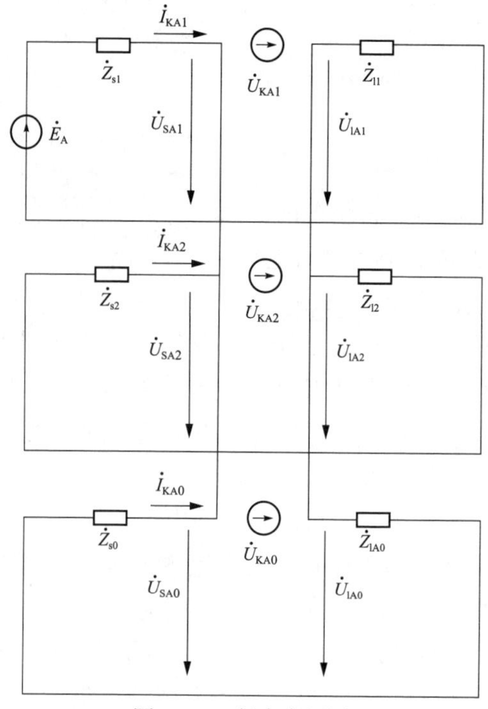

图 8-11　复合序网图

由图 8-11 可得正、负、零序阻抗

$$\begin{cases} \dot{Z}_1 = \dot{Z}_{s1} + \dot{Z}_{l1} \\ \dot{Z}_1 = \dot{Z}_{s2} + \dot{Z}_{l2} \\ \dot{Z}_1 = \dot{Z}_{s0} + \dot{Z}_{l0} \end{cases} \tag{8-13}$$

由图 8-11 可得

$$\dot{U}_{KA1} = \dot{U}_{KA2} = \dot{U}_{KA0} = \dot{E}_A \bullet (\dot{Z}_2 // \dot{Z}_0) / (\dot{Z}_1 + \dot{Z}_2 // \dot{Z}_0) \tag{8-14}$$

当主变压器中性点间隙未被击穿时，$\dot{Z}_{l0}=\infty$，即 $\dot{Z}_0=\infty$，且一般情况下 $\dot{Z}_1 \doteq \dot{Z}_2$，则

$$\dot{U}_{KA1}=\dot{U}_{KA2}=\dot{U}_{KA0}=0.5\dot{E}_A \tag{8-15}$$

对于终端变，断线处负荷侧的正序、负序阻抗远大于系统侧，即 $\dot{Z}_{l1}$ 远大于 $\dot{Z}_{s1}$，$\dot{Z}_{l2}$ 远大于 $\dot{Z}_{s2}$，且 $\dot{Z}_{l0}=\infty$，则

$$\dot{U}_{lA1}=0.5\dot{E}_A, \dot{U}_{lA2}=-0.5\dot{E}_A, \dot{U}_{lA0}=-0.5\dot{E}_A \tag{8-16}$$

因此主变压器高压侧三相电压分别为

$$\begin{cases}\dot{U}_{lA}=\dot{U}_{lA1}+\dot{U}_{lA2}+\dot{U}_{lA0}=-0.5\dot{E}_A\\ \dot{U}_{lB}=a^2\dot{U}_{lA1}+a^1\dot{U}_{lA2}+\dot{U}_{lA0}=\dot{E}_B\\ \dot{U}_{lC}=a^1\dot{U}_{lA1}+a^2\dot{U}_{lA2}+\dot{U}_{lA0}=\dot{E}_C\end{cases} \tag{8-17}$$

主变压器高压侧中性点电压为 $-0.5\dot{E}_A$。

案例四　主变压器高压侧套管 B 相闪络

（一）故障前运行方式

A 变电站 110kV 侧分列运行，进线一 511 开关、进线二 516 开关、分段二 800 开关运行，分段一 700 开关热备用。主变压器两套保护装置型号为 NSR-378T1-DA-G，含差动保护和完整的各侧后备保护，A 变电站主接线如图 8-12 所示。

（二）故障过程

×××× 年 ×× 月 ×× 日 09 时 12 分，监控班通知 A 变电站 1 号主变压器两套差动保护动作，10kV 备自投动作，进线一 511 开关和 1 号主变压器 101 开关在分位，分段 100 开关在合位，110kV Ⅰ母线失压，2 号主变压器负荷正常，未越限。

故障时 A 变电站所在地天气：大风。

变电运维人员 A 变电站站内检查汇报：两套差动保护“跳闸”灯亮，动作报文显示 A、B 相均有差流。现场检查 1 号主变压器高压侧套管有放电痕迹。

（三）故障处置

本案例 A 变电站 110kV 1 号主变压器差动保护动作，导致 A 变电站 110kV Ⅰ段母线失压，低压侧 10kV 备自投正确动作，未损失负荷。安排相关人员赶至现场，查找故障点并隔离，处置完毕后及时恢复正常方式。主变压器高压侧套管 B 相闪络故障处理步骤如表 8-4 所示。

（四）故障分析

经现场检查，本次故障是由于大风吹起异物致使 A 变电站 1 号主变压器高压侧套管 B 相闪络，差动保护动作跳开高低压侧开关，导致 A 变电站 110kV Ⅰ母和 10kV Ⅰ段母线失压。其中 10kV 备自投动作成功，10kV Ⅰ母恢复供电。

进一步检查发现，差动保护 A、B 相均有差流，故障录波器显示高压侧 B 相有故障电流，低压侧 A、B 相有故障电流。

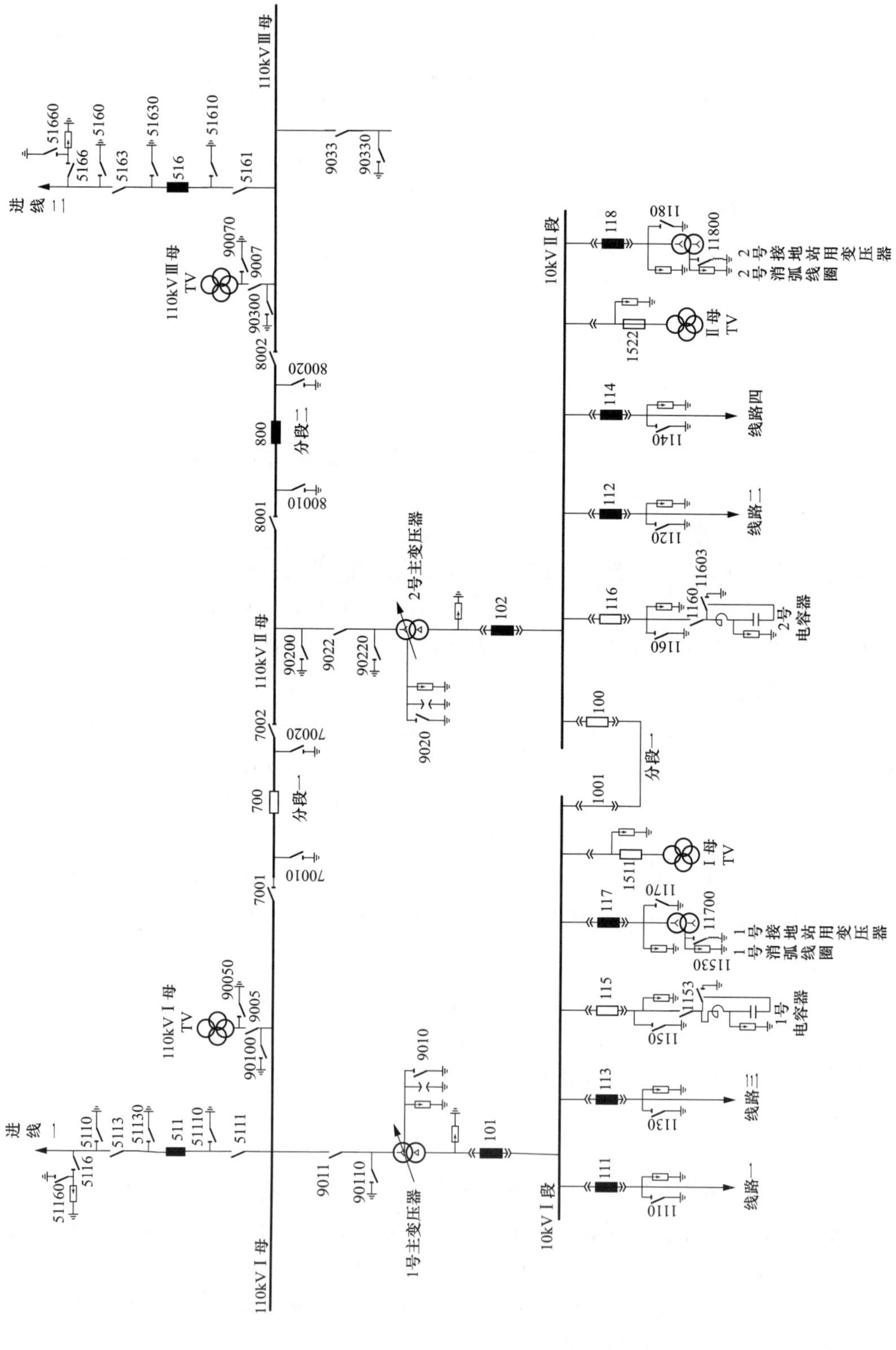

图 8-12　A 变电站主接线图

表 8-4　　　　**主变压器高压侧套管 B 相闪络故障处置步骤表**

序号	变电站	单位	分序	操作内容	备注
1	A 变电站	变电运维	1	向地调申请将 1 号主变压器转冷备用	
			2	停用 110kV 侧备自投	
			3	将 700 开关测控装置“远方 / 就地”切换开关切至“就地”	防止拉开 9011 时，远方合 700 开关
			4	将 511 开关测控装置“远方 / 就地”切换开关切至“就地”	防止拉开 9011 时，远方合 511 开关
			5	停用 10kV 侧备自投	
			6	将 101 开关摇至试验位	
			7	拉开 9011 闸刀	
			8	检查 1 号主变压器已转至冷备用状态	
			9	将 700 开关测控装置“远方 / 就地”切换开关切至“远方”	
			10	将 511 开关测控装置“远方 / 就地”切换开关切至“远方”	
2		变电运维	1	向地调汇报 1 号主变压器已由热备用转至冷备用	
			2	接调令将 1 号主变压器由冷备用转检修	
			3	验电并合上 90110 接地闸刀	
			4	在 1 号主变压器低压侧穿墙套管处验电后挂 1 号接地线一组	
3		检修试验班	1	1 号主变压器高压侧套管有放电痕迹消缺试验	

处置要点如下：

（1）通知变电运维人员到 A 变电站现场检查故障情况，查找故障点并进行隔离，及时恢复运行方式至接近故障前方式。

（2）事故处理过程中，通知监控加强对 A 变电站 2 号主变压器负荷潮流监视。

（五）相关知识点

（1）主变压器差动保护差流计算示例。

Yd11 接线差动保护接线图如图 8-13 所示，其中 $\dot{I}_{HA}$、$\dot{I}_{HB}$、$\dot{I}_{HC}$ 为高压侧一次电流，$\dot{I}_{ha}$、$\dot{I}_{hb}$、$\dot{I}_{hc}$ 为高压侧二次电流，$\dot{I}_{LA}$、$\dot{I}_{LB}$、$\dot{I}_{LC}$ 为低压侧一次电流，$\dot{I}_{la}$、$\dot{I}_{lb}$、$\dot{I}_{lc}$ 为低压侧二次电流。

设高压侧电流互感器变比为 n_H，低压侧电流互感器变比为 n_L，从图 8-13 可以看出，流入差动保护装置的电流为

$$\begin{cases}\dot{I}_{ha}=\dot{I}_{HA}/n_H\\ \dot{I}_{hb}=\dot{I}_{HB}/n_H\\ \dot{I}_{hc}=\dot{I}_{HC}/n_H\end{cases}\qquad\begin{cases}\dot{I}_{la}=\dot{I}_{LA}/n_L\\ \dot{I}_{lb}=\dot{I}_{LB}/n_L\\ \dot{I}_{lc}=\dot{I}_{LC}/n_L\end{cases}\tag{8-18}$$

由于主变压器高压侧和低压侧一次电流的不同和互感器选型的差别，在正常运行和外部故障时，流入保护装置的二次侧电流大小并不完全相等，这会给差流计算带来不便。所以在变压器纵差保护中，采用“作用等效”的概念，即两个不相等的电流（对差动元件）产生的作用相同。保护装置一般是引入一个平衡系数来解决这个问题，即把高、低压侧的二次电流从有名值，都换算成以该侧二次额定电流为基准值的标幺值。

换算之后，由于 Yd11 接线高低压侧电流相位相差 30°，直接采用会导致很大的不平衡电流，将高压侧 A、B 相电流作差并除以 $\sqrt{3}$ 与低压侧 a 相相加，高压侧 B、C 相电流作差并除以 $\sqrt{3}$ 与低压侧 b 相相加，高压侧 C、A 相电流作差并除以 $\sqrt{3}$ 与低压侧 c 相相加，便可以消除相位差带来的影响。

校正前后相位关系如图 8-14 所示。

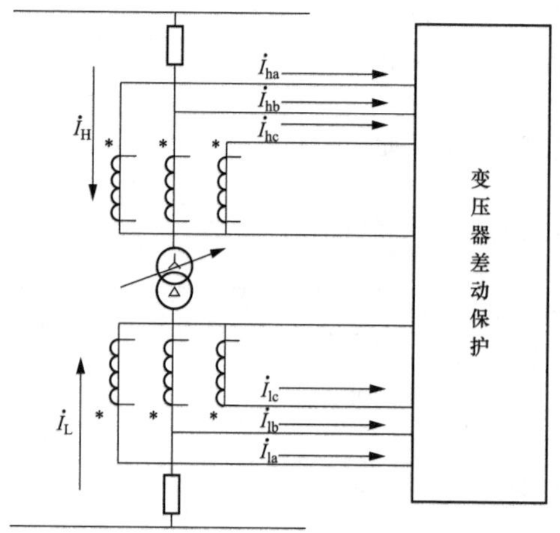

图 8-13　Yd11 接线差动保护接线图

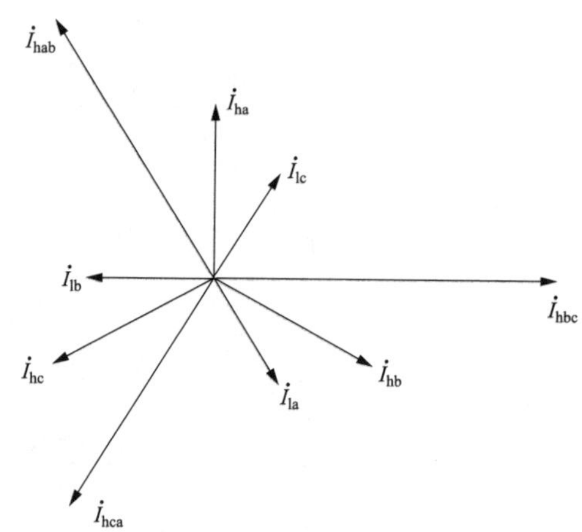

图 8-14　校正前后相位关系

Y 侧二次额定电流值为

$$I_{he}=\frac{S_N}{\sqrt{3}U_{NH}n_H} \tag{8-19}$$

d 侧二次额定电流值为

$$I_{le}=\frac{S_N}{\sqrt{3}U_{NL}n_L} \tag{8-20}$$

差流计算为

$$\begin{cases}\dot{I}_{DA}=\dfrac{\dot{I}_{ha}-\dot{I}_{hb}}{\sqrt{3}I_{he}}+\dfrac{\dot{I}_{la}}{I_{le}}\\ \dot{I}_{DB}=\dfrac{\dot{I}_{hb}-\dot{I}_{hc}}{\sqrt{3}I_{he}}+\dfrac{\dot{I}_{lb}}{I_{le}}\\ \dot{I}_{DC}=\dfrac{\dot{I}_{hc}-\dot{I}_{ha}}{\sqrt{3}I_{he}}+\dfrac{\dot{I}_{lc}}{I_{le}}\end{cases} \tag{8-21}$$

（2）Y 侧 B 相接地短路后，高低压侧短路电流。

短路点边界条件为

$$\begin{cases} \dot{I}_{B} = \dot{I}_{k}^{(1)} \\ \dot{U}_{B} = 0 \end{cases} \tag{8-22}$$

由边界条件得

$$\begin{cases} \dot{I}_{B1} = \dot{I}_{B2} = \dot{I}_{B0} \\ \dot{U}_{B1} + \dot{U}_{B2} + \dot{U}_{B0} = 0 \end{cases} \tag{8-23}$$

Y、d 侧电流相量关系如图 8-15 所示。

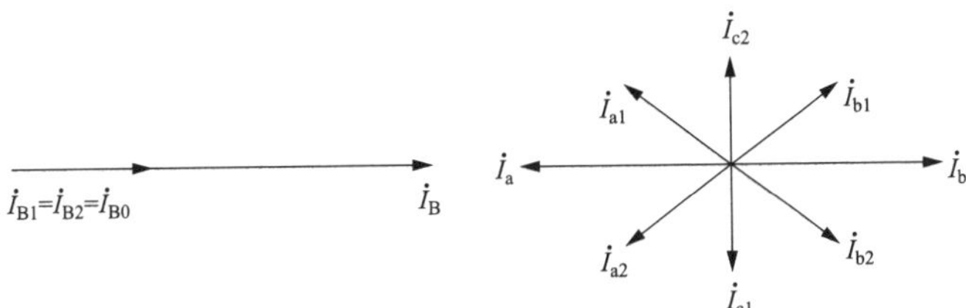

图 8-15　Y、d 侧电流相量关系

YNd11 接线变压器 YN 侧单相接地短路特征为：Y 侧有一相电压为零；Y 侧有一相电流增大；Y 侧故障相滞后相在 d 侧电流为零，d 侧其余两相电流大小相等，相位相反。

（3）根据上述分析，在 Y 侧 B 相接地时，A、B 相有差流。

案例五　10kV 电缆线路击穿放电越级跳闸

（一）故障前运行方式

A 变电站 110kV 侧分列运行，进线一 511 开关、进线二 516 开关、分段二 800 开关运行，分段一 700 开关热备用，110kV 备自投投入。

10kV 单母线分段运行，1 号主变压器 101 开关运行于 10kV Ⅰ母线，代线路一 111 开关、1 号接地站用变压器及 1 号消弧线圈 117 开关运行，线路三 113 开关及 1 号电容器 115 开关热备用，2 号主变压器 102 开关运行于 10kV Ⅱ母线，代线路二 112、线路四 114、2 号接地站用变及 2 号消弧线圈 118 开关运行，2 号电容器 116 开关热备用。分段 100 开关热备用，10kV 备自投投入。故障前 A 变电站运行方式如图 8-16 所示。

（二）故障过程

×××× 年 ×× 月 ×× 日 10 时 04 分，监控班通知 1 号主变压器 101 开关跳闸，10kV Ⅰ母线失压。

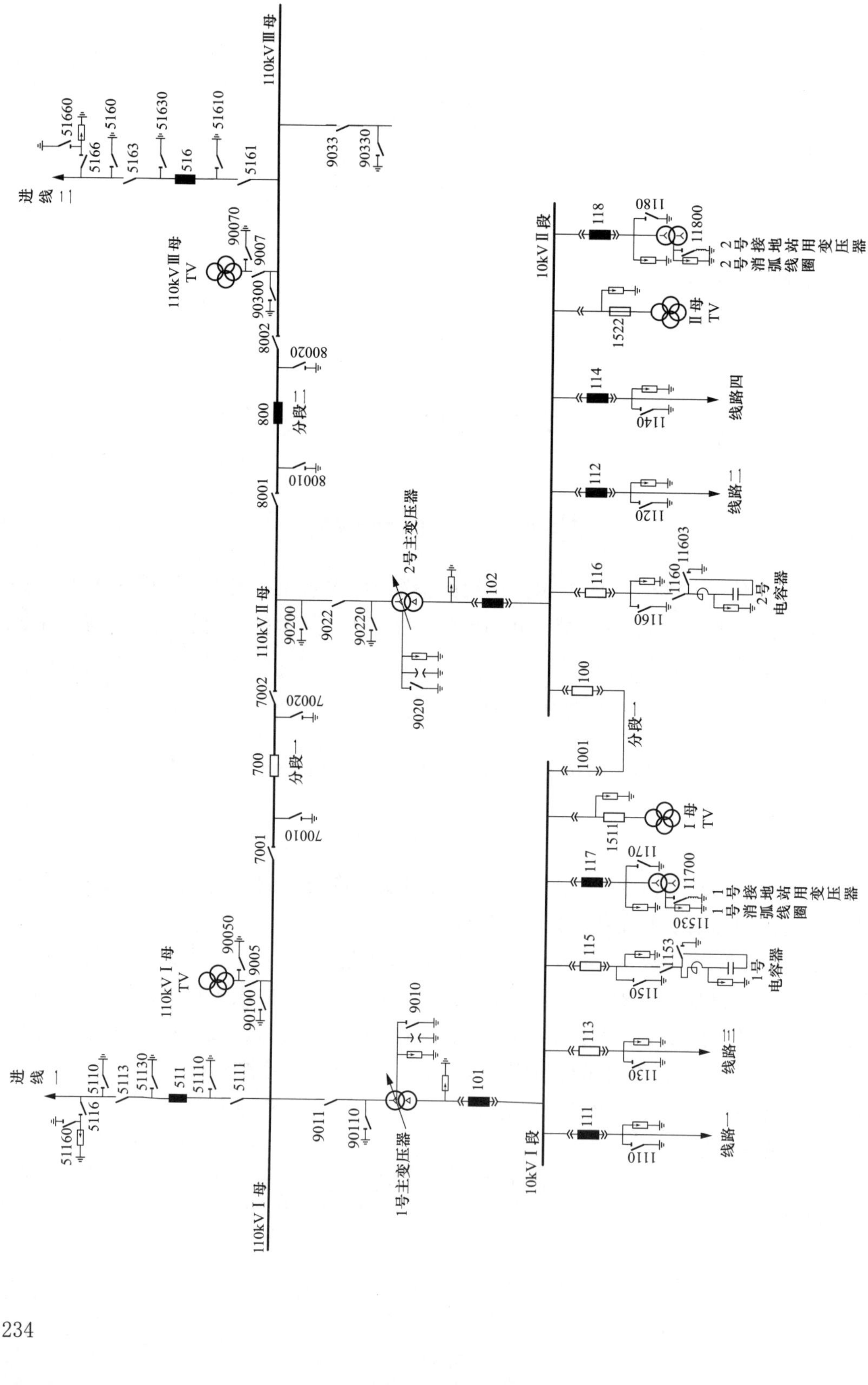

图 8-16 故障前 A 变电站运行方式

变电运维人员 A 变电站站内检查汇报：1 号主变压器 101 开关三相在分闸位置，外观检查无异常。线路一 111 开关三相在合闸位置，前下柜带电显示器烧毁，二次线烧毁严重，后下柜内电缆烧灼严重。线路一 111 开关保护装置过流Ⅰ段、过流Ⅱ段、告警信号灯亮，装置内发控制回路断线信号，现场检查发现前上柜内操作电源空气开关跳开。1 号主变压器保护装置保护动作灯亮，后备保护启动，复压过流Ⅰ段 2 时限动作出口。跳闸前小电流接地选线装置有接地信号。

（三）故障处理

经现场检查及分析判断，由于线路一 111 电缆终端根部绝缘击穿对地放电，保护发动作跳闸信号，但前下柜二次线烧毁造成直流回路故障，操作电源跳开，保护装置控制回路断线，造成跳闸不成功，1 号主变压器低后备保护动作，跳开 101 开关，10kV Ⅰ母线失电。处置过程如表 8-5 所示。

表 8-5　　主变压器高压侧套管 B 相闪络故障处置步骤

序号	变电站	单位	分序	操作内容	备注
1	A	变电运维	1	向地调申请将 10kV Ⅰ母线由热备用转检修	
			2	停用 10kV 侧备自投	
			3	拉开 1 号接地站用变压器及 1 号消弧线圈 117 开关	
			4	将线路一 111 开关及线路均转检修	
			5	将 10kV Ⅰ母线由热备用转检修	
2		检修试验班	1	10kV Ⅰ母线仓室检查，10kV Ⅰ母线所有设备检查试验	

（四）故障分析

本次故障是由于站内开关柜后下柜电缆终端故障，同时产生的烟、火蔓延至柜内二次电缆，造成保护拒动，主变压器开关越级跳闸。

【处置要点】

现场运维人员应首先判别故障点，结合保护装置报文查明动作原因，然后隔离故障设备，检查其余设备无异常后恢复正常运行方式。

（五）相关知识点

（1）远后备与近后备：近后备保护是指主保护拒动时，由另一套主保护动作；断路器拒动时，由断路器失灵保护动作的后备保护。远后备保护是指当主保护或断路器拒动时，由上一级电力设备或线路的保护来动作的后备保护。110kV 及以下的设备和线路采用远后备保护，在主保护拒动时，会造成越级跳闸，故障扩大。

（2）开关的二次回路包括控制回路与储能回路，正常工作时两个回路均应导通无告警信号。当控制回路断线时，控制回路不通，线圈无法得电，开关也无法分、合闸。

（3）本例中线路一 111 间隔故障导致母线受损，母线无法立即恢复运行，若该母线上还接有其他线路，地调应立即通知配调通过配电网转供负荷。

（4）在越级跳闸的事故案例中，若经现场检查拒动间隔因保护故障等原因未跳开，其他间隔检查无异常，故障处理思路应是隔离故障间隔，然后立即恢复其余无故障设备运行。

案例六　小电流接地系统两点同相接地故障

（一）故障前运行方式

110kV W 智能变电站单母线分段接线，220kV A 变电站 110kV AW511 线路供 110kV W 变电站 110kV Ⅰ段母线及 1 号主变压器负荷 11MW，220kV B 变电站 110kV BW516 线路供 110kV W 变电站 110kV Ⅱ段母线及 2 号主变压器负荷 13MW，110kV W 变电站 110kV 分段 100 开关及 10kV 分段 00 开关均在热备用。110kV W 变电站站内故障前运行方式如图 8-17 所示。

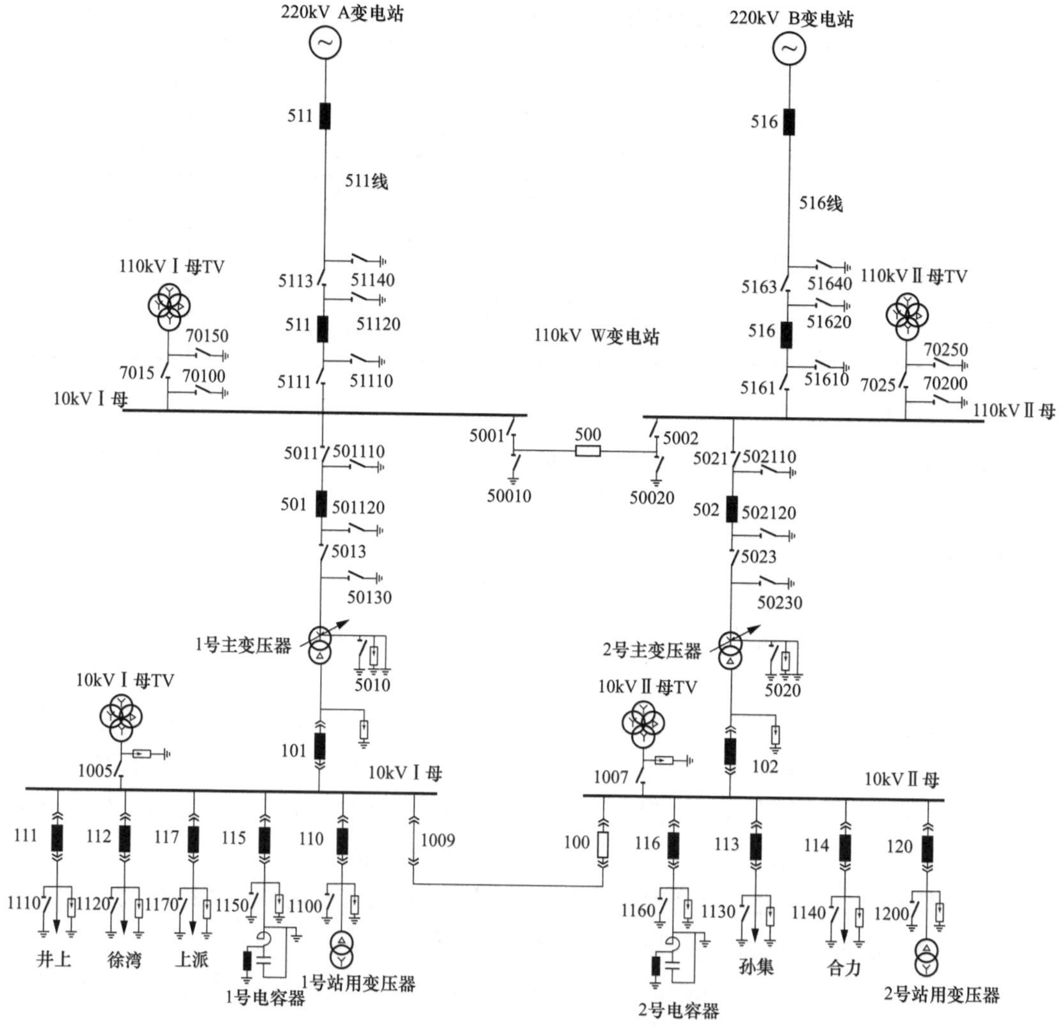

图 8-17　110kV W 变电站故障前运行方式

（二）故障过程

××××年××月××日 15 时 15 分，监控中心监控后台 110kV W 变电站 10kV Ⅰ段母线发接地信号，10kV Ⅰ段母线电压 A 相 1.93kV、B 相 10.25kV、C 相 0.1kV，10kV Ⅱ段母线电压为 A 相 5.88kV，B 相 5.89kV，C 相 5.88kV。

（三）故障处置

由于是非典型故障电压，调度接到监控中心汇报后，通知变电运维人员到 110kV W 变电站检查站内设备情况，初步排除 10kV 母线设备接地可能；尝试通过 10kV Ⅰ、Ⅱ段母线短时并列，通过Ⅱ段母线电压指示，确认为 C 相接地故障，同时 A 相电压异常为保险熔断造成；采取拉路法查找到接地线路后，及时隔离故障线路，恢复其他线路正常供电。故障处置步骤如表 8-6 所示。

表 8-6　W 变电站 10kV 两点同相接地故障处置步骤表

序号	变电站	单位	分序	操作内容	备注
1	W 变电站	监控中心	1	合上分段 500 开关	合环
			2	合上分段 100 开关	合环
			3	汇报 110kV10kV Ⅱ段电压异常，A 相 10.24kV、B 相 10.23kV、C 相 0.1kV，同时 10kV Ⅱ段母线发接地信号	
			4	拉开分段 100 开关	解环
			5	拉开分段 500 开关，汇报调度	解环
2		调度中心	1	通知变电运维人员前往 W 变电站进行站内巡视	
3		监控中心	1	拉开 1 号电容器组 115 开关	接地信号未消失，同时限制工频过电压
			2	拉开井上 111 开关	接地信号未消失
			3	合上井上 111 开关	
			4	拉开徐湾 112 开关	接地信号未消失
			5	合上徐湾 112 开关	
			6	拉开上派 117 开关，接地信号未消失，汇报调度	接调令进行“只拉不送”第二轮拉路查找
			7	拉开徐湾 112 开关	
			8	拉开井上 111 开关，汇报接地信号消失，电压变为：A 相 1.92kV、B 相 5.92kV、C 相 5.91kV	
4		变电运维	1	汇报检查发现 W 变电站 10kV Ⅰ段母线电压互感器 A 相高压保险熔断	
5		监控中心	1	合上徐湾 112 开关，10kV Ⅰ段母线再次发接地信号，A 相 1.93kV、B 相 10.25kV、C 相 0.1kV	
			2	拉开徐湾 112 开关，接地信号消失，电压变为：A 相 1.92kV、B 相 5.92kV、C 相 5.91kV	

续表

序号	变电站	单位	分序	操作内容	备注
6		配电抢修	1	通知带电查井上 111 线路、徐湾 112 线路，均为 C 相接地	
7		变电运维	1	接调令，拉开Ⅰ母 TV 低压侧空气开关，拉开 1005 闸刀，将 1005 手车闸刀拉到检修位，更换 A 相高压熔丝	
			2	将 1005 手车闸刀拉至工作位，合上 1005 闸刀，合上Ⅰ母 TV 低压侧空气开关	
			3	汇报调度	
8		监控中心	1	合上上派 117 开关	
9		配电抢修	1	汇报发现 10kV 井上 111 线路、徐湾 112 线路接地点，需转检修处理	
10		变电运维	1	将 10kV 井上 111 线路由热备用转检修	
			2	将 10kV 徐湾 112 线路由热备用转检修	
11		配电抢修	1	许可 10kV 10kV 井上 111 线路、徐湾 112 线路故障抢修工作开工	

【思考题】母线电压互感器更换熔断器有哪些注意事项？

（四）故障分析

本次故障是因 110kV W 变电站 10kV Ⅰ段母线电压发生异常（U_a=1.93V，U_b=10.25V，U_c=0.1V），根据电压判断，B 相电压升高为线电压，C 相电压下降为 0，A 相电压降低，初步判断为 C 相接地，但由于 A 相电压降低（正常也应升高为线电压），所以不能准确判定为 C 相接地，为快速判定异常类型，采用将 10kV Ⅰ、Ⅱ段母线短时并列方法，根据 10kV Ⅱ段母线电压互感器电压变化情况，AB 相电压均升高为线电压，确认为 C 相完全接地故障，10kV Ⅰ段母线 A 相电压降低，是电压互感器熔断器熔断造成。

调度值班员应立即通知变电运检人员去 110kV W 变电站检查现场设备情况，根据现场检查并结合电压变化情况判断，本次故障是由线路发生 C 相接地引起，调度值班员应及时将故障设备从系统中隔离。

采用拉路法查找接地故障线路，经逐一拉路查找，未发现接地故障线路，同时变电运检人员现场检查未发现母线设备异常，并发现 10kV Ⅰ段母线电压互感器高压熔断器熔断。

推断可能是 2 条线路同相接地，继续第二轮拉路查找，采取只拉不送，在试拉多条线路后接地现象消失，再逐一恢复前次试拉线路，发生再次接地后拉开，从而确认 2 条同相接地线路。

待 10kV Ⅰ段母线上接地故障消除后，将 10kV Ⅰ段母线电压互感器转检修更换高压保险，更换后恢复原方式。将接地线路同时转检修处理。

【处置要点】

（1）接地发生后，首先应将发生接地母线上的电容器切除。

（2）采用拉路法查找，逐条试拉无法判断后，只拉不送。

（3）尽快恢复停电用户供电，处理过程中防止停电范围扩大。

（4）如 10kV Ⅱ段母线上接有重要负荷或其他不宜将 10kV Ⅰ、Ⅱ段母线短时并列的情况时，可直接采取拉路查找故障，再结合现场检查发现电压互感器高压熔丝熔断进行处理。

电压互感器更换高压熔丝注意事项：电压互感器二次并列前，确认一次侧已并列；电压互感器二次回路确认无故障；电压互感器用闸刀操作的，操作前须确认接地故障已消除。

第二节　复合故障处置

案例一　站用交直流失电故障致 110kV 变电站半站停电

（一）故障前运行方式

A 变电站 110kV 侧分列运行，进线一 511 开关、进线二 516 开关、分段二 800 开关运行，分段一 700 开关热备用。10kV 单母线分段运行，分段 100 开关热备用。1 号站用变代全站负荷。故障前局部电网运行方式如图 8-18 所示。

（二）故障过程

×××× 年 ×× 月 ×× 日 06 时 13 分，监控班通知 C 变电站出线一 511 开关保护动作，A 变电站线路一 111 开关保护动作，线路一 111 开关在合位，110kV、10kV Ⅰ母线失压，110kV、10kV Ⅰ母线开关遥信遥测均不刷新，故障前有火灾告警信号。

变电运维人员 C 变电站站内检查汇报：110kV 出线一 511 开关保护“跳闸”灯亮，动作报文显示：相间距离Ⅲ段、零序保护Ⅲ段动作，故障相别 ABC 相，110kV 出线一 511 开关在分位。

变电运维人员 A 变电站站内检查汇报：站内电缆沟及 1 号主变压器有火灾，站用电交直流均失电。

（三）故障处置

经现场检查，本次故障是线路一近区着火，同时站用交直流均失电，造成保护拒动，故障扩大至 1 号主变压器间隔后，由 C 变电站越级跳闸隔离故障。变电运维人员扑灭火灾后，恢复站用电系统，试送无故障用户，并隔离故障点进行消缺处理。站用交直流失电故障致 110kV 变电站半站停电处置步骤如表 8-7 所示。

（四）故障分析

线路一故障后，由于 10kV 母线电压降低，造成站用电开关脱扣跳闸，站用电失电；同时蓄电池因开路故障未能带载运行，Ⅰ段保护装置及 1 号主变压器保护失电，保护拒动，此后由上级变电站的后备保护动作，切除故障。

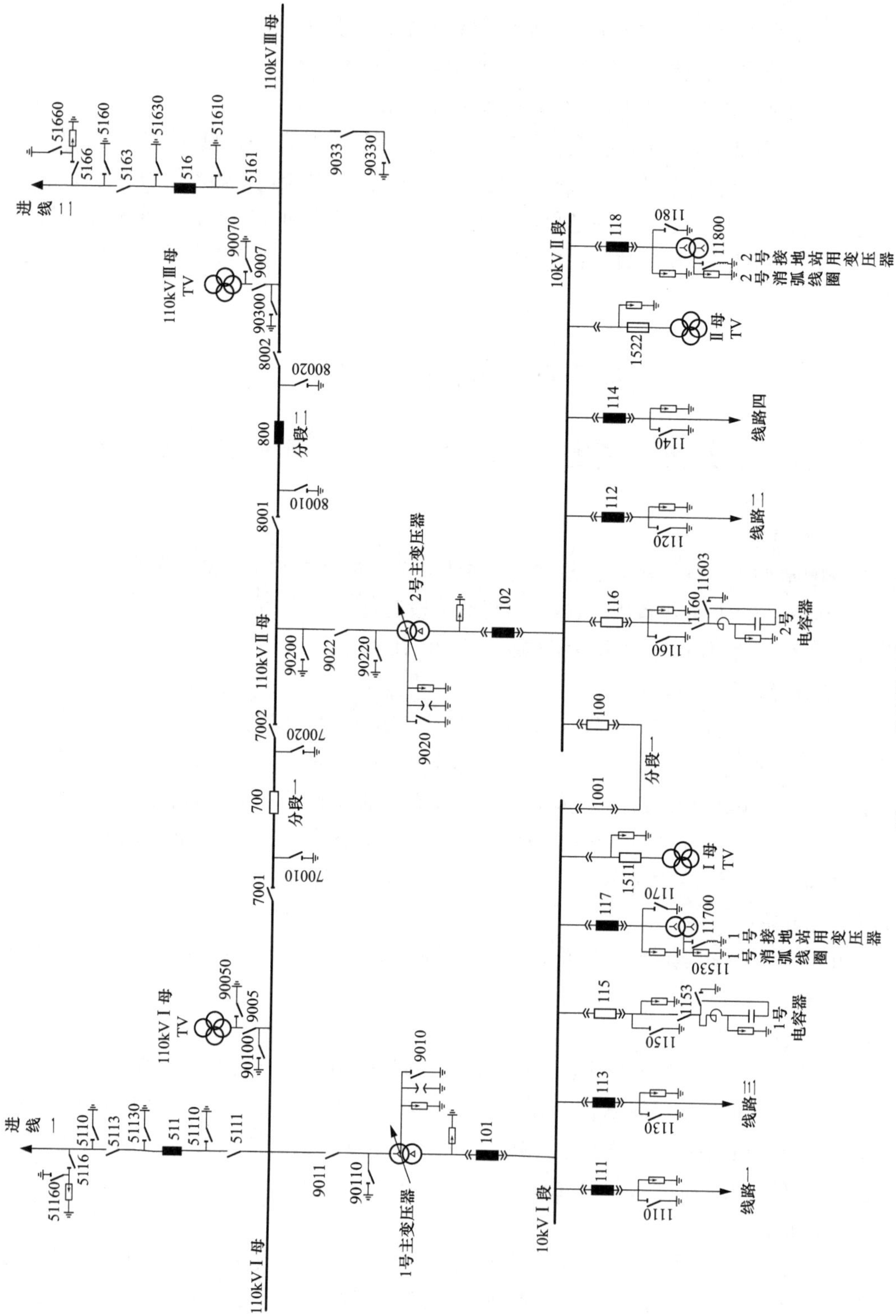

图 8-18　故障前局部电网运行方式

表 8-7　　站用交直流失电故障致 110kV 变电站半站停电处置步骤

序号	变电站	单位	分序	操作内容	备注
1	A 变电站	变电运维	1	向调度申请拉开 110kV、10kV Ⅰ母线失压开关 511、111、113、115、117、101	
			2	向调度申请将 1 号主变压器及线路一 111 开关转冷备用	
			3	停用 10kV 侧备自投	
			4	将 700 开关测控装置“远方 / 就地”切换开关切至“就地”	防止拉开 9011 时，远方合 700 开关
			5	将 511 开关测控装置“远方 / 就地”切换开关切至“就地”	防止拉开 9011 时，远方合 511 开关
			6	将 101 开关摇至试验位置	
			7	拉开 9011 闸刀	
			8	检查 1 号主变压器已转至冷备用状态	
			9	将 700 开关测控装置“远方 / 就地”切换开关切至“远方”	
			10	将 511 开关测控装置“远方 / 就地”切换开关切至“远方”	
			11	将 111 开关摇至试验位置	
2	A 变电站	变电运维	1	向调度汇报 1 号主变压器及线路一 111 开关已转冷备用	
3		检修试验班	1	许可站用交直流系统检修	
4	A 变电站	变电运维	1	投入分段 100 开关充电保护	
			2	合上分段 100 开关	
			3	停用分段 100 开关充电保护	
			4	合上 113、117 开关	
5	A 变电站	变电运维	1	接调令将 1 号主变压器由冷备用转检修	
			2	验电并合上 90110 接地闸刀	
			3	在 1 号主变压器低压侧穿墙套管处验电后挂 1 号接地线一组	
			4	将线路一 111 开关及线路均转检修	
			5	合上进线一 511 开关	
6		检修试验班	2	1 号主变压器故障后检修试验，线路一 111 电缆检修试验	

处置要点如下：

（1）注意人身防护，灭火时应做好保护措施并断开电源。

（2）站用电失电应及时查明原因并尽快恢复正常供电。

（3）隔离送电后，进线一 511 开关可以恢复正常运行。

（五）相关知识点

站用变正常运行方式应为分列运行，并具备备自投功能，当一段母线失电时，应能自动合上母联开关恢复供电。同时应取消失压脱扣功能，防止在出线故障导致电压瞬时降低时造成跳闸。

运维人员应定期进行交直流切换试验和蓄电池带载试验，以防止交直流故障造成变电站全停事故。

加强电缆通道管理，动力电缆和控制电缆要做好防火分隔措施，防止电缆火灾事故。

案例二 110kV 分段开关死区故障

（一）故障前运行方式

B 变电站 110kV 侧分列运行，进线一 985 开关、1 号主变压器 901 开关运行于 110kV Ⅰ母线，进线二 986 开关、2 号主变压器 902 开关运行于 110kV Ⅱ母线，110kV 分段 900 开关在热备用状态，110kV 备自投投入。故障前 B 变电站运行方式如图 8-19 所示。

（二）故障过程

××××年××月××日 15 时 22 分，监控班通知 B 变电站 110kV 母差保护动作，110kV 开关均在分位，110kV、35kV、10kV 母线失压。

变电运维人员 B 变电站站内检查汇报：110kV 母差保护“母差动作”“母联保护”“PT 断线”灯亮。动作报文显示：110kV Ⅰ母差动、母联死区、Ⅱ母差动动作，故障相别 A 相，Ⅰ母差流 12.90A，Ⅱ母差流 12.94A，母联分列软压板、复压元件软压板未投。

（三）故障处置

经现场检查，本次故障是分段死区故障，同时母联分列软压板及复压元件软压板未投，造成故障扩大，B 变电站全停。110kV 分段开关死区故障处置步骤如表 8-8 所示。

（四）故障分析

分段 900 开关电流互感器位于分段 900 开关与分段 9002 隔离开关之间，当死区发生故障时，若分列压板未投，110kV Ⅰ母小差有差流，同时由于复压元件软压板未投，复压开放，但 110kV Ⅰ母小差动作之后，故障仍在，后由母联死区保护动作切除 110kV Ⅱ母，隔离故障点，因而造成全站停电。

处置要点如下：

（1）正确分析母差保护动作行为。

（2）现场检查时应针对一次、二次设备有重点地检查，注意到分列压板未投入。

（五）相关知识点

作业现场使用较多的 220kV 及 110kV 母差保护有南瑞继保 RCS 915 及 PCS 915、深圳南瑞 BP-2B、国电南京自动化 SGB-750 等产品，不同厂家、不同时期投运的装置操作都有一些差别，如有的母联分列压板是软压板，有的是硬压板，有的没有分列压板等

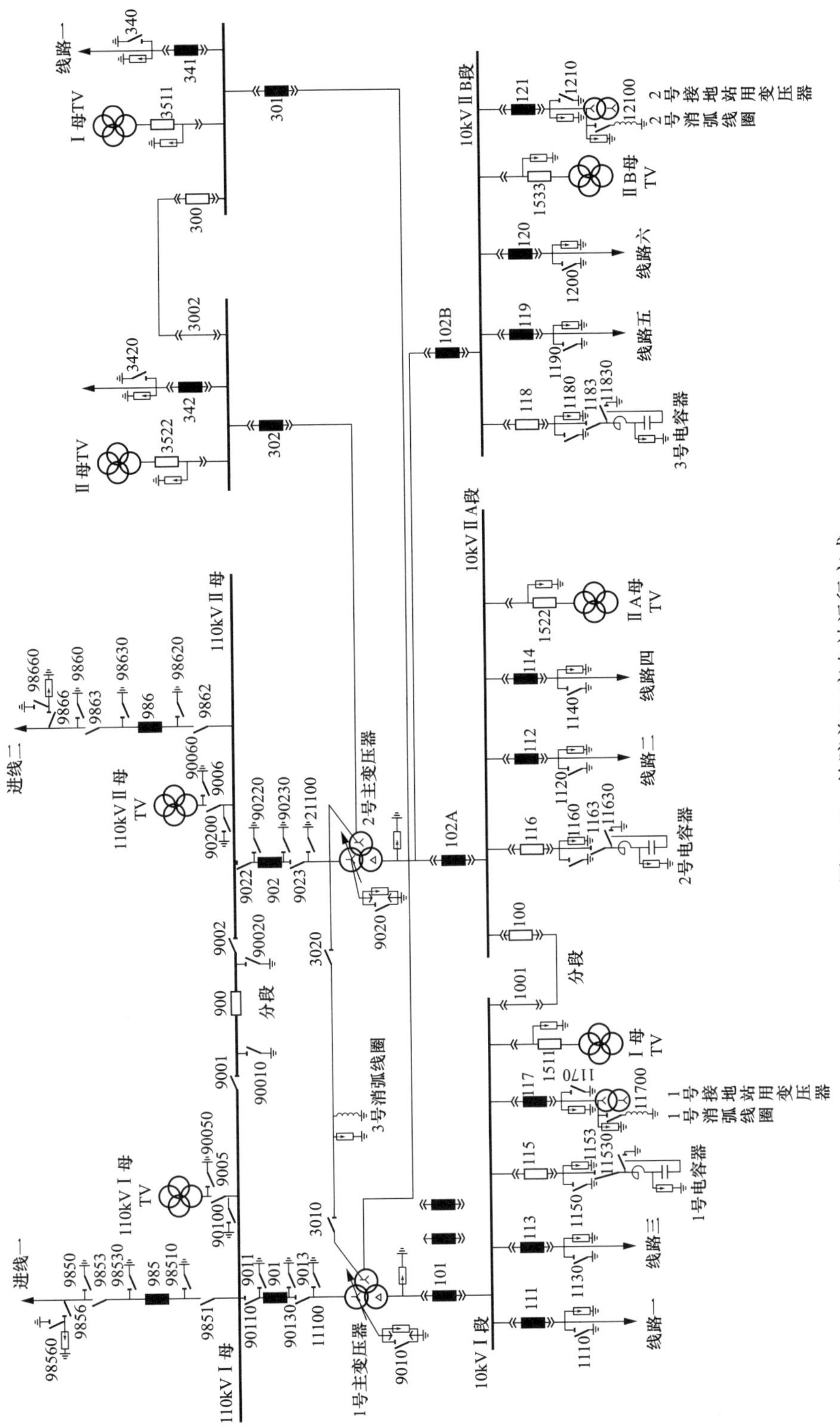

图 8-19　故障前 B 变电站运行方式

表 8-8　　**110kV 分段开关死区故障处置步骤**

序号	变电站	单位	分序	操作内容	备注
1	B 变电站	变电运维	1	向调度申请拉开 35kV、10kV 失压开关 111、112、113、114、115、116、117、118、119、120、121、101、102A、102B、301、302、341、342	
			2	停用 110kV 侧备自投	
			3	将分段 900 开关转冷备用（投入分列及复压元件软压板）	
			4	合上进线一 985 开关	
			5	合上 1 号主变压器 9010 中性点接地闸刀	
			6	合上 1 号主变压器 901 开关	
			7	拉开 1 号主变压器 9010 中性点接地闸刀	
			8	合上 1 号主变压器 101 开关	
			9	合上 1 号接地站用变及 1 号消弧线圈 117 开关	
			10	合上 10kV 出线 111、113 开关	注意利用电容器调压
			11	合上 1 号主变压器 301 开关	
			12	合上 35kV 出线 341 开关	
			13	合上进线二 986 开关	
			14	合上 2 号主变压器 9020 中性点接地闸刀	
			15	合上 2 号主变压器 902 开关	
			16	拉开 2 号主变压器 9020 中性点接地闸刀	
			17	合上 2 号主变压器 102A 开关	
			18	合上 10kV 出线 112、114 开关	注意利用电容器调压
			19	合上 2 号主变压器 302 开关	
			20	合上 35kV 出线 342 开关	
			21	合上 2 号主变压器 102B 开关	
			22	合上 2 号接地站用变及 2 号消弧线圈 121 开关	
			23	合上 10kV 出线 119、120 开关	注意利用电容器调压
2	B 变电站	变电运维	1	接调令将分段 900 开关由冷备用转检修	
3		检修试验班	1	分段死区故障消缺试验	

多种情形。如果忽视了这块压板，在母联死区故障时有可能会造成事故的扩大，因此厘清该压板设置的目的、操作的时机对运维人员是很有必要的。

对于 GIS 设备，一般母联两侧都安装有电流互感器形成的交叉保护区，不存在死区故障。敞开式设备一般只在母联一侧装有电流互感器，如图 8-20 所示，如果此时在母联与 TA 之间发生短路故障，对于Ⅰ母为区外故障，Ⅰ母差动保护不动作；对于Ⅱ母为区内故障，Ⅱ母差动保护动作，但故障不能切除。

此时应由母联死区保护切除故障，可以看出，此时满足四个条件：① 母线差动保护发过跳Ⅱ母的命令；② 母联断路器已跳开（KCP=1）；③ 母联 TA 任一相仍有电流；④ 大差比率差动元件及Ⅱ母的小差比率差动元件动作后一直不返回。

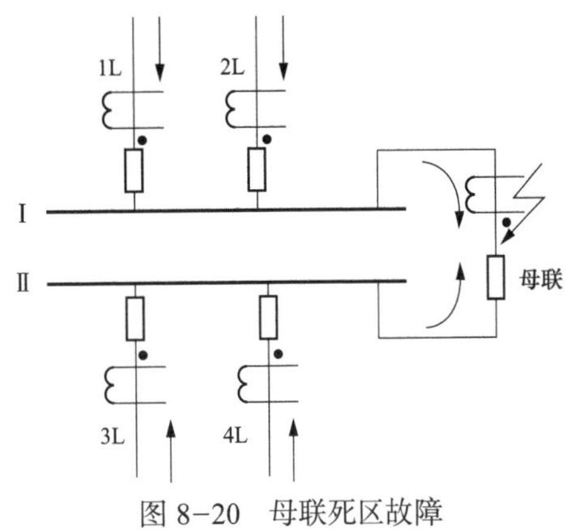

图 8-20　母联死区故障

但此时又带来了新的问题，在双母线分列运行时，母联断路器在跳闸位置时发生上述死区范围内的故障，会造成Ⅱ母无故障跳闸的严重后果。在这种情况下，可采取当两段母线都有电压，母联三相均无电流且母联 KCP=1 时，母联电流不计入两个小差的电流计算中的措施（上述措施延时返回 400ms，同时退出死区保护），这样再出现这种故障时大差及Ⅰ母小差都能动作跳Ⅰ母断路器，而Ⅱ母差动保护可靠不动作。

为确保母差保护能够正确判别母线的运行状态，通常设置分列压板。在六统一之前，分列压板的优先级要高于母联开关触点开入，即投入分列压板后，无论母联实际开关位置如何，均会强制母差保护进入为分列运行状态。

六统一之后，只有在母联开关“跳闸位置”开入以及分列压板，两者状态均为“1”时，母差保护判定母线为分列运行状态。此时，封锁母联 TA，大差比率制动系数调整至低档。若任意开入为“0”，母差保护则自动认为母线为并列运行状态。

因此，针对以上采用两种不同标准的母差保护，在实际运行操作中采取的方式与注意的要点也各有不同。

毋庸置疑，母联开关检修时，两条母线处于分列运行状态，六统一之前的母差保护可在不操作分列压板的情况下，根据母联开关的位置触点完成自适应调整。

但母联开关检修期间，母联开关进行分合闸预试时，母差保护会认为母线恢复并列运行状态，不投入分列压板会增加母差保护拒动的风险，所以必须投入分列压板，同时需要注意的是，对一些投运较早的 RCS 915 装置，该压板名为母联检修。

六统一之后，分列压板必然会在拉开母联开关后投入。但在母联开关预试，开关合闸后，违背分列判据，母差保护会默认母线处于并列运行状态。为防止以上情况发生，现场在工作前应采取针对性的二次安全措施。下面分两种情况进行讨论。

（1）智能站：针对智能站而言，为防止母联开关预试期间，母联开关位置传递至母差保护，需要将母联开关智能终端的检修压板投入。

（2）常规站：由于常规站没有与智能站类似的检修隔离机制，因此需要现场人员在工作前，将母差保护中与母联开关位置相关的二次回路进行隔离，以保证保护对母线分列的正确判定。

综上所述，正常情况下，母联分列压板与母联开关状态保持一致，在母联开关拉开后投入，在母联开关合上前停用。

母联开关检修时，母差保护的分列压板操作仍应与母联开关状态保持同步，但针对六统一之后的保护装置，还应做好二次安全措施，以保证母差保护分列判定的正确执行。

案例三　低压侧两点异相接地故障

（一）故障前运行方式

A 变电站 110kV 侧分列运行，进线一 511 开关、进线二 516 开关、分段二 800 开关运行，分段一 700 开关热备用。10kV 单母线分段运行，分段 100 开关热备用。故障前 A 变电站运行方式如图 8-21 所示。

（二）故障过程

×××× 年 ×× 月 ×× 日 09 时 10 分，监控班通知 A 变电站 1 号主变压器差动保护动作，10kV 备自投动作，线路一 111 开关保护动作，重合闸动作。进线一 511、1 号主变压器 101 开关在分位，分段 100 开关在合位，线路一 111 开关在合位，110kV Ⅰ母线失压，故障前有接地信号。

变电运维人员 A 变电站站内检查汇报：1 号主变压器两套保护“跳闸”灯亮，动作报文显示：第一套 A 相差动保护动作，差流 0.78A，第二套 A 相差动保护动作，差流 0.76A，动作电流定值 0.4A。线路一 111 开关保护“跳闸”灯亮，故障相别 AC 相，故障电流 9.8A，动作电流定值 7A。站内检查 1 号主变压器低压侧与 101 开关流变之间 A 相有放电痕迹。

（三）故障处置

经现场检查，本次故障是站内 1 号主变压器差动保护范围内与线路上存在两点异相接地，导致主变压器差动保护与线路保护同时动作。处置时，将 1 号主变压器转检修，进行相关试验检查及消缺，完工后恢复系统正常运行方式，处置步骤如表 8-9 所示。

（四）故障分析

小电流接地系统中，单相接地时由于线电压对称，不影响用户供电，同时故障电流仅为故障点电容电流，低于保护动作值，因此允许运行 2h，但不同线路或者站内站外同时存在两点接地时，会变为相间短路，造成相应的保护动作。

本例中，故障电流从主变压器低压侧流向 A 相故障点，未经过 101 开关流变，低压侧电流为零，主变压器保护产生差流，差动保护正确动作。在主变压器保护启动之后，同时发现 C 相电流增大，但未引起 B、C 相差动继电器动作，说明该 C 相电流增大是由于 1 号主变压器低压侧区外故障引起的，未引起分相差动保护动作，与线路一 111 开关的动作报文一致。

【处置要点】

（1）注意人身防护，室外接地时，距离故障点 8m 以外；室内接地时，距离故障点 4m 以外，靠近上述工作地点时应穿绝缘靴，接触设备外壳时应戴绝缘手套。

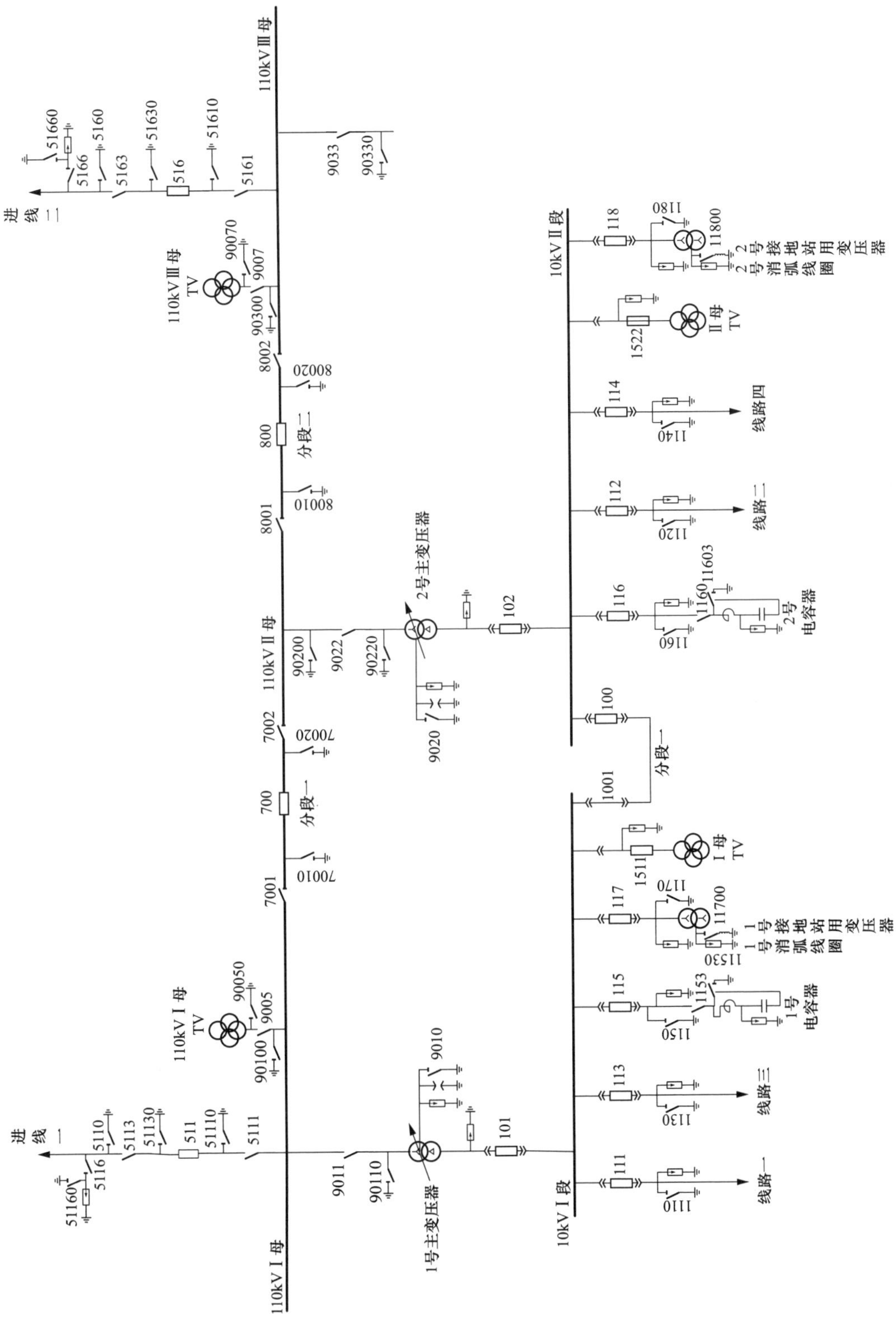

图 8-21　故障前 A 变电站运行方式

表 8-9　　低压侧两点异相接地故障处置步骤

序号	变电站	单位	分序	操作内容	备注
1	A	变电运维	1	向地调申请将 1 号主变压器转冷备用	
			2	停用 110kV 侧备自投	
			3	将 700 开关测控装置“远方 / 就地”切换开关切至“就地”	防止拉 9011 时，远方合 700 开关
			4	将 511 开关测控装置“远方 / 就地”切换开关切至“就地”	防止拉开 9011 时，远方合 511 开关
			5	停用 10kV 侧备自投	
			6	将 101 开关拉至试验位置	
			7	拉开 9011 闸刀	
			8	检查 1 号主变压器已转至冷备用状态	
			9	将 700 开关测控装置“远方 / 就地”切换开关切至“远方”	
			10	将 511 开关测控装置“远方 / 就地”切换开关切至“远方”	
			11	合上进线一 511 开关	
			12	投入 110kV 侧备自投	
2		变电运维	1	向地调汇报 2 号主变压器已由热备用转至冷备用	
			2	接调令将 1 号主变压器由冷备用转检修	
			3	验电并合上 90110 接地闸刀	
			4	在 1 号主变压器低压侧穿墙套管处验电后挂 1 号接地线一组	
3		检修试验班	1	1 号主变压器检修试验	

（2）正确认识小电流接地系统的特点。

（五）相关知识点

在不同线路上出现两点异相接地时，会造成两条线路保护动作，当一条线路跳开之后，另一条线路保护便会返回，但仍然存在接地现象。

在站内和站外存在两点异相接地时，如果站内接地点位于主变压器差动保护范围内，差动保护和线路保护会同时动作跳闸，若站内接地点位于主变压器差动保护范围外，线路保护和主变压器低后备保护会动作。

案例四　TA 断线时主变压器保护误动

（一）故障前运行方式

A 变电站 110kV 侧分列运行，B 变电站通过 BA511 开关（线路配置 PCS943 光纤纵差保护）带 1 号主变压器运行，C 变电站通过 CA516 开关、分段二 800 开关带 2 号主变

压器运行，1、2 号主变压器均配置两套主后一体差动保护（PCS978），分段一 700 开关热备用，分段二 800 开关在非自动方式运行。10kV 单母线分段运行，分段 100 开关热备用。故障前 A 变电站运行方式如图 8-22 所示。

（二）故障过程

×××× 年 ×× 月 ×× 日 12 时 35 分，监控中心 A 变电站 BA511 线路“CT 断线”“闭锁主保护”“长期有差流”“零序长期启动”告警，1 号主变压器保护“高压侧 CT 异常”“高压侧 CT 断线”“差流越限”告警，通知变电运维、二次检修人员赶赴现场检查。12:43:17，A 变电站 1 号主变压器第一套差动保护动作，线路一 111 开关保护动作，10kV 备自投动作，进线一 511 开关及 1 号主变压器 101 开关、线路一 111 开关在分位，分段一 100 开关在合位，110kV Ⅰ母线失压。

变电运维人员 A 变电站站内检查汇报：1 号主变压器第一套差动保护“跳闸”“告警”灯亮，动作报文显示：差动保护动作，高压侧最大电流 1.532A，最大差流 0.845Ie。第二套差动保护正常。线路一 111 开关保护“跳闸”灯亮，故障相别 AB 相，故障电流 5A。

（三）故障处置

经现场检查，1 号主变压器第一套差动保护“高压侧 TA 断线”告警，随后 1 号主变压器第一套差动保护动作，第二套差动保护没动作，同时线路一 111 线路保护动作。初步判定为 TA 断线时，区外故障主变压器第一套差动保护误动。TA 断线时主变压器差动保护误动故障。TA 断线时主变压器差动保护误动故障处置步骤见表 8-10。

表 8-10　TA 断线时主变压器差动保护误动故障处置步骤

序号	变电站	单位	分序	操作内容	备注
1	A	变电运维	1	向地调申请停用 1 号主变压器第一套差动保护，停用 110kV 备自投	
			2	停用 110kV 备自投	
			3	拉开 5113 闸刀	
			4	拉开 5111 闸刀	
			5	将线路一 111 开关由热备用转冷备用	
			6	合上 1 号主变压器中性点 90110 接地闸刀	
			7	合上进线一 700 开关	
			8	拉开 1 号主变压器中性点 90110 接地闸刀	
			9	合上 1 号主变压器 101 开关	
			10	拉开分段 100 开关	
			11	将线路一 111 开关及线路由冷备用转检修	
			12	汇报调度	
2		调度	13	许可二次检修班组开展 BA511 间隔 TA 二次断线消缺工作	
3		二次检修	14	开展 BA511 间隔 TA 二次断线消缺工作	

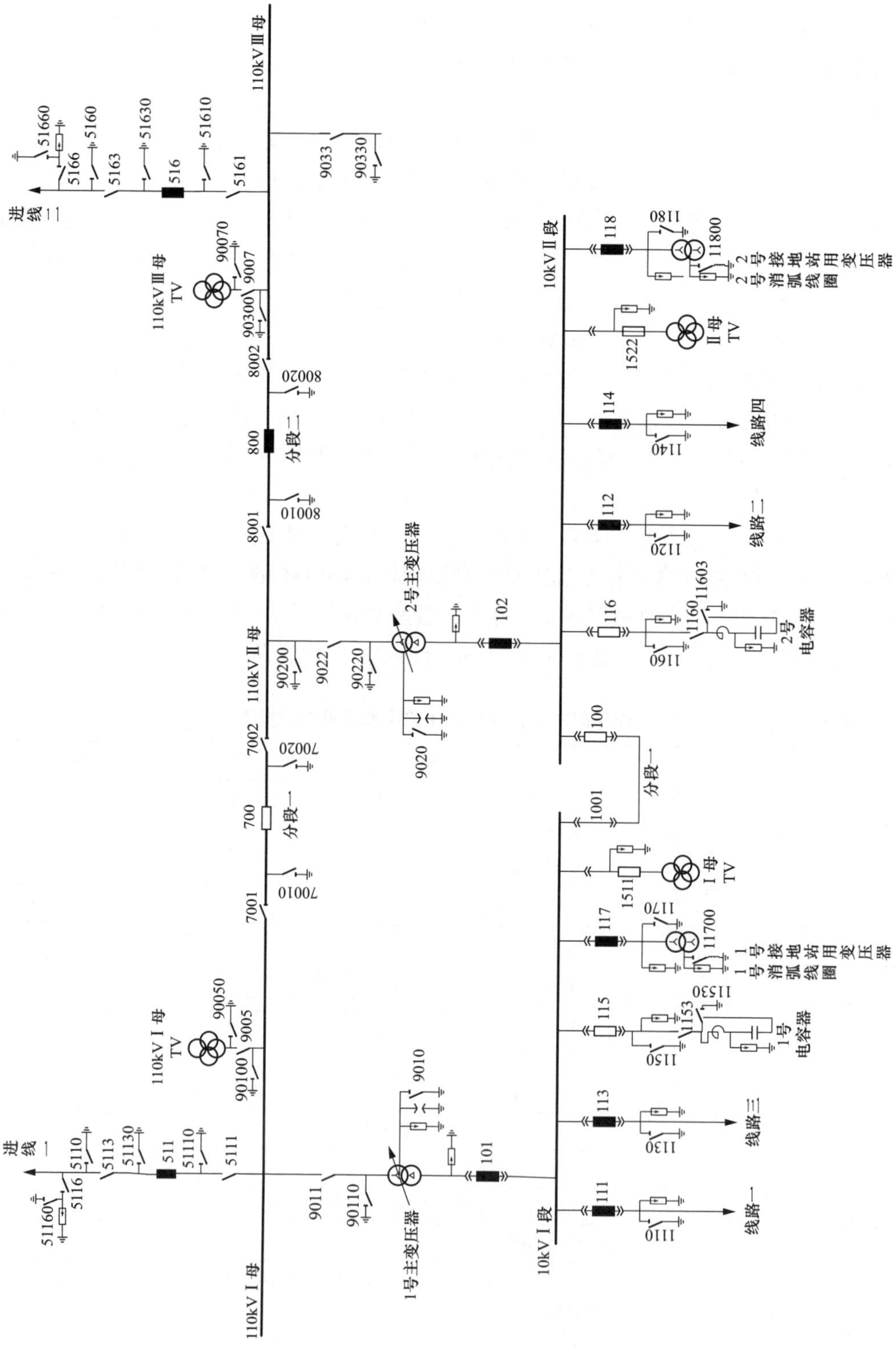

图 8-22　故障前 A 变电站运行方式

【思考题】为何 1 号主变压器第一套差动保护误动？

（四）故障分析

二次检修班组到现场检查后发现，进线一 511 间隔 TA 次级至第一套合智一体电缆 A 相接线断线，导致 511 线路保护报“TA 断线”“差动保护闭锁”告警，1 号主变压器第一套差动保护“高压侧 CT 断线”告警。随后 10kV 线路一发生 AB 相间故障，穿越性故障电流流过 1 号主变压器，断线相差流超过整定值而导致第一套差动保护误动。

BA511 开关 A 套 TA 次级（保护）至间隔第一套合智一体 A 相发生断线，BA511 线路和 1 号主变压器差动保护均受到影响，即 BA511 线路“CT 断线”“闭锁主保护”“长期有差流”“零序长期启动”告警，1 号主变压器保护“高压侧 CT 异常”“高压侧 CT 断线”“差流越限”告警，如图 8–23 所示。但最大差流值 0.845Ie 没有达到高值开放差动定值，现场检查 1 号主变压器第一套差动保护“CT 断线闭锁差动保护”控制字整定为 0，这就是第一套差动保护误动的主要原因。

主变压器作为电网中单台设备最昂贵的主设备，TA 断线时主变压器差动保护遵循“低值闭锁高值开放”原则，即便在“TA 断线闭锁差动保护”控制字置 1 时，CT 断线告警后，差动电流大于整定值时，差动保护仍能出口跳闸。在“6+3”规范中，在发生 TA 断线时，对元件保护的闭锁有很明确的规定：母差保护应可靠闭锁，线路保护经延时闭锁以躲过区外故障，主变压器保护低值闭锁高值开放，防止在正常运行负荷电流较大或冲击性负荷电流穿越时的保护误动。

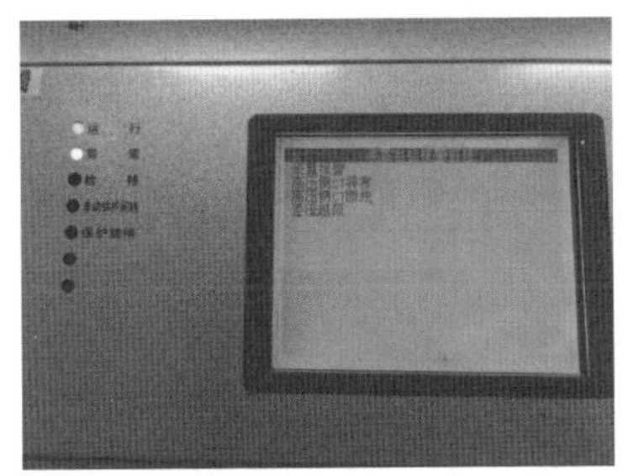
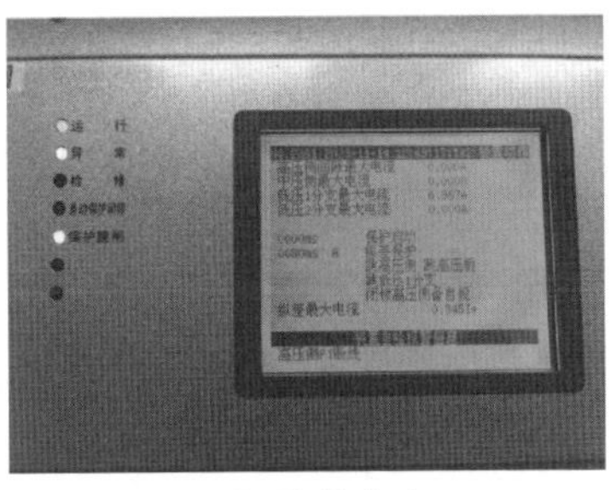

图 8–23　跳闸前后主变压器保护液晶面板告警信息

案例五　不完整扩大内桥接线 110kV Ⅰ母 TV 故障

（一）故障前运行方式

110kV A 变电站高压侧“两线三变”扩大内桥接线，B 变电站通过 BA511 线路带 1 号主变压器运行（B 变电站侧线路保护配置 PCS941 零序距离保护），C 变电站通过 CA516 线路带 2 号主变压器运行（C 变电站侧线路保护配置 PCS941 零序距离保护），1、2 号主变压器均两卷变，设计容量为 50MVA（配置一套主变压器主保护、一套后备保护及一套非电量保护）。A 变电站侧两台主变压器 110kV 侧中性点均不接地，A 变电站高、低压侧各配置一套备自投 PSP 641U 装置。故障前一次运行方式如图 8–24 所示。

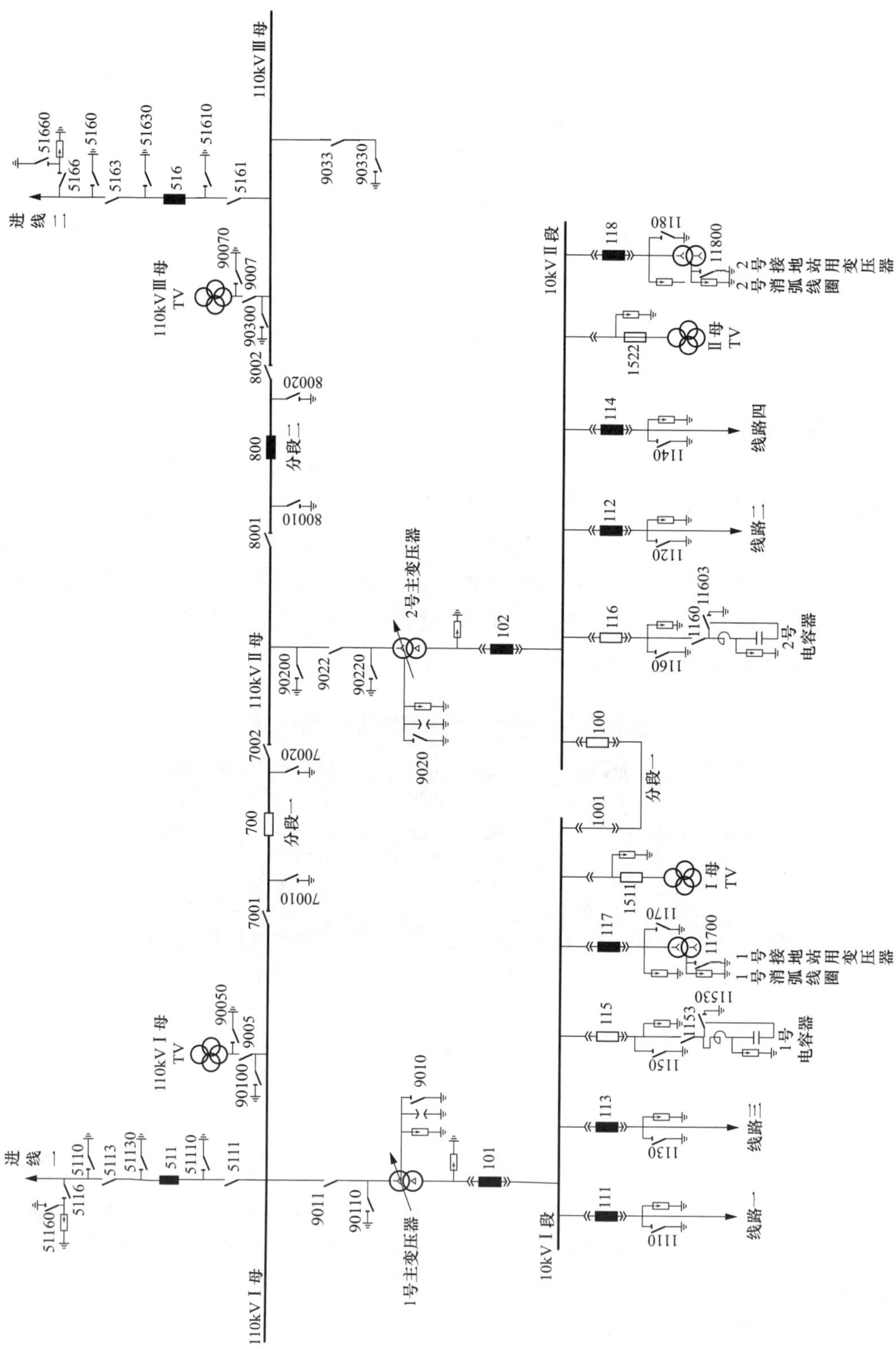

图 8-24　故障前 A 变电站运行方式

（二）故障过程

××××年××月××日17时05分，监控班通知A变电站1号主变压器差动保护动作，10kV备自投动作，进线一511开关及1号主变压器101开关在分位，分段一100开关在合位，110kV Ⅰ母线失压。

变电运维人员A变电站站内检查汇报：一次方面，1号主变压器高压侧引线、低压侧穿墙套管、1号主变压器本体无明显故障点，GIS室各气室SF_6压力值正常，进线一511开关及1号主变压器101开关跳闸且无异常。二次方面，1号主变压器差动保护出口，差流I_d=50.02A（二次值），10kV备自投动作，故障录波器显示进线一511开关差动TA有故障电流，1号主变压器高压侧套管TA无故障电流流过，为高压侧AB相间故障。

电气试验班110kV Ⅰ母TV间隔SF_6分解产物测试结果：SO_2：145.7μL/L、H_2S：17.5μL/L。

（三）故障处置

结合现场保护动作、开关跳闸、1号主变压器现场外观检查情况以及电气试验班SF_6分解产物测试结果来看，判断110kV Ⅰ母TV内部发生故障，须转检修。10kV负荷经备自投切换，只有10kV Ⅰ段母线用户短暂停电，没有造成负荷损失。不完整扩大内桥接线110kV Ⅰ母压变故障处置步骤如表8-11所示。

表8-11　　不完整扩大内桥接线110kV Ⅰ母压变故障处置步骤

序号	变电站	单位	分序	操作内容	备注
1	A	变电运维	1	向地调申请将1号主变压器及两侧开关、110kV Ⅰ母压变均转冷备用	
			2	停用110kV侧备自投	
			3	停用10kV侧备自投	
			4	将101开关拉至试验位置	
			5	拉开9011闸刀	
			6	将进线一511开关转冷备用	
			7	将分段一700开关转冷备用	
			8	将110kV Ⅰ母压变转冷备用	
2	A	变电运维	1	向地调汇报1号主变压器及两侧开关、110kV Ⅰ母TV已转至冷备用	
			2	接调令将110kV Ⅰ母压变由冷备用转检修	
			3	验电并合上90050接地闸刀	
3		一次检修	1	110kV Ⅰ母压变内部故障检查试验	

【思考题1】本案故障处置，为何要将1号主变压器及两侧开关均转冷备用？

【思考题2】不同接线方式下，110kV压变故障时，保护的动作行为及处理方式有哪些区别？

（四）故障分析

内桥接线（含完整与不完整扩大内桥接线）一般不配置110kV母差保护，母线及母设属于变压器差动保护范围。现场故障查找时，检查范围一般为主变压器两侧开关 TA 范围内，即主变压器本体及高低压侧、110kV 母线及母设相关设备，本例中可以通过主变压器故障录波器高压侧套管 TA 无电流而进线一 511 开关 TA 有电流初步判断主变压器高压侧套管以下无故障，检查重点为主变压器高压侧套管以上，再结合试验班 SF_6 检测结果基本判断故障点在 110kV Ⅰ母 TV 间隔。

在故障处置时，考虑到低压侧未失电，且压变间隔进行检修、耐压试验时可能需要 110kV Ⅰ母线陪停，实际电力生产工作中一般将相关设备转冷备用，待检修方案制订以后，由运维人员向调度申请，将相关设备转检修，许可相关班组工作。

在单母线分段接线方式下，110kV 母线一般配置母差保护，110kV TV 故障时，由母差保护动作切除故障，在故障处置方面并无本质区别，需要注意的是，如果处置方式需要隔离压变并恢复双主变压器运行时，须合上分段开关，停用 110kV 备自投并进行电压并列操作。

（五）相关知识点

新投运的变电站，一般配置两套主后一体差动后备保护，开关 TA 次级有多个，分别给两套差动、故障录波、测量及计量使用，一些投运较久的变电站如本例，一般独立配置一套差动保护和一套后备保护以保证可靠性，TA 次级不多，差动保护使用的是开关 TA，而后备保护、故障录波使用的是高低压侧套管 TA，保护范围有限，相关配置如图 8-25 所示。当出现本例的情况，即 110kV 母线及母设故障时，套管 TA 未出现故障电流，后备保护不会动作，当差动保护拒动时，只能靠上级电源后备保护切除故障。

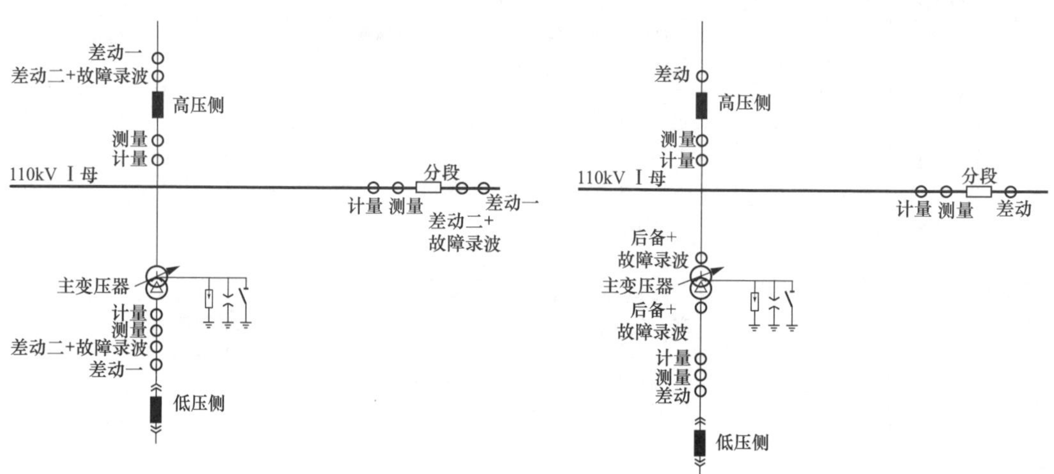

图 8-25 不同次级绕组变电站保护配置对比（左图为新投运站，右图为投运较久变电站）

案例六 高压侧备自投 GOOSE 断链时主变压器内部故障

（一）故障前运行方式

110kV A 变电站高压侧“两线路三变压器”扩大内桥接线，B 变电站通过 BA511 线路带 1、2 号主变压器运行（线路保护配置 PCS943 光纤纵差保护），C 变电站通过

CA516 线路带 3 号主变压器运行（C 变电站侧线路保护配置 PCS941 零序距离保护），1、2、3 号主变压器均双绕组变压器，设计容量为 50MVA（配置双重化主变压器主后一体差动保护及一套非电量保护），2 号主变压器低压侧双受电开关分支接线。A 变电站侧三台主变压器 110kV 侧中性点均不接地，A 变电站高压侧配置一套备自投 PCS9611，低压侧配置两套 PCS9611 备自投装置。故障前一次运行方式如图 8-26 所示。

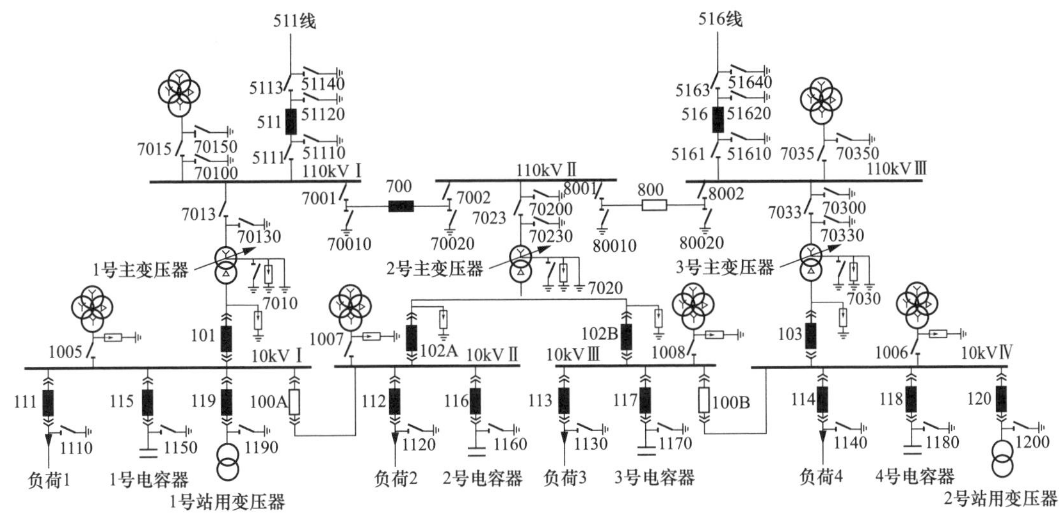

图 8-26　故障前 A 变电站站内一次运行方式

（二）故障过程

×××× 年 ×× 月 ×× 日 13 时 14 分，监控中心发现 A 变电站发“高压侧备自投收 1 号主变压器 GOOSE A 网断链”“高压侧备自投收 2 号主变压器 GOOSE A 网断链”“高压侧备自投收 3 号主变压器 GOOSE A 网断链”告警信号。汇报调度后，通知变电运维、二次检修人员赶赴 A 变电站进行现场检查。13 时 27 分，A 变电站 2 号主变压器差动保护、轻瓦斯保护、本体重瓦斯保护动作，电容器 116 开关、117 开关 PCS9631D 保护动作，110kV、10kV 备自投均动作。

变电运维人员 A 变电站现场检查情况：综自后台断链表“高压侧备自投收 1 号主变压器 GOOSE 断链”“高压侧备自投收 2 号主变压器 GOOSE 断链”“高压侧备自投收 3 号主变压器 GOOSE 断链”光字牌点亮。2 号主变压器压力释放阀动作，喷油。第一套、第二套差动保护屏“保护跳闸”“异常”灯点亮，动作报文“8ms 纵差速断动作、8ms 纵差保护动作、跳高压侧桥 1、跳高压侧桥 2、跳低分支 1、跳低分支 2、闭锁高压侧备自投、最大差流 4.605Ie”。2 号主变压器本体智能终端本体轻瓦斯、本体重瓦斯灯点亮。高压侧备自投告警报文“收 1 号主变压器 GOOSE A 网断链”“收 2 号号主变压器 GOOSE A 网断链”“收 3 号主变压器 GOOSE A 网断链”，动作报文“327ms 合高桥 2 开关”。电容器 327、329 开关 RCS9631d 低电压保护动作。

2 号主变压器本体智能终端“重瓦斯”“轻瓦斯”“压力释放”灯点亮。

跳闸开关：A 变电站 700、800、102A、102B、327、329 开关。

失压范围：A 变电站 110kV Ⅱ母线、2 号主变压器。

电气试验班油中色谱分析结果：乙炔：302μL/L、氢气：518μL/L、总烃：655μL/L。

（三）故障处置

结合现场保护动作、开关跳闸、2 号主变压器现场外观检查情况以及电气试验班油中色谱分析结果来看，判断 2 号主变压器内部发生故障，需转检修。10kV 负荷经备自投切换，只有 10kV Ⅱ、Ⅲ段母线用户短暂停电，没有造成负荷损失，处置步骤如表 8-12 所示。

表 8-12　　备自投 GOOSE 断链时主变压器内部故障处置步骤

序号	变电站	单位	分序	操作内容	备注
1	A	变电运维	1	向地调申请将 2 号主变压器转冷备用	
			2	停用 110kV 侧备自投	
			3	将 700 开关测控装置“远方 / 就地”切换开关切至“就地”	防止拉开 7023 时，远方合 700 开关
			4	将 800 开关测控装置“远方 / 就地”切换开关切至“就地”	防止拉开 7023 时，远方合 800 开关
			5	停用 10kV 第一套备自投	
			6	停用 10kV 第二套备自投	
			7	将 102A 开关拉至试验位	
			8	将 102B 开关拉至试验位	
			9	拉开 7023 闸刀	
			10	检查 2 号主变压器已转至冷备用状态	
			11	将 700 开关测控装置“远方 / 就地”切换开关切至“远方”	
			12	将 800 开关测控装置“远方 / 就地”切换开关切至“远方”	
2		变电运维	1	向地调汇报 2 号主变压器已由热备用转至冷备用	2 号、3 号电容器是否投入按电压情况或调令执行
			2	接调令将 2 号主变压器由冷备用转检修	
			3	验电并合上 70230 接地闸刀	
			4	在 2 号主变压器低压侧穿墙套管处验电后挂接地线一组	穿墙套管外部母线桥处，挂第几组接地线视现场情况
3		二次检修	1	对 110kV 备自投装置“收主变压器 GOOSE 断链”进行消缺	
			2	向调度汇报 110kV 备自投装置消缺完毕	
4		变电运维	1	将 110kV 侧备自投投入	

续表

序号	变电站	单位	分序	操作内容	备注
5		监控	1	接调令合上 700 开关	
6		一次检修	1	检修 2 号主变压器	

【思考题 1】本案故障处置前，为何要将 110kV 备自投停用？如何操作？

【思考题 2】完整扩大内桥接线下，1 号主变压器主保护动作时，开关跳闸、备自投如何动作？

（四）故障分析

内桥接线（含完整与不完整扩大内桥接线）因为主变压器没有独立的断路器间隔，主变压器故障时是通过跳进线和桥开关实现与 110kV 侧电源的隔离。所以主变压器差动保护、重瓦斯保护、高压侧后备保护动作时应闭锁高压侧备自投装置，防止备自投装置动作对主变压器造成二次短路冲击。故障跳闸前，A 变电站 110kV 侧备自投发“收 1 号主变压器 GOOSE A 网断链”“收 2 号主变压器 GOOSE A 网断链”“收 3 号主变压器 GOOSE A 网断链”告警报文，同时从 2 号主变压器保护动作报文可见“闭锁高压侧备自投”报文已发送，检查 110kV 侧备自投装置没发现闭锁信号开入，且故障跳闸前备自投“充电灯”点亮。所以在 2 号主变压器主保护动作后，备自投“动作 300ms＋合桥 2 开关”。从 2 号主变压器差动保护动作报文来看，8ms 差动速断和差动保护动作；从 A 变电站综自后台检查遥信报文，差动保护动作 2 次，SOE 时间分别是 17:11:34:390 和 17:11:34:843，相差 453ms。查阅故障录波图，差动保护也是动作 2 次，之所以差动保护动作报文只有 1 次，是因为该装置的启动元件采用的是相间电流工频变化量启动和负序电流启动，启动元件启动后开放 500ms，其间如阻抗元件动作则保持。工频变化量比率差动保护动作逻辑框图如图 8-27 所示。

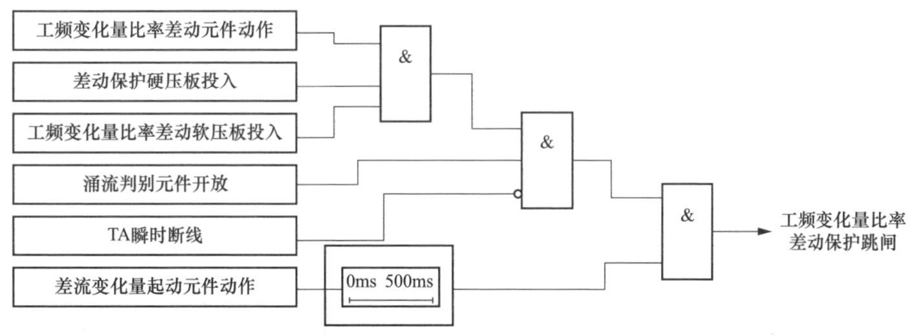

图 8-27　工频变化量比率差动保护动作逻辑框图

与纯内桥和不完整扩大内桥“两线路两变压器”自投方式只有 4 种不同的是，在“两线三变”完整扩大内桥接线中，高压侧备自投方式有 8 种。其中内桥 2 备投—自投方式 4 种，对比本案例即 511、700、516 开关在合位、800 开关在分位时，无论“允许一线带三变”控制字投入与否，为防止 700 开关偷跳或 1 号主变压器保护动作，在充电完成后，700 开关分位且无流，经延时 20ms 联跳Ⅱ母开关，若联跳命令发出后，经 300ms 延时合 800（内桥 2）开关，这就是本案中高压侧备自投 323ms 合桥 2 开关的原因所在。

从内桥接线备自投相关信息流章节可知，GOOSE 断链信号的发出遵循“谁接收谁告警”原则，多根光纤或元件同时发生故障概率较低，所以本案例现场检查环节如图 8-28～图 8-32 所示。二次检修人员在 A 变电站现场检查后发现，组网交换机“至高压侧备自投 GOOSE”ST 口“TX”灯不亮，进一步检查是 ST 口塑料件长时间运行导致老化，接口松动如图 8-33 所示，在备自投装置侧用手持式光电测试仪在“接收组网 GOOSE”光纤端抓不到“GOOSE 报文数据包”，二次检修班组申请更换该台组网交换机。智能变电站交换机故障维护工作是比较麻烦的，目前的交换机更多是 LC 接口，意味着和该交换机关联的尾缆要重新布置安装，同时新更换的交换机要重新画 VLAN 以限制通信流量。因新交换机供货有周期，二次检修班组进行了临时应急处置，消除了“GOOSE 断链”告警，如图 8-34 所示，向调度汇报，可以恢复高压侧备自投运行。

近十年来，对供电可靠性的要求标准日益提高，110kV 及以下电网中备自投的应用得到更多重视。本案例中用户没受到太大影响的主要原因在于，A 变电站除了在高压侧配置了备自投装置，10kV 侧还配置了两套备自投装置（主要是考虑到 2 号主变压器低压侧采用双受电开关的分支接线）。正常情况下 2 号主变压器差动保护动作时，会闭锁高压侧备自投，但不影响低压侧两套备自投装置的正常动作：A 套跳开 102A 开关，合上 100A 开关，B 套跳开 102B 开关，合上 100B 开关。低压侧备自投动作时间整定应和高压侧备

图 8-28　2 号主变压器差动保护动作报文

图 8-29　综自后台部分遥信报文

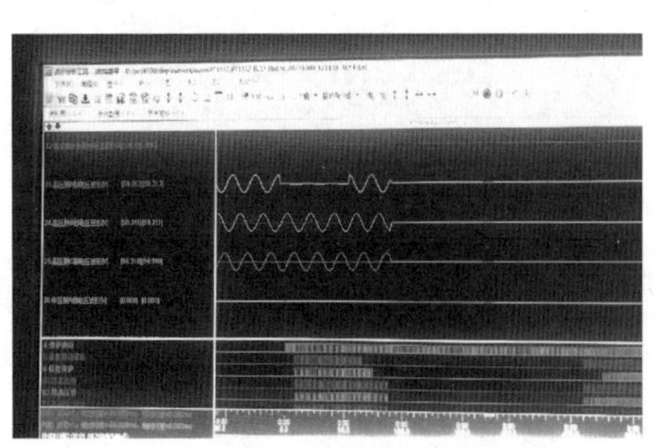

图 8-30　故障录波图（电压）

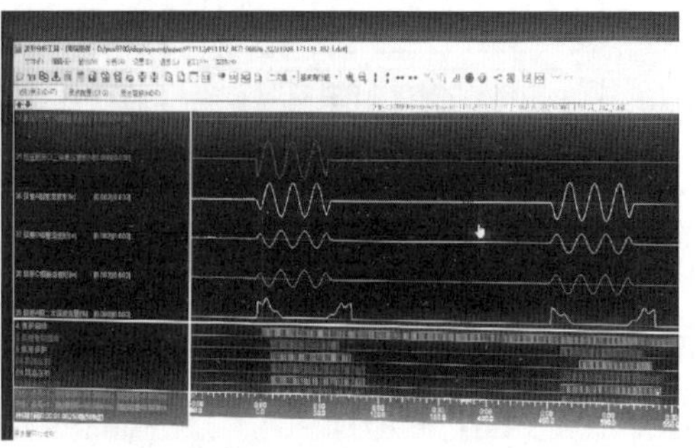

图 8-31　故障录波图（电流）

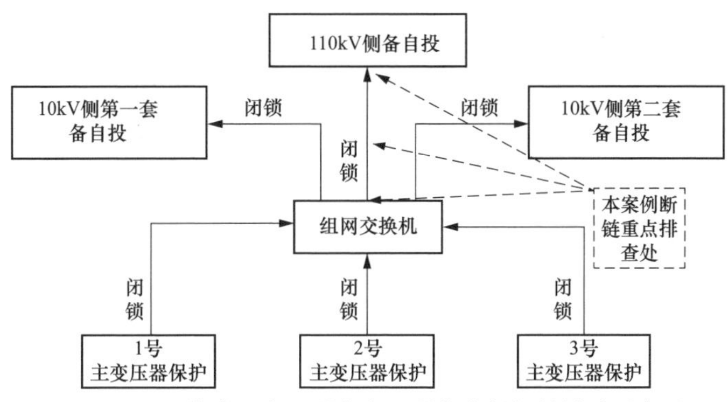

图 8-32　两线路三变压器主变压器备自投闭锁链路示意图

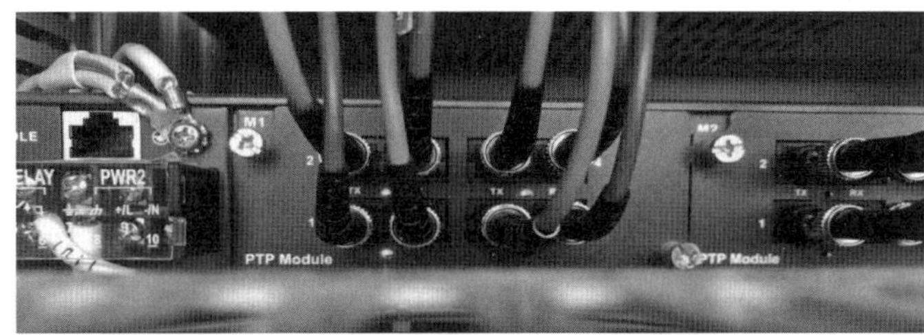

图 8-33　组网交换机“至高压侧备自投 GOOSE 链路”“TX”灯不亮

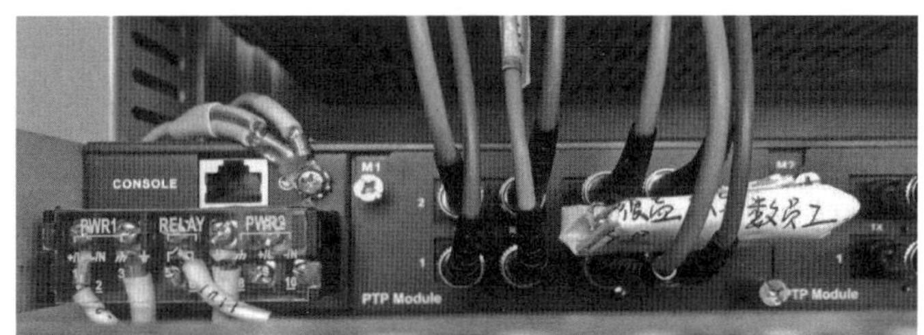

图 8-34　临时处缺后“至高压侧备自投 GOOSE 链路”“TX”灯亮

自投进行配合，有的变电站低压侧不配置备自投，是为了受电侧的进线侧备自投的整定时间更满足时间上配合的要求。

停用备自投功能的操作，原则上只需投入该备自投装置的“闭锁备自投”硬压板、检查确认“充电”由亮变灭即可；如装置本身没有设计闭锁备自投硬压板，可将备自投功能软压板由“1”改“0”，再检查确认“充电”由亮变灭即可。在变电站现场，考虑到一、二次作业班组之间工作的配合，一般变电运维人员在收到调度“停用备自投”指令时，先将“GOOSE 发送软压板”由“1”改“0”，然后将备自投功能软压板由“1”改“0”（有的运行单位为了稳妥起见，同时将“自投方式 1、2、3、4……”功能软压板由“1”改“0”），投入时逆序操作。这样将停用的备自投装置转交给二次作业班组作业，二次班组作业完毕后，将装置恢复至变电运维人员递交过来的状态，再移交给变电运维人员，这样虽然操作复杂一些，但工作责任分割明确。总体来说，要仔细研读备自投装置技术说明书，根据装置本身的技术要求编写典型操作票。

【反事故演练】同样是 A 变电站，故障前一、二次运行方式同前文，如果故障主变压器是 1 号主变压器，保护、自动装置动作行为和开关变位情况如何？

因为在 BA511 线路带 1、2 号主变压器运行，C 变电站通过 CA516 线路带 3 号主变压器运行的一次运行方式下，1 号主变压器故障差动保护动作，跳开 511、700、101 开关的同时，虽然也会发闭锁高压侧备自投 GOOSE 报文，但备自投此时自识别备自投方式，按桥 2 开关自投方式 4 动作，经 20ms+300ms=320ms 延时后合上 800 开关，即高压侧备自投此时不接受 1 号主变压器保护的闭锁命令。10kV A 套备自投经整定时间跳开 101 开关，合上 100A 开关。故障后一次运行方式更改为：C 变电站通过 CA516 线路带 2 号、3 号主变压器运行，2 号主变压器通过 100A、102A、102B 开关带 10kV Ⅰ、Ⅱ、Ⅲ段母线负荷。

虽然这个反事故预想中，110kV 备自投没受到“收 1、2、3 主变压器保护 GOOSE 断链”影响进行了正常动作，但 GOOSE 断链缺陷消缺工作依然要进行。同时，调度员应根据负荷曲线变化情况调整 10kV 侧运行方式，合上 100B 开关，拉开 102B 开关，平均分配 2、3 号主变压器负荷，监控人员要加强 A 变电站 2、3 号主变压器运行监视。

案例七　SV 断链时主变压器高压侧接地导致全站失压

（一）故障前运行方式

110kV A 变电站高压侧“两线两变”不完整扩大内桥接线，B 变电站通过 BA511 线路带 1 号主变压器运行（线路保护配置 PCS943 光纤纵差保护），C 变电站通过 CA516 线路带 2 号主变压器运行（C 变电站侧线路保护配置 PCS941 零序距离保护），A 变电站进线 CA516 开关未配置。1、2 号主变压器均两卷变，设计容量为 50MVA（配置单套主变压器主后一体差动保护及一套非电量保护）。A 变电站侧主变压器 110kV 侧中性点均不接地，A 变电站高、压侧配置一套备自投 PCS9651。故障前一次运行方式如图 8-35 所示。

（二）故障过程

××××年××月××日 9 时 55 分，监控中心发现 A 变电站发“收 1 号主变压器低压侧合智一体 SV 网断链”“1 号主变压器差动保护闭锁”告警信号。汇报调度后，通知变电运维、二次检修人员赶赴 A 变电站进行现场检查。10 时 07 分，B 变电站 BA511 号线路保护动作，A 变电站高压侧备自投动作，C 变电站 CA516 线路保护动作，A 变电站电容器 115 开关、116 开关 PCS9631D 保护动作，A 变电站全站失压。通知变电运维人员赶赴 B、C 变电站现场检查。

变电运维人员 A 变电站现场检查情况：综自后台遥信及断链表“收 1 号主变压器低压侧合智一体 SV 网断链”“1 号主变压器差动保护闭锁动作”；现场检查 1 号主变压器高压侧套管 A 相有闪络痕迹。第一套差动保护屏“异常”“差动保护闭锁”灯点亮，告警报文 10:03:59:887“变低合智一体 SV 链路出错”；高压侧备自投装置“跳闸”“合闸”灯点亮，动作报文“3184ms 跳电源 1、3437ms 自投合内桥 1”。电容器 116、117 开关 RCS9631d 低电压保护动作。A 变电站全站失压，站用交流失去。

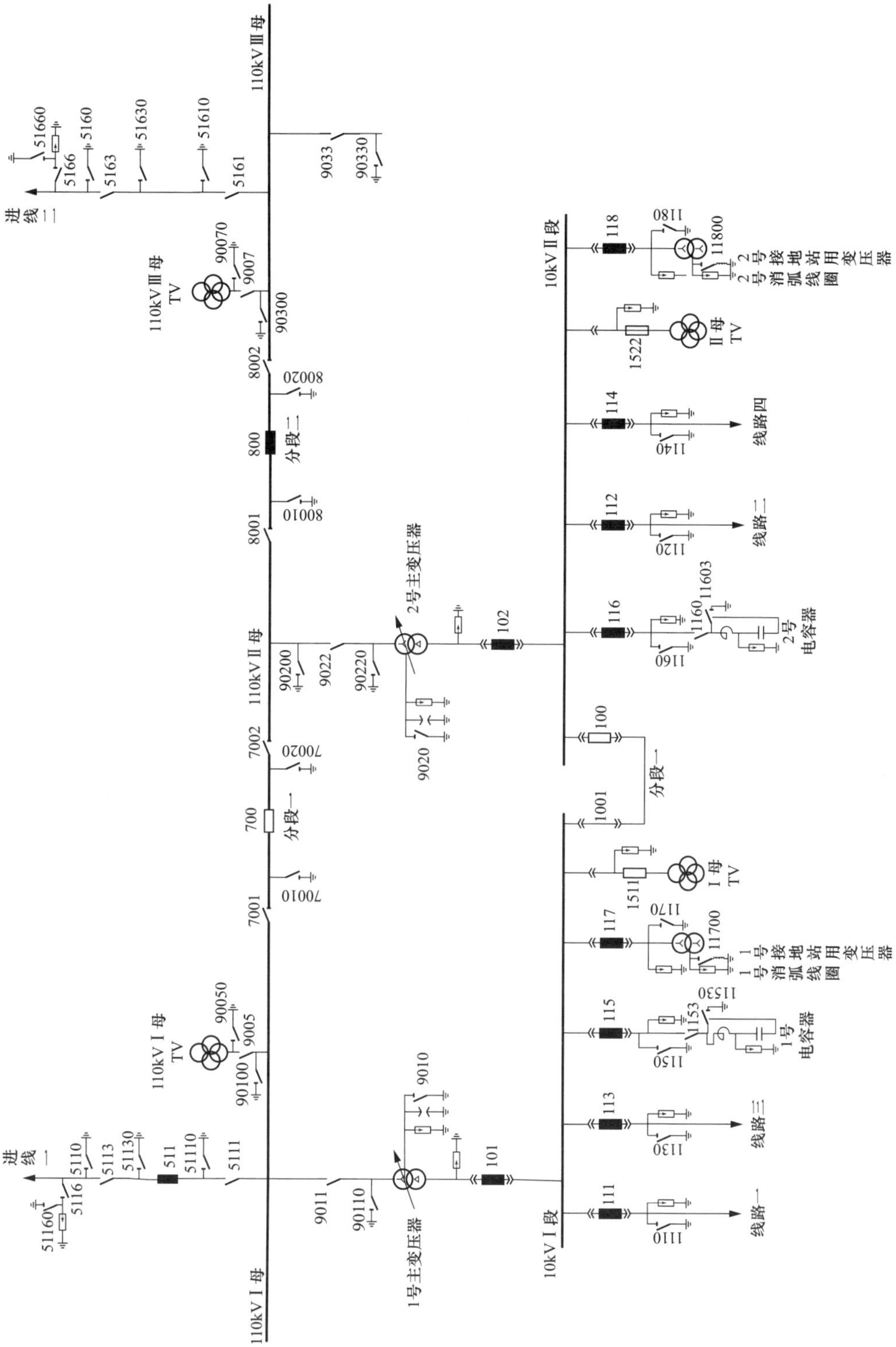

图 8-35　故障前 A 变站内一次运行方式

B 变电站现场检查情况：BA511 线路“保护跳闸”“重合闸”灯亮，动作报文“10:06:58:195，321ms 零序过流Ⅱ段动作、2383ms 重合闸动作、2544ms 零序过流加速动作”。

C 变电站现场检查情况：CA516 线路“保护跳闸”“重合闸”灯亮，动作报文“10:07:02:073，306ms 零序过流Ⅱ段动作、317ms 接地距离Ⅱ段动作、2376ms 重合闸、2649ms 距离加速动作”。

跳闸开关：A 变电站 511、115、116 开关；B 变电站 511 开关；C 变电站 516 开关。

失压范围：A 变电站全所失压。

电气试验班对 1 号主变压器油中色谱分析结果：乙炔：0.625μL/L、氢气：6.28μL/L、总烃：52.9μL/L，试验结论合格。

（三）故障处置

结合现场 A 变电站、B 变电站、C 变电站保护动作、开关跳闸及 A 变电站 1 号主变压器现场外观检查情况以及电气试验班油中色谱分析结果来看，判断 1 号主变压器 110kV 侧 A 相套管污闪，需转检修。A 变电站全所失压，应尽快恢复停电用户供电，故障处置步骤如表 8-13 所示。

表 8-13　　主变压器保护 SV 断链时主变压器外部故障处置步骤

序号	变电站	单位	分序	操作内容	备注
1	A	变电运维	1	向地调申请将 1 号主变压器转冷备用、申请拉开 A 变电站 2 号主变压器各侧开关及 10kV 所有馈线开关、申请恢复 A 变电站 1 号站用变压器供电	
2		监控中心	1	根据调度口令拉开 A 变电站 10kV 所有馈线开关及 2 号主变压器各侧开关	
			2	根据调度口令从配电网通过 10kV 线路三 113 开关恢复 A 变电站 1 号站用变供电	或通过发电车恢复 A 变电站站用交流供电
3		变电运维	1	拉开 9011 闸刀	
			2	将 101 开关拉至试验位	
			3	合上 2 号主变压器 9020 中性点闸刀，汇报调度	
4		电气试验	1	对 1 号主变压器进行油中色谱分析	
5	C	监控中心	1	合上 516 开关	从 C 变电站对 A 变电站 2 号主变压器试送电
6	A	变电运维	1	检查 110kV Ⅲ母电压正常、检查 2 号主变压器运行无异常	
			2	合上 102 开关，并检查 10kV Ⅱ段母线电压正常	
			3	拉开 2 号主变压器 9020 中性点闸刀	
			4	恢复 2 号站用变对 A 变电站站用交流供电	
			5	拉开线路三 113 开关	停用从配电网反供 A 变电站的站用交流供电

续表

序号	变电站	单位	分序	操作内容	备注
			6	停用 10kV 备自投	
			7	合上 100 开关	检查 10kV Ⅰ段母线电压正常
			8	合上 10kV 所有馈线开关	或监控中心操作
			9	合上 511 开关，汇报调度	
7	B	监控中心	1	合上 511 开关	
8	A	变电运维	1	验电并合上 70130 接地闸刀	
			2	在 2 号主变压器低压侧穿墙套管处验电后挂接地线一组	穿墙套管外部母线桥处，挂第几组接地线视现场情况
			3	根据电压情况或调令合上 116、117 开关	
			4	汇报调度	
9		调度中心	1	调度许可一次检修人员对 1 号主变压器开展检修工作	
			2	调度许可二次检修人员对 1 号主变压器低压侧合智一体 SV 断链开展检修工作	

【思考题 1】本案例中，1 号主变压器低压侧合智一体 SV 断链闭锁哪些保护？

【思考题 2】本案例中，1 号主变压器高后备保护为何没有动作？保护定值整定有无问题？

（四）故障分析

不管是什么接线方式，主变压器保护接入的支路发生 SV 断链都属于严重缺陷，将闭锁主变压器差动保护和断链侧后备保护，如果主变压器配置的是两套差动保护，需将断链缺陷关联的差动保护退出运行，如果是单重化配置，则需将被保护主变压器退出运行。

本案例中，主变压器只配置了单套差动后备一体化保护装置，在其收 101 合智一体 SV 断链时，闭锁差动保护及断链侧后备保护，但高后备保护依然有效。随后在 1 号主变压器高压侧套管处发生 A 相接地故障，差动保护被闭锁无法动作，高后备保护复压过流Ⅰ段启动并按整定的 0.9s 时限“走”延时，但此时电源侧 B 变电站 BA511 线路保护零序过流Ⅱ段是按与受电侧主变压器差动保护主保护进行配合的，整定时限是 0.3s，故在 300ms+后跳开 B 变电站 511 开关，再经过 3s 后重合闸动作合闸于 A 变电站永久性故障，后加速跳开 B 变电站 511 开关，在这个过程，1 号主变压器高后备保护经过启动—返回—启动—再返回的过程，不会动作出口跳开各侧开关，同样也不会发闭锁高压侧备自投信号。高压侧备自投经 3s 整定时间，满足动作条件，跳开 511 开关后合上 700 开关，将 A 变电站 1 号主变压器故障点转移至 C 变电站，C 变电站 CA516 线路保护零序过流Ⅱ段、接地距离Ⅱ段保护 0.3s 延时跳开 516 开关，3s 后重合闸动作重合于 A 变电站永久性故障，后加速跳开 516 开关，导致 A 变电站全站失压。具体如图 8-36～图 8-42 所示。

图 8-36　A 变电站主变压器差动保护告警报文

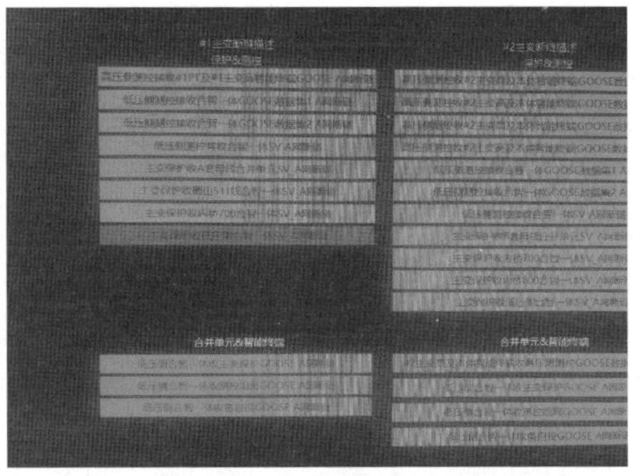

图 8-37　A 变电站后台综自断链表

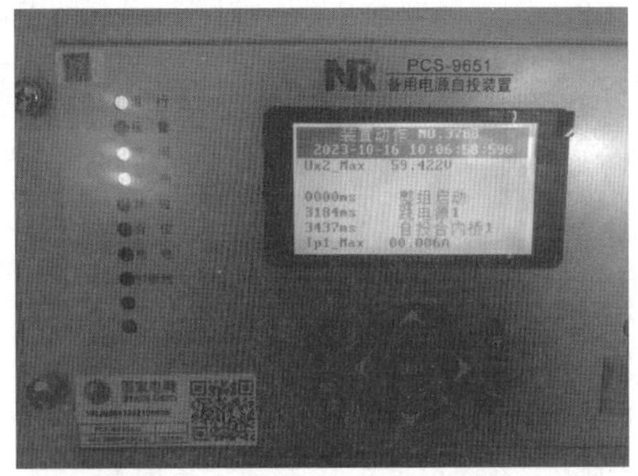

图 8-38　A 变电站后台综自遥信图

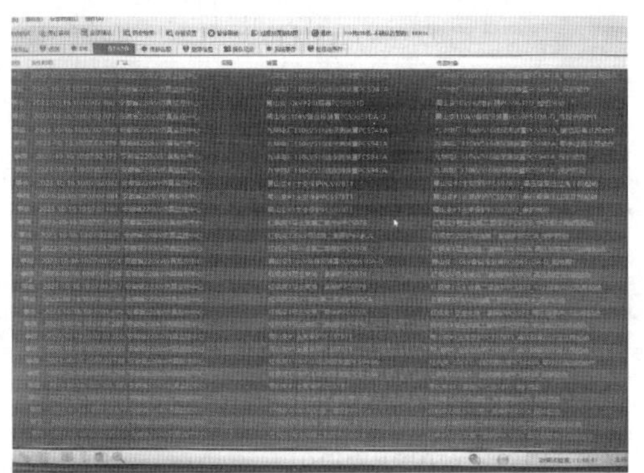

图 8-39　A 变电站备自投动作报文

图 8-40　B 变电站 BA511 线路保护动作报文

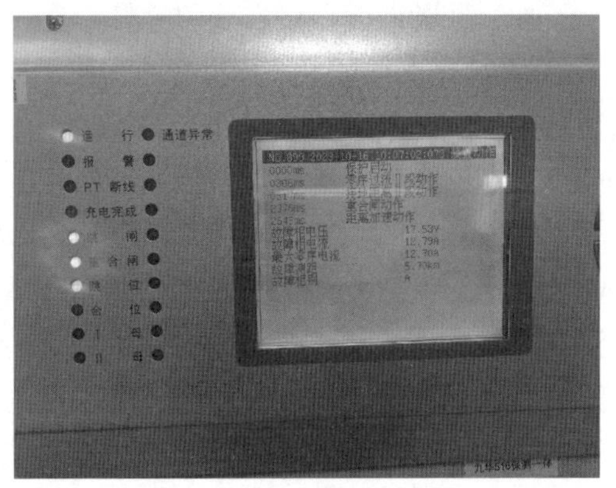

图 8-41　C 变电站 CA516 线路保护动作报文

通常所说的“在 110kV 及以下电网中按‘远后备’策略进行保护配置”是不够严谨的。双重化配置的元件保护，A、B 套之间互为近后备，110kV 主变压器多采用双重化差动保护配置的设计方案，且 110kV 等级的双母线接线中，母差保护中母联开关“固化”失灵保护逻辑。这样，如果 A 变电站主变压器配置了互为近后备的 A、B 套双重化差动保护，在 A 套保护发生 SV 断链被闭锁后，差动范围内的故障依然会被 B 套保护可靠动

作而隔离，实际运行中，没有发生过两套保护同时被闭锁的情况。

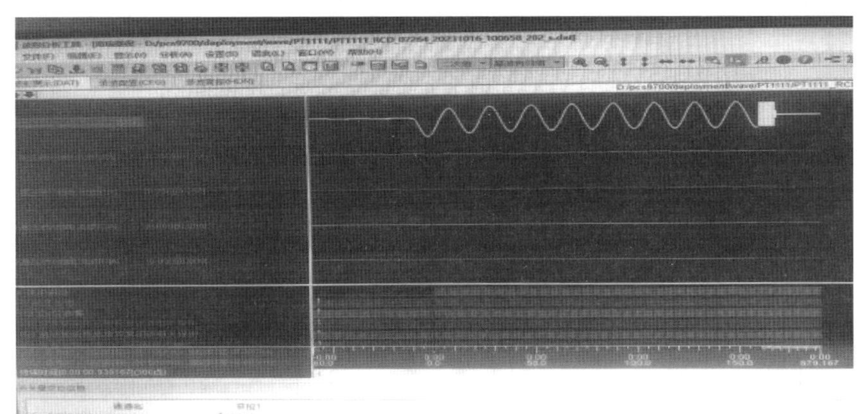

图 8-42 A 变电站局部故障录波图

那么，主变压器配置单套主后一体差动保护时，发生主保护拒动的可能是存在的，例如本案例低压侧收合智一体 SV 断链，闭锁差动保护和低压侧后备保护，随后发生的高压侧套管处接地故障应由高后备保护动作于跳开各侧实现故障点的隔离，同时闭锁高压侧备自投以防止动作重合于永久性故障点形成二次短路冲击，所谓“高后备保护是主变压器保护的守门员”就是这个道理。如前文所述，电源侧线路Ⅱ段保护（时限 0.3s）不是和高后备保护复压过流Ⅰ段（0.9s）进行配合的，在实际电网中，由于电网网架越来越坚强、运行方式调整以及负荷集中式增长，变电站之间的电气距离和供电半径越来越短，线路Ⅱ段保护很难恰好保护到线路末端，同时，还要考虑到电气距离缩短带来的线路保护Ⅱ段范围在电源侧主变压器“近区”范围带来的问题。所以，在主变压器只有一套主后一体差动保护配置时，高后备需要增加一段复压过流保护，按躲过中低压侧最大短路电流整定，时限按 0.1s 甚至 0s 整定，动作于跳开主变压器各侧开关。

【相关知识点】

1. 110kV 变电站主变压器高后备保护与线路保护配合问题

对于 110kV 变电站，由于主变压器均配置差动保护，其动作时间为 0s，保护范围是主变压器各侧开关 TA 之间，同时为避免主变压器在故障时再次受到冲击，禁止主变压器保护动作后重合。对主变压器来说，差动保护不能长时间停用，在此期间主变压器发生故障的概率较小，所以差动保护停用不作为继电保护配合的约束条件。按照继电保护整定规程的要求，在差动保护停用期间主变压器发生故障时仅需保证有继电保护装置动作隔离故障即可，不对配合性提出要求。基于此，110kV 电源线路距离（接地、相间）Ⅱ段保护、零序过流Ⅱ段保护均不须与主变压器高压侧后备保护配合，而是跟主变压器差动保护配合，即其保护范围不超出主变压器其他母线，仅在主变压器内部或高压侧引线故障时可能动作。电源线路距离（接地、相间）Ⅱ段、零序过流Ⅱ段时间为 0.3s，而主变压器高压侧过流Ⅰ段时间为 0.9s，所以当差动保护失去时，可能出现主变压器保护不动作，上级电源线路保护动作的情况。

2. 110kV 内桥接线智能变电站两卷变压器 SV 采样解读

内桥接线主变压器保护虚端子示意图如图 8-43 所示，内桥接线主变压器主后一体差动保护 SV 采样链路涉及进线开关间隔合智一体、桥 1 开关间隔合智一体、低压侧合智一体、本体合并单元及 110kV 侧母线电压合并单元，均为直采，在实际变电站设计中，还应涉及本体合并单元的 SV 链路。如果是站内尚未配置 3 号主变压器的不完整扩大内桥接线，2 号主变压器的电流采样取自进线 2 间隔还是桥 2 开关间隔，要看设计时 SCD 文件如何配置。

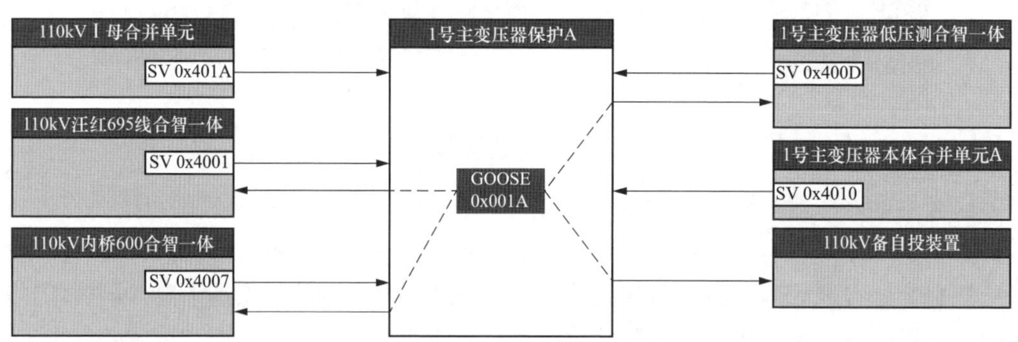

图 8-43　内桥接线主变压器保护虚端子示意图

展开 SV 具体链路查看数据传送组成，母线电压合并单元直接将 9-2 格式的三相母线电压（含零序电压）双 A/D 送给主变压器差动保护，而不通过间隔合并单元级联，其中电压 1 供主变压器保护的保护测量用，电压 2 供主变压器保护的启动测量用；进线 1、桥 1 开关间隔合并单元传送至主变压器差动保护的电流值也是双 A/D 采样分别供保护板、启动板用；低压侧合并单元传送给主变压器保护的 SV 报文里包括低压侧主变压器开关电流和母线电压的双 A/D 采样值；主变压器保护的间隙电流、零序电流采用的是通过本体合并单元双 A/D 采样 9-2 格式电流值。

为了满足变电站更加可靠的需求，合并单元不依赖时钟源进行同步，国家电网公司规定保护与合并单元之间的 SV 通信采用点对点 9-2 的方式，合并单元的整体额定延时时间不大于 2ms，以避免保护动作延时过长。SV 采样值传输的是瞬时一次值，保护电流和测量电流采样精度（最小单位）为 1mA，电压采样精度（最小单位）为 10mV。数据帧报文通道数根据一个间隔最多采样量来定，采样值通道数量可以灵活配置。

案例八　110kV 单母线分段接线 GIS 变电站母线故障

（一）故障前运行方式

110kV D 变电站高压侧单母线分段接线，高压侧 GIS 布置，220kV A 变电站通过 AB511 线路、F 光伏站通过 FD517 线路运行于Ⅰ段母线（线路保护均配置 PCS943 光纤

纵差保护），220kV B 变电站通过 BD516 线路运行于Ⅱ段母线（B 变电站侧线路保护配置 PCS941 零序距离保护）。1 号、2 号主变压器通过 501、502 开关分别运行于Ⅰ、Ⅱ段母线，均为双绕组变压器，设计容量 63MVA（各配置双重化主后一体差动保护及一套非电量保护）。D 变电站 110kV 母线配置 SGB 750 母差保护一套，110kV 侧中性点均不接地，高、压侧各配置一套备自投 PCS9651。故障前一次运行方式如图 8-44 所示。

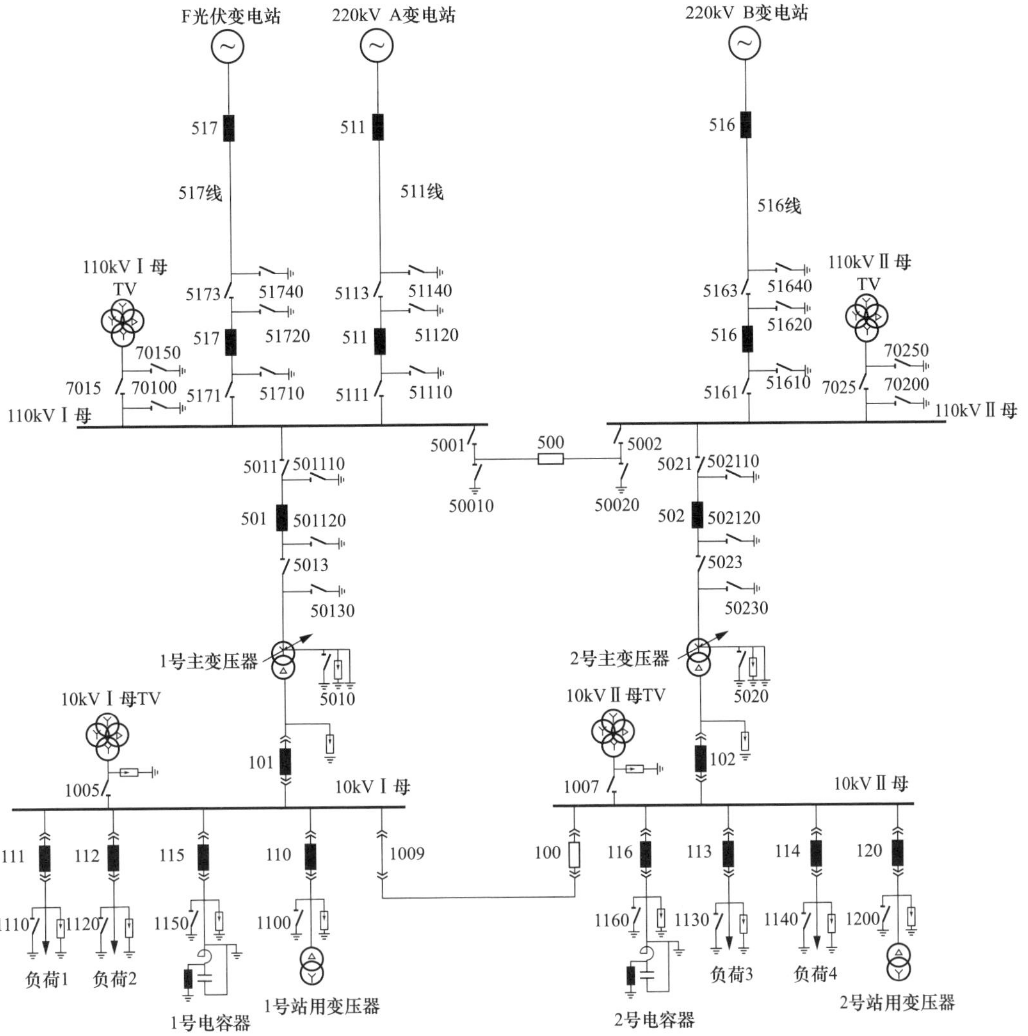

图 8-44　故障前 D 变电站站内一次运行方式

（二）故障过程

××××年××月××日 9 时 55 分，监控中心发现 D 变电站发“110kV Ⅰ母差保护动作”，后台显示 511、517、501、500 开关跳闸，1 号电容器保护动作，10kV 备自投动作；A 变电站 AD511 远跳动作。通知变电运维人员去 D 变电站现场检查。

变电运维人员 D 变电站现场检查汇报：综自后台“110kV Ⅰ母差保护动作”；110kV

母差保护屏“保护跳闸”“异常”等亮，动作报文“110kV Ⅰ母差保护动作、跳开Ⅰ母511、517、501 开关，跳母分 500 开关，闭锁高压侧备自投，故障相别 A 相”；低压侧备自投动作报文“跳主变压器开关 1、合 100 开关”，备自投装置“跳闸”“合闸”灯点亮，1 号电容器 115 开关 PCS9631d 低电压保护动作，110kV Ⅰ母失压。对 110kV Ⅰ母线相关气室进行现场巡视时，通过气室观察窗未发现明显故障痕迹，检查相关气室 SF_6 压力表发现Ⅰ母 TV 气室 SF_6 压力值异常于正常值，进一步检查发现气室临近的罐体接地跨越线接地螺栓处有闪络痕迹，申请电气试验班进一步开展检查工作。

A 变电站现场检查：AD511 开关远方跳闸动作。

跳闸开关：D 变电站 511、517、501、500、101、115 开关；A 变电站 511 开关。

F 光伏站联系调度：FD517 开关远方跳闸动作，F 光伏站与系统解列。

电气试验班：对 D 变电站 110kV Ⅰ段母线相关气室开展气组分析试验。

（三）故障处置

结合现场 D 变电站、A 变电站、F 站保护动作、开关跳闸情况，检查故障录波图后，变电运维人员初步判定是 D 变电站 110kV Ⅰ段母线差动范围内发生 A 相对地短路故障，因该侧是 GIS 设备布置，需要进一步判断、定位故障点，调度在收到现场检查情况汇报后，通知电气试验班到现场做进一步检查，通知 D 变电站和监控中心人员加强对 D 变电站 2 号主变压器运行监视，故障处置步骤如表 8-14 所示。

表 8-14　　110kV GIS 变电站母线故障处置步骤

序号	变电站	单位	分序	操作内容	备注
1	D	变电运维	1	向地调申请停用 D 变电站高、低压侧备自投装置，申请将 110kV Ⅰ段母线由热备用转冷备用	
			2	停用高压侧备自投	
			3	停用低压侧备自投	
			4	拉开 5013 闸刀	
			5	拉开 5011 闸刀并检查 501 开关在冷备用状态	
			6	拉开 5002 闸刀	
			7	拉开 5001 闸刀并检查 500 开关在冷备用状态	
			8	拉开 5113 闸刀	
			9	拉开 5111 闸刀并检查 511 开关在冷备用状态	
			10	拉开 5173 闸刀	
			11	拉开 5171 闸刀并检查 517 开关在冷备用状态	
			12	拉开Ⅰ母 TV 二次保护、计量空气开关	
			13	检查 110kV Ⅰ段母线在冷备用状态	

续表

序号	变电站	单位	分序	操作内容	备注
2		电气试验	1	对Ⅰ母、511、5111、517、5171、501、5011、500、5001、7015、Ⅰ母 TV 气室进行 SF_6 气体成分分析	相关试验结果见正文
			2	检查出Ⅰ母 TV 气室气体组成成分超标	
3		变电运维	1	向调度申请将 D 变电站 110kV Ⅰ母 TV 转检修	报Ⅰ母 TV 抢修工作单
			2	拉开 7015 闸刀	
			3	验电并合上 70150 接地闸刀	
4		电气试验	1	对Ⅰ母 TV 进行绝缘电阻试验	如果现场判断需要进一步确认
			2	确定Ⅰ母 TV A 相绝缘击穿，需退出运行	
			3	向运检部申请更换Ⅰ母 TV（含气室）	
5		变电运维	1	合上 5011 闸刀	
			2	合上 5013 闸刀	
			3	合上 5001 闸刀	
			4	合上 5002 闸刀	
			5	合上 5111 闸刀	
			6	合上 5113 闸刀	
			7	合上 5171 闸刀	
			8	合上 5173 闸刀	
			9	检查 7015 闸刀三相确已拉开	
			10	向调度汇报 D 变电站 110kV Ⅰ段母线具备试送电条件	
6	D	监控中心	1	合上 AD511 开关	
7	A		1	合上 AD511 开关	
8	D	变电运维	1	检查 110kV 一、二次设备运行正常，汇报调度	
9		监控中心	1	合上 500 开关	
			2	拉开 AD511 开关	
10		变电运维	1	将 110kV 第一套母线电压合并单元电压并列把手切至“强制Ⅱ母”挡	检查 110kV 母差保护异常灯“灭”
			2	合上 1 号主变压器高压侧 5010 中性点闸刀，汇报调度	
11		监控中心	1	合上 501 开关	变电运维检查 1 号主变压器空载运行正常

续表

序号	变电站	单位	分序	操作内容	备注
			2	合上 101 开关	
			3	拉开 100 开关	
			4	合上 517 开关	需要汇报调度
12		变电运维	1	拉开 1 号主变压器高压侧 5010 中性点闸刀	
			2	投入 D 变电站高、低压侧备自投装置	
			3	视 10kV Ⅰ段母线电压情况或根据调令投入 1 号电容器组	
13		地调	1	通知 F 光伏站并网	
14		一次检修	1	更换或检修Ⅰ母 TV（含气室）	可能要返厂检修或更换

【思考题 1】本案例中，电气试验班为什么不对母分 500 开关间隔的 5002 闸刀气室做 SF_6 气体成分分析？

【思考题 2】110kV 单母线分段接线高压侧母线电压合并单元为什么要两套？进行电压并列操作时应注意什么？

【思考题 3】GIS 变电站罐体内部绝缘故障时现场巡视检查应注意什么？

（四）故障分析

随着 GIS 变电站占比和运行时限的增长，GIS 设备的故障率呈现远高于 AIS 设备的状况，GIS 设备发生内部绝缘故障尤其是母线类故障时，由于一次设备全部封闭在罐体内不可见，且涉及间隔设备较多，难以快速定位故障点，在故障没有有效隔离时盲目恢复送电会造成短路电流对电网的再次冲击。为了快速隔离故障点，2021 年以来新建 GIS 变电站 110kV 母线采用双母线或单母分段接线的均配置完善的母线保护装置，未配置母差保护的老 GIS 变电站应逐步完成技术改造。

本案例中 110kV Ⅰ母差保护动作，关联断路器气室包括 511、517、501、500 开关（含 TA）气室，关联隔离开关气室有 5111、5171、5011、5001、7015（含母线接地闸刀 70100）隔离开关气室，还包括母线本体气室（按规程一般不超过 3 个间隔一个独立母线本体气室，以便于检修时快速抽、充 SF_6 气体）和母线 TV 气室，变电运维人员现场故障巡视时，应通过气室观察窗检查有无明显故障现象，并对这些关联气室的 SF_6 压力表计进行检查。如有异常现象，需开展 SF_6 气体组分分析试验以进一步确认，如果试验数据不足以判定故障点，还需开展绝缘电阻试验甚至电容量及电介质损耗试验进行辅助判断。即便确定了某个气室气体组分异常，也应该对关联气室逐个进行 SF_6 气体组分分析试验以排除多个故障点的可能。

GIS 设备故障时检查 SF_6 密度继电器的原因是，当 GIS 设备气室内部绝缘破坏时，放电时会产生 SF_4、H_2S 等气体导致气室压力增加，可能致使气室防爆膜破损，所以密度继电器测量值大于或小于额定值都是有可能的。本案例中，变电运维人员在现场检查时，

发现Ⅰ母 TV 气室的 SF_6 压力表计指示异常于正常值，进一步巡查发现 TV 气室临近的罐体接地跨越线接地螺栓处有闪络痕迹，如图 8-45 所示。

图 8-45　D 变电站母线 TV 罐体接地跨越线接地螺栓处有放电闪络痕迹

电气试验班在对 110kV Ⅰ母压变气室组分分析时发现异常，具体数值：SF_4：2.26μL/L，SOF_2：1.65μL/L，HF：1.89μL/L，SO_2：10.8μL/L，H_2S：3.48μL/L，CO：18.5μL/L。

根据本书第五章第五节 SF_6 气体成分分析判断标准，该气室气体组分试验数据不合格，分析为Ⅰ母压变 A 相先对地（GIS 筒体）放电，GIS 筒内电弧产生的蒸汽使 A、B 相短路，电弧高温作用下产生 SF_4 气体，同时产生 SOF_2 和 HF 气体。电气试验班向运维人员申请将 110VⅠ母压变转检修，并对 110kV Ⅰ母压变进行绝缘电阻试验，具体数值：绝缘电阻：二次对一次及地：A 相 118MΩ、B 相 5000MΩ、C 相 5500MΩ，根据 Q/GDW 1168—2013《输变电设备状态检修试验规程》，试验数据不满足要求，试验结论不合格，110kV Ⅰ母 A 相压变已击穿损坏，须退出运行。单母分段 TA 电气位置示意图如图 8-46 所示。

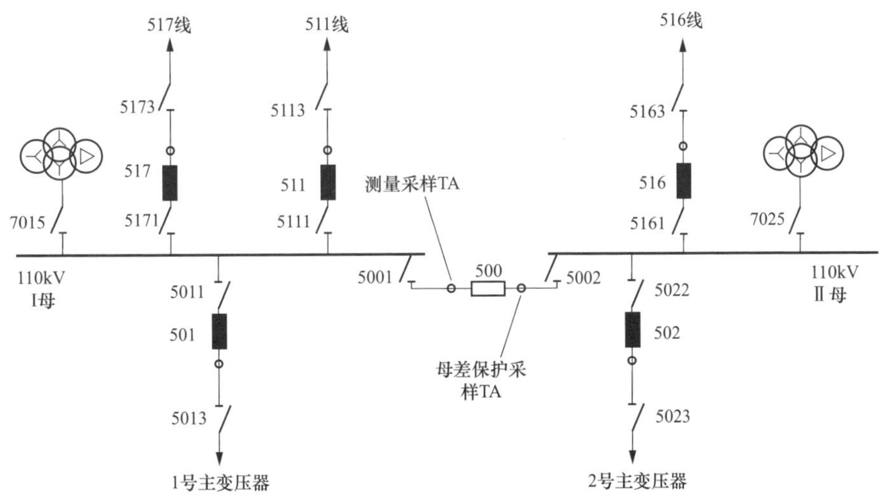

图 8-46　单母分段 TA 电气位置示意图

从图 8-46 可见，D 变电站高压侧故障前运行方式是：电源进线分别引自两座 220kV 变电站中压侧，FD517 作为 F 光伏站与电网并网联络线，母分 500 开关固定运行方式下在热备用状态。无论母分 500 开关间隔是否采用双侧 TA 设计，母差保护采样一般取自靠近Ⅱ段母线侧 TA。在当前运行方式下，虽然 700 开关与“母差 TA”之间的“死区”在Ⅰ母差保护范围，但是 500 开关热备用，母差保护“分列运行”功能软压板投入状态，母差保护进行小差逻辑运算时“封”母分 TA，在母分“死区”故障时，Ⅱ母差强制出差流，故障同时导致母线电压下降，母差保护复压闭锁元件开放，Ⅱ母差动作“跳母分、跳Ⅱ母”，这就是本案例中现场电气试验不需要把 5002 闸刀气室纳入气体组分分析范围的原因。当然，母分开关在运行状态时，无论母差保护“分列运行”功能压板投入与否，Ⅰ母差动作跳开 500 开关后，故障电流依然存在，母差保护动作启动 500 开关死区保护，经 150ms 延时动作于跳Ⅱ母线。即双母接线和单母线分段接线，无论母联或母分是否双侧 TA 设计，500 开关与母差保护采样 TA 之间在某些运行方式下是存在“死区”或“重叠区”的，而“重叠区”只存在于母差保护双重化配置情况时。

本案例中，在经过相关检查确定故障点在 110kV Ⅰ母 TV 气室后，因可通过拉开 7015 隔离开关实现对故障 TV 气室的隔离，Ⅰ母线可以恢复运行，Ⅰ段母线电压通过 TV 二次并列取自Ⅱ母线 TV，TV 二次并列需要一次先并列，即 500 开关在运行状态。但两条进线 AD511 和 BD516 线路的电源侧是两座 220kV 变电站，D 变电站 511、500、516 开关同时长时间在运行状态，不满足 110kV 电网开环运行的要求，在 D 变电站侧通过线路将 220kV A 变电站、B 变电站的主变压器并列，形成一个大的电磁环网运行方式，易造成系统稳定运行破坏的同时，会导致线损、变损提高，不利于经济运行。所以，D 变电站 110kV Ⅰ母 TV 检修期间，需将 AD511 或 BD516 线路作为 D 变电站的备用电源。

110kV 智能变电站无论是双母线接线、单母线分段接线、内桥接线还是扩大内桥接线，只要主变压器保护采用了双重化配置，高压侧母线电压合并单元一般配置 A、B 两套，B 套母线电压合并单元主要就是提供电压供 B 套主变压器差动保护用。电压并列把手的操作要看实际变电站选用的母线电压合并单元的技术参数，大多数电压并列把手只在 A 套电压合并单元上，操作时会同时在 B 套电压合并单元上实现电压的并列操作，少部分两套电压合并单元都有电压并列把手的，须分别进行并列切换操作方可。

【相关知识点】

GIS 设备内部绝缘破坏原因分析

（1）制造厂的因素（装配误差、材质、清洁度等）和现场安装的因素（未遵守工艺堆积或装错、漏装等）造成故障。

1）连接装配过程中，屏蔽罩与导电杆接头易产生毛刺，造成尖端放电。或在安装过程中有金属件脱落，如螺丝、弹簧垫和由于螺栓和螺母质量问题产生的金属细丝，在电磁场的作用下使绝缘下降。

2）在验收传动或正常运行的断路器、隔离开关开断过程中，镀银面的多次活动产生碎的金属粉末，使得气室内绝缘裕度降低。

3）气室内有悬浮物（包括灰尘、杂质），在安装过程中用绸布或无水乙醇时未处理干净，密封面或导电杆或遗留有条状纤维性杂质。在磁场的作用下，形成导体。

4）盆式绝缘子运输、安装过程中受力，表面绝缘强度下降，使盆式绝缘子沿表面放电。同时，金属的脱落物、筒内的悬浮物也会使盆式绝缘子沿表面放电。

5）气室内 SF_6 气体中微水含量超标，水分在 SF_6 气体中分解时引起设备的化学腐蚀，降低设备绝缘。

（2）设计不合理、选型不当等造成运行不便或扩大事故范围等故障。

由于 GIS 设备的特殊性和现场条件的限制，电压互感器、避雷器一般不进行现场试验和检查。因为它们在高压工频耐压试验中是一个死区，即电压互感器、避雷器气室密封用的两个盆式绝缘子无法做高压工频耐压试验，同时密度继电器也无法在现场进行检查与试验。

第九章　新能源与110kV电网运行方式

第一节　新能源概述

一、新能源的定义

新能源又称非常规能源，是指传统能源之外的各种能源形式，指刚开始开发利用或正在积极研究、有待推广的能源，如风能、光伏、生物质能、地热能、海洋能和核能等。

分布式发电，是指在用户所在场地或附近建设安装、运行方式以用户侧自发自用为主、多余电量上网，且在配电网系统以平衡调节为特征的发电设施或有电力输出的能量综合梯级利用多联供设施。分布式电源作为电力系统的组成部分，是大电源的重要补充，支持了配电网的经济运行，提高了供电的可靠性和电能质量。

按分布式发电容量和上网接入方式，分布式电可分为两类：第一类是经10kV及以下电压等级接入，且单个并网点总装机容量不超过6MW的分布式电源。第二类是指经35kV电压等级接入，年自发自用电量大于50%的分布式电源或10kV电压等级接入，且单个并网点总装机容量超过6MW，年自发自用电量大于50%的分布式电源。

二、新能源发展背景

“十三五”期间，我国可再生能源实现跨越式发展，装机规模、利用水平、技术装备、产业竞争力迈上新台阶，取得了举世瞩目的成就。2021年，煤炭消费量占能源消费总量的56%，天然气、水电、核电、风电、太阳能发电等清洁能源消费量占能源消费总量的25.5%。“十四五”及今后一段时期是世界能源转型的关键期，全球能源将加速向低碳、零碳方向演进，可再生能源将逐步成长为支撑经济社会发展的主力能源。按照2035年生态环境根本好转、美丽中国建设目标基本实现的远景目标，发展可再生能源是我国生态文明建设、可持续发展的客观要求。我国承诺二氧化碳排放力争于2030年前达到峰值、努力争取在2060年前实现碳中和，明确2030年风电和太阳能发电总装机容量达到12亿kV以上。

三、新能源的基本介绍

1. 风能

（1）风能的原理。风力发电原理是利用风力带动风车叶片旋转，再通过增速机将旋转的速度提升，来促使发电机发电。

并网型风力发电机组部分组成如下。

风轮（叶片和轮毂）：捕获风能的关键设备，它把风的动能转变为机械能。一般由 3 个叶片组成，所捕获的风能大小直接决定风轮的转速。制作风轮的材料要求强度高、重量轻。

传动系统：风轮与发电机的连接纽带，齿轮箱是其关键部件。由于风轮的转速比较低，而且风力的大小和方向经常发生变化，这使转速不稳定，所以在带动发电机之前，还必须附加一个把转速提高到发电机额定转速的齿轮变速箱，再加一个调速机构使转速保持稳定，然后再连接到发电机上，达到并网发电的目的。

偏航系统：使风轮的扫掠面始终与风向垂直，以最大限度地提升风轮对风能的捕获能力，同时减少风轮的载荷。

液压系统：为变矩机构和制动系统提供动力来源。

制动系统：使风轮减速和停止运转的系统。

发电机：其作用是把由风轮得到的恒定转速，通过升速传递给发电机构使其均匀运转，把机械能转变为电能。已采用的发电机有 3 种，即直流发电机、同步交流发电机和异步交流发电机。

控制与安全系统：控制系统包括控制和监测两部分。监测部分将采集到的数据传送给控制器，控制器以此为依据完成对风力发电机组的偏航、功率、开停机等控制功能。

塔筒：风力发电机组的支撑部件。它使风轮到达设计中规定的高度，其内部还是动力电缆、控制电缆、通讯电缆和人员进出的通道。

基础：为钢筋混凝土结构，承载整个风力发电机组的重量。基础周围设置有预防雷击的接地系统。

机舱：风力发电机组的机舱承担容纳所有机械部件、承受所有外力（包括静负载及动负载）的作用。

风力发电机组结构如图 9-1 所示。

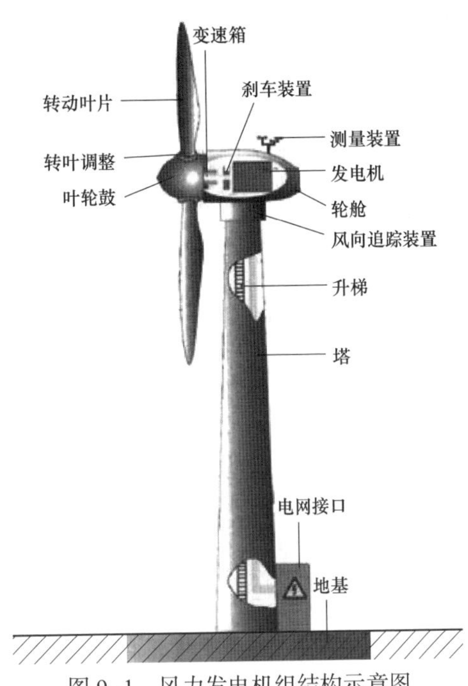

图 9-1　风力发电机组结构示意图

（2）风能发电的优点。清洁，环境效益好；可再生，永不枯竭；基建周期短，在陆地上或海上都能建设；装机规模灵活，运行和维护成本低。

（3）风能发电的缺点。影响鸟类迁徙；成本高；占地面积大；受风速、环境等因素影响，发电量不稳定。

（4）风能的应用场景。海上风电基地集群；以沙漠、戈壁、荒漠地区为重点的大型风电太阳能发电基地。积极推动风电分布式就近开发，实施“千乡万村驭风行动”，大力推进乡村风电开发。

2. 光伏

（1）光伏的原理。光伏发电是利用半导体界面的光生伏特效应而将光能直接转变为电能的一种技术。

不论是独立使用还是并网发电，光伏发电系统主要由太阳电池板（组件）、控制器和逆变器三大部分组成，它们主要由电子元器件构成，不涉及机械部件，如图 9-2 所示。

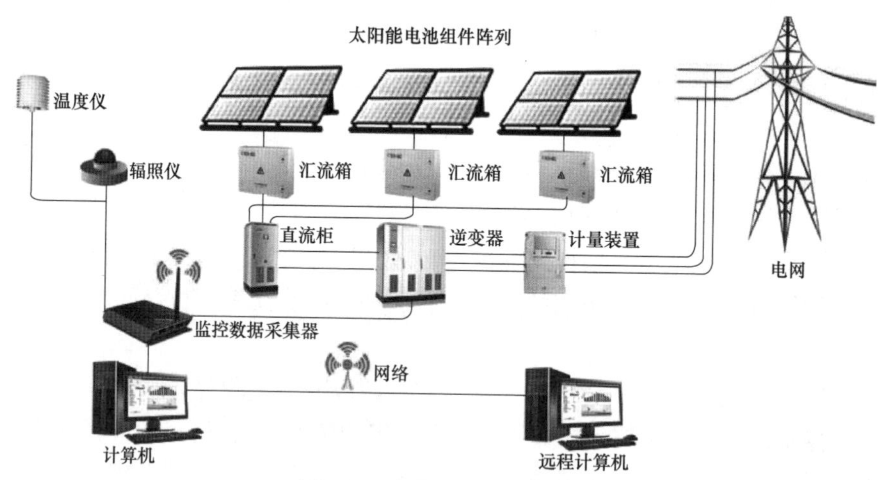

图 9-2　光伏发电系统简图

光伏发电系统分为独立光伏发电系统、并网光伏发电系统及分布式光伏发电系统。独立光伏发电也叫离网光伏发电，主要由太阳能电池组件、控制器、蓄电池组成，若要为交流负载供电，还需要配置交流逆变器。独立光伏电站包括边远地区的村庄供电系统，太阳能户用电源系统，通信信号电源、太阳能路灯等各种带有蓄电池的可以独立运行的光伏发电系统。并网光伏发电就是太阳能组件产生的直流电经过并网逆变器转换成符合市电电网要求的交流电之后直接接入公共电网。可以分为带蓄电池的和不带蓄电池的并网发电系统。带有蓄电池的并网发电系统具有可调度性，可以根据需要并入或退出电网，还具有备用电源的功能，当电网因故停电时可紧急供电。带有蓄电池的光伏并网发电系统常常安装于居民建筑中；不带蓄电池的并网发电系统不具备可调度性和备用电源的功能，一般安装在较大型的系统上。

分布式光伏发电系统，又称分散式发电或分布式供能，是指在用户现场或靠近用电现场配置较小的光伏发电供电系统，以满足特定用户的需求，支持现存配电网的经济运行，或者同时满足这两个方面的要求。分布式光伏发电系统的基本设备包括光伏电池组件、光伏方阵支架、直流汇流箱、直流配电柜、并网逆变器、交流配电柜等，另外还有供电系统监控装置和环境监测装置。其运行模式是在有太阳辐射的条件下，光伏发电系统的太阳能电池组件阵列将太阳能转变成输出的电能，并经过直流汇流箱集中送入直流配电柜，由并网逆变器逆变成交流电供给建筑自身负载，多余或不足的电力通过连接电网来调节。

（2）光伏的优点。资源取之不尽用之不竭；可近距离供电；转换过程简单。

（3）光伏的缺点。能量密度低；占地面积大；转换效率低；受季节、气候、昼夜等因素影响较大；成本高；光伏电池的制造过程高污染、高能耗。

（4）光伏的应用场景。在青海、甘肃、新疆、内蒙古、吉林等太阳能资源优质区域，发挥太阳能热发电储能调节能力和系统支撑能力，建设长时储热型太阳能热发电项目，推动太阳能热发电与风电、光伏发电基地一体化建设运行，提升新能源发电的稳定性、可靠性。推进分布式光伏开发，重点推进工业园区、经济开发区、公共建筑等屋顶光伏开发利用行动，实施“千家万户沐光行动”，规范有序地推进整县（区）屋顶分布式光伏开发，建设光伏新村。

积极推进“光伏+”综合利用行动，鼓励农（牧）光互补、渔光互补等复合开发模式，推动光伏发电与5G基站、大数据中心等信息产业融合发展。推动光伏在新能源汽车充电桩、铁路沿线设施、高速公路服务区及沿线等交通领域应用，因地制宜地开展光伏廊道示范。推进光伏电站开发建设，优先利用采煤沉陷区、矿山排土场等工矿废弃土地及油气矿区建设光伏电站。

3. 生物质能

（1）生物质能的原理。生物质能发电技术，是以生物质及其加工转化成的固体、液体、气体为燃料的热力发电技术。

（2）生物质能的优点。受自然条件限制小，持续性好；可彻底杀灭生物质中的病原菌，无害化程度高；焚烧后占地面积小；减少环境污染。

（3）生物质能的缺点。投资大；焚烧过程中产生废弃污染环境；装机容量小。

（4）生物质能的应用场景。稳步发展城镇生活垃圾焚烧发电，有序发展农林生物质发电和沼气发电，探索生物质发电与碳捕集、利用与封存相结合的发展潜力和示范研究。有序发展生物质热电联产，因地制宜加快生物质发电向热电联产转型升级，为具备资源条件的县城、人口集中的乡村提供民用供暖，为中小型工业园区集中供热。在粮食主产区、林业三剩物富集区、畜禽养殖集中区等种植养殖大县，以县域为单元建立产业体系，积极开展生物天然气示范。积极发展纤维素等非粮燃料乙醇，鼓励开展醇、电、气、肥等多联产示范。

4. 地热能

（1）地热能的原理。地热发电是利用地下热水和蒸汽为动力源的一种新型发电技术。其基本原理与火力发电类似，也是根据能量转换原理，首先把地热能转换为机械能，再把机械能转换为电能。

（2）地热能的优点。分布广泛；蕴藏量丰富；单位成本低。

（3）地热能的缺点。投资大；受地域限制；热效率低。

（4）地热能的应用场景。积极推进中深层地热能供暖制冷，全面推进浅层地热能开发。推动中深层地热能供暖集中规划、统一开发，鼓励开展地热能与旅游业、种养殖业及工业等产业的综合利用。因地制宜地推进中低温地热能发电，支持地热能发电与其他可再生能源一体化发展。

5. 海洋能

（1）海洋能的原理。利用海洋所蕴藏的能量发电。海洋的能量包括海水动能（如海流能、波浪能等）、表层海水与深层海水之间的温差所含能量、潮汐的能量等。

（2）海洋能的优点。蕴藏量丰富；不受洪水或枯水影响；规律性较高。

（3）海洋能的缺点。收集能量的要求高；可能会破坏自然水流、潮汐和生态系统。

（4）海洋能的应用场景。推动万千瓦级潮汐能示范电站建设，开展潮流能独立供电示范应用，探索推进波浪能发电示范工程建设，推动多种形式的波浪能发电装置应用。

6. 核能

（1）核能的原理。利用核裂变链式反应产生的能量来发电，使核能转变成热能来加热水产生蒸汽。

（2）核能的优点。不产生温室气体；燃料能量密度大；核资源丰富，发电成本稳定。

（3）核能的缺点。放射性强；投资成本大；核废料对自然环境威胁大。

四、储能

1. 储能的定义及分类

储能技术路径主要分为机械储能、电磁储能、电化学储能和其他储能。其中机械储能中的抽水蓄能由于技术成熟，是目前储能市场上应用广、占比高的技术，但其对地理条件依赖度高。电化学储能是目前市场上关注度最高的储能技术，主要分为锂电子电池、铅酸电池、液流电池、纳系高温电池和金属—空气电池等。其中锂离子电池技术较为成熟，已进入规模化量产阶段，是目前发展较快、占比较高的电化学储能技术。

2. 抽水蓄能

（1）抽水蓄能的原理。抽水蓄能电站利用电力负荷低谷时的电能抽水至上水库，在电力负荷高峰期再放水至下水库发电的水电站。

（2）抽水蓄能的优点。技术成熟可靠；容量大；运行效率高，循环寿命长。

（3）抽水蓄能的缺点。对地理条件要求高；建设周期长；投资回报周期长。

（4）抽水蓄能的应用场景。一般用于电网的调峰、调频、调相及事故备用。在新能源快速发展地区，因地制宜地开展灵活分散的中小型抽水蓄能电站示范，扩大抽水蓄能发展规模。

3. 氢储能

（1）氢储能的原理。利用富余的、非高峰的或低质量的电力大规模制氢，将电能转化为氢能储存起来；在电力输出不足时利用氢气通过燃料电池或其他方式转换为电能输送上网。

（2）氢储能的优点。能量密度高、运行维护成本低、存储时间长、无污染；储能和发电过程无须分时操作。

（3）氢储能的缺点。能源转化效率低；投资成本高。

（4）氢储能的应用场景。在可再生能源发电成本低、氢能储输用产业发展条件较好

的地区，推进可再生能源发电制氢产业化发展，打造规模化的绿氢生产基地。国内首座兆瓦级氢能综合利用示范站2022年7月在安徽六安投运，这是国内首次实现兆瓦级制氢—储氢—氢能发电的全链条技术贯通。

五、新能源前沿发展方向

（1）推动配电网扩容改造和智能化升级，提升配电网柔性开放接入能力、灵活控制能力和抗扰动能力，增强电网就地、就近平衡能力，构建适应大规模分布式可再生能源并网和多元负荷需要的智能电网。

（2）加快构建以可再生能源为基础的乡村清洁能源利用体系。利用建筑屋顶、院落空地、田间地头、设施农业、集体闲置土地等推进风电和光伏发电分布式发展，提升乡村就地绿色供电能力。

（3）继续实施北方地区清洁取暖工程，因地制宜地推动生物质能、地热能、太阳能、风能供暖，完善产业基础，构建县域内城乡融合的多能互补清洁供暖体系。提高农林废弃物、畜禽粪便的资源化利用率，发展生物天然气和沼气，助力农村人居环境整治提升。推动乡村能源技术和体制创新，促进乡村可再生能源充分开发和就地消纳，建立经济可持续的乡村清洁能源开发利用模式。

（4）超大型海上风电机组、高海拔大功率风电机组研制。可再生能源制氢的新型电解水设备研制。储备钠离子电池、液态金属电池、固态锂离子电池、金属空气电池、锂硫电池等高能量密度储能技术。

（5）将波动性可再生能源与电动汽车充放电互动匹配，实现车电互联。

（6）依托智能配电网、城镇燃气网、热力管网等能源网络，建设冷热水电气一体供应的区域综合能源系统。

（7）源网荷储：以“电源、电网、负荷、储能”为整体规划的新型电力运行模式，可精准控制社会电力系统中的用电负荷和储能资源，有效解决电力系统因新能源发电量占比提高而造成的系统波动，提高新能源发电量消纳能力，提高电网安全运行水平。

第二节　新能源接入对电网运行方式的影响

一、新能源接入对一次设备及方式影响

（1）造成电网潮流的严重波动。随着“低碳绿色”发展和整县光伏的全面推进，光伏、风电类新能源大量接入系统，由于占地需求，其大多安装在低负荷密度地区，发电难以就地消纳。光伏具有白天大量发电、夜晚少量用电的特点，大量接入可能造成线路、主变压器白天反向重载、过载现象，占用宝贵的电网备用容量。白天、夜晚电网潮流相反及新能源自身存在的抗扰动能力差、低电压穿越等问题，会给负荷“紧平衡”地区电网一次方式安排、电压控制、事故处理带来极大困难。

（2）造成谐波污染。由于新能源采用大量电力电子元器件，谐波分量比例较高，不仅对电能质量产生不利影响，还会引起接地站用变、电容器等设备发热。严重时高次谐

波分量还会引发系统谐振，产生谐振过电压。因此要求用户配置 SVG 等滤波消谐装置，以减少对系统电能质量的影响。但由于用户运行维护条件和人员技术水平相对较差，滤波消谐装置的功能无法完全发挥，给电网设备的安全稳定运行带来了潜在的危害。新能源厂站并网运行时，向公共连接点注入的谐波电流应满足 GB/T 14549—93《电能质量公用电网谐波》的要求。

（3）造成局部电网非计划孤岛现象。孤岛效应指电网失压时，新能源系统仍保持对失压电网中的某一部分线路继续供电的状态。孤岛效应可能对整个配电系统设备及用户端的设备造成不利的影响，为保证人身和设备安全，新能源系统和电网应具有相应的并网保护功能。当新能源系统并入的电网失压时，必须在规定的时限内将该新能源系统与电网断开，防止出现孤岛效应。防孤岛保护按动作原理可分为主动防孤岛保护和被动防孤岛保护，主动防孤岛保护方式包括频率偏高、有功功率变动、无功功率变动、电流脉冲注入引起阻抗变动等。被动防孤岛效应保护方式包括电压相位跳动、3 次电压谐波变动、频率变化率等。现在常用的防孤岛保护依然采用被动型原理，当电网失压时，防孤岛保护应在 2s 内动作，将新能源系统与电网断开。与系统联络线路故障跳闸时，由于新能源发电站的存在，就可能出现孤岛现象，孤立系统内电压、频率大范围波动，电能质量严重下滑、用户无法正常用电，甚至造成设备损坏，对供电恢复也会带来不利影响。

（4）引起主变压器损坏。正常运行时 110kV 系统变电站主变压器高压侧中性点不接地或经间隙接地，接地点统一设置在 220kV 主变压器中压侧。当 110kV 供电线路发生单相接地，电源侧开关保护动作，负荷侧开关保护未动作时，将造成负荷变电站端孤网运行。这时负荷端 110kV 系统将变成不接地系统，系统单相接地会引起中性点电压升高，主变压器中性点绝缘将承受相电压考验，如图 9–3 所示。对半绝缘变压器来说，可能导致设备损坏。

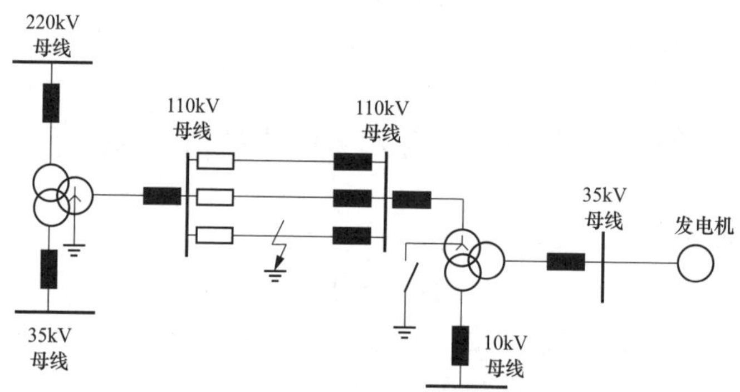

图 9–3　系统联络线单相接地示意图

二、新能源接入对继电保护的影响

（1）新能源的接入使 110kV 及以下电力系统由传统的单电源负荷网络向为多电源的新型电力网络转变。由于安装位置的不同，电源会分别呈现出助增和汲出效应，造成过流保护范围的扩大和缩小。与此同时新能源的短路电流计算尚没有非常成熟的模型，定

性多、定量少，这将对继电保护整定配合带来严重困难，整定人员经验不足时就可能会造成定值整定错误，进而引发继电保护装置拒动、误动。

（2）当供电线路发生瞬时性故障时，由于新能源电厂反送电，导致故障点电压消失后绝缘恢复的时间与预想不一致，引起故障点熄弧困难，造成重合失败。同时为了避免线路非同期合闸对设备的损坏，重合闸需采用检无压模式，线路TV故障会导致线路重合闸被闭锁，降低了重合闸成功概率。

（3）在特殊情况下新能源电厂发电与用户负荷相对平衡，会造成变电站母线电压波动、无法快速下降到备自投动作电压值，从而导致备自投无法快速动作，难以快速恢复非故障设备供电。

（4）因新能源接入，110kV进线保护、备自投和主变压器间隙保护需增加联切新能源并网断路器回路，增加了二次回路设计施工和现场运维操作的难度，降低了可靠性。对于110kV常规变电站来说，由于接入的新能源可能不止一个，进线保护、备自投、间隙保护自身的联切出口无法满足要求，需增加重动继电器来实现联切多个并网断路器的要求。重动继电器的使用让继电保护和安全自动装置的跳闸出口可靠性下降，有非同期合闸的风险。

（5）新能源接入后谐波分量增大，使得继电保护和安全自动装置测量到的电压、电流值与基波值之间存在失真现象，可能会引起继电保护和安全自动装置的误动和拒动，因此，对继电保护和安全自动装置的滤波功能和算法提出了更高的要求。

三、新能源接入后继电保护及安全自动装置的配置要求

（1）由于继电保护和安全自动装置的配置是为电网服务的，二次设备的配置必须满足一次运行方式的要求。新能源接入电网应坚持一、二次相协调的原则，确保新能源并网继电保护系统满足电网一次设备、二次设备技术要求。

（2）对于新能源并网用户来说，电力系统安全知识特别是二次设备的配置及安全要求他们不了解、不掌握。所以电网继电保护专业人员应参与新能源并网工程的接入系统方案、可行性研究报告、初步设计报告、二次图纸等前期资料的评审，并提出保护专业意见。继电保护装置的配置和选型应满足有关规程规定的要求，并经相关继电保护管理部门同意。保护选型应采用技术成熟、性能可靠、质量优良并经检测合格的产品。

（3）新能源接入系统方案对继电保护配置和整定有特殊要求（如稳定计算对继电保护动作时间有限制等）时，应满足其需要。如需配置母差保护，应在接入系统方案中明确。

（4）新能源接入设计中应综合考虑电源接入方式、接入容量、发电特性（特别是受天气变化和资源分布影响的新能源电厂）等因素，明确接入后对电网110kV主变压器中性点绝缘的影响。

（5）电源并网线路及相关线路两侧（或三侧）配置微机光纤电流差动保护时，各侧保护装置应匹配。各侧均为常规变电站时，各侧保护装置型号、软件版本应保持一致；各侧变电站类型不一致时，各侧保护装置型号与软件版本应满足对应关系要求；各侧均

为智能变电站时，各侧保护装置型号、软件版本及其 ICD 文件宜保持一致，不能保持一致时，应满足对应关系要求。

（6）随着新能源的大量接入，为满足故障分析的需要，110kV 电源及旋转电机类型的 35kV 电源应配置故障录波器，变流器类型的 35kV 电源宜配置故障录波器。新能源厂站故障录波器宜接入电网调度机构故障录波器主站系统。

（7）为了使继电保护管理部门及时掌握现场继电保护及安全自动装置动作情况，分析继电保护和安全自动装置动作正确与否。110kV 新能源厂站应配置继电保护故障信息管理系统子站，并配备与电网调度机构的数据传输通道。

（8）由于旋转机组提供的短路能量较大，主变压器会受到较高操作过电压影响，接带火电、水电和生物质发电等并网电源的 110kV 变电站需保持一台主变压器高压侧中性点直接接地；而变流器型新能源提供的短路能量较小，为保证 110kV 系统零序阻抗的相对稳定，接带风电、光伏、储能等并网电源和无并网电源的 110kV 变电站，主变压器高压侧中性点不接地或经间隙接地。

（9）当主变压器 110kV 侧中性点直接接地运行时，须投入主变压器高压侧零序过流保护作为 110kV 供电线路接地故障的后备保护，定值应与 110kV 进线保护零序过流保护最末段配合，作为接地故障的总后备。

（10）半绝缘主变压器靠近中性点绕组的绝缘水平比端部绝缘水平低，而首端绕组与尾端绕组绝缘水平相同的为全绝缘。当 110kV 供电线路发生单相接地故障时，若电源侧断路器保护动作跳闸，负荷侧断路器保护未动作，将造成负荷变电站端非计划孤岛运行。这时若负荷主变压器高压侧中性点不接地或经间隙接地，110kV 系统将变成不接地系统，系统单相接地会引起负荷主变压器中性点电压升高，中性点绝缘将承受相电压考验。对半绝缘变压器来说，可能引起绝缘损坏。所以在变电站有新能源接入时，中性点不接地的半绝缘主变压器须装设间隙保护作为 110kV 供电线路单相接地故障的后备保护。当主变压器高压侧中性点电压升高至一定值时，放电间隙会击穿接地，用于保护主变压器中性点的绝缘安全。为防止间隙发生间歇性击穿时间隙保护拒动，间隙过流、零序过压时应采用或门逻辑。主变压器间隙保护跳闸逻辑图如图 9-4 所示。

（11）由前文可知，主变压器零序过流保护和间隙保护的主要作用是作为 110kV 供电线路接地故障的后备保护，而不是主变压器接地故障的后备保护。110kV 主变压器高压侧接地故障在差动保护范围内，由于差动保护已闭锁变电站桥形接线高压侧备自投，主变压器零序过流保护和间隙保护动作可不闭锁高压侧备自投。

（12）由于变流器类型新能源提供故障电流的能力弱，进线侧过流保护无法动作，进线侧距离保护动作可靠性也会受到影响；旋转电机类型新能源在线路故障时存在失稳问题，所以新能源专用并网线路两侧需配置微机光纤纵差保护，瞬时、有选择性地切除线路故障。同样原因的 110kV 进线也需配置微机光纤纵差保护，不具备条件时可配置微机零序距离保护，但微机零序距离保护存在负荷主变压器中性点不接地且 110kV 线路发生单相接地故障时无法有效动作隔离故障点的问题。110kV 进线保护需联跳变电站各电压

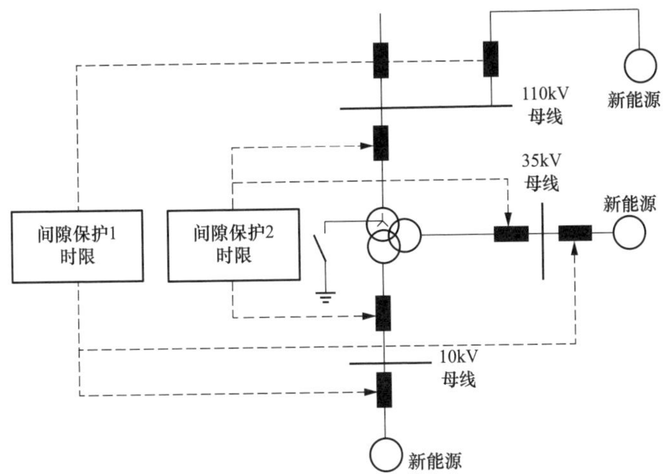

图 9-4　主变压器间隙保护跳闸逻辑图

等级新能源并网线路断路器，从而快速将新能源从系统中解列，使继电保护和安全自动装置的动作过程不再受新能源影响，提高装置动作的可靠性和选择性，同时线路保护快速动作也可以有效降低过电压对主变压器中性点绝缘的影响。进线保护跳闸逻辑如图 9-5 所示。

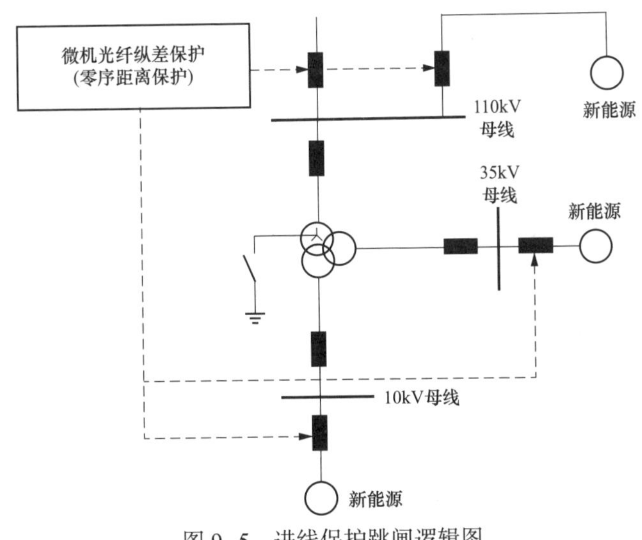

图 9-5　进线保护跳闸逻辑图

（13）为了避免线路非同期合闸对一次设备的损坏，110kV 进线系统侧需配置线路 TV，重合闸采用检无压模式。

（14）在新能源接入后为快速切除母线故障及保证系统稳定性，当 110kV 母线为单母线或单母分段接线时，宜配置母差保护；有旋转电机类型新能源接入的 35kV 母线应配置母线保护；接有变流器类型新能源的 35kV 母线可配置母线差动保护装置。

（15）备自投启动的条件是母线电压小于装置无压定值，当新能源反送电时可能会造成变电站母线电压下降速度变慢，备自投无法快速动作。只有当孤立系统功率失去平衡，母线电压降至备自投无压定值以下时，备自投才能动作恢复非故障设备供电。为了避免备自投带新能源合闸，造成设备损坏，备自投需联跳新能源并网线路断路器。高压侧备自投联跳各电压等级新能源并网线路断路器，中低压侧备自投联跳本电压等级新能源并网线路断路器。备自投装置联切逻辑图如图 9-6 所示。

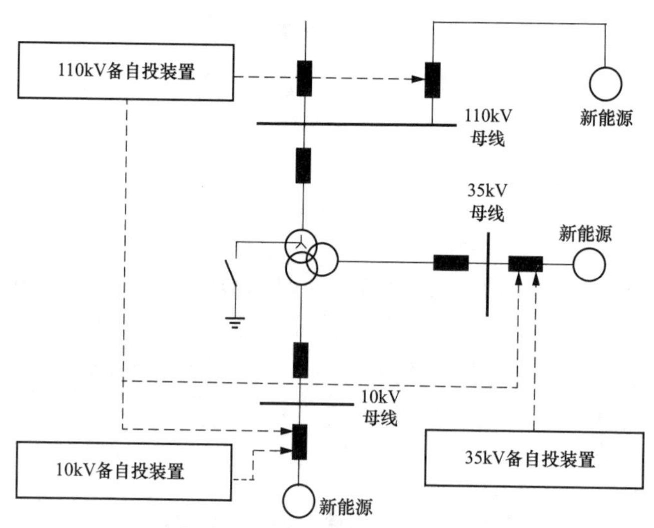

图 9-6　备自投装置联切逻辑图

（16）若 110kV 进线未配置线路保护或无法切除所有故障，接入点在高压侧母线时，该母线段配置故障解列装置，在系统故障时切除新能源，功能类似于进线保护联切；接入点在中低压侧母线时，高压侧按母线配置独立的故障解列装置，若高压母线并列运行，则各段母线的故障解列装置均应投入；若高压母线分列运行，则与新能源所接入母线对应的高压母线的故障解列装置应投入。定值需要在故障时将新能源可靠解列，同时满足新能源低电压穿越的要求，不会因正常电压、频率波动造成装置误动。故障解列装置动作跳开各电压等级并网线路断路器。

（17）电网侧继电保护装置在接入新能源后若反向故障时不能可靠切除，应由新能源侧继电保护、安全自动装置切除故障，并应在接入系统设计和初步设计中明确。

（18）新能源侧并网点正常安装有频率电压紧急控制装置和防孤岛保护，频率电压紧急控制装置包含低频减载、低压减载、过频减载、高压减载，对应于并网点频率、电压缓慢变化的场景；防孤岛保护包含低频解列、低压解列、过频解列、高压解列，对应于设备故障，并网点频率、电压快速变化的场景。故障解列装置跳闸逻辑图如图 9-7 所示。

（19）频率电压紧急控制装置和防孤岛保护定值在满足低电压穿越和电网频率稳定性需求的基础上，动作时间应与线路重合闸、备自投动作时间相配合，避免非同期合闸情况的发生。低电压穿越能力是指风电机组在电力系统事故或扰动引起并网点电压跌落时，

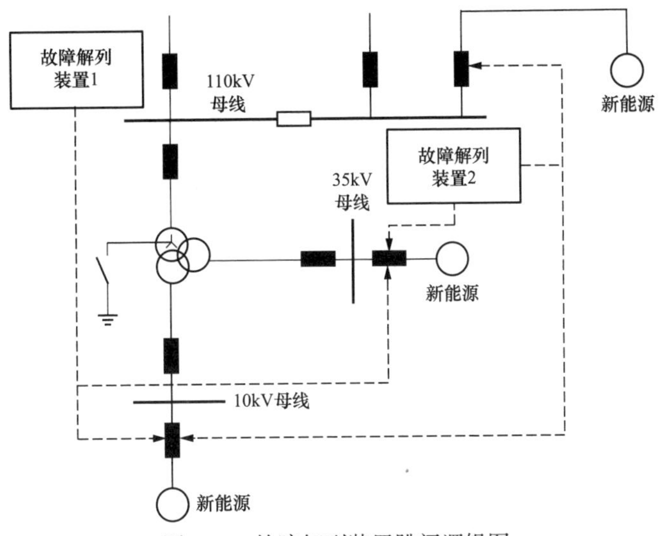

图 9-7　故障解列装置跳闸逻辑图

在一定的电压跌落范围和时间间隔内，能够保证不脱网连续运行。新能源如果没有低电压穿越能力，当电网发生瞬时故障导致电网电压短时间跌落时将引起新能源大面积脱网，可能会带来电网安全稳定问题。低电压越要求如图 9-8 所示。

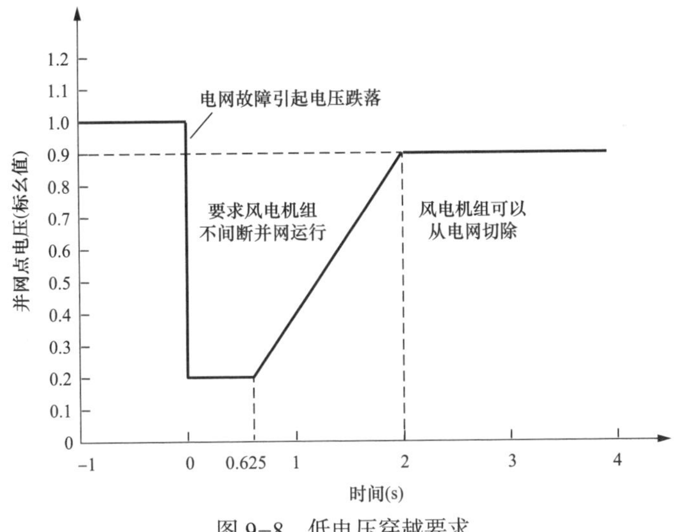

图 9-8　低电压穿越要求

四、新能源接入后继电保护及安全自动装置整定要求

（1）继电保护定值整定应满足选择性、灵敏性和速动性的要求。如果由于电网运行方式、装置性能等原因不能兼顾，则应在整定时，保证规定的灵敏系数要求，可按照以下原则合理取舍：局部电网服从整个电网；下一级电网服从上一级电网；保护电力设备的安全；保障重要用户供电。

（2）新能源并网时，应校核电网相关保护定值的选择性和灵敏度，原定值不满足时，可采取调整保护定值、投入电流保护方向功能、采用线路差动保护等措施。

（3）对于存在双侧电源影响的主变压器、线路等过电流保护，为简化整定计算，宜经方向元件控制；未经方向元件控制的过电流保护在整定时，应考虑与背侧保护的配合问题。

（4）变流器类型新能源提供的短路电流按 1.5 倍额定电流计算；旋转电机类型新能源提供的短路电流按传统的计算短路阻抗的方法求取。

（5）新能源并网整定应坚持“三道防线”配合原则，新能源厂站的频率电压紧急控制装置、故障解列装置、防孤岛保护等应与电网侧继电保护、备自投、重合闸、故障解列等装置的动作时间相配合。

（6）电网和新能源厂站按调度管辖范围整定相关保护及安全自动装置定值。电网调度机构应向电源单位提供系统参数、定值限额、配合要求等；电源定值应满足电网保护的定值限额与配合要求，并定期（至少每年）对所辖设备的整定值进行全面复算和校核。

（7）当电网结构、设备参数和短路电流水平发生变化时，电网调控机构和新能源单位应及时交互数据，并校核各自整定范围内的保护定值，避免发生保护不正确动作。

（8）当接入新能源厂站的系统变电站 110kV 主变压器高压侧中性点接地时，主变压器高压侧零序过流定值取 330A（一次值），时间取 4s，动作跳主变压器各侧断路器。

（9）若接入新能源 110kV 系统变电站及相邻下一级变电站主变压器高压侧中性点不接地或经间隙接地时，间隙零序过流定值取 100A（一次值）；零序过压定值取 180V（外接零序电压二次值）、120V（自产零序电压二次值）。1 时限取 0.2s，动作跳新能源并网断路器；2 时限取 0.5s，动作跳主变压器各侧断路器。

（10）若接入新能源 110kV 系统变电站或相邻下一级变电站主变压器高压侧中性点直接接地，间隙零序过流定值取 100A（一次值）；零序过压定值取 15V（外接零序电压二次值）、10V（自产零序电压二次值）。动作时间取 0.5s，动作跳并网电源断路器。

（11）系统 110kV 变电站故障解列装置低频率定值整定为 48～49Hz，相间低电压解列定值整定为 65～70V（二次值），动作时间整定为 0.2～0.5s。

（12）由于新能源提供的短路电流较小，为了简化继电保护和安全自动装置的配合关系，其他继电保护定值可按常规原则进行整定，通过实际运行经验，可以满足电网运行需要。